中国科协创新战略研究院智库成果系列丛书·译著系列

科学与公众

［英］马丁·W. 鲍尔（Martin W. Bauer）
［印］拉杰什·舒克拉（Rajesh Shukla） ◎主编
［英］尼克·阿勒姆（Nick Allum）

马健铨◎译

刘　萱◎审订

中国科学技术出版社
·北　京·

图书在版编目（CIP）数据

科学与公众 /（英）马丁·W. 鲍尔（Martin W. Bauer），（印）拉杰什·舒克拉（Rajesh Shukla），（英）尼克·阿勒姆（Nick Allum）主编；马健铨译 . -- 北京：中国科学技术出版社，2024.12

（中国科协创新战略研究院智库成果系列丛书 . 译著系列）

ISBN 978-7-5046-9362-4

Ⅰ.①科… Ⅱ.①马… ②拉… ③尼… ④马… Ⅲ.①科学观—研究—世界 Ⅳ.① G301

中国版本图书馆 CIP 数据核字（2021）第 245153 号

The Culture of Science: How the Public Relates to Science Across the Globe
Edited by Martin W. Bauer, Rajesh Shukla and Nick Allum / ISBN: 978-0-415-85102-2
Copyright © 2012 by Routledge
Authorized translation from English language edition published by Routledge, part of Taylor & Francis Group LLC. All Rights Reserved.
本书原版由 Taylor & Francis 出版集团旗下 Routledge 出版公司出版，并经其授权翻译出版。版权所有，侵权必究。
China Science and Technology Press is authorized to publish and distribute exclusively the Chinese (Simplified Characters) language edition. This edition is authorized for sale throughout Mainland of China. No part of the publication may be reproduced or distributed by any means, or stored in a database or retrieval system, without the prior written permission of the publisher.
本书中文简体翻译版授权中国科学技术出版社独家出版，并仅限在中国大陆地区销售。未经出版者书面许可，不得以任何方式复制或发行本书的任何部分。
Copies of this book sold without a Taylor & Francis sticker on the cover are unauthorized and illegal.
本书贴有 Taylor & Francis 公司防伪标签，无标签者不得销售。

著作权合同登记号：01-2022-5575

策划编辑	王晓义
责任编辑	王　琳
封面设计	中文天地
正文设计	中文天地
责任校对	吕传新
责任印制	徐　飞

出　版	中国科学技术出版社
发　行	中国科学技术出版社有限公司
地　址	北京市海淀区中关村南大街 16 号
邮　编	100081
发行电话	010-62173865
传　真	010-62173081
网　址	http://www.cspbooks.com.cn

开　本	720mm×1000mm　1/16
字　数	484 千字
印　张	30.75
版　次	2024 年 12 月第 1 版
印　次	2024 年 12 月第 1 次印刷
印　刷	河北鑫兆源印刷有限公司
书　号	ISBN 978-7-5046-9362-4 / G·1074
定　价	149.00 元

（凡购买本社图书，如有缺页、倒页、脱页者，本社销售中心负责调换）

中国科协创新战略研究院智库成果系列丛书编委会

编委会顾问 齐 让 方 新

编委会主任 郑浩峻

编委会副主任 李 芳 薛 静

编委会成员（按照姓氏笔画排序）

    王国强 邓大胜 石 磊 刘 萱 杨志宏

    宋维嘉 张 丽 张艳欣 武 虹 赵 宇

    赵正国 赵峇加 施云燕 夏 婷 徐 婕

    韩晋芳

办公室主任 施云燕

办公室成员（按照姓氏笔画排序）

    于巧玲 王彦珺 齐海伶 杜 影 李世欣

    李金雨 张明妍 钟红静 熊晓晓

序

当今世界，新一轮科技革命正在不断引领和加速全球产业变革，科技作为第一生产力、创新作为第一动力的作用愈发凸显。回顾科学技术的产生源头和发展历史，每一次突破性进展都体现了科技发展与人类社会文明进步之间密切的内在联系。追溯世界科技强国的发展历程，同样离不开有利于激发创新的科学文化滋养。

如今，科学文化日益成为更加被关注的研究对象，受到不同国家、不同领域学者的更多重视，跨文化、跨地域的比较研究日益兴盛，科学文化的研究视角也从精英视角、学术共同体视角向公众视角拓展。公众视角的科学文化研究引入了更加丰富的研究方法论体系，也使得科学文化的特征和内涵可以从历史纵深、地域分布、社会文化背景等诸多维度得到定量与定性兼具的深入剖析。然而，真正采取全球比较的研究视角、综合使用定性研究与定量研究的成果仍然为数不多，特别是从社会公众的态度和理解角度开展的实证研究依然如凤毛麟角，本书在这方面提供了很好的理论探索和国际视角。

本书系统梳理了20世纪70年代以来全球范围内针对公众理解科学开展的大规模国家级调查，并对过去几十年来各个国家（地区）调查中公众科学观念的变化进行了比较分析，在此基础上探讨了基于调查的科学文化指标的构建及演变。虽然本书涉及的数据基础距今已有一段时间，但作为公众科学态度研究的阶段性集大成者，本书仍然能够为关注科学文化的科学社会学、科学传播学、社会心理学、科技政策学等领域的相关研究者提供参考。

进入新时代，文化在振奋民族精神、维系国家认同、促进经济社会发展和人的全面发展等方面作用更加彰显。我国正处于建设世界科技强国的关键节点，中国科学文化对于促进民族文化自信、提升全民科学素质、营造鼓励创新的社会氛围，具有重要的战略价值，也必将在持续的融合与互鉴中不断发展，成为人类文明中璀璨的瑰宝。

是为序。

郑浩峻
2024 年 12 月于北京

致中文版读者

获悉我们的著作《科学与公众》将在中国翻译并出版，我们深感欣喜。这一项目源于英国皇家学会2007年在伦敦举行的一场研讨会，会上邀请众多学者重新思考我们在全球范围内通过监测公众对科学的态度从而监测公众与科学关系所做出的努力。彼时，我们愈发担忧该领域已变得千篇一律、充满陈词滥调且令人厌倦。人们在"风险感知"的主题下将更多的精力投入到诸如环境意识、纳米技术、核能、生物技术与基因工程、太空探索以及人工智能等特定发展领域的研究。然而，一个科技文明体中，公众对科学的态度究竟如何？于是，我们提出了若干问题，以复兴这一可追溯至20世纪70年代早期的研究议程。

事实上，在过去的20年里这一议程已经突飞猛进。诸多对科学总体态度的调查工作让这一议题重新焕发生机，我们能够对此做出报告（Bauer & Falade, 2022）。如今，许多国家都精心管理着纵向数据库，这使得研究人员能够追踪公众对科学的态度，识别趋势，并通过比较研究检验这些趋势变化。

纵向数据分析还促使我们对态度从历史角度进行解释，以探究其起源、关注点和范式的转变。这引起了人们对几乎被遗忘的过往再度关注。尽管对科学态度的研究在很大程度上仍由"知识/素质驱动态度"的密歇根模式所主导，但我们现在也看到了更古老的"态度先于知识/素质"的哥伦比亚模式的有效性——首先形成态度，而后才有素质（Gauchat, 2023）。这阐明了社会科学研究面临的基本挑战，即需要同时平衡两组参数：概念和证据。在中国，这一理念被精妙地比喻为"用新方法（即新的概念）烹饪旧食材（即旧的数据）"。

态度研究重焕生机的另一个标志是全球协作调查。自1989年起在所有欧盟国家开展的关于科学态度的"欧洲晴雨表"调查，已出现效仿者。"惠康全球监测"（截至目前已在2018年和2020年开展，见Sturgis et al., 2024）是一项雄心勃勃的工作，涵盖了100多个国家对生物医学科学的态度；它将于2025年继续开展。经济合作与发展组织推出了国际学生评估项目，对15岁青少年的受教育程度进行评估，重点关注阅读、写作、数学和科学（最后一项自2006年开始），将其作为人力资本的指标。"世界价值观调查"目前正在进行第八轮，其中包含了对科学的态度。监测公众舆论的美国皮尤研究中心致力于在30多个国家定期调查人们对科学的态度和信任度。而且，值得注意的是，私营企业已经开始将评估对科学的态度作为其全球定位和声誉管理的一部分：明尼苏达矿物及制造业公司在2018年和2019年开展了关于科学状况的调查，劳埃德银行开展了关于技术风险认知的研究，爱德曼国际公关公司也将科学作为值得信赖的主体纳入其年度指标中。

此外，构建基于文本的"科学态度"指标是一个欣欣向荣的研究领域，借助话题显著度、主题建模和情感分析构成的分析三元组描绘社交媒体上的科学。基于大数据的半自动文本分类将内容分为好或坏，正在迅速取代经典的内容分析。我们已经在做这一颇具潜力的工作（Bauer, 2012），并为这一蓬勃发展的活动提供了一些指导（参见 Bauer et al., 2014）。

近年来，我们还留意到一个新的调查重点：科学家的态度。这一转变源自两方面的考量：一是增进科学家对公众参与科学的动力（Entradas & Bauer, 2022）；二是提升研究人员的伦理道德与诚信（Brooker & Allum, 2024）。这一观点认为，公众对科学的支持既需要科学家秉持"科学精神"，也需要科学家为科学的公众对话做出贡献，而不是将这一领域拱手让人。

中国也存在向这些方向发展的趋势,我们期望本书能为这些讨论有所贡献。一是科学普及—科学素质的复合体持续推进,聚焦于如今每年开展的公民科学素质调查,目标是到2035年让25%的人口具备科学素质。中国科学技术协会下属的中国科普研究所在技术上改进了科学素质的测度方法,并针对农民、工人、学生和公务员进行了区分。但是对科学态度的形成及测度的关注比较有限。二是自2020年起,也开展了一些针对科学家工作环境和科研诚信的调查(由科技部与中国科协创新战略研究院联合开展)。三是关于科学文化出现了新兴的概念性讨论,人们致力于创建一个涵盖上述所有甚至更多内容的指标体系。为此,国际性期刊《科学文化》(Cultures of Science)于2018年创刊。我们希望它能够蒸蒸日上,不负所望。

毋庸置疑,所有这些努力,无论是单打独斗还是众志成城,都表明科学文化在很大程度上具有全球性。尽管存在"三体问题"(刘慈欣,2008),但物理学或化学在上海市、波哥大或廷巴克图并无二致,只是实验室的管理方式可能有所不同。然而,科学文化仍具有地方性,公众形象和科学态度与所在地区息息相关。关于科学的公众舆论,不存在一种最佳方式,却存在监测、追踪和分析"公众与科学的关系"的迫切需求。实证社会科学应当肩负起这一使命。

马丁·W. 鲍尔

尼克·阿勒姆

2024年11月于伦敦

致　　谢

　　一本像这样的编著总是很多人智慧和劳动成果的结晶，虽然他们的名字不会出现在最终的作品中。在此，我们要感谢当时在英国皇家学会的同事达伦·巴塔查里（Darren Bhattacharya）、克洛伊·谢伯德（Chloe Sheppard）、马修·哈维（Matthew Harvey）和尼古拉·赫恩（Nicola Hern）。没有他们的帮助，这个项目不会取得这样的成果。我们同样要感谢对2007年11月5—6日英国皇家学会会议做出贡献的人。他们虽然没有最终参编这本论文集，但他们的讨论仍然是项目的一部分。感谢论文集各个章节的匿名审稿人和不完全匿名的审稿人，他们的评论非常有帮助，通过各种方式在最终的作品中得以体现。我们还要感谢劳特利奇出版社的本杰明·霍尔茨曼（Benjamin Holtzman）和马克斯·诺维克（Max Novick），他们以持续的耐心支持了这个项目。所有章节的英文编辑和润色都要归功于无与伦比的苏珊·霍华德（Susan Howard），她为完成这个项目做了出色的工作。

马丁·W.鲍尔

拉杰什·舒克拉

尼克·阿勒姆

2010年11月16日于伦敦

目 录

面向具有全球效力的科学文化指标 …………………………………… 1
科学文化和数字政治 …………………………………………………… 23

第一部分　基于历史发展脉络的纵向分析

法国公众科学态度（1972—2005 年）………………………………… 43
美国的公众理解科学（1979—2006 年）……………………………… 57
保加利亚和英国的科学形象（1992—2005 年）与世代有关吗？ …… 78
变化的旧欧洲科学文化（1989—2005 年）…………………………… 91
日本的科技知识：基于 1991 年和 2001 年项目反应理论分数的分析 …… 109
1992 年以来中国的成人科学素质及调查 …………………………… 124

第二部分　基于国别的比较研究

中国与欧盟公众理解科学的比较研究 ………………………………… 135
伊比利亚美洲的科技信息和态度 ……………………………………… 153
科学文化指数的构建与验证 …………………………………………… 172
青少年科学态度的比较研究 …………………………………………… 192

第三部分　模型与方法

公民科学素质的来源及其影响 ………………………………………… 207
公众科技知识水平的国别比较：基于潜在特质模型的评估 ………… 228

公众理解科学的统计模型……249
文化视角的公众理解科学：文化距离的界定……267

第四部分　文化视角下的敏感话题

欧洲对占星学的信仰……285
从跨文化角度看瑞士人与动物的界限……307
美国人的宗教信仰和对科学的态度……319
欧洲对干细胞的世界观、框架、信念及认知……335

第五部分　互补的数据流

公众参与科学问题/议题测度——一种检测科学传播有效性的新模型……355
科学展览中体现的文化指标……364
建立一个媒体科学新闻晴雨表——科学新闻自动观察项目……377
科学公民的调查方法验证……394
欧洲科学传播与公众参与科学的指标基准……411
公众领域的科学——意大利案例……424

参考文献……438
译后记……477

面向具有全球效力的科学文化指标

马丁·W.鲍尔　拉杰什·舒克拉　尼克·阿勒姆

2007年11月5—6日，一些研究人员相聚于英国皇家学会庄严的大厅，探讨"科学与公众的国际指标"的最新进展。与会者来自21个国家，覆盖了全球五大洲，令会议主办方英国皇家学会十分满意。[1] 时任科学与创新部部长的伊恩·皮尔森（Ian Pearson）在会上就"社会中的科学"这一议题提出了自己的新愿景，不过这一愿景并未维持多久。英国女王伊丽莎白二世在前往议会的途中路过此处，打断了会议。我认为用这次"会议中断"事件来形容我们现在即将呈现的学术讨论成果再合适不过了。

本次会议旨在盘点公众理解科学（Public Understanding of Science, PUS）方面的调查研究，即对于公众科学素质、公众科学兴趣、公众科学态度和公众参与科学的测度，从而开启未来研究的阶段性变革。

自20世纪70年代以来，在公众理解科学研究领域，大规模的国家级调查在全球掀起了一股浪潮。如今是时候用新视角审视这些调查材料和其中的概念建构，让研究工作焕发新生了。现在看来，本次研讨会的主旨应为"物尽其用，力求进取"（Working better with what has been achieved and developing it further）[2]。这段时间以来，我们当中已经有人在呼吁采取行动，比如不仅要把科学的文化指标纳入议事日程，还要对研究手册和综述论文中基于调查的公众理解科学研究进行重新评估（Bauer, Allum & Miller, 2007; Bauer, 2008; Allum, 2010）。

我们对研究中的一些现象提出疑问，这些现象通常被称为"关于科学的大型社会对话"。通过比较发现，由于受到语言文化背景、政治文化、当地的科学史和当前技术发展水平的影响，这种社会对话在强度、涵盖话题、参与人数和对争议的关注方面都有所不同。社会对话不仅仅是调查访谈中表达的观点，它的意义还体现在更多方面。举例来说，它包含了出版物、展览、利益相关者协商、科学政策文件、青年和老年人的非正式和正式学习等。研讨会探讨了如何比较不同背景和时期的社会对话。归根结底，重点在于这是一个动态的过程。

全国代表性调查对于社会自我观察来说是发展成熟的技术，但它不足以描绘社会对话的图景。为了解某调查对象所处的符号环境和其周围的科学文化，我们需要补充数据流。毕竟，被调查者会基于他（她）的内部资源（认知和情感）和外部资源（符号环境）来回答问题。问卷会反馈标准答案，但不会告诉我们如何在不同的情境下解释这些答案。这就需要将调查研究情境化，由此为本次会议提出了两方面的议题：

·如何改进调查研究，即科学的认知指标；
·如何充分运用补充数据流，即科学的社会传播及表现的指标。

主观的认知指标和客观的行动指标可以共同描绘社会对话的图景，最终形成一个国家的科学文化。

本书是2007年英国皇家学会会议的成果，根据会议讨论结果进行了修订和详细阐释。本书分为五个部分，共二十六篇文章。

在介绍科学文化指标这一问题时，伯努瓦·戈丹（Benoît Godin，蒙特利尔）简要回顾了这一想法的发展历程。令人鼓舞的是，早在20世纪50年代，联合国教科文组织就已经提及科学文化指标，只是后来它被追求经济性的指标所取代。而在当今的全球化世界中，我们不再崇尚做事仅有"唯一的最佳方案"，回归文化指标的时机已经成熟。文化丰富程度与经济实力之间没有很强的相关性，可能是一种撬动关系，文化指标的理念即源于这样一种直觉。本书前四个部分介绍了基于调查的指标研究的进展，第五部分展示了补充数据流的分布，并论证了新的概念发展。

第一部分 基于历史发展脉络的纵向分析

在全球很多地区，公众理解科学调查已经开展了一段时间。现在是时候整合现有数据，并评估数据在不同时期的变化和稳定性了。这些数据是来自许多公众理解科学研究者的原始数据,有人将其认定为社会研究的"黄金标准"。我们为这些调查数据流花费了大量精力。近年来,研究的基础构建已经取得了相当大的进展,一些地区的团队已完成了数据整合。以下是已经完成数据微观整合、可供纵向研究和比较研究的数据库清单:

- 法国[1972年、1982年、1989年、1992年、2001年、2007年,详见布瓦(Boy)的研究];
- 美国[1979—2006年,每年两次,样本量20,000份,详见罗西(Losh)的研究];
- 欧洲12国[1989年、1992年、2001年、2005年,样本量50,000份;详见鲍尔和舒克拉(Bauer & Shukla)的研究];
- 印度[2001年、2004年、2007年,样本量50,000份,详见舒克拉和拉扎(Shukla & Raza)的研究];
- 印度—欧盟[印度2004年和欧盟2005年数据集,样本量60,000份,详见舒克拉和鲍尔(Shukla & Bauer)的研究];
- 中国—欧洲[中国2007年和欧盟2005年数据集,详见刘萱和鲍尔(Liu & Bauer)的研究];
- 保加利亚—英国[1992年、1996年、2005年,样本量4,000份,详见佩特科娃和托多罗夫(Petkova & Todorov)的研究];
- 美国—欧盟[素质数据库,详见米勒(Miller)的研究];
- 科学教育相关性研究项目(The Relevance of Science Education, ROSE)[40国15岁调查对象数据库,详见斯爵伯格和施莱纳(Sjøeberg & Schreiner)的研究]。

这一进展意味着,我们现在可以在至少18个国家进行系统的纵向研究和比较研究,分析20多年以来成人科学素质和公众对科学的态度的变化趋势。如附录1所示,本次研讨会进一步记录了类似的国家级调查,这些调查在许多具有可比要素的其他背景下开展。在这一情况下,数据的微观整合将在全球范围内带来材料分析的阶段性变化。所有这些情况都要求大量的精力投入和对政治学术的热情,以完成恢复和记录数据的工作,并系统地集成数据文件以供分析。然而，这项工作有着相当可观的好处：研究团队不用再为了制造新闻而去报告所谓的"标题数字"，可以转向准队列分析和趋势分析，并在相应的背景下探索这些指标的可用之处和变化趋势。

本书的第一部分用六篇文章记录了纵向分析的进展，这部分分析数据来源于法国、美国、保加利亚、英国、日本、中国以及旧欧盟12国。这些文章中的研究都使用了同年龄组，而不是年龄变量来进行代际分析。这让我们可以从跨时期和跨群组两个视角来比较公众理解科学的发展趋势。由于不同群组的经历并不相同，我们预计不同群组的指标变化趋势有所不同。

丹尼尔·布瓦（Daniel Boy，巴黎）分析了法国1972—2007年的调查数据，并勾勒出法国公众对科学和技术日益增长的矛盾心理，体现出时代和代际群体之间的复杂互动。苏珊·卡罗尔·罗西（Susan Carol Losh，佛罗里达）介绍了她整合美国国家科学基金会科学指标数据库的工作，以及科学素质和类科学信仰在不同时期和组群中的变化轨迹。克里斯蒂娜·佩特科娃和瓦莱里·托多洛夫（Christina Petkova & Valery Todorov，索非亚）比较了1992—2005年保加利亚和英国同年龄组的研究对象。两国虽有着截然不同的历史背景，但此研究却为两者之间存在惊人的相似性和差异性提供了证据。此研究展示了这些对比如何解释那些需要文化和历史洞察力来考查的问题。马丁·W. 鲍尔（伦敦）对旧欧盟12国数据库（涵盖1989—2005年的调查数据以及四次跨国调查数据）的首次分析也有着类似的尝试。在不同的时期和代际群体中指标变化和稳定的模式印证了后工业模型：有争议的"缺失模型"认为科学知识能引发人们对科学的积极态度，但这从历史角度来看充其量只是一个特例。清水健哉和松浦孝哉（Kinya Shimizu & Takuya Matsuura，广岛）分析了1991—2001年日本成人素质指标的发展趋势。他们详细评估了每个问题项在比较中的适配度，根据项目反应理论（Items Response Theory，IRT）对所有问卷进行了打分，并检查了与各种预测变量（包括代际群体）相关的分数。该部分的最后一篇文章是王可及其同事（北京）的工作成果，他们介绍了自20世纪90年代初以来中国科学素质调查所做的工作。他们比较了两个版本的素质指数及其判断能力，以便在中国国内进行比较。

第二部分 基于国别的比较研究

　　第二部分呈现了横向的数据整合分析的实例。这部分包括四篇文章，展示了基于一些指数进行的跨国比较。刘萱和她的同事（合肥和伦敦）分析了一个新整合的数据库，其中包括中国 2007 年的一次大规模区域性调查的数据和 2005 年"欧洲晴雨表"的调查数据。他们记录了对此类数据微整合时面临的困难：有些题目或选项虽在中英文语义上是等价的，但形式上却不完全相同，需要进一步对各自的信息进行比较。他们的分析通过科学素质、科学兴趣、科学参与度和科学态度、对类科学的认知宽容度、年龄、性别、教育以及日常生活（城市或农村）等指标，提供了一种公众理解科学的分类方式。这些不同类型的分布情况在中国和欧盟 27 国截然不同。卡梅洛·波利诺和尤里·卡斯特尔弗兰奇（Carmelo Polino & Yurij Castelfranchi，布宜诺斯艾利斯和贝洛奥里藏特）介绍了他们在拉丁美洲开展的公众理解科学调查。他们比较了七个城市的环境，其核心是构建一个适应不同背景的"科学技术信息指标"。指数建构的另一个例子来自拉杰什·舒克拉（德里）和马丁·W. 鲍尔（伦敦），他们整合了印度 2004 年和欧盟 2005 年的调查数据，基于印度 23 个邦和欧洲 32 个国家的调查数据构建并验证了一个综合性科学文化指数，包括国家/邦维度的科技统计数据［人均国内生产总值（GDPPC）、研发等］和个体维度的公众理解科学测度（知识、兴趣、态度、参与度）。这个指数中所有单元都可以按照科学文化的客观和主观层面进行排序和表述，从而得出一个与联合国人类发展指数（HDI）相仿的、能在政治上提供有用信息的分数。最后，斯韦恩·斯爵伯格和卡米拉·施莱纳（奥斯陆）介绍了他们对 ROSE 项目数据库的分析。该数据库包含关于 40 个国家中 15 岁青少年对科学的态度的调查数据。通过比较这些国家的差异，特别是观察女孩和男孩在某些指标上持续存在的差距，他们发现了公众理解科学指标和 HDI 之间存在很强的相关性。经济合作与发展组织的国际学生评估项目（Programme for International Student Assessment，PISA）在 2006 年对教育成果评估的重点是科学素质，但该项目并不认为需要评估年轻人对科学的态度。这与 ROSE 数据库的研究截然不同。

第三部分 模型与方法

　　研讨会也讨论了测度问题和公众理解科学调查数据可能的复杂程度。现有的关于科学素质、科学兴趣、科学态度和科学参与度的问卷题目需要进行进一步的检验，以确定它们对于构建具有国际比较意义的指数框架的价值。这些题目能否判断出不同人群之间的差异？问卷中大部分题目均为标准的素质或知识题目，由于牛津大学的一个研究团队曾使用过，所以有时被错误地称为"牛津问题"，实际上问卷中大部分项目都比英国1988年的研究更为古老。素质类题目均为教科书式的题目。这种题目在大多数情况下是由权威人士决定答案是正确还是错误的，但这种权威并非毫无争议。

　　有人对此提出质疑：这些关于素质或知识的题目对于评估公众对科学的理解究竟是否有用？例如，拉丁美洲最近的调查问卷中就不包括素质类题目，因为研究人员认为这类题目存在文化上的偏见，也无法体现与当地相关的实用知识（见波利诺和卡斯特尔弗兰奇的研究）。许多对本土文化"水土不服"的题目被以奇怪的方式用于科学素质较低的群体的公共话语中，这是大多数不想陷入定式的研究人员希望避免的。在此之前，有一个观点认为，素质类题目除了能测度受访者的正规教育水平，在其他方面作用很小，所以在问卷中是多余的（布瓦，巴黎）。相比之下，远东国家（如日本和中国）的调查仍以素质类题目为主，而且这些国家的公众对科学的态度趋向于犹豫不决。我们会在科学文化的讨论中看到这一现象是如何发生的。显然，在讨论公众对科学的态度时，我们必须考虑认知和情感评价两方面。

　　乔恩·米勒（Jon Miller，芝加哥）回顾了他毕生追求的公民科学素质（Civic Science Literacy，CSL）测度方法的历史，并介绍了他结合欧盟和美国2005年的数据对相关题目（包括经过编码的开放性问题）进行的验证性因子分析（confirmatory factor analysis）。他整合和校准了这些题目，形成了一个评分范围在0~100分的"公民科学素质"得分。在米勒的检验中，CSL既是一种连续测度，也是一种阈值测度。

　　萨利·斯戴尔（Sally Stares，伦敦）认为，可以通过知识性题目来观察公众的潜在认知能力，他利用潜在特质模型（latent trait models）构建了一个可用于欧洲多国比较的量表。这个心理测量量表的构建不仅关注答案正确与否（这些答案是可以猜测的），还关注回答为"不知道"的答案，这种答案在不同的题目中有着很大的差异。通过这种方法，我们可以根据任何比较背景对这些判断性题目进行最佳组合。

从严格的统计视角来看，公众理解科学调查中大多是定性信息，阿尼尔·拉伊和拉杰什·舒克拉（Anil Rai & Rajesh Shukla，德里）考虑的是如何将这些信息转化为恰当的定量测度信息。他们论证了对数线性模型（log-linear models）和逻辑回归（logistic regressions）的逻辑，并以印度2004年科学调查的农村数据子集为例进行了应用，创建了可用于比较印度不同地区的派生指数。

高哈·拉扎和苏尔吉特·辛格（Gauhar Raza & Surgit Singh，德里）提出了另一种方法，这种方法始于对知识民主化（democratisation of knowledge）有关的文化距离指数（cultural distance index）的一种直觉：半数人口的回答距离知识性题目的标准答案有多远，可以表现在教育水平上。该方法建立在印度素质类题目的创新模式之上，它不仅测度答案的正确、错误和"不知道"的情况，还考察较多人选择的可能被认为带有超自然和神话性质的答案。

第四部分 文化视角下的敏感话题

现有的调查数据也可用于调查文化标记。虽然调查的项目必然是基于特定计划构建的，但是也可以重新构建新的分析框架以供二次分析使用。这样我们可以对一个老问题做出新的解释：对伪科学信仰的包容是关于"素质"定义的问题（例如，有文化的人应拒绝伪科学）吗？还是说这个定义本身就是种文化变量？我们将伪科学排除在外，顺便收集了现有证据来构建素质的框架，这种分析方式可能会让位于更具有文化敏锐性的分析。问题的关键在于一个人对不同知识体系的容忍度，或者称之为"认知多相"（cognitive polyphasia）。这种包容是一种文化变量，可以存在于占星术与科学之间、科学与宗教之间以及动物与人类之间的任何边界上。这些认知是相互竞争的，还是可以在诺玛理论［古尔德的非重叠权威（Gould's Non-Overlapping Magisteria，NOMA）］下相互兼容？

7

第四部分展示了数据如何被用来解决变量"个体容忍度"的问题。尼克·阿勒姆和保罗·斯通曼（Nick Allum & Paul Stoneman，埃塞克斯）利用多层次模型研究了一些关于欧洲占星术信仰流行程度的假设，并测试了它们与认识、理解科学的兼容性。

宗教与科学之间的明显冲突可能会表现为政治意识形态的冲突。在这种情况下，科学与政治问题的比较是至关重要的。斯科特·基特（Scott Keeter）和他的同事们（华盛顿）证明，关于神创论与进化论等问题的科学争议必须与美国的其他政治问题结合起来进行分析。

文化敏锐性的另一个方面体现在动物实验和动物克隆问题上。法比安·克雷塔兹·冯·罗滕（Fabienne Crettaz von Roten，洛桑）对瑞士的德语、法语和意大利语社区进行了分析，并展示了系统性的文化差异如何在界定人类和动物的边界方面发挥作用。这为我们对现有数据库的进一步研究提出了新的问题。这些差异是语言问题吗？当我们比较德国、法国和意大利时，是否也会有同样的结果？

最后，拉斐尔·帕尔多（Rafael Pardo，马德里）结合胚胎干细胞研究，调查了受访者表现出来的态度的复杂性。在一项多国调查的基础上，素质的概念被引申为一种决定了胚胎道德地位的世界观，它源于该地区占主导地位的宗教传统和个人宗教活动。他检测了在干细胞研究方面认知素质与世界观之间是如何进行相互作用的。

第五部分　互补的数据流

最后一部分整理了六篇论文，为科学文化指标建构提供了新的思路，并探索了与目前调查工作不同的数据流。科学文化指标建构要想取得进展，就必须开拓除调查和问卷数据以外的其他数据，并考虑现有数据的局限性，但这不是对现有数据全盘否定，而是使用其他类型的数据来补充现有的研究。这项工作并不是要替代现有的调查工作，而是把它仅作为解决方案的一部分，将资源重新分配给其他数据流。

金学洙（Hak-Soo Kim，首尔）提出了一种新颖的方法：**公众参与科**

学问题／议题（Public Engagement with a Problem/an Issue Relative to Science，PEP/IS）。该方法批判了公众理解科学隐含的研究者驱动、产品导向的传播模型。而作为替代的 PEP 模型以过程和受访者为导向，具备注意力、认知、**解决问题和继续发展**的功能性循环。这一实用主义模型建议对调查工作重新进行根本性的格式化，从受访者的角度对社会问题（注意、认知）进行排序，并根据受访者的感知，将科学对这些问题所做出的贡献（解决方案）进行排序。通过这两种指标，可以对不同社会进行比较。

如果科学文化显现在关于科学的社会对话中，那么不同的**传播类型**就是这种对话中的关键变量。在科学传播领域，实验室科学、科学教育和科学公共传播的**话语体系**有着关键的区别。前者倾向于单一化的概念性语言，以确立术语和概念的本义。后者则主要由叙事性和多义性语言、关键概念和问题的隐含意义构成。伯纳德·席勒（Bernard Schiele，蒙特利尔）探讨了正式和非正式教育类型，包括博物馆展览，以及它们对于构建科学文化指标的作用，这些指标代表了在任意特定背景下科学传播的单义和多义两种类型的混合。

大众媒体是一类重要的科学社会对话载体。尤其是报纸和互联网，它们很容易就能利用内容和语义网络分析的新工具开展成本效益高的流式传输、监测和分析。基于此背景，卡洛斯·沃格特（Carlos Vogt）和他的同事（圣保罗和贝洛奥里藏特）研究出了一种基于人工智能的**自动持续媒体监测系统**（SAPO），用于监测科学报道。该系统已经在巴西和意大利进行了测试［见布奇和内雷希尼（Bucchi & Neresini）的研究］。该系统的过滤算法可以从任何一天的报纸的全部内容中选择出与"科学"相关的材料。据设想，此过滤算法会"学习"新输入的相关内容。每天的**新闻报道强度**主要体现在三个指标上：频率（占总报道的百分比）、密度（报道所占的相对空间）和深度（相对空间／相对频率）。该系统经过手工编码测试，证明自动监控足够可靠，可以生成每日、每周或每月的指数。这一进展提高了内容分析的潜力，使其能够在把握民意脉搏方面与民意调查相抗衡。在"科学与社会"的名目下，各式各样的活动层出不穷，令人眼花缭乱：共识会议、圆桌会议、听证会、全国辩论、研究活动、科学咖啡馆等。这些活动大多有一个特定的主题，如核废料处理、转基因食品或作物、纳米技术等。这些公共活动的目标是多重的（见上文），核心在于实现科学家与公众之间的对话。如此繁多的活动需要建立一个审议活动的全球评分牌（global score board of deliberative events），相关的比较维度包括：公众参与是一项合法权利还是一种权宜的让步？哪种活动应被归类于地方实践，都讨论些什么问题？审议何时能进入政策周期，在周期的上游还是下游？这些活动的功能是什么？是预见、界定核心问题还是公共信息或科技的冲突管理？ 在这些分析维度中，对科学活动参与程度打分虽然看似可行，但实际并非如此。有一系列研究追踪了全球范围内人们对某种特定活动形式的接受程度（如丹麦共识会议），以及在不同的社会背景下，人们的接受程度给此种活动形式带来的改变（Einsiedel，2008）。显然，这些活动形式的扩散并不能保证公众的热情参与，也不能保证公众能充分利用参与科学活动的机会。为了解决这个问题，尼尔斯·梅尔加德（Neils Mejlgaard，奥尔胡斯）和萨利·斯戴尔（伦敦）将参与科学公共活动和参与科学的能力相结合，提出了"科学公民"指数。根据2005年欧洲的调查研究，他们结合每个国家不同的公民类型分布，对参与形式和参与强度进行了评分。

在新千年，科学领域的公共活动以及与科学相关的公共活动不断壮大。科学博物馆、科学节和大量其他旨在让科学更贴近公众的活动在全球范围内复兴，这些活动同样也使科学更加接地气。公众参与（科学）活动（public engagement activities）催生了一部分代表赞助商来组织这些活动的小型私人咨询企业。对不同的参与者和活动进行记录的需求日益增长，给定义"公众理解科学活动"带来困难。史蒂夫·米勒（Steve Miller，伦敦）报告了他最近开展欧洲公众参与（科学）活动基准水平（benchmark levels of public engagement activities）测度的情况。到目前为止，关于这些活动的财政投入相关信息很少，尽管在一些国家，这些活动的经费已经通过总研发预算中固定比例的制度形式确立。例如，在葡萄牙某届政府执政期间，公众参与（科学）活动的财政支出是其研发预算的3%。在公共事件的产生发展过程中和一般意义上的科学传播背景下，公众理解科学调查是重要的社会氛围指标，公众信息也是必须要纳入考虑范围的重要信息。为构建科学文化指标，我们必须根据科学活动参与者、活动开展情况和财政资源来评估活动的水平，但目前这方面的数据仍然很难获取。

马西米亚诺·布奇（Massimiano Bucchi，特兰托）和费德里科·内雷希尼（Federico Neresini，帕多瓦）以意大利科学社会观察研究所（OBSERVA-Italy）[①]为例，展示了如何监测一个国家中长期的科学文化水平。这个意大利非营利组织致力于通过官方统计数据、民众受教育程度、大众媒体监测、定期民意调查和有针对性的研究项目等数据流来观察意大利的公共领域及其科学依据。他们介绍了为保证监测的持续运作，在建立、验证和维护这些补充数据流方面所面临的挑战。

有待研究的一些问题

对于全书的介绍到此即将告一段落，但是在讨论如何开发出全球适用的科学文化指标的过程中，还有一些一般性问题需要注意。

构建活动引导系统还是比较文化系统？

人们对构建科学文化指标存在一个根本性的争议，有时会招致误解。有人可能会把这个问题描述为两个隐含的操作框架之一：我们是在构建一个活动引导系统，还是想去构建文化符号的比较系统？实际上，这两个系统在实际应用中的重点虽然有所重叠，但方向却不同。

如果我们要构建的是**活动引导系统**，那么公众参与科学和大众媒体科学报道的指标就是引导公众思想的监测向量（投入），我们以此来评估公众理解科学（产出）。我们可以将这个系统比作这样一个场景：一个炮兵在使用大炮瞄准目标，为了能有效瞄准目标，他需要一个制导系统。我们的模型就是这样一套输入、输出和结果的组成部分。为提升系统的性能，我们需要根据一些测试标准进行改进。这一体系是策略性行为之一。

或者，如果我们要进行的是**文化符号系统**的比较，那么研究重点则变为

[①] 意大利科学社会观察研究所是一个非营利性的、独立的、法律认可的研究中心，旨在促进科学、技术和社会之间相互作用的研究和讨论，并促进研究者、决策者和公民之间的对话。——译者注

分析不同类型的科学传播（包括正式和非正式的），以及它们之间的相互作用。这种情况下，一个符号并不具备子弹命中目标那样强烈的指向性，不同模式是相对自主的。符号系统是书面和口头参照科学共同进化的过程，具体体现在文字和视觉图像上。我们可以用"共振"来形容振荡系统之间或不同类型的传播之间的关系，它们互相加强或削弱了各自的活动水平。这个系统的指导思想是"舆论"，即首先要理解和欣赏符号化的世界观。这一系统不是干预的目标，而是战略行动的背景。

框架的这两面是基本的，因此仍然是一个问题。其实这种问题不需要解决，因为它们可以共存，特别是因为它们建议为实证调查构建类似的数据流。但是，它们在解释上确实存在分歧。

一般性指标还是具体指标？

我们是从一般性的意义上观察科学，还是说我们所观察的科学中并不总是包含特定的科学问题和争议？我们是要监测普通科学，还是监测具体科学领域（如核能、生物技术、纳米技术等）的发展？关于这些问题一直争论不断。本书致力于研究科学的一般性指标，因此我们排除了诸如氟化水、环境污染、全球变暖或纳米技术等具体科学问题的讨论，关于这些问题已经有大量的专题研究。

反对研究一般性科学指标的观点认为，并不存在对科学的一般性态度，因为在任何时候，对一般性问题的回答都是基于对具体问题的看法，所以即使以牺牲时间序列的可比性为代价，也最好要知道具体的科学问题是什么。而且，具体指标作为活动引导的信息会更加有用，因为它体现了不同的公众判断，这种判断可作为活动引导信息使用。

支持研究一般性科学指标的观点则认为，构建一般性的公众理解科学指标是为了实现时间序列的可比性。时间序列的构建要求使用没有日期限制的长期存在的项目。20世纪50年代和60年代的紧迫性问题，例如氟化水或核泄漏，在21世纪初就不再是问题了。认识这些具体问题的时间序列数据将会成为科学文化的不可靠指标。我们对受访者认知能力的评估必须超越时间上的限制，这同样适用于对科学的一般性态度和对科学的兴趣方面的评估。

我们应对具体科学问题的指标与一般性指标进行实证比较，而不是积累大量具体科学问题的指标来代替一般性指标。在不同的时代和背景下，对具体科学问题的态度如何聚合成为一般性的素质和态度，将会发生有趣的变化，而具体和一般之间的关系可能正是文化变量。

如何建立全球公众理解科学研究基础？

跨国的调查研究鼓励各地区在调查中采用可比的抽样程序、问卷格式和访谈方案。可比性要求问卷中的问题措辞和回答选项必须达到语义对等，但这些都很难实现。不同语言和不同表达之间的转译（例如，"否"或"不同意"在不同语言中的差异）就是众多困难之一。而最大的障碍是做这项工作的决心不够，全球对这项工作的协同支持也不足。编写这本书的全球研究人员网络是朝这个方向迈出的一大步。

实际上，在构建新的调查问卷以及在考虑将现有数据进行二次分析时，我们就会遇到如何构建功能等效的题目以进行比较的问题。当我们应用概念时，如何测试其功能等效性？这是一个需要讨论和实证论证的领域，例如美国、欧盟和印度对素质类题目进行的不同设置；拉扎和辛格为使题目适应本地文化，允许答案中出现超自然现象的回答作为替代方案。为了推动这一领域的调查研究更上一层楼，实现变革性的发展，我们的讨论和本书中的文章提出了以下建议：

- 构建本地时间序列；在自己的社会背景中分析哪些题目是判断性的，哪些不是，然后去掉后者（对题目的回答进行分析）。
- 如果题目在一个区间到下一个区间的调查中有轻微的变化，考虑采用折半设计（splithalf designs）来校准时间序列中的变化。
- 在现有的调查题库中，保持有一组核心题目用于国际比较，包括素质、评价、兴趣和活动参与。界定这样一组核心题目将会十分有用。可以预见，这将是一个与经济合作与发展组织用来评估每个国家研发贡献的《弗拉斯卡蒂手册》相似的成果。
- 开发适合本地背景的新题目。
- 在报告和会议中交流新题目和新想法。
- 微整合现有数据集。数据集中包含特定时间序列内不同国家的数据集成。这类数据库可以容纳复杂的指标构建，并推动决定这些指标的年代和组群效应分析进一步发展。

类型构建

本书的一些文章展示了公众理解科学中不同类型的构建及其作用（刘萱等作者的研究、梅尔加德和斯戴尔的研究）。根据素质、兴趣、态度和科学参与度这些指标，我们可以确定不同的科学文化环境，并使它们扎根于社会经济变量（如年龄、教育水平、居住地在城市或乡村等）中。纵向和横向比较不能仅基于单一指标，还要对不同的文化环境类型进行对比。这些文化环境是在扩张还是在收缩？这方面的研究前景十分广阔。对现有的环境类型及其基础方法论做文献综述，将是一个良好的研究开端。

科学文化的认知与行动指标

我们聚焦"文化"主题，为科学指标体系的讨论做出了贡献。我们需要追溯到这类讨论的开端，也就是20世纪50年代和60年代的全国性论坛和国际论坛，才能找到类似的议题："主观"认知数据、"客观"行动和成果数据的结合，科学文化的两个方面的结合，认知与行动的结合。在本书中，我们致力于将公众理解科学指标与发展高度成熟的客观科技指标体系（研发经费、科学人员、高科技资产负债表、出版物和影响测评）重新整合起来。

在美国，美国国家科学基金会的指标报告仍在发布这两类数据，但没有尝试将这两类数据引入彼此的对话中。同样，巴西的圣保罗研究基金会在关于巴西最大的州——圣保罗的科学体系的报告中也包含了这两种类型的数据。在欧盟，这些监测活动是由负责研发数据的统计局和不定期进行认知调查的"欧洲晴雨表"两部分分别开展的。我们没有看出这些研究之间有过协调和沟通。2004年的《印度科学报告》最初曾抱有实现数据整合的雄心壮志，但没有实现，最终报告没有将客观和主观指标结合起来。在中国，科学素质被视为人力资源发展的一部分，他们正在构建综合性的投入—产出指标体系。在这样的背景下，也许我们需要重温联合国教科文组织的旧议题：科学传播活动应作为与科学有关的活动（Science-Related Activities，SRA）与研发、科技人力相结合来进行测度。

附录 1：国家级代表性调查的年份和负责调查的机构（科学素质、科学态度、科学兴趣和一般性的科学参与度）[3]

表 1.1 全球范围内公众理解科学、科学素质和科学态度的国家级代表性调查

年份	欧盟	英国	法国	西班牙	芬兰	保加利亚	美国	加拿大	俄罗斯	澳大利亚	新西兰	日本	韩国	马来西亚	印度	中国	巴西	阿根廷	委内瑞拉	墨西哥	哥伦比亚
1957							密歇根大学														
1970																					
1971																					
1972			索福瑞集团				哈佛大学														
1973																					
1974																					
1975																					
1976																					
1977	"欧洲晴雨表" 7	"欧洲晴雨表" 7																			
1978	"欧洲晴雨表" 10a	"欧洲晴雨表" 10a	"欧洲晴雨表" 10a																		
1979							美国国家科学基金会														
1980			索福瑞集团																		
1981																					
1982																					

续表

年份	欧盟	英国	法国	西班牙	芬兰	保加利亚	美国	加拿大	俄罗斯	澳大利亚	新西兰	日本	韩国	马来西亚	印度	中国	巴西	阿根廷	委内瑞拉	墨西哥	哥伦比亚
1983							美国国家科学基金会														
1984																					
1985							美国国家科学基金会														
1986		市场与舆论研究公司/《每日电讯报》																			
1987							美国国家科学基金会										巴西国家科学技术发展委员会				
1988		国家经济社会研究委员会	索福瑞端集团/"欧洲晴雨表"					加拿大科学技术部													
1989	"欧洲晴雨表"31	"欧洲晴雨表"31	"欧洲晴雨表"31				美国国家科学基金会														
1990															印度国家科学技术经济发展研究所						

续表

年份	欧盟	英国	法国	西班牙	芬兰	保加利亚	美国	加拿大	俄罗斯	澳大利亚	新西兰	日本	韩国	马来西亚	印度	中国	巴西	阿根廷	委内瑞拉	墨西哥	哥伦比亚
1991												日本国家科技政策研究所									
1992	"欧洲晴雨表" 38.1	"欧洲晴雨表" 38.1	"欧洲晴雨表" 38.1	"欧洲晴雨表" 38.1		保加利亚科学院社会学研究所	美国国家科学基金会									中国科学技术协会					
1993			莱福瑞集团																		
1994									科学研究院							中国科学技术协会					
1995							美国国家科学基金会			科技意识计划											
1996		惠康基金会				保加利亚科学院社会学研究所			科学研究院												
1997							美国国家科学基金会		科学研究院		新西兰研究与科技部					中国科学技术协会						哥伦比亚科学技术创新部
1998																					

续表

年份	欧盟	英国	法国	西班牙	芬兰	保加利亚	美国	加拿大	俄罗斯	澳大利亚	新西兰	日本	韩国	马来西亚	印度	中国	巴西	阿根廷	委内瑞拉	墨西哥	哥伦比亚
1999							美国国家科学基金会		科学研究院												
2000		市场与舆论研究公司												马来西亚科技信息中心							
2001	"欧洲晴雨表"(55.2)	"欧洲晴雨表"(55.2)	索福瑞集团/"欧洲晴雨表"	"欧洲晴雨表"(55.2)	芬兰社会科学数据档案/"欧洲晴雨表"		美国国家科学基金会					日本国家科技政策研究所	韩国科学基金会		印度国家科学技术经济发展研究所	中国科学技术协会				墨西哥国家科技理事会	
2002	"欧洲晴雨表"特辑			西班牙科学与技术基金会		"欧洲晴雨表"			科学研究院							中国科学技术协会	圣保罗研究基金会	阿根廷教育、科学和技术部			
2003					芬兰社会科学数据档案		美国国家科学基金会														
2004						"欧洲晴雨表"(63.1)							韩国科学基金会		印度国家应用经济研究委员会	中国科学技术协会			委内瑞拉科学技术部	墨西哥国家科技理事会	
2005	"欧洲晴雨表"(63.1)	市场与舆论研究公司/"欧洲晴雨表"(63.1)	"欧洲晴雨表"(63.1)	"欧洲晴雨表"(63.1)	"欧洲晴雨表"(63.1)	"欧洲晴雨表"(63.1)							韩国科学基金会			中国科学技术协会	巴西科技部				哥伦比亚科学技术创新部

续表

面向具有全球效力的科学文化指标

年份	欧盟	英国	法国	西班牙	芬兰	保加利亚	美国	加拿大	俄罗斯	澳大利亚	新西兰	日本	韩国	马来西亚	印度	中国	巴西	阿根廷	委内瑞拉	墨西哥	哥伦比亚
2006				西班牙科学与技术基金会			美国国家科学基金会						韩国科学基金会				圣保罗研究基金会	阿根廷教育、科学和技术部	委内瑞拉科学技术部		
2007	"欧洲晴雨表"	美国经济社会研究理事会	"欧洲晴雨表"	"欧洲晴雨表"	芬兰社会科学数据档案（"欧洲晴雨表"）								韩国科学基金会		印度国家科学技术经济发展研究所	中国科学技术协会					
2008							美国综合社会调查						韩国科学基金会								
2009							美国皮尤研究中心			澳大利亚国立大学					印度应用经济研究委员会						
2010	"欧洲晴雨表"（73.1）	市场与舆论研究公司/"欧洲晴雨表"	"欧洲晴雨表"（73.1）	"欧洲晴雨表"（73.1）	"欧洲晴雨表"（73.1）	"欧洲晴雨表"（73.1）	美国综合社会调查						韩国科学基金会			中国科学技术协会	巴西科技部				

注："欧洲晴雨表"调查国家范围：1977 年和 1978 年，欧盟 7 国；1989 年和 1992 年，欧盟 12 国；2001 年和 2002 年，欧盟 25 国（包括前东欧国家）；2010 年，欧盟 28 国，瑞士、土耳其、冰岛。

附录 2

会议演讲者

- 阿格尼斯·艾伦斯多蒂尔（Agnes Allansdottir，锡耶纳大学，意大利）
- 尼克·阿勒姆（Nick Allum，埃塞克斯大学，英国）
- 马丁·W. 鲍尔（Martin W. Bauer，伦敦政治经济学院，英国）
- 丹尼尔·布瓦（Daniel Boy，巴黎政治学院政治研究中心，法国）
- 马西米亚诺·布奇（Massimiano Bucchi，特伦托大学，意大利）
- 法比安·克雷塔兹·冯·罗腾（Fabienne Crettaz von Roten，洛桑大学，瑞士）
- 埃德娜·艾恩西德尔（Edna Einsiedel，卡尔加里大学，加拿大）
- 伊娜·赫尔斯滕（Iina Hellsten，荷兰皇家艺术与科学学院，荷兰）
- 王可（Wang Ke，中国科学技术协会，中国）
- 斯科特·基特（Scott Keeter，皮尤研究中心，美国）
- 金学洙（Kim Hak-Soo，西江大学，韩国）
- 苏珊·罗西（Susan Losh，佛罗里达州立大学，美国）
- 乔恩·米勒（Jon Miller，密歇根州立大学，美国）
- 史蒂夫·米勒（Steve Miller，伦敦大学学院，英国）
- 尼尔斯·梅尔加德（Niels Mejlgaard，奥尔胡斯大学，丹麦）
- 汉斯-彼得·彼得斯（Hans-Peter Peters，尤里希研究中心，德国）
- 克里斯蒂娜·佩特科娃（Kristina Petkova，保加利亚科学院，保加利亚）
- 卡梅洛·波利诺（Carmelo Polino，科学技术指标网络，阿根廷）
- 高哈·拉扎（Gauhar Raza，印度国家科技和开发研究所，印度）
- 伯纳德·希尔（Bernard Schiele，魁北克大学，加拿大）
- 拉杰什·舒克拉（Rajesh Shukla，印度国家应用经济研究委员会，印度）

- 清水健哉（Shimizu Kinya，广岛大学，日本）
- 斯韦恩·塞格贝格（Svein Sjøeberg，奥斯陆大学，挪威）
- 萨利·斯戴尔（Sally Stares，伦敦政治经济学院，英国）
- 卡洛斯·沃格特（Carlos Vogt，圣保罗研究基金会，巴西）
- 温迪·威廉姆斯（Wendy Williams，创新、工业与区域发展部，澳大利亚）

参会人员

- 尤里·卡斯特尔弗兰奇（Yurij Castelfranchi，贝洛奥里藏特大学，巴西）
- 崔进明（Choi Jin-Myung，西江大学，韩国）
- 贝弗利·达蒙斯（Beverley Damonse，南非科技发展署，南非）
- 米歇尔·克莱森斯（Michel Claessens，欧盟研究与创新总局）
- 邱成利（Qiu Chengli，中华人民共和国科学技术部，中国）
- 任福君（Ren Fujun，中国科普研究所，中国）
- 萨拉·坎迪（Sara Candy，惠康基金会，英国）
- 石顺科（Shi Shunke，中国科普研究所，中国）
- 萨法容·汤森（Saffron Townsend，英国研究理事会，英国）
- 瓦莱里·托多罗夫（Valery Todorov，索非亚大学，保加利亚）
- 张超（Zhang Chao，中国科普研究所，中国）

注释

1. 这次会议得到了英国皇家学会科学与社会小组的支持，他们要求我们不在标题中使用"公众理解科学"。英国皇家学会的官方用语中已经将"公众理解"一词改为"公共参与"。因为前者似乎暗含"不足"的意思，所以他们极力避免使用。鲍尔和舒克拉一直在与国际关系小组讨论召开关于科学文化指标的国际会议这一想法。2006年，达伦·巴塔查里[①]偶然得知此事。在从英国

[①] 曾任英国皇家学会科学传播项目高级主管。——译者注

皇家学会离职前，他把剩余的预算都投入在了这次会议上。克洛伊·谢伯德、马修·哈维和尼古拉·赫恩成功地组织了这次活动。我们对这个学术项目所获得的支持表示感谢。

2. 中国科学技术协会的程东红在中国支持开展了许多这方面的研究活动，她曾在另一个场合用一个典型的比喻表达了用新视角审视过去的调查资料的想法："迄今为止，我们做的菜（即公众理解科学指标）都是用糖醋酱做的，现在我们不妨试着用豆豉来烹饪，看看能否发现它真正的味道。"

3. 附录 1 按年份和调查机构列出了各国目前已知的调查。这些调查数据仍然很分散。很多信息，尤其是数据，大多随意地保存在某人的个人电脑上。我们需要对这些调查数据进行调查，记录其确切的来源/背景，将调查问卷翻译为英文，并探讨原始数据的状况和可获取性，最好是作为网络资源。本书原本计划进行这项工作，但其体量太大，难以完成。考虑到完成这个文档所需的时间和精力，该文档本身就是一个课题。但这张表可以作为任何此类研究的初步指南。

科学文化和数字政治

伯努瓦·戈丹

我们都诞生于一个科学技术无所不在的世界。我们掌握的大部分专业知识和日常知识（以及假设）都合理地依赖于机械原理和模型。我们早在上学时就已经习惯于科学思维，每天都会听到有关发现和发明的新闻，每天都会通过购买的商品使用技术。这一进程（文化的"科学化"）开始于17世纪初，到19世纪早期基本完成，我们口中的"现代"或"现代化"就是它的最终产物。

然而，正如玛格丽特·雅各布（Margaret C. Jacob）所言，科学并不是需要同化的舶来品（Jacob，1988：5-6）。事实上，我们在有意识地主动理解或思考科学之前，就已经社会化或融入了科学。科学与科学传播既不是分离的，也不存在先后顺序。我们不能说先有科学而后有传播。科学（包括科学的传播）是西方文化不可分割的一部分。

科学文化是一种部分或全部由科学定义的文化。这种文化涉及的核心机构和活动都与科学相关，广义上来说还包括这些机构和活动所产生的应用和效果。科学文化的发展或多或少取决于这些机构、活动、产出以及它们对社会的影响。只有将它们作为一个整体全面考虑，我们才能理解科学文化。从分析的角度来看，科学文化是不同维度或子系统的总和，包括：

- 机构（研究）；
- 产出（毕业生、知识、技术）；
- 扩散、应用和用户（教育、转移、交流）；
- 影响（对社会、经济、个人的作用）；
- 环境（法律、经济系统、社会价值）。

从这个意义上来说，"科学素质"和"公众理解科学"都只是科学文化的一个维度，本书中大多数文章也都将围绕这一维度展开。在此我提出一个备选的、更加广泛的"科学文化"概念（Godin，1999；Godin and Gingras，2000）。除了以上列出的科学文化的五个维度，我再增加一个维度：测度，也叫作数字文化。测度是科学文化的主要组成部分，对科学本身的测度和对科学文化的测度都不例外（Godin，2005a；2005b）。对科学的测度源自19世纪中期，其重要性在第二次世界大战后更加突出。许多与科学有关的经济决策和政府决策直接依赖于这些数字。这必然会对科学和科学文化产生影响。测度是被测度对象的表征，是我们社会如何理解科学的证据。而对测度的研究可以让我们理解科学家和科学机构如何以及为何以一种特定的方式而不是另一种方式行事，从而能够更好地理解我们的科学文化。

那么，研究人员和政府如何测度科学文化呢？这些测度的情况又如何影响科学文化？在本文中，我将通过测度情况、统计数据和它们的历史来审视科学文化：我们现在如何测度科学文化？我们为什么选择沿用以前的测度方法，而不是采用其他方法？本文第一部分描述科学文化测度的起源和发展，以及在测度发展过程中由其所处背景引发的一些"偏差"。第二部分讨论这些测度情况中体现的科学的文化表征。第三部分介绍联合国教科文组织为提出不同的概念所做出的努力。

科学文化

对科学[1]的统计源自19世纪中期。当时，统计数据来自科学家自身，即对科学家的人数进行测算，包括他们的人口学特征和地理分布情况（表1）。当时的社会政治背景可以解释这类统计数据的产生。那时，人们讨论的核心是文明（后来被称为文化）的进步，以及伟人对文明（文化）的贡献。事实上，许多人认为社会地位较低的人和"没有能力的人"生育的孩子比科学家更多，这对人类来说是一个危机。于是便有了统计一个国家科学家数量的想法（F. Galton，A. de Candolle）。很快，人们就产生了用这些数字作为科学文化和体现一个国家如何支持科学的指标的想法。实际上，最初统计的一个广泛用途就是促进科学进步和改善科学家的社会条件。科学家们抱怨自己的工作鲜少得到认可：工资低，奖励少。于是，科学从业人员的数量成了科学家的社会条件指标（J. M. Cattell）和科学文化指标：某个社会的科学从业人数少，表明该社会科学职业得到的公众支持不足，科学文化水平低（Godin，2007a）。

表 1　科学统计的历史发展（19—20 世纪）

阶段	来源	主要数据
初始阶段（1869 年至 1930 年前后）	科学家［高尔顿（Galton）、坎多勒（Candolle）、卡特尔（Cattell）］	科学家人数
制度化阶段（1920 年至 1970 年前后）	各国政府和国家统计局（以美国为首）	货币支出
国际化阶段（1960 年及之后）	国际组织（联合国教科文组织、经济合作与发展组织、欧盟委员会）	指标 国际比较

20 世纪中叶以来，统计数据的收集完全改变了。自那之后，统计数据主要来自政府及其统计机构，用于研发活动的资金统计成为最珍贵的数据。同样，当时的社会经济背景可以解释这一情况。第一，自 20 世纪初以来，大多数组织都很重视效率，因此控制开支成了它们的头等大事。正是在这一背景下，各国开始编制国家的研究预算。随后很快就可以得出研究活动投入产出的相关统计数据。第二，从更积极的意义上来看，政府寻求为科学发展做出贡献，因此需要可量化的目标。国内生产总值（GDP）用于研发活动的比例能够很好地实现这一要求（Godin，2007b）。

历史发展的最终结果是一组统计数据，它们定义了科学文化。在此，我将从以上列出的几个维度对该组数据进行分析。[2] 我聚焦于官方（即政府）统计数据。事实上，官方数据决定了我们对科学文化的测度。政府在数据收集上投入的财政资源以及数据的常年统计可以确保官方统计数据（而非学术界的统计数据）是在讨论科学和科学文化中自然会用到的统计数据。政府自然会为他们提供的数据赋予合法性。

机　构

科学文化首先建立在这些致力于科学知识生产的机构之上（对于特定国

家而言，这句话只有部分正确，因为理论上所有的科学知识都可以从其他地方购买或吸收）。因此，几十年前，统计学家们的首要任务之一就是识别、罗列这些机构，并统计它们的数量。20世纪50年代和60年代，人们认为收集这些数据是制定良好科学政策的第一步。20世纪初，卡特尔从制作个人、大学和科学团体的名单开始着手，并在20世纪20年代由美国国家研究委员会继续开展，一直到20世纪50年代由美国国家科学基金会接手。20世纪60年代，刚成立不久的联合国教科文组织和经济合作与发展组织也开始收集并公布国际组织的情况。

随着时间的推移，机构已经退缩为被调查的单位之一。如今，我们几乎不可能获取某个国家科学机构的完整清单，甚至连数量都无法获悉。例如，就工业实验室而言，由于涉及机密，数据都是保密的。取而代之的是根据机构所属的经济部门对其进行分类，并且只按照行业、政府、大学、非营利组织（和外国组织）统计总数。

这种测算是出于政策目的——构建对政策制定者有用的总量和简单的统计数据。其中，"有用的"统计数据是指"国家科学预算"，或国内研发支出总额（GERD）。它是指用于上述所有经济部门研究活动的货币支出总和。国内研发支出总额测算的是投入指标，即投入研究活动中的资源。一般还包括参与研究活动的人员数量。

毫无疑问，国内研发支出总额已经成为科学文化的优秀测算标准：一个国家投入研究活动的资源越多，就越是科学导向的。直到20世纪50年代，文明或文化的测算标准还是科学从业人员的数量，而现在变成了国内研发支出总额。国内研发支出总额和国内生产总值之比（GERD/GDP）被用于比较各国在发展科学文化方面所做的努力，成为政策的一个目标。例如，一国经济资源的3%用于研究活动被认为是国家科学投资的最高水平，这也是自20世纪60年代初以来各国政府一直追求的目标。

产　　出

人们不会仅凭研究机构的数量和研究活动所用资源的多少来评定或评估科学文化。传统的科学测度模型（图1）认为，机构会带来成果或产出，也正是这些产出最终促使人们建立机构并提供资助。那么，被测度的产出包括哪些？哪些能够定义科学文化？

图1 传统的科学测度模型

投入 → 研究活动 → 产出

致力于科学研究的机构会有各种各样的产出，有些是纯科学性的（知识），有些是技术性的（发明），还有一些则是人才（毕业生）。随着时间的推移，技术产出超过科学产出成了这些测度的核心。当然，自20世纪初以来，文献计量学一直致力于测度科学知识（论文数量），而且整个"行业"的研究人员都热衷于这类研究。但对于大多数统计学家，尤其是官方统计学家而言，最重要的还是有用的知识或能够应用的知识，也就是技术。政府和国际组织编制的年度系列指标，以及国家统计人员用以测度科学的方法手册，可以证明这种理解：科学文化是一种技术文化（表2）。

表2 经济合作与发展组织方法文件

文件种类	文件标题	出版时间
手册	《科学技术活动的测度：研究与试验发展调查实施标准》（《弗拉斯卡蒂手册》）	1962年
	《采集和解释技术国际收支数据的标准方法建议》	1990年
	《技术创新数据采集和解释指南》（《奥斯陆手册》）	1992年
	《作为科学技术指标的专利和专利使用数据》	1994年
	《科技人力资源手册》（《堪培拉手册》）	1995年
	《生产率测算手册》	2001年
说明书	《经济合作与发展组织经济全球化指标体系》	2005年
指南	《信息社会测度指南》	2005年
框架	《生物技术统计框架》	2005年
其他	《文献计量指标和研究休系分析：方法和实例》	1997年

我们对此做何解释？科学文化及其测度的背后是经济学，在政府手中已经成为一种学说。一种测度可量化的、有形的、经济有效的学说，涉及研发费用、专利、技术国际收支、高科技产品贸易、技术创新和生产率等所有经济指标。

尽管这些测度完全聚焦于经济，但有一组统计数据却与众不同，在一个多世纪以来一直是官方统计数据的核心，那就是毕业生人数。对某些人来说，这是对社会"文化"或知识的测度。然而，对其他人而言，毕业生是"人力资本"，他们是因为有助于经济增长所以才会被测度。无论统计数据有何含义，有一点是肯定的：统计数据生成的原因随时间推移而改变，并且能体现出数据应用的背景。

扩散和使用

在这一背景下，令人惊讶的是，专门针对科学扩散和使用的官方测算数据寥寥无几。科学要想有所用处，就必须在社会和经济中得到扩散和使用。只有成果是不够的。我们必须要问："科学是否得以应用，应用程度如何？"不过，即便是一直把科学知识转移、转化作为政策核心的联合国教科文组织，也从未制定过科学扩散的指标。经济合作与发展组织也是最近才开始测度科学扩散和使用情况的，而且仅限于信息传播技术（ICT）。

造成这一情况的原因是多方面的，当然主要还是思想上的原因。几十年来，科学政策依赖于花言巧语的承诺：有了基础研究和对基础研究的资助，自然就能有成果。在技术方面也是如此：只要有技术，自然就会应用，就会带来进步。但是人们忘了一点，没有什么是自然而然就有的。我们还需要考虑成本、时滞和阻力。所有的一切都需要付出努力。

不过，官方统计人员有一些针对统计扩散情况的测算方法（或替代指标）。首先是对教育的测度。事实上，学校是科学文化扩散的基本"媒介"。几十年来，各国通过入学率和获得学位的情况来测度本国人口的素质。现在许多国家也通过学生成绩进行测度（经济合作与发展组织的国际学生评估项目调查）。但不幸的是，教育统计数据通常不属于科学统计数据。政府部门中，教育和科学通常由不同部门负责，因此这些文件和统计序列也是独立的。

另一个对扩散进行官方测算的指标是科学素质（对科学事实的理解）。自20世纪90年代以来，美国国家科学基金会和欧洲委员会在其定期发布的系列指标中加入了"科学文化"一章。不过，我们更应该感谢学术研究人员提供的最严谨的测度。《公众理解科学》这本著作里提供了一系列通常由政府委托进行的研究及其测算结果，涉及面向公众的科学传播，以及公众与科学家之间的关系等诸多维度（Bauer et al.，2007）。该著作还涉及科学文化的一个重要方面，即个人对科学的社会价值观（即兴趣和态度），往往受到环境和时代背景的影响。

影　　响

与科学的扩散和应用一样，科学带来的影响或效果是科学文化的核心问题。未被应用的科学将一直与社会脱节。同理，没有产生影响的科学是"浪费"的。不过，鉴于科学成果的多样性及用途，我们难以测算其影响。

科学对社会的影响非常广泛，涵盖经济、社会、文化、政治、环境、健康等各个领域。这种广泛的范围形成了早期研究和政策的概念框架。自20世纪20年代开始，美国社会学家威廉·F.奥格本（William F. Ogburn）花了30年的时间研究技术并测度它对社会的影响。他很喜欢向人们解释技术与社会之间的文化滞后或文化失调现象。

不过，奥格本没什么追随者。对科学文化的测度很快转向了经济方面的影响。在科学对社会的所有影响中，被持续测算的只有经济增长和生产率。计量经济学研究大量地将科学（研发）同经济增长和生产率联系在一起。政策文件经常使用这些研究结果，公共组织也将科学统计数据与生产率统计数据一起放在指标记分牌上。

造成这一情况的原因有很多。方法上的局限性是一个重要原因。在对影响的测度中存在着因果关系和归因问题。然而这并非事情的全部。难道我们没有测算经济影响（生产率）的（不完美的）指标吗？在测度科学对生产率的影响方面，这些限制难道不是与测度科学对家庭的影响同等重要吗？于是，我们又回到了之前提到的经济学说。对经济学的痴迷的确决定了我们的测度标准，我们的科学文化是以经济为导向的。

一种文化表征

科学文化及其测度之间存在辩证关系。我们刚刚讨论了同科学和背景相关的特定观点如何影响所产生的数字。反之，这些数字也会影响我们的科学观念，进而通过科学观念影响科学文化。数字是世界的一个社会表征或"文化"表征，控制数字是一个具有国家政治意义的问题。

我们目前的科学表征来自20世纪的概念和统计建构。这种建构在经济合作与发展组织的方法论工作中达到了巅峰。尤其是《弗拉斯卡蒂手册》（OECD，1962），该手册提供了开展研发调查的方法，目前已经发布了第六版。20世纪关于科学的官方定义有四个要素，科学文化亦然（Godin，2009）。科学的定义（和测度）首先建立在"研究"概念的基础之上。这是一种纯粹的社会建构，因为科学也可以被定义为活动或研究以外的东西。长期以来，科学家和哲学家都以科学产出（知识）和方法来定义科学，经济学家将科学定义为信息，社会学家则将其定义为建制和实践。早期的官方定义也不尽相同。联合国教科文组织提出的科学技术活动概念不仅包括研究，还包括教育和科学技术服务。

将科学定义为研究是由于研究的建制化，这是20世纪的一个主要现象。20世纪60年代之前，大多数大型组织已经认识到研究对于经济增长、绩效和创新的贡献，许多组织将越来越多的预算投入这些活动中。因此我们需要更好地了解正在发生的事情，从而测算为研究所付出的努力。

不过，将科学定义为研究还有第二个因素，即会计学及其方法论。有些研究活动很容易测度，有些则不然。有些活动的数字是可以获取的，有些则不可以。有些活动可以很容易地识别和区分，有些则实践起来很难。由于与会计（成本）及其计量有关的方法学原因，官员们选择专注于更容易测度的科学活动（研究）。他们测度的是研究活动而不是研究产出（或知识）、（研究和）科学技术服务，是研发而不是专门的研究，是完全系统性的研究而非（系统性的和）特别的研究。让我们来看看这些选择。

根据政府及其统计数据对科学的定义，科学的第二个要素是研发。研究本质上被定义为研发（R&D），其中D代表开发，占据了超过2/3的支出。开发由规模活动、试验工厂和设计等构成。它是研究分类中的一个重要范畴。20世纪50年代初，哈佛大学的会计师安东尼（R. N. Anthony）为美国国防部开展了工业研究调查，自那时起研究被分为三类：基础研究、应用研究和开发。在研发中加入开发的原因有很多，其中的一个原因是开发对工业（和军事）研究来说很重要，而且很难将开发和研究等其他活动分开（以及划分预算）。此外，技术开发在科学政策议程中的优先地位也是原因之一。

对研究的官方定义的第三个要素是"系统性"。第一次世界大战后，工业研究得以扩张。大多数大公司都认识到投资研究的必要性，并开始建立实验室开展研究。人们认为研究必须是"有组织的和系统化的"，每个管理者都把"系统地"组织工业研究挂在嘴边。这是研究的官方定义背后的基本原理。研究是有组织的研究，即实验室研究。

从工业调查中得出的研究定义影响了问卷调查的整体方法，包括使用相同定义的政府调查问卷和大学研究的调查问卷。这里主要讲的还是美国会计师安东尼。在为国防部进行的调查中，安东尼指出公司规模是解释研发投资的主要变量之一，因此他建议专注于大公司。于是，此后的研究就被等同于系统化研究，专注于拥有专门实验室的大型组织。这一理论很快就与另一个理论联系起来：调查的成本。因为一个国家有成千上万的公司，所以被调查单位必须被限制在可管理的范围内。这可以通过在工业调查中有所侧重来实现：调查确定所有的主要研发者，对于拥有实验室（或能够开展有组织的研究）的大公司，对其逐个进行调查；但是对于规模较小的研发者，只选取其中的一部分作为样本。这一决定还得到了一个事实上的支持，即只有大公司才有精确的研发统计记录，因为研发活动可以在一个独立且正式的实体——实验室中开展。

科学（即研究）这一官方定义的第四个也是最后一个要素是，将某种类型的活动，即科学技术服务排除在外。无论其他的（常规的）活动，如规划和管理、研发工厂扩张、数据收集、科学信息传播、培训、测试和标准化，对研究来说多么不可或缺，也要将研发活动与它们分开。事实上，这些公司的会计实务不会让这些活动那么容易被区分。

科学的上述四个特征和源自数字的科学表征都受到过质疑。有人反对专注于研究或研发。实际上，在构建官方定义的同时，其他人也在提出不同的路径。在一定程度上，这个问题在于以谁的观点定义科学。

科学与公众

其他表征

我们应该感谢联合国教科文组织为科学构建了更具包容性的定义。联合国教科文组织不仅致力于教育和文化发展，也重视经济发展，这一事实说明了它对于更广泛概念的关注。此外，联合国教科文组织是由科学家主导的，不同于由经济学家主导的经济合作与发展组织，这也是它对科学做出不同定义的一个重要影响因素。当然，经济合作与发展组织很早就在开发项目以扩大测度范围，但它从未将这些想法付诸实践。

科学技术潜力

为了提供不同的科学文化表征，联合国教科文组织在首次尝试扩大科学定义时提出了"科学技术潜力"的概念，并制定了调查这种潜力的方法手册。该组织认为，"国家科学技术潜力（STP）包括一个国家拥有的用于发现、发明和技术创新方面，以及在研究科学技术及其应用所涉及的国家和国际问题方面，能够独立支配的全部有组织的资源"（UNESCO，1969a：20，30-32），即：

- 人力资源；
- 金融资源；
- 物质资源；
- 信息中心和服务；
- 研究项目；
- 决策中心。

联合国教科文组织认为，对一国科学技术潜力的调查应涵盖社会科学、人文科学、自然科学，以及对该国自然资源的调查。简而言之，联合国教科文组织在看待科学文化及其测度时，不是仅专注于研发活动，还包括了更多的活动。于联合国教科文组织而言，"这些活动在一个国家的科学技术发展中发挥着至关重要的作用"。调查中没有这些活动是因为对科学技术潜力的看法受到局限,这会阻碍将科学技术用于发展的系统性政策的执行(UNESCO,1969a:21)。对发展中国家来说,这种阻碍更加明显,因为它们依赖于在其他地方产生的知识,即知识转移:

> 如果接受知识转移的国家缺乏运行所必需的基础设施,那么研发所产生的技术或知识的转移又有何用?(Bochet,1977:5)

> 发展中国家的研发项目不足以保证本国科学技术活动的增加。除了这些重要活动外,建立一个科学技术服务基础设施很有必要,一方面可以为研发提供适当的支持和帮助,另一方面有助于研发成果在整个经济和社会上的应用。(Bochet,1977:1)

相关的科学活动

1980年更新的科学技术潜力调查手册由政策部门发布。该手册调查范围非常广泛,甚至可能有些过于广泛了。所以联合国教科文组织的统计部门转向了更有限的活动——科学技术服务,它们后来被称为"相关的科学活动"。

联合国教科文组织及其顾问经常质疑以研发为中心的科学定义,坚持增加相关的科学活动。他们在一份又一份的文件中表明官方论点,认为这些活动对于科学是有贡献的:

> 在数据收集时优先考虑研发只是一个权宜之计,并不意味着低估了在一个包含教育和其他服务的完整背景下采用综合研发方法的重要性。有人甚至认为,只有与这些服务紧密结合,研发才能得到有意义的测度——因为这些服务对于研究效率来说是不可或缺的……而且在一个国家,它们应该出现在研发之前,而非之后。(Gostkowski,1986:2)

联合国教科文组织的基本目标是在工业化国家(即经济合作与发展组织成员)之外的国家推广标准化,因此它对相关的科学活动产生了兴趣。该项目始于1967年,第一步是在东欧启动的。早在1969年,联合国教科文组织就发表了一篇由弗里曼（C. Freeman）撰写的文章，题为《科学技术活动的测度》。文中谈及西欧和东欧之间数据的标准化，以及测度相关科学活动的必要性：研发"只是科学技术活动的一部分……有一点从一开始就非常重要，我们必须着眼全局并开始构建必要的框架，建立一个覆盖整个领域的可行的数据收集系统"（UNESCO，1969b：i）。这篇文章最终形成了关于科学技术统计的一本指南和一本手册，均出版于1984年。

当时东欧国家的特殊之处在于并没有将研发活动界定为研发。例如，苏联将科学技术统计数据统统归类到"科学"这一标题下。更进一步的例子如政府科学，包括了培训、设计和博物馆。因此，联合国教科文组织必须在两种标准化之间进行抉择：要么遵循经济合作与发展组织的做法，专注研发；要么像东欧一样，对研发和相关的科学活动都进行测度。对于联合国教科文组织而言，相关的科学活动的定义是：

· 虽然实质上不具有创新性，但能提供提高研发效果必备的基础设施的活动；

· 在科学和技术框架内，虽然没有直接参与，但是构成维持研发活动所必需的持续、常规能力的活动；

· 虽然不具有创新性，但在不同程度上与研发活动有联系的活动，根据研发内部或外部的具体情况开展。（Bochet，1974）

因此，相关的科学活动包括信息和文件、标准化、博物馆、地形学、勘探等。联合国教科文组织努力测度相关的科学活动，于1982年起草了一份关于（仅限于）科学技术信息和文件的指南，在七个国家进行测试后，于1984年以暂定版的形式发布。这本指南将科学技术信息和文件定义为"与信息活动……相关的定量数据的收集、处理、存储和分析"（UNESCO，1984：5）。于联合国教科文组织而言，主要测度对象是参与这些活动的机构和个人，可用的财政资源和有形设施的数量及其使用者的数量。

将东欧囊括在内的项目以失败告终。同样，联合国教科文组织从未收集过包括信息和文件记录在内的相关科学活动数据。为什么？原因有很多。首要的是，联合国教科文组织本身专注于研发。人们认为研发活动更容易定位

科学文化和数字政治

和测度,而且具有对科学技术做出"突出"贡献的优点。人们认为研发是更高阶的活动。在人们心中这一级别是不言而喻的。几乎每个人都理所当然地认为,类似市场研究或设计等"软"活动不属于科学。这是当时人们的普遍看法。各国对于统计相关科学活动的兴趣不大,仅有的兴趣通常是出于政治考虑,比如为了展现出自身较高的科学技术水平。因此,联合国教科文组织在推行相关科学活动概念的同时,也强调了研发的核心地位。以下就是众多表述中的一例:

> 由于研发活动对知识、技术和经济发展做出了独一无二的(法语版表述为"特别的、不寻常的")贡献,而且研发可以被称为科学技术的核心,所以对投入研发的人力资源和财政资源的研究通常更细致。(UNESCO,1986:6)

联合国教科文组织从未开展相关科学活动测度的第二个原因是,鲜少有国家对这些活动感兴趣。1985年联合国教科文组织针对科学技术信息和文献的数据收集方法召开了一次专家会议,旨在对试点调查中吸取的经验教训进行测评。根据报告,这些活动被认为并不那么重要或紧急,测度这些活动的目的并不明显,而且在解释定义方面也存在着困难。

但是联合国教科文组织在相关科学活动的测度上失败的主要原因是,美国指责该组织存在意识形态偏见并于1984年退出了该组织。这一决定在财政和人力资源方面对联合国教科文组织的统计部门产生了相当大的影响。这导致联合国教科义组织在科学测度领域衰落,甚至几乎消失。

科学技术活动

在推广科学测度时,联合国教科文组织面临着两类国家带来的两种挑战。该组织解释称(UNESCO,1966b:3):"对于如此先进的方法,经济合作与发展组织必须调整以适应发展水平各异、社会经济组织形式多样的成员国使用。"第一组(发展中国家)几乎没有科学技术统计领域的经验,而第二组(东欧国家)的经济体系则需要做出重大调整以符合经济合作与发展组织的标准:

> 一个拥有40,000名科学家和200,000名工程师、涉足所有科学技术领域的国家研究出来的统计方法，对于一个只有50名科学家和200名工程师的国家来说可能没什么用处；适用于统计部门高度发达国家的调查问卷，在一个几乎没有专业统计人员来收集对于规划至关重要的最基本的人口和经济数据的国家，是不具备可操作性的。（UNESCO，1966a：3）

任务非常艰巨。"秘书处并没有低估这项任务涉及的艰难问题，但是他们深信，在具有这一领域统计经验的成员国的帮助下，可以在这方面取得许多进展。"（UNESCO，1966a：4）。因此，联合国教科文组织早在1969年就提出了"全球"标准（UNESCO，1969b）。如上所述，联合国教科文组织的手册不仅体现了对相关科学活动进行测度的必要性，还涵盖了另一个概念，即"科学技术活动"。

"科学技术活动"的概念是联合国教科文组织为拓展科学文化定义和测度所采取的第三次也是最后一次努力，并且这一概念也成为该组织科学测度理念的基础：

> 扩大科学统计范围特别符合大多数发展中国家的情况，这些国家从事的科学技术活动范围通常更宽泛，而不是单纯做研发（OECD，1969c：9）。在发展中国家，资源更多用于与技术转让和已知技术应用相关的科学活动，而非研发本身。（UNESCO，1972：14）

根据1978年联合国教科文组织各成员国的提议，科学技术活动分为三大类：研发、科学技术教育和培训、科学技术服务（或相关的科学活动）（图2）（UNESCO，1978）。不过，这一建议没有维持多久。1986年，联合国教科文组织科学技术统计部部长得出结论："由于巨大的成本和组织困难，在一个国家建立可以同时全面涵盖科学技术服务及科学技术教育与培训的数据收集系统是不现实的。"

在联合国教科文组织提出建议几年后，经济合作与发展组织在1981年版《弗拉斯卡蒂手册》的新章节中挪用了"科学技术活动"的概念。当然，

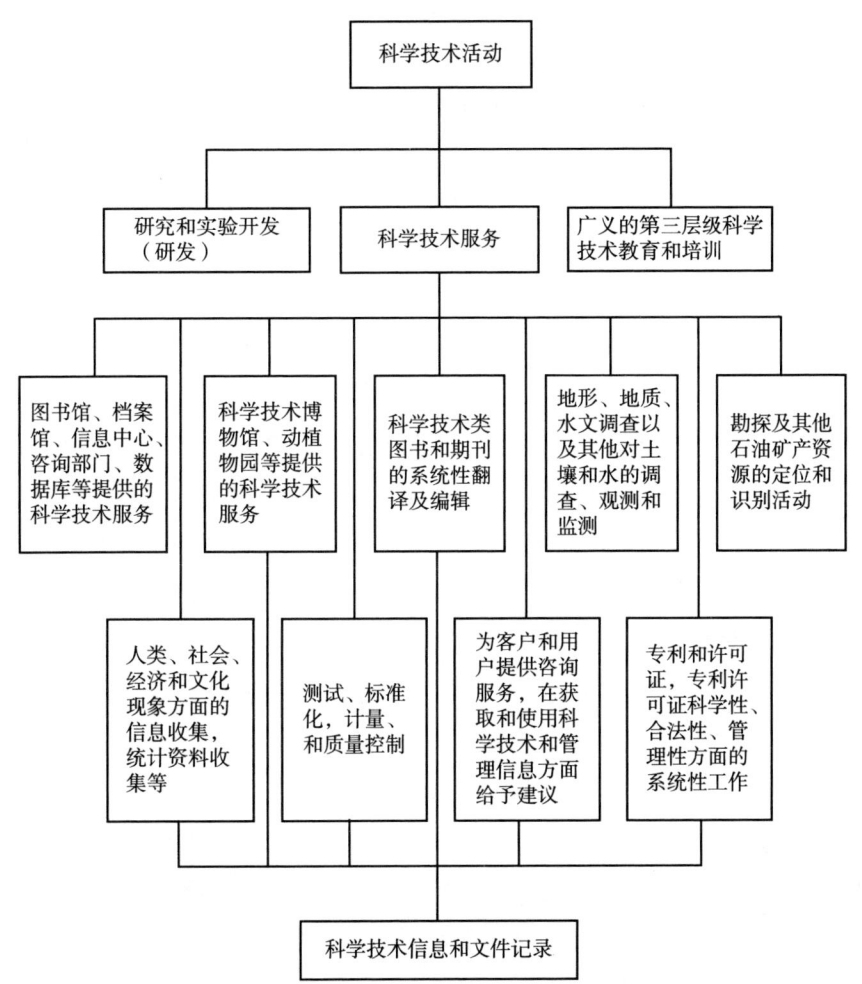

图2 联合国教科文组织对科学技术活动的分类

自1962年以来，手册中就一直有"科学活动"的概念，手册标题中也一直有"科学技术活动"。但是，现在它出现在一个介绍性的章节当中，"这一章节主要针对非专家人士……而设计，以便让他们了解情况"（OECD，1981：13）。这么做的目的不是对科学技术活动进行测度，而是"将正在测度的研发与没有进行测度的科学技术教育和培训以及科学技术服务区分开来"（OECD，1981：15）。相应地，这对科学的标准定义及其测度几乎没有影响。

不过，有一项决定产生了巨大的影响。这一版《弗拉斯卡蒂手册》不仅介绍了"科学技术活动"的概念，也介绍了"创新"的概念。在所有非研发活动和相关科学活动中，创新是历史上经济合作与发展组织在科学统计方面唯一获得一定自主权的活动，地位与研发不相上下。1992年，经济合作与发展组织成员国通过了一本专门衡量创新的手册，即《奥斯陆手册》（OECD，1992）。从那时起，创新成了测评科学文化的真正基准。

结　　论

本文证明了数字的政治性。在20世纪，科学和科学文化统计的发展经历了从文明、文化和科学家的问题向金钱、效率和技术创新问题的演变。在国际层面上，还存在谁将控制该领域，并将自己的想法强加于人的问题。联合国教科文组织在努力调解成员国的过程中一直想要在标准化的范围上超过经济合作与发展组织，这一想法对它的引领作用丝毫不亚于政治因素。1963年经济合作与发展组织采用了一种标准方法进行研发调查，令联合国教科文组织惊讶不已。经济合作与发展组织称，该手册"引起了其他国际组织及其成员国……的极大兴趣"，是委员会项目中重要的（项目）之一（OECD，1964：11）。实际上，早在1960年，联合国教科文组织就试图评估发展中国家投入科学技术的资源。制定国际标准难道不是联合国教科文组织的职责吗？到1958年，联合国教科文组织已经制定了教育标准，并正在进一步制定期刊（1964年）和图书馆（1970年）标准。

考虑到经济合作与发展组织的《弗拉斯卡蒂手册》，如果联合国教科文组织想要进入科学测度领域，它就需要将自己和其他组织区分开来。联合国教科文组织做到了这一点，因为它比经济合作与发展组织更加看重相关科学活动。但最终，它对这些活动本身的兴趣仅略高于经济合作与发展组织。联合国教科文组织必须要找到合适的定位，让自己成为科学技术统计方法领域的可信参与者。而且，它只是遵循了东欧的经验，因为这是在经济合作与发展组织国家之外实现统计标准化最简单的方法。

经济合作与发展组织成员国拒绝效仿，这意味着要背离自己的做法，正如其秘书处在回复统计问题特别审查小组时所言,"经济合作与发展组织成员国将失去目前对标准和方法的全面控制"(OECD,1977:16):

> 现在还未到建立"全球性"的科学标准的时候……在空洞的国际主义中正式通过《联合国教科文组织手册》的现有草案,也不太可能产生任何实际利益……在我们看来,目前的草案好高骛远,实践经验不足以支持其发挥作用。(OECD,1977:18)

在20世纪,与科学素质、公众理解科学以及科学与社会的对话相关的统计数据在官方数据中处于怎样的地位?这属于科学文化第三个维度的一部分,我们称之为"扩散和应用"。如果使用局限的科学文化定义(仅限于科学素质和/或公众理解科学),那么我们有理由认为这一科学文化测度做得不好:官方测度中几乎没有这一方面的统计。不过,一个多世纪以来,科学文化的其他维度有许多官方测度数据。事实上,无论是好是坏,科学文化的统计数据都比比皆是。

统计数据体现了科学文化的特定含义。官方统计数据和指标见证了科学公共表征中的道德经济或政治等级制度,包括核心与外围:研发和其他活动,自然科学、实验科学以及其他科学,高科技和其他技术,科学家和公众。当然,各国政府和国际组织有时会对"公众"进行测度。"欧洲晴雨表"就是这方面为数不多的工具之一。然而,该领域和文献计量学通常属于学术界。最后,数字明确地证明了我们的社会、政治和文化价值观。

注释

1. 本文中的"科学"是指科学、技术和创新三者的总和。
2. 本文没有阐述科学文化的最后一个维度(即环境)。

第一部分

基于历史发展脉络的纵向分析

LONGITUDINAL ANALYSIS

法国公众科学态度（1972—2005年）

丹尼尔·布瓦

1972年，法国科技研究总代表团的官员委托国家政治科学基金会开展一项研究，调查法国公众对科学研究的态度。这一委托源于法国公共研究管理人员对特定问题的关注。他们急于避免公众对科研投资方向的抗议。在全球其他地区，尤其是美国，这一情况已经发生。1971年，经济合作与发展组织委托哈佛大学哈维·布鲁克斯（Harvey Brooks）院长撰写了一份关于科学政策变化的报告。该报告批评了当前科技的发展方向，特别强调了一种日益盛行的观点，至今仍然适用："现如今，人们对科技有一些情绪上的反应，甚至出现了一些严重的批评。人们认识到，科技在给社会带来巨大好处的同时，也带来了一些弊端。因此，今后十年，科技相关的政策必须比过去更加明确地考虑到科学应用或技术部署可能会带来的实际的或潜在的利弊。"1972年，法国政治研究中心的一个研究小组承担了"法国人对科学研究的态度"这一研究，并通过索福瑞集团开展了实地调查。

自1972年初次开展研究以来，1982年、1989年、1994年、2001年和2007年又进行了五次调查。[1]其中一些题目在各次调查中都被原封不动地重复使用，而另一些题目只在某几次调查中出现。

此后研究人员利用六次调查共有的要素建立了一个综合数据库，可以测度35年间法国人对科学所持态度的变化。此外，这个数据库引入了"世代"的概念：第一次调查（1972年）中最年轻的一代（18—35岁）在最近一次调查时是53—70岁。这一代人（以及其他世代，通过比较）如今在多大程度上保持或改变了他们最初对科学问题的态度？为回答该问题，也为了便于将法国数据与其他数据进行比较，我将依据马丁·W.鲍尔的经验定义来界定不同的世代。[2]

科学与公众

- "新秩序一代"生于1977年后。这是最年轻的一群受访者。他们成长于"冷战"结束后,从"世界新秩序"和资本主义经济终将胜利的花言巧语中觉醒。他们生活在20世纪末IT和生物技术"革命"的豪言壮语中。这是属于1995—2000年个人电脑和互联网热潮的一代。

- "X一代"出生于1963—1976年。这代人是生育控制"革命"的结果。他们在成长中经历过20世纪70年代的"石油危机"和80年代的核问题、反核抗议、"核军备竞赛"以及"星球大战"计划。

- "婴儿潮一代"出生于1950—1962年。他们成长于第二次世界大战后,那时的社会洋溢着乐观的情绪,并朝着现代化发展。他们见证了历史上最长的经济繁荣时期。这一时期的西方社会十分"富足",没有物质上的担忧。这代人也是20世纪70年代的抗议一代。他们拥有理想主义的世界观,对社会进步以及进步与科技的联系有着更多质疑。

- "战争和危机一代"出生于1930—1949年。这一代人见证了第二次世界大战,也是战后第一代经历"冷战"格局的人。他们还经历过20世纪50年代的"核狂热",这股浪潮预示着一场科学革命和原子能社会中"廉价到无法计费的能源"。

- "咆哮的20年代"造就了出生于1930年前的世代。他们成长于喧嚣的20世纪20年代,这段繁荣时期以1929年的大萧条和随后的经济危机告终。

在法国和其他工业化国家,人们常说,在过去的30年里,"进步思想"在公众意识中日渐式微。20世纪80年代和90年代初发生的各种所谓的科学或技术危机(血液污染、"疯牛病"危机、对转基因生物的恐惧)为人们对科技日益匮乏的信任提供了一个可能的解释。然而,在试图对这种假设的态度变化找到解释之前,我们应先对数据库进行分析,看看是否能在这里找到变化的痕迹。特别是有必要先确定公众对科学技术是否越来越敌视,或者说至少是模棱两可的态度。如果是这样,那么就需要查明公众对科学的敌意是普遍的,还是仅仅针对某些特定的领域。最后,还需要去验证,是否老一辈人仍然是科学进步最热心的支持者,而年轻一代总是谴责科学进步。

科学研究：政府参与的比重上升？

相较于其他具有可比性的国家，在法国，政府扮演着更为重要的角色。而且，人们常常认为，绝大多数法国公民，无论他们的意识形态倾向如何，都愿意维持一个庞大的公共部门。具体到科学研究方面，人们可能会以为这种支持国家的理念会导致社会公众普遍支持由国家资助科学研究，而不是由私营部门资助。在我们的六次调查中，有三次（1989年、1994年、2001年）在问卷中就这一主题提出过两个问题："你认为法国的科技研究经费主要是来自政府资助、私营企业资助，还是政府和私营企业对半开？""在未来，你认为科技研究的经费应主要由政府资助、私营企业资助，还是由政府和私营企业平分？"调查结果显示，绝大部分法国人认为科研经费应由政府和私营企业各承担一半，只有1/4的人认为应主要由政府保障。实际上，在1971年，政府承担了63.3%的研发支出（私营企业承担了36.7%）。在1990年，政府支出在研发资助中的占比为53.1%；而在2001年，这一份额下降到了43.7%。显然，公众还没有注意到政府的逐渐后退。不仅如此，越来越多的法国人希望由政府来资助大部分研究——持该观点的人数比例在1989年为24%，1994年为28%，2001年为31%——然而，事实上，政府的资助比重一直在下降。

有一个只出现在后面三次调查中的问题显示出了关于开展基础研究的巨大变化，即主要由政府资助的科学研究：1994年，39%的受访者认为"即使不确定研究是否会有实际的应用"[3]，也应开展科学研究。2001年和2007年这一比例分别为52%和59%。这一趋势意味着什么？有很多证据表明，20世纪90年代的科学危机让很多公众开始要求科学研究要有新的方向。他们要求增加基础研究和国家干预，这也是在变相要求增加防范措施。法国公众认为，正是由于科学管理缺乏防范措施，才造成了科学危机（"疯牛病"、转基因生物、石棉等）。而且许多人认为，过度追求利润是造成科学防范措施缺乏的主要原因。只要有了科学技术越来越注重营利的认识，公众就会忘记其实科技领域取得的这些进步也是符合大众利益的。调查结果中，对于更多基础研究和更多政府干预的需求也许为这一情况提供了解决方案。

科学与公众

研究人员的形象

公众不仅通过科学成就来感知科学，往往也通过更具体的"科研人员"来感知科学。调查显示，法国公众对"研究人员"或"科学家"的形象有两种截然不同的想象：一种认为科学家的形象是正面的，在法国体现为路易·巴斯德（Louis Pasteur）和居里夫妇（Pierre and Marie Curie）等历史人物；另一种则认为科学家是邪恶的，此形象来源于19世纪玛丽·雪莱（Mary Shelley）创作的科学怪人弗兰肯斯坦（Frankenstein）的故事，此后当代作品（连载漫画、电影和电视剧）创造出了无数版本的科学怪人。下面两句话代表了对这些社会信条的两种阐释："科学家是为人类利益而献身的人"以及"因为科学家拥有知识，如果他们想作恶，那就会变得非常危险"。这两种形象一直主导着公众舆论。然而，1972年以来出现了变化，科学家形象的积极方面在调查中有所减弱，而消极方面则略有加强（图1，以"非常同意"作为分析项）。

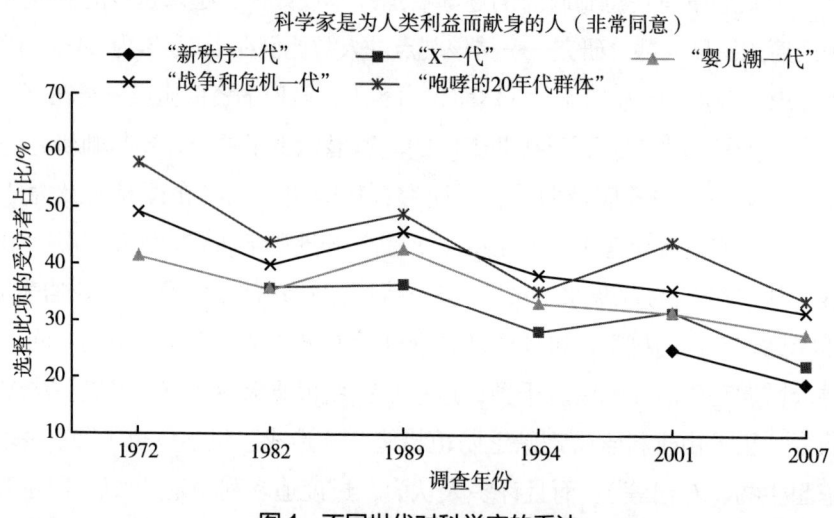

图1　不同世代对科学家的看法

观察这两种观点在不同的世代之间的变化，我们首先可以看到，"科学神话"，即"好科学家"的形象，在老一辈人（"咆哮的20年代群体""战争和危机一代")中比在年轻一代("婴儿潮一代""X一代")中更根深蒂固。但重点在于,无论是观察哪一代人,我们都能发现,即便科学家这两种形象仍然在公众中占主导地位,但旧的刻板印象正在逐渐瓦解。[4]

科技发展:积极或消极的影响

科技发展对不同方面的影响

科技发展是否带来了积极的影响?问题的答案自然取决于田野调查,但自第一次调查以来,至少在调查内容相对全面时,答案并未发生显著变化。例如,在"生活水平"和"工作条件"方面的调查结果十分积极正面,且在这段时期也没有出现太大的变化。[5] 在"健康"方面,积极评价有增加的趋势,在最近两次调查中尤为明显。

然而,对"道德感"和"人际关系"等更加敏感问题的评价总是较消极。受访者可能将"道德感"一词理解为人类在日常行为中遵守寻常道德标准的倾向。毫不意外,人们对这方面的态度一直就很悲观:"现代"(指科学发展的时代)社会并没有在"道德"方面取得进步,这一观点自让－雅克·卢梭(Jean-Jacques Rousseau)以来已经成为主流观点的一部分。调查结果证实了这点,在"科技发展是否让人类变得更好了?"这一问题上,人们的回答一直都很消极。

在"人际关系"方面出现的消极情绪体现了人们对"黄金时代"的怀念,这种怀旧情绪普遍存在于社会中。

从世代效应分析(图2)看,我们可以观察到,人们的积极态度有明显的下降(特别是在1994年的调查中),虽然在2001年的调查[6]中有小幅度回升,但是总的来说,世代之间的差异相对有限。[7]

两个特定领域:环境和伦理

环境和伦理是近年来调查科技发展所带来的影响时最常涉及的两个领域。自1972年以来,每一次调查都提出了以下两个问题,涵盖了环境和伦理。

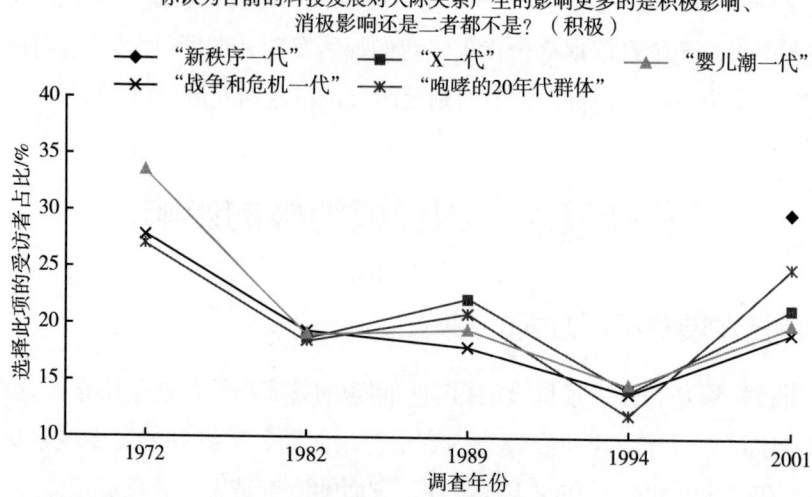

图2 科学对人际关系的积极影响

第一个问题[8]的结果显示,在环境问题上,公众对"化学品"(在这个问题中是"化肥")的恐惧是长期的、明确的,而且近年来这种恐惧仍在上升。1972年,72%的受访者赞同停止使用化肥;在2001年,这一比例上升至90%。

从世代效应分析来看(图3),不同世代在这方面的态度一直存在显著差异。新一代("X一代""婴儿潮一代")不太反对使用化肥,这种差异在

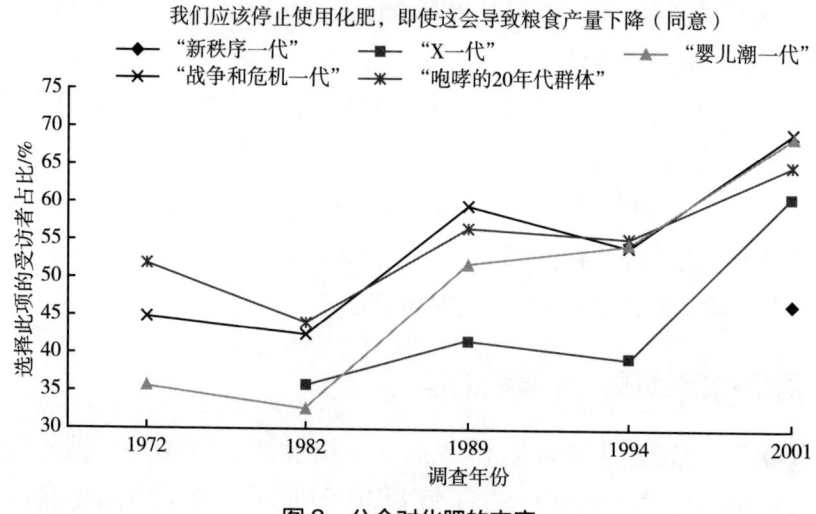

图3 公众对化肥的态度

不同时期的调查中保持不变。

第二个问题[9]所调查出的结果较难解读：该问题涉及有"伦理"争议的研究，以人工辅助生殖为例。在这方面，人们的态度各不相同，并未出现某种明显的趋势。人们对这道题的回答也许由当时所处的环境决定：在最早期的调查中，"试管婴儿"（当时仍是理论上的探讨）让人联想到没有母亲的孩子。在20世纪80年代，体外受精已成为难以受孕夫妇的一种相当普遍的解决方案，因此得以合法化，强化了科学发展的好处。在20世纪90年代，克隆问题可能引发了人们对这类科技应用的负面看法。但近年来，政府对这些问题有了明确的立法（1994年通过了生物伦理方面的法案，2002年修订），也许消除了公众对科学发展伦理限制的疑虑。

同样，在世代效应分析中，不同的世代对此问题做出了不同的判断（图4），这在早期的调查中尤为明显：在20世纪90年代以前，年轻世代对科学研究的支持率比其他世代高得多，即使它威胁到伦理原则。然而，在1994年的调查中，这项支持率在所有世代中都有所下降。在最近的调查（2001年和2007年）中，不同的世代似乎对此问题达成了普遍的共识。

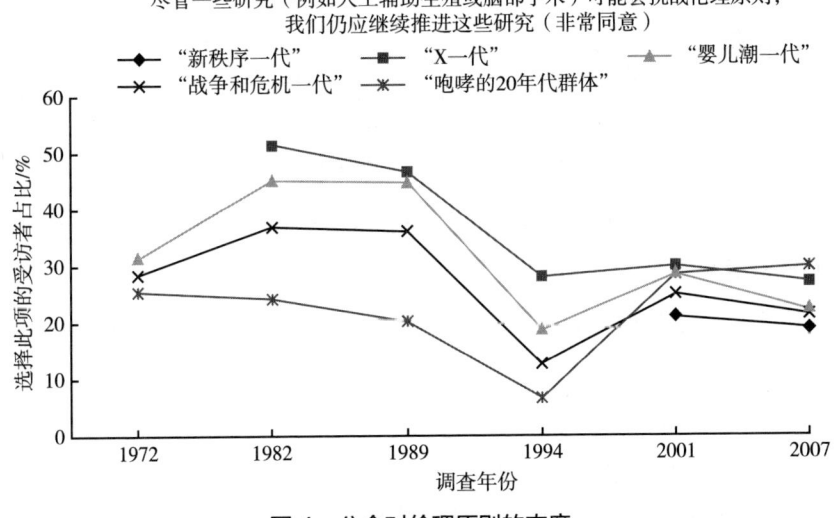

图4　公众对伦理原则的态度

总体评估

除了对不同领域进行调查，该项研究还通过以下问题做了总体评估："你认为科学对人类的影响是利大于弊、弊大于利，还是利弊相当？"自1972年以来的调查结果变化很明显：

- 负面答案（弊大于利）仍然较少；
- 正面答案（利大于弊）明显减少；
- 中位答案（利弊相当）明显增加了。

因此，从整体上看，科学并没有引发更多的负面观点，而是出现了更多中立或模棱两可的评价（图5、图6）。

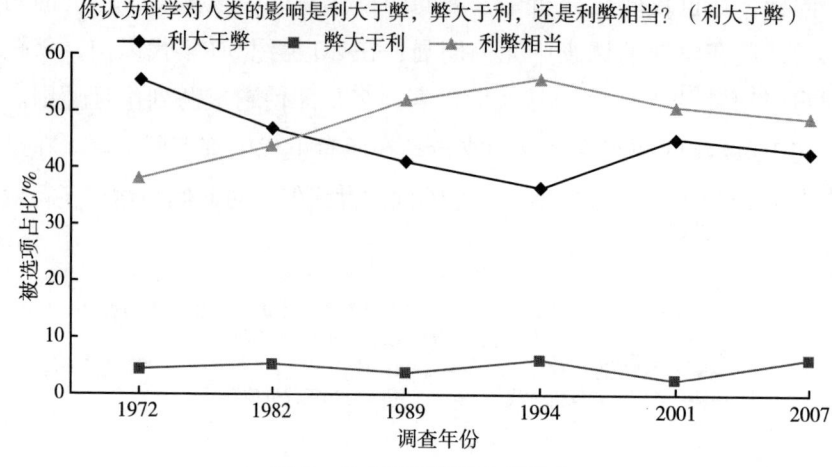

图5　公众对科学的总体评价

从所有世代对此问题态度的变化情况来看，最积极的观点（利大于弊）在1994年之前一直呈下降趋势，但随后在2001年和2007年有所回升。在20世纪70年代和80年代，不同世代对该问题的态度几乎没有什么不同，但自20世纪90年代以后，与年轻世代相比，老一辈人更加认同"科学对人类的影响利大于弊"。

科技影响的总体评估中的变化进一步印证了研究中经常被注意到的一个发现：在过去13年中，法国公众对科学的态度在初期是乐观的（在20世

基于历史发展脉络的纵向分析 第一部分

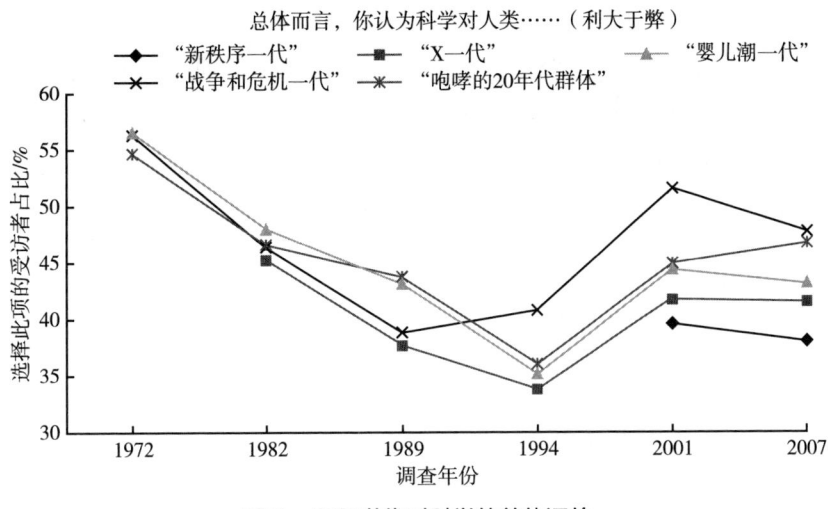

图6 不同世代对科学的总体评价

70年代和80年代），随后在90年代大幅下滑，在最近两次调查中又有所回升。如何解释这种情况？其中一个可能的解释是，这是由我们调查所处的背景，特别是整个80年代和90年代初出现的所谓的科技危机造成的。在法国，公众将血液污染丑闻视为科技发展的第一次重大失败。几乎与此同时出现的"疯牛病"危机让法国公众更加相信——无论这种观点正确与否——科技受到了经济利润的过度影响，而且法国的风险管理组织不力。直到21世纪初，公众的这些恐惧仍没有完全消失。然而，一系列政治回应似乎增强了人们对科技的信心。例如为科学争议问题而设立的专业性国家机构[10]也许就促成了公众态度的转变。

非理性现象的增加？

科学管理者和调解员会周期性地关注社会中非理性现象增加的问题。所有形式的"超科学"（占星术、"心灵感应"和"桌灵转"等）似乎吸引力都在稳步增加，这也许在一定程度上解释了为什么人们对真正的科学缺乏兴趣。大家认为，由于有了更有吸引力的替代品，所以公众正在远离真正的科学。然而我们既缺乏关于超科学消费的调查数据（即类科学文献的数量，包括图书、杂志和现在的网络资料），也没有该行业从业者的营业额数据。不过，自1982年以来，在对法国人科学态度的调查中，研究人员已经测度了人们对所谓超自然现象的信仰程度。

为了分析这些信仰在这25年间的发展情况，并对代际效应进行检验，我们用以下五种"超科学"构建了一个指数：

- 用占星术解释人格；
- 巫术或魔法；
- 通过占星术或星座预测
- "桌灵转"，招魂术；
- 隔空对话。

图7展示了对于上述五种"超科学"，至少相信其中三种的人所占百分比。

人们常常认为，对科学的信心下降必然与社会中非理性信仰的增多有关。但显然，这一假设并没有事实佐证。尽管我们已经证实，在20世纪90年代的法国，公众对科学的支持率大幅下降，但同时期人们对"超科学"的信仰并没有相应上升。相反，1982—2007年，人们对"超科学"的信仰水平总体上是比较稳定的。

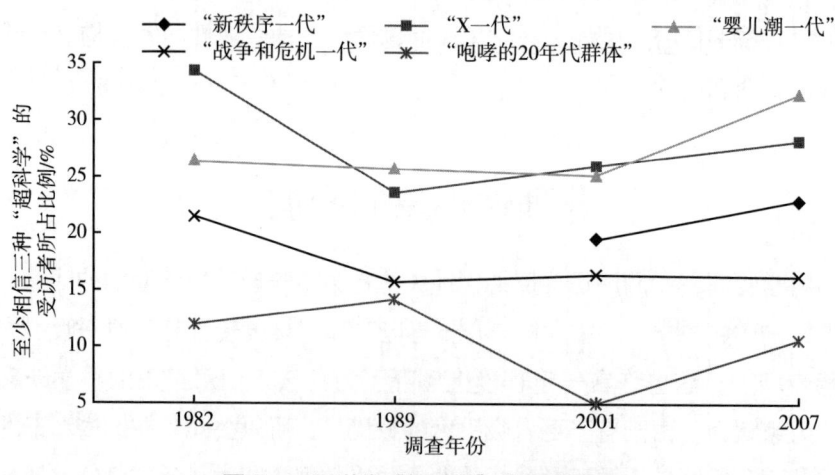

图7 不同世代"超科学"信仰的情况

基于历史发展脉络的纵向分析 第一部分

同样明显的是，年轻世代（"婴儿潮一代""X一代""新秩序一代"）对"超科学"的信仰比年长的世代（"咆哮的20年代群体""战争和危机一代"）更为普遍。相信非理性现象成了受过教育的年轻一代的特征，而不是受教育程度较低的老一辈的遗风，这与我们的预期恰好相反。

科学文化

研究人员通过以下问题来调查公众对科学文化的兴趣："您是否有兴趣了解以下几个科学领域的信息？是非常有兴趣，有些兴趣还是完全没有兴趣？"

- 太空探索；
- 医学研究；
- 物质研究；
- 生命研究；
- 重大技术成就；
- 重大探索发现。

研究人员创建了一个指数，以分析人们对科学文化兴趣的总体变化（图8）。如果受访者自称对上述六个科学领域中至少四个"非常感兴趣"，

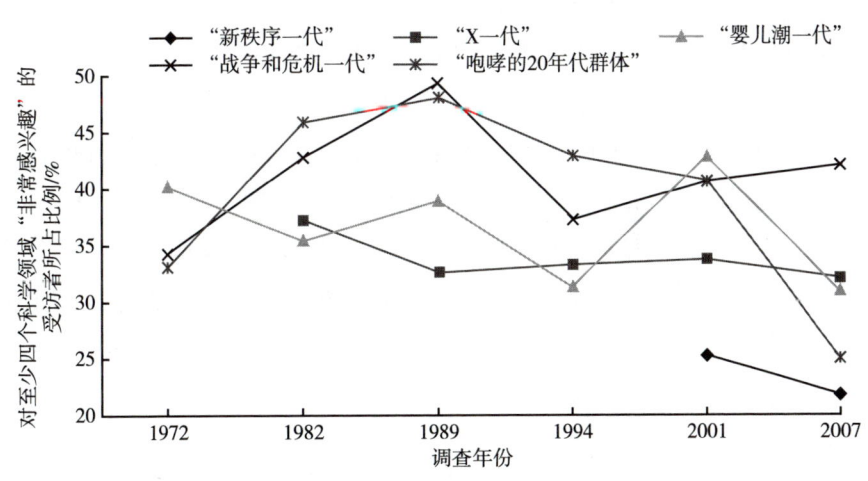

图8 不同世代科学文化兴趣指数

就可以认定为对科学文化感兴趣。这一综合指数在20世纪80年代末达到顶峰（1989年为43%，1972年为34%），随后逐渐走低，在2007年的调查中跌至32%。

然而，在这项对科学文化的研究中最主要的发现是，根据兴趣指数显示，相比于年轻一代（"X一代""新秩序一代"），老一辈人（"咆哮的20年代群体""战争和危机一代"）对科学文化更感兴趣。

结　　论

在过去的30年里，法国的科学发生了什么变化？我们可以根据以下三种迹象很清晰地判断出，科学与社会之间的传统联系减弱了：

· 传统的科学家形象是"为人类利益而献身的人"，这种观念一直在老一辈人中更为普遍，但随着时间的推移略有弱化。

· 人们对科技的积极态度在一些问题上有所下降。特别是对于以下问题：科技对"人际关系"可能造成的影响、化肥的使用问题、某些威胁伦理原则的研究发展以及科学对人类的总体影响。然而，对于这些问题中的大部分，人们的积极态度从21世纪初开始就不再下降了。

· 公众对科学文化的兴趣也略有下降。

如何解释这些不同的变化？我们可以提出几个假说。

首先，某些灾难性事件，如血液污染丑闻或"疯牛病"危机，对法国公众舆论造成的影响可能要比其他国家更大。法国是传统上对科技充满信心的国家——路易斯·巴斯德、皮埃尔·居里和玛丽·居里的形象是科学神话里的主角，也可以说是旧的"进步思想"的核心。然而，公众舆论却将科学/技术危机视为这个黄金时代的终结。通过大众传媒的传播，人们普遍认为造成这些危机的主要原因是科技对利益的追逐。因此，在法国的文化和政治背景下，进行补救的唯一方法是加强对科技的公共监督，特别是授权公共机构来监察技术发展所带来的风险。

其次，另一种可能的解释是，旧的进步思想不那么流行了，因为这是老一辈人的观点,而新一代的人更愿意对科学持批判性意见。

为了在这些不同的假说中做出选择,我们设想了一系列回归模型,将公众对科学的不同态度(包括科学家的形象、科技对"人际关系"的影响、化肥的使用、某些威胁到伦理原则的研究发展以及科学对人类的总体影响)作为因变量,将性别、调查时间、受教育水平和所属世代作为解释变量。

表1总结了以上结果中最为重要的变化——"科学的总体判断"。从表中我们可以看出,所有选中的解释变量似乎都与因变量显著相关。但最显著的变量仍然是受教育水平。对于"科学对人类的总体影响",受教育水平高的人(尤其是拥有科学学位的人)倾向于给予更积极的评价。另一个显著变量是调查时间,也就是说,是大的时代背景的影响。这一结果证实了20世纪80年代和90年代的科学危机对科学的公众形象产生的重大影响。

最后,一个人所属的世代也会影响对科学的整体判断。一般来说,老一辈人比年轻一代更尊重科学。这是相当矛盾的,因为平均而言,老一辈人的受教育水平往往较低。换句话说,老一辈人对科学的态度更为正面,包括其中受教育程度较低的人,但对于受教育程度较低的年轻一代来说,科学没有威信。

表1 "科学的总体判断"回归模型

"你认为科学对人类的影响是利大于弊、弊大于利,还是利弊相当?"在选项"利大于弊""弊大于利"和"利弊相当"中,只能选择其一

	B	E.S.	Wald	ddl	Signif.	Exp(B)
性别(参考:男性) 女性	0.331	0.046	51.855	1	0.000	0.718
受教育水平(参考:小学)	—	—	189.759	4	0.000	—
初中	0.152	0.061	6.183	1	0.013	1.164
高中	0.439	0.073	35.926	1	0.000	1.551
大学(非科技类)	0.796	0.081	96.589	1	0.000	2.217
大学(科技类)	0.999	0.091	120.341	1	0.000	2.716
调查时间(参考:1972)	—		86.974	5	0.000	—
1982	0.310	0.081	14.682	1	0.000	0.733
1989	0.499	0.082	36.720	1	0.000	0.607
1994	0.758	0.084	80.704	1	0.000	0.468
2001	0.380	0.087	19.254	1	0.000	0.684
2007	0.459	0.098	22.090	1	0.000	0.632

续表

"你认为科学对人类的影响是利大于弊、弊大于利，还是利弊相当？"在选项"利大于弊""弊大于利"和"利弊相当"中，只能选择其一

	B	E.S.	Wald	ddl	Signif.	Exp（B）
世代（参考值：新秩序一代）	—	—	43.411	4	0.000	—
"X一代"	0.202	0.121	2.781	1	0.095	1.224
"婴儿潮一代"	0.406	0.121	11.184	1	0.001	1.500
"战争和危机一代"	0.575	0.121	22.748	1	0.000	1.777
"咆哮的20年代群体"	0.609	0.128	22.599	1	0.000	1.839
常数	0.327	0.140	5.435	1	0.020	0.721

Cox & Snell's R^2 = 0.046 　　　　　　Nagelkerke R^2 = 0.062

注释

1. 参见调查的技术备忘表。
2. 参见本书第六篇文章，即鲍尔的研究。
3. 另一个可能的回答为："人们只有觉得某项科学研究有实际的应用前景，才会继续开展这项研究。"
4. 至少考察所有"同意"的百分比时可以得到这个结论，而不是仅仅考虑"强烈同意"的情况。
5. 然而，这一系列问题并未出现在最近一次调查（2007年）中。
6. 2007年的调查问卷中不包括这个问题。
7. 根据克莱姆关联系数，在这一问题上世代效应的显著性仅为0.6。
8. 这个问题是："你是否同意以下观点：我们应该停止使用化肥，即使这会导致粮食产量下降。"
9. 这个问题是："尽管一些研究（例如人工辅助生殖或脑部手术）可能会挑战伦理原则，我们仍应继续推进这些研究。对这一观点，你是完全同意、部分同意、部分不同意，还是完全不同意？"
10. 法国食品安全局成立于1999年，是一个独立的公共机构，通过监测、开展研究和激励研究，致力于改善公众健康、动物健康和福利、植物和环境健康。法国环境和职业健康安全署成立于2001年，是向法国生态、卫生和就业等部门部长报告工作的公共机构。

美国的公众理解科学
（1979—2006 年）

苏珊·罗西

本研究基于1979—2006年美国国家科学基金会的公众理解科技调查，探讨了在不考虑性别因素、高中科学和数学以及大学科学的情况下，世代和年龄如何影响美国成年公民科学素质。仅在2007年一年的时间里，美国的科技研发支出就突破了3500亿美元（US Bureau of the Census，2009：Table 769）。但是，许多产业领袖、教育家、科学家和政治家认为，我们的年轻人还没准备好上大学，人才正在从科学向其他教育领域"流失"，成年人还不具备在主要报刊上讨论科学问题的能力（Burris，2006；Gates，2005；Miller，2000，Lemonick，et al.，2006；Seymour，2006）。尽管科学教育发生了巨大变化，这些批评还是接踵而至。

虽然美国成年人对科学表现出了浓厚的兴趣，但很多人还是在一些问题上表现出了基础知识的缺失，如在基因工程等方面（Kumar & Chubin，2000）。考虑到在公共话语、教育和研发领域的投资，了解正式教育和成年公民科学素质之间的连续性至关重要。从抚养孩子、教育年轻人、在学校董事会做决策到制定国际政策，这些都是成年人的工作。成年公民科学素质对于理智地进行政策讨论和营造支持研究的氛围来说至关重要（Allum，Sturgis，Tabourazi & Brunton-Smith，2008）。

另一个挑战来自伪科学的提供者，例如"超能力者"或"神创论者"，他们在公共合法性、政治影响力和消费者金钱方面与科学激烈竞争。"缺失模型"经常默认那些缺乏科学素质的人无法区分科学的"真伪"，所以才会受到伪科学从业者的剥削。

科学与公众

科学知识与伪科学信仰问题

在科学（教育）的国际比较中，美国学生表现平庸（Schmidt, McKnight & Raizen, 1997; US Department of Education, et al., 2007）。不过，卡德莱克、弗里德曼和奥特（Kadlec, Friedman & Ott, 2007）却发现，美国中西部地区的中学生及其家长对科学教学和学生的学习基础持乐观态度。只是学生们认为科学课程很枯燥，而且"在很大程度上与科学无关"。卡德莱克等描述了"领导者"和"专家"与家长和学生之间在科学教育方面存在的"紧迫的差距"。这种自满情绪也许是因为学生现在选择的数学和科学课程数量确实比以前更多（US Department of Education, et al., 2007）；而且与此同时，近几代人在技术操作方面也更为熟练（Losh, 2010; Pew Research Center, 2007）。

美国人（包括学校老师）的伪科学信仰也引起了人们的关注。这一信仰水平可能是稳定的，甚至不断增加（Eve & Dunn, 1989, 1990; Goode, 2000; Pew, 2009b）。伪科学信仰是指"我们运用非科学的证据，却声称自己是对'科学的'物质现象的认知，比如权威的断言、传闻，或是泛泛而谈的'自然'原因"（Losh, Tavani, Njoroge, Wilke, & McAuley, 2003）。许多成年人相信占星术是科学的，外星人会访问"6000岁的地球"（Davis & Smith, 2009; Gallup News Service, 2001）。虽然解读星象也许很有趣，但是伪科学中也充斥着未经检验的"疗法"或未经证实的"飞碟"报告。

尽管一些学者发现，研究伪科学有助于基础科学知识的探索（Goode, 2000, 2002; Martin, 1994），但是教育工作者们通常不会教授伪科学（Lilienfeld, Lohr & Morier, 2001）。有些人相信《圣经》中的创世论或鬼魂的存在，这可以为我们打开一扇"后门"，通过这些他们认为很有说服力的证据和他们认为物质世界中存在的因果机制，来理解外行人眼中的"科学概念"。尽管伪科学研究很受欢迎且成本低，但很少有研究评估美国成人的伪科学支持度（也有一些例外，见 Pew, 2009a; 2009b）。

科学教育怎么了？

科学教育归根究底就是科学素质，人们认为它可以激发对伪科学的排斥。然而，并非在所有的情况下都能通过受教育水平预测人们的信仰，这取决于所处的领域（Taylor, Eve & Harrold, 1995）。而且，很多被认为是学历水平对伪科学造成的影响其实是由其他原因造成的，这些原因或与受教育程度有关，或是受教育程度的产物（例如，事实性的科学知识，Losh et al., 2003）。

如前所述，现代美国人受过更好的教育，因此有更多的机会接触到正式科学教育（US Department of Education, et al., 2007）。1940年，美国成年人仅有25%完成了高中学业，5%获得了学士及以上学位；到2004年，高中毕业率达85%，学士学位获得率达29%（National Center for Educational Statistics, 2004：表8；US Department of Education, et al., 2007）。然而，由于大多数美国人仍然没有受过完整的大学教育，所以近年来中小学科学教育的变化依然重要。

进入千禧年，许多美国教育工作者不再强调死记硬背，而是更多地关注科学探究、实践经验和科技背景（American Association for the Advancement of Science, 1993；Gess-Newsome, 2002；Schiebiner, 1999；Sunal & Sunal, 2003）。虽然对这些方法能否提高不同年级的成绩尚无定论（Burkam, Lee & Smerdon, 1997；Gess-Newsome, 2002；Lee & Burkam, 1996；Lilienfeld et al., 2001；Moss, Abrams & Kull, 1998；Scanlon, 2000），但是近几代成年人都是在这种环境下成长起来的，至少他们对科学的理解会在潜移默化中发生一些变化。

在这项研究中，我追踪了六代人，时间跨度为11~28年。在剔除性别和教育变量影响的情况下，我探讨了同辈效应和年龄效应在各个方面对成年公民科学素质的影响。虽然"实际年龄"通常是公民科学素质的一个预测指标，但人们仍然不重视它，只将它看作一个模糊的人口统计数据；而同辈群体也在大多数情况下被忽略了。几乎在任何时候，"年轻人"都比年长者对科学的兴趣更浓厚，或知识更渊博（National Science Board，2008）。

本文的研究发现将表明，代际建构可以带来有价值的公民科学素质信息，只使用"年龄"变量的早期研究可能会带来误导。因此，我将假定但未经检验的"成人发展问题"（即"年龄"）与同辈经历放在一起进行对比。单纯研究公民科学素质随着时间的变化可以让我们了解过去；某单一时期的年龄效应分析可以反映现在；但是随着最近几代人年龄逐渐增长，并取代以前的几代人，世代分析可以告诉我们未来的趋势。

年龄问题和世代

我对世代的强调并不只是语义层面的。社会变化的方式多种多样，厘清其中的道理非常重要。例如，老年人由于工作记忆减慢，记忆力衰退，甚至会因为老花眼而看不清小字，所以他们更难融入科学进步（Boyd & Bee，2009；Woolfolk，2007）。因此，为老年人提供媒体等便利设施可以提升他们的科学素质。再如，在文化转型或"时期效应"中，对科学家进行更为正面的虚构处理或对科学发现进行更广泛的传播都可以激励整个社会，无论年长者、少年人或是哪一代人，随着时间的推移都会变得更加博学。

在伴随变量的群组替换中，代际间的特定属性存在差异，我们可以据此直接预测公民科学素质。"婴儿潮一代"的受教育程度高于前几代人，而且教育能够提升成年公民科学素质；随着人口众多的"婴儿潮一代"取代了之前几代人，整体公民科学素质也将因学校教育的强化而得以提高。在这里，群组分析将我们的注意力引向了教育变量而非年龄变量。最后，在直接的同辈效应中，特定的一代人有着那一代人专属的独特经历，因此会倾向于采取特定的行为或态度。我在研究中就采用了这种方法。例如，1900年以前出生的成年人经历了早期的电子通信和航空旅行，20世纪80年代出生的千禧一代在学校就学会了熟练使用计算机和网络（US Bureau of the Census，2008：表253），因此，获取互联网科学信息的便利性可以提高千禧一代成年人的公民科学素质。

世代也与学生接受了什么样的科学教育有关。虽然科学教育方法在大约30年前就开始发生变化，但最初的影响在很大程度上局限于主要的研究型大学。这些教育观点扩散到其他高校用了至少十年时间，也就意味着这种教育变化给公民科学素质造成的任何同辈效应都将首先发生在"X 一代"身上，且在"千禧一代"中更为突出。

一般人口调查的"单一"横截面分析不可避免地混淆了年龄和同期群体。年龄、同期群体和时期效应中的任何一个变量都取决于其他两个变量，因此对三者同时进行评估会出现逻辑和统计问题。不过，通过几项序列研究，我们可以部分厘清同辈效应和年龄效应。虽然统计学曾尝试对这三个变量进行多元拟合（例如，Glenn，2005；Mason，Winsborough，Mason & Poole，1973；Mason & Brown，1975），但在这项研究中，我还是建立了合成队列并对其进行跟踪，将代际效应与年龄效应进行对比，让时代变化主要体现在年龄和同期群体的共同模式上。

如果美国科学教育创新有助于提高成年公民科学素质，那么不仅最近这几代人的知识水平应该得到提升，科学探究方面的同辈效应也应该特别显著。类似的效应也可能体现在世代如何影响伪科学信仰方面。因为最近的这几代人接受的学校教育更加正式，包括他们对科学和数学接触得更多（Carlson，2008），所以我控制了几个教育变量。

研究问题

在不考虑性别和教育变量的情况下，与年龄变量相比，世代如何影响美国成年人对科学探究的理解以及对基础科学事实的了解？

在不考虑性别、教育和知识变量的情况下，与年龄变量相比，世代如何影响美国成年人对伪科学的支持？

方　　法

美国国家科学基金会的调查

美国国家科学基金会开展的公众理解科技调查（1979—2006 年，由乔恩·米勒负责；Davis & Smith，2009）是关于美国成人"科学素质"的研究中最全面的一组研究。监测科学素质各个维度的总档案包括12个概率样本（1979年、1981年、1983年、1985年、1988年、1990年、1992年、1995年、1997年、1999年、2001年、2006年）中的23,906个未加权的访谈（还有23,994个加权的）。这一系列调查中还有相当多关于成人教育成果的详细信息。1979年和2006年这两年的调查是当面进行的，1979—2006年的其他调查使用的是随机拨号调查方式。[1]

测度：基础科学知识

我用三种方式来测度知识。对事实的认知过程不同于科学探究的认知过程。例如，事实表明记忆会衰退，当事情与成人日常生活无关时尤为如此；而科学探究则适用于许多科学领域。因此，相较于事实性的记忆，理解性的探究会让人们的记忆"更长久"。第一种方式是从八个（1988年和1990年）或九个（1992—2006年）固定格式的题目中创建一个指数（所有题目见表1），涵盖在小学会学到、在中学会复习到的基本科学事实（Cain，2002；Sunal & Sunal，2003）。例如，其中有一个判断题是询问抗生素是否会杀死病毒和细菌，还有二选一的问题，比如"是地球围绕太阳转，还是太阳围绕地球转"。这些问题统称为"牛津问题"（Allum et al.，2008）。指数得分是答对题目的数量占题目总数的百分比。其他两个测度方式将更多地涉及科学探究。

表1　用于测度成人科学素质的问题

A．事实性问题（1988—2006年）

（1）地心很热。这是对的还是错的？
（2）所有的放射现象都是人为的。这是对的还是错的？
（3）父亲的基因决定孩子是男孩还是女孩。这是对的还是错的？（1990年以后使用的问题）
（4）激光的原理是集中声波。这是对的还是错的？
（5）电子小于原子。这是对的还是错的？
（6）抗生素可以杀死病毒和细菌。这是对的还是错的？
（7）我们生活的大陆数百万年来一直在漂移，未来还将继续漂移。这是对的还是错的？
（8）是地球围绕太阳转，还是太阳围绕地球转？
（9）地球围绕太阳转一圈需要多长时间？一天，一个月还是一年？（只询问那些回答地球围绕太阳转的人）

续表

B. 科学探究问题（1988—2006年）
1. 现在设想一下，一位医生告诉一对夫妇，他们的基因构成意味着他们生出患有遗传性疾病孩子的概率为1/4。 （1）这是否意味着，如果他们的前三个孩子都健康，那么第四个孩子就会患病？（2006年未询问） （2）这是否意味着，如果他们的第一个孩子患病，接下来的三个孩子就都不会患病？ （3）这是否意味着，这对夫妇的每个孩子都有同样的患病的风险？ （4）这是否意味着，如果他们只有三个孩子，那么就没有人会患病？（2006年未询问） 2. 现在设想一下，两位科学家想知道某种药物是否对高血压有效。第一位科学家希望给1000名高血压患者服用这种药物，来观察他们中有多少人的血压会降低。第二位科学家想要给500名高血压患者服用这种药物，对另外500名高血压患者则不用这种药物，以此观察两组中各有多少人的血压会降低。这两种测试方法哪种更好？（从1995年起开始使用这一问题）
C. 伪科学相关问题（1979—2006年）
你认为占星术是非常科学、有一点科学，还是完全不科学的？ 一些被报道的不明飞行物实际上是来自其他文明的外星飞行器。（1985—2001年使用的问题） 据我们现在所知，人类是从早期动物进化而来的。这是对的还是错的？（1985年至今使用的问题）

资料来源：美国国家科学基金会对公众理解科技的调查。

第二种方式是借助四道（1988—2001年）或两道[2]（2006年）应用概率的问题的得分，这些题目是关于一对携带遗传性疾病基因的夫妇的。第三种方式是借助科学方法问题（1995—2006年）：研究人员是否应该通过以下方法测试新药物：①给1000名患者服用新药；②给500名患者服用新药，将另外500名患者设置为对照组。

测度：伪科学支持度

三个伪科学信仰问题包括：①"你认为占星术是非常科学、有一点科学，还是完全不科学的？"（调查时间为1979—2006年，下文将"非常科学"和"有一点科学"结合起来进行分析）；②判断题，关于一些不明飞行物是否为外星飞行器（1985年、1988年、1990年和2001年）；③一个进化论的支持问题（分为"对"或"错/其他"，1985年至2006年）。

我将每个问题都视为独立的领域。首先是因为它们代表了不同维度：传统伪科学、一个现代"科幻"问题以及对进化论的明确支持。其次，已有研究表明这些问题具有不同的预示功能，例如，对宗教"绝对正确"的虔诚信仰与对进化论的支持呈负相关，但是我们没有先验理由认为它可以预测人们对不明飞行物的态度。最后，这些问题在实证上没有聚类（r，占星术和进

化论 = 0.06；r，占星术和不明飞行物问题 = 0.10；r，进化论和不明飞行物问题 = 0.12）。

构建同期出生群组和年龄分类

关于如何界定同期群体开始或结束的时间，存在着巨大争论（Carlson, 2008; Glenn, 2005; Pew, 2007）。同期群体的创建并不是按照恒定的时间间隔（比如20年），而是通常根据这一群人共同经历的典型事件及其时长来确定。例如，大多数千禧一代都不会记得"里根白宫占星学家"（Quigley, 1990; Regan, 1988），因为这些都是20世纪80年代后期深夜电视脱口秀节目里经常出现的幽默话语。

以"婴儿潮"为例，学者们一致认为它始于1946年。但是对于结束时间存在争议，有学者认为它应该结束于出生率达到顶峰的1957年，也有学者认为是在出生人数达到顶峰的1961年，还有一些人则认为是在1964年，当时终身生育率下降到三个孩子以下。由于学者们一致认为"X一代"开始于20世纪60年代初，所以我将"婴儿潮"的结束时间界定为1961年。我创建了六个群体："Y世代"，通常被称为"千禧一代"（1979—1988年）；"X一代"（1962—1978年）；"婴儿潮一代"（1946—1961年）；"幸运的少数"[3]（1930—1945年）；"一战后世代"（1918—1929年）；以及"一战世代"（1891—1917年）。我将1891年之前出生的86名受访者标记为"缺失"，因为这代人在世者稀少，而且越来越多的人在80岁后患上了老年期痴呆。

在交叉表和方差分析上有五个年龄类别，大致与美国政府使用的分类相对应，分别是：18~24岁、25~34岁、35~44岁、45~64岁、65岁及以上。由于美国国家科学基金会开展调查的时候，相对年长的人群往往来自早期群体，所以年龄组和同期群体相关（r = 0.65）。但是两个变量之间仍然存在一定的独立性。

性别与教育预测

性别是科学兴趣、职业和知识的重要预测指标（Aldrich, 1978; Burkam et al., 1997; Fox & Firebaugh, 1992; National Science Board, 2008）。

我对学历水平进行了编码：高中或高中以下学历、两年制大学学历、学士学位、高等学位。我们可以获取1990—2001年学生接触高中生物学、物理学或化学的情况，以及他们的高中数学水平。我将高中数学编码为1（无；通用数学或商业数学）、2（代数Ⅰ或几何）、3（代数Ⅱ、微积分、微积分先修课程、统计学）。我将高中科学课程归纳为（0—3）。[4] 大学科学课程的数量是从0到10或更多。

结　果

同期群体和教育

美国国家科学基金会的数据与其他美国教育成果报告一致，表明最近的这几代人受教育程度更高："一战世代"的群组中有87%的人是高中以下学历，而"X一代"的这一数字为67%（许多"千禧一代"的人还在求学中）。"一战世代"有9%的人获得学士及以上学位，"X一代"的这一数字为18%，"婴儿潮一代"的这一数字为24% [$X^2_{(15)}$ = 907.50，克莱姆相关系数（Cramer's v）= 0.11，P < 0.001]。同样，最早的群体中有51%的人最多只在高中学习了通用数学或商业数学，到"千禧一代"，这一比例便降到了8%。"千禧一代"中有41%的人学过高等数学，相比之下"一战世代"只有8%的人学过 [$X^2_{(10)}$ = 952.88，v = 0.19，P < 0.001]。

与此同时，接触到正式科学教育的人数也在增加。"千禧一代"学习高中生物学的人数比例是"一战世代"的两倍以上 [87%∶36%，$X^2_{(5)}$ = 995.03，Φ = 0.27，P < 0.001]；学习化学的人数比例三倍于"一战世代" [69%∶20%，$X^2_{(5)}$ = 531.41，Φ = 0.20，P < 0.001]；学习物理学的人数比例大约是"一战世代"的两倍 [39%∶22%，$X^2_{(5)}$ = 114.60，Φ = 0.09，P < 0.001]。[5] "千禧一代"接触的高中科学课程数量是"一战世代"的两倍以上（1.95∶0.77，$F_{5,13200}$ = 163.90，P < 0.001，η = 0.24）。由于最近几代上大学的人增多了，他们选择的大学科学课程也更多了。与"婴儿潮一代"（1.64）、"X一代"（1.58）甚至"千禧一代"（1.09，仍在完成正式教育

的过程中，$F_{5,20708} = 169.63$，$P < 0.001$，$\eta = 0.20$）相比，"一战世代"的平均课程数量仅为 0.41。

同期群体、年龄、教育和基础公民科学素质

表 2 至表 5 显示了三类公民科学素质测度随时间而发生的变化以及（单独的）同期群体如何影响基础科学知识。随着时间的推移，"牛津问题"和药物测试问题回答的正确率明显上升（牛津指数：$F_{7,15354} = 28.01$，$P < 0.001$，$\eta = 0.11$；药物问题：$F_{4,9275} = 17.87$，$P < 0.001$，$\eta = 0.09$）。概率问题得分的方差分析在统计学意义上是显著的（$F_{7,15347} = 7.92$，$P < 0.001$，$\eta = 0.06$）。

表 2　公民科学素质变量随时间变化情况

公民科学素质变量	1988 年	1990 年	1992 年	1995 年	1997 年	1999 年	2001 年	2006 年
牛津问题平均值 / %	55.9	56.0	59.0	60.0	60.0	61.3	63.6	64.0
概率问题正确率 / %	82.2	77.5	79.6	77.2	77.3	78.7	80.3	80.8
药物问题正确率 / %	—	—	—	69	73	73	79	79
最小样本量 / 份	2,041	2,033	2,000	2,006	1,999	1,881	1,574	1,818

表 3　1988—2006 年各同期群体及年龄组牛津指数的正确率均值

单位：%

年龄	"一战世代"	"一战后世代"	"幸运的少数"	"婴儿潮一代"	"X 一代"	"千禧一代"
18~24 岁	—	—	—	—	61.3	65.8
25~34 岁	—	—	—	61.1	63.5	68.0
35~44 岁	—	—	67.5	65.0	64.8	—
45~64 岁	—	51.4	56.4	65.3	—	—
65 岁以上	42.9	46.9	50.9	—	—	—

表 4　1990—2006 年各同期群体及年龄组概率问题的正确率均值

单位：%

年龄	"一战世代"	"一战后世代"	"幸运的少数"	"婴儿潮一代"	"X 一代"	"千禧一代"
18~24 岁	—	—	—	—	80.9	79.8
25~34 岁	—	—	—	83.8	84.3	82.0
35~44 岁	—	—	89.8	82.9	82.0	—
45~64 岁	—	75.0	79.1	81.9	—	—
65 岁以上	60.0	65.5	69.6	—	—	—

表5　1995—2006年各同期群体及年龄组药物测试问题的正确率均值

单位：%

年龄	"一战世代"	"一战后世代"	"幸运的少数"	"婴儿潮一代"	"X一代"	"千禧一代"
18~24岁	—	—	—	—	82	83
25~34岁	—	—	—	69	79	88
35~44岁				76	81	
45~64岁			67	76		
65岁以上	43	62	63			

注：关于统计学显著性的检验，请参阅正文。

表3至表5列出了科学知识变量随同期群体和年龄而发生的变化。鉴于后面几代人学习的科学和数学课程更多，单凭这一个原因，他们的公民科学素质就应该有所上升。但是，如果不考虑教育变量，同辈效应会依然有效吗？为了说明同期群体如何影响公民科学素质，排除性别、年龄因素，以及高中和大学的数学和科学问题（以及伪科学问题、牛津问题和概率问题）得分[6]，我使用了一个与方差分析相关的演示程序：多重分类分析。多重分类分析可以调整方差分析中的其他预测指标，产生"净同辈效应"。与不控制因变量其他预测指标的单向方差分析相比，在多重分类分析中，调整后的世代差异会缩小。图1显示了对于牛津问题、概率问题、药物测试问题、占星术、外星人和进化论问题进行多重分类分析调整后的同辈效应。

通过控制性别和教育变量，我们发现年轻群体知道的基础科学知识更多（牛津问题的平均正确率为60.5%）。在不考虑年龄和同期群体的方差分析中，年龄影响程度一般，同期群体的影响很大，并且整个模型的预测效用很好（年龄$F_{4,13188} = 7.57$，$P < 0.001$；同期群体$F_{5,13188} = 81.65$，$P < 0.001$；总体$\eta = 0.56$）。

年龄和同期群体如何影响概率问题还不太明确。越是年轻的群体，得分往往更高；年龄效应很小（$\bar{y} = 78.8\%$，年龄$F_{4,13188} = 12.35$，$P < 0.001$；同期群体$F_{5,13188} = 36.39$，$P < 0.001$；总体$\eta = 0.34$）。同期群体对药物测试题目造成了影响，但是年龄没有产生净影响。与"一战世代"的43%和"一战后世代"的62%相比，有84%的"X一代"①和80%的"千禧一代"选择

---

① 原文为"Y一代"，但根据前文，"Y一代"即"千禧一代"，而对照表2的数据，此处应该是"X一代"。——译者注

科学与公众

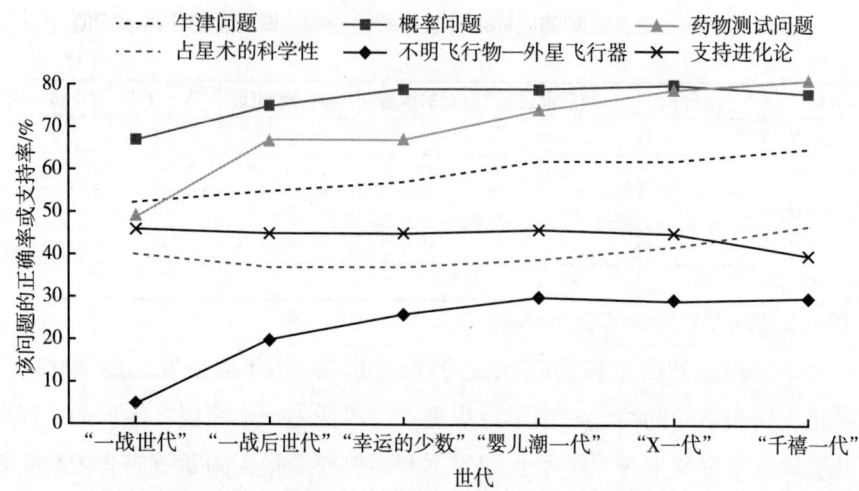

图 1 调整后的科学和伪科学测度方面的同辈效应

注：针对性别、学位水平、高中数学、高中科学课数量、大学科学课数量、年龄组进行了调整，也根据伪科学问题方面的牛津问题、概率问题得分进行了调整。

了对照组这一正确答案（$\bar{y}$= 74%，年龄 $F_{4,9154}$ = 0.93，P = 0.45；同期群体 $F_{5,9154}$ = 35.15，P < 0.001；总体 η= 0.25）。

同期群体、年龄和伪科学支持度

表6至表9中的数据更令人沮丧。鉴于最近这几代人接受过更多的教育，在其他条件相同的情况下，他们应该更多地在回答进化论问题时说"对"，更少相信占星术或来自外星的不明飞行物。如果是这样，那么在不考虑教育和其他背景变量以及成人基础科学知识水平的前提下，同辈效应是否依然存在？

表 6 伪科学支持度随时间变化情况

选项	1979年	1983年	1985年	1988年	1990年	1992年	1995年	1997年	1999年	2001年	2006年
占星术是科学的 / %	50.0	49.0	42.6	40.5	39.7	38.2	40.0	40.9	41.0	44.2	35.1
支持进化论 / %	—	—	45.2	45.9	44.8	45.1	43.8	43.7	45.3	53.3	42.8
外星人—不明飞行物 / %	—	—	42.8	24.9	24.3					29.6	
最小样本量 / 份	1,635	1,645	2,018	2,041	2,033	2,000	2,006	1,999	1,881	1,574	1,818

基于历史发展脉络的纵向分析 第一部分

表7 1979—2006年各同期群体及年龄组认为占星术"非常"或"有些"科学的比例

单位：%

年龄	"一战世代"	"一战后世代"	"幸运的少数"	"婴儿潮一代"	"X一代"	"千禧一代"
18~24岁	—	—	—	51	49	52
25~34岁	—	—	62	42	41	38
35~44岁	—	—	43	38	37	—
45~64岁	66	46	37	33	—	—
65岁以上	48	42	42	—	—	—

表8 1995—2001年各同期群体及年龄组认为不明飞行物是外星飞行器的比例

单位：%

年龄	"一战世代"	"一战后世代"	"幸运的少数"	"婴儿潮一代"	"X一代"	"千禧一代"
18~24岁	—	—	—	61	31	25
25~34岁	—	—	—	38	27	—
35~44岁	—	—	47	31	25	—
45~64岁	—	26	31	33	—	—
65岁以上	19	24	29	—	—	—

表9 1985—2006年各同期群体及年龄组同意"人类是从早期动物进化而来"的比例

单位：%

年龄	"一战世代"	"一战后世代"	"幸运的少数"	"婴儿潮一代"	"X一代"	"千禧一代"
18~24岁	—	—	—	49	53	51
25~34岁	—	—	—	50	49	39
35~44岁	—	—	48	49	46	—
45~64岁	—	37	40	45	—	—
65岁以上	37	37	39	—	—	—

注：关于统计学显著性的检验，请参阅正文。

相反，伪科学对近几代人的吸引力似乎更强。表6显示了对伪科学的支持随时间变化的情况。对占星术支持的明显减少可能是虚幻的，表3后面的部分表明年轻的"千禧一代"中认为占星术非常科学或有点科学的人最多（52%），其次是"一战世代"（49%）和介于两者之间的其他世代（$F_{5,20553}$ = 14.99，$P < 0.001$）。18~24岁成年人中有50%的人支持占星术，65岁及以

上的人支持度为44%，两者之间年龄组的支持度更低（$F_{4,20553}$ = 35.10，P < 0.001；总体 η = 0.11）。有趣的是，表3表明每个同期群体中对占星术的支持都随着年龄增加而减少，"千禧一代"也不例外。

在美国国家科学基金会调查支持进化论问题的21年后，对进化论的支持度在2006年达到了最低点。最初年龄和同期群体（年轻人和近几代人）似乎都预示着人们对进化论的支持：18~24岁的人群有52%表示支持，而在65岁及以上人群中支持率只有37%（年龄 $F_{4,17290}$ = 47.55，P < 0.001）。"千禧一代"中回答"对"的人数占49%，而"一战世代"只有37%（同期群体 $F_{5,17290}$ = 3.78，P = 0.002；总体 η = 0.11）。

然而，图1中的多重分类分析显示，对年龄、性别和教育变量的控制缩小了各同期群体两极之间的差异。在调整后的参数中，受净同辈效应影响的"千禧一代"在回答进化论问题时说"对"的可能性最小。在下文的回归分析中，我添加了一个多项式同期群体平方项来捕获轻微的非线性效应。表3还表明，每个同期群体对进化论的支持度往往随年龄增加而减小。

不明飞行物一题的答案展现出了不同的曲线。"婴儿潮一代"中回答"对"或"不知道"的人数最多，达到35%；其他世代在两侧呈下降态势（$F_{5,7613}$ = 11.09，P < 0.001）。25~64岁的人中约有1/3相信"不明飞行物说"，64岁以上的人群中这一比例为22%（年龄 $F_{4,7613}$ = 14.43，P < 0.001；总体 η = 0.12）。年轻的"婴儿潮一代"的支持度最引人注目：61%的人回答"对"。不过，随着这代人年龄的增长，该支持度迅速下降。

总体调整后的同期群体的数值与未经调整的数值大不相同。年轻的"千禧一代"最容易相信占星术，在支持外星人方面与"婴儿潮一代"和"X一代"相当，支持进化论的人最少。换言之，在不考虑教育因素的情况下，最近几代美国成年人了解的基础科学知识更多，也对伪科学更加易感。

多变量分析

表10展示了对牛津问题、概率问题和药物测试问题进行回归分析得出的标准 β 权重。这体现了性别和学位水平、高中科学和数学课程数量、大学科学课程数量及年龄和同期出生群体依次对 R^2（ΔR^2）的贡献。表11给出

了对伪科学信仰进行回归分析得出的 β 权重。这里添加了一个同期群体的平方多项式，以体现对伪科学因变量的非线性影响。我再次列出了 ΔR^2，因为每组预测指标都加入了方程中（性别和学位，高中数学和科学，大学科学，两种科学知识测度，以及年龄和同期群体）。

表10 对基础科学知识影响的标准多元回归分析

预测指标	牛津问题	概率问题	药物测试问题
性别（男性=1）	0.14***	0.01	−0.02*
学历水平	0.13***	0.08***	0.04**
高中数学	0.14***	0.14***	0.10***
高中科学课程数量	0.13***	0.05***	0.03*
大学科学课程数量	0.21***	0.07***	0.05***
年龄	0.07***	0.04*	0.02
世代	0.18***	0.16***	0.15***
R^2 性别和学历水平	0.183***	0.042***	0.016***
ΔR^2 高中数学和高中科学课程数	0.084***	0.041***	0.023***
ΔR^2 大学科学课程数	0.027***	0.003***	0.002***
ΔR^2 世代和年龄分类	0.014***	0.014***	0.017***
总 R^2	0.309***	0.101***	0.058***
R	0.556	0.318	0.241
样本量	13,205	13,205	9,171

注：* $P<0.05$；** $P<0.01$；*** $P<0.001$。

表11 对伪科学信仰影响因素的标准多元回归分析

预测指标	认为占星术是科学的	认为进化论对	认为不明飞行物是太空飞行器
性别（男性=1）	−0.04***	0.06***	−0.04*
学历水平	−0.05***	0.09***	−0.07***
高中数学	−0.06***	0.00	−0.07***
高中科学课程数	0.00	0.03**	−0.02
大学科学课程数	−0.04***	0.05***	−0.03
牛津问题得分	−0.15***	0.13***	0.07***
概率问题得分	−0.07***	0.00	0.02

续表

预测指标	认为占星术是科学的	认为进化论对	认为不明飞行物是太空飞行器
年龄	−0.09***	−0.09***	0.07***
世代	−0.23***	0.01**	−0.30***
世代平方项	0.21***	0.04	−0.41***
R^2 性别和学历水平	0.037***	0.041***	0.006***
ΔR^2 高中数学和高中科学课程数	0.007***	0.008***	0.003***
ΔR^2 大学科学课程数	0.004***	0.003***	0.000***
ΔR^2 知识性问题和概率问题得分	0.021***	0.012***	0.006***
ΔR^2 世代和年龄类别	0.011***	0.004***	0.011***
总 R^2	0.080***	0.068***	0.023***
R	0.283	0.261	0.160
数量	13,205	13,205	3,569

注：* $P < 0.05$；** $P < 0.01$；*** $P < 0.001$。

世代是成年公民科学素质的一个强有力的预测指标。在控制教育和性别变量的情况下，同期群体对三个科学知识变量的影响都大于年龄的影响。正如我们最初怀疑的那样，同期群体对概率问题和药物测试问题的影响最大。高中数学、高中科学和大学科学的学习同样也可以预测公民科学素质变量。男性对牛津问题得分较高，女性在回答药物测试问题时答对的人更多，而概率问题的分数没有体现出性别差异。

性别对三种伪科学信仰都产生了影响。认同占星术或将不明飞行物与外星人联系在一起的女性略多，支持进化论的女性则略少。尽管这些影响很弱，但是受教育程度更高的成年人往往更有可能否定伪科学，更有可能认可进化论。成年人上过的高中数学课程越多，越容易否定占星术或不明飞行物；高中科学课程的学习对进化论的支持度有积极（但较弱）的影响。同样，学习更多的大学科学课程也对人们否定占星术或支持进化论产生了微弱的影响。

较高的牛津问题得分预示该人群拒绝占星术，接受进化论——但也相信外星人的存在。在不考虑控制变量的情况下，老年人往往更多拒绝相信占星术和进化论。同辈效应（包括对占星术或不明飞行物信念的曲线效应）对伪科学信仰解释方差的贡献弱于对科学知识的贡献。世代没有对进化论问题产生净多变量效应。

讨论和结论

简单来说，仅通过成人回答随时间变化的情况来评估公众对科学理解的变化是不够的。当我在本研究中将年龄和同期群体分开时，结果与总体随时间的变化不同，调整后的同辈效应差异更明显。近几代美国人接受了更多的学校正式教育，上过更多科学和数学课程，即使在不考虑这些的情况下，也掌握了更多的科学知识。但不幸的是，这并没有转化为对伪科学的否定。事实上，"千禧一代"似乎最容易相信伪科学。

同期群体因素

专家和科学家经常诋毁美国的科学成就，担心教育质量和公民基本科学素质正在下降。但是我的分析在明确包含世代的情况下，得出的结论恰恰相反。其中一部分原因是，美国人平均在校时间更长，选修的科学和数学课程更多。

从"一战世代"到"千禧一代"，学习中学高级数学的人数增加至5倍，学习高中生物学或化学人数增加至3倍。在控制学位水平和大学科学课程变量的情况下，学习高中科学依旧提升了成人科学素质。

同期群体尤其影响到了理解性探究：概率问题和药物测试问题的β权重强于教育的影响。相比之下，成人的年龄对科学知识几乎没有影响。这些分析中最重要的一个发现可能是，在单一的横断面调查中，年龄对公民科学素质的影响几乎确定地体现了代际的变化而非年龄的增长。

不幸的是，近几代人接受的教育和知识几乎没有提高他们对伪科学的抵抗力。在不考虑控制变量的情况下，"千禧一代"往往最支持占星术。也许他们太年轻了，不记得有关南希·里根（Nancy Reagan）的占星家的笑话，他曾向里根家族建议何时做手术，占卜"冷战"期间对手的星象（Quigley，1990）。近几代人也更容易相信不明飞行物是外星人的。虽然单独看，同期群体对进化论的支持没有净影响，但调整之后"千禧一代"支持进化论的比例最低。那些牛津问题得分较高的人往往拒绝接受占星术，或赞同进化论，但是也略微更认同不明飞行物是外星人的飞行器。[7]

在不考虑教育和同期群体变量的情况下，老年人的牛津问题和概率问题分数略高，这与美国人的记忆力或其他认知随着年龄增长而"衰退"一说相悖。的确，在每个世代中，年长的人认可占星术或"不明飞行物学说"的较少；也许成年人从经验中可以明白，生肖相匹配等民间传说不会"应验"，外星人也不可能造访地球。同时，进化论的信念也许可以反映出本文没有测度的宗教态度，它可能会随着年龄的增长而加强。此外，"神创论"和"智创论"对美国科学教育提出的挑战在20世纪后期不断升级，也许对所有世代的成年人都产生了真正的时期效应。

教育因素

数学和科学课程的增加持续促进了成人科学知识的增加。高中科学课程对成年人的影响可以媲美大学科学课程；这是很明智的，因为即便在"X一代"中，也只有1/3的人获得了高中以上学历。对于大多数人来说，高中教育可能是教育工作者最后一次以正式教育途径影响科学素质的机会了。

教育变量对进化论问题回答的影响大于年龄和世代的影响。尽管不是每所高中或大学的科学课程中都涉及进化论，但是（拒绝）进化论仍然是正式教育背景下唯一与伪科学相关的话题。K-12①课程忽略了大多数伪科学信念，包括"科幻小说里的"幻想。也许教育工作者过于为难，无法讲授这些话题。学校管理人员也许担心，即使只是提出这些问题也会在一定程度上让这些问题合法化。而且，正如伊芙和杜恩（Eve & Dunn, 1989, 1990）指出的那样，许多教育工作者自身都具有伪科学信仰，因此看不到任何需要修改的地方。这种教学真空给了学生从其他来源构建信仰的自由，得不到任何正式教育的纠正或权威的质疑。

从历史上看，受过良好教育的人比其他人更早掌握科技信息。然而，早期的信息可能是错误的或是有误导性的，太空幻想显然没有受到大学教育或

---

① 指美国从幼儿园到高三的基础教育全程。——译者注

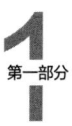

基于历史发展脉络的纵向分析 第一部分

基础科学知识的压制，这也许就是一个例证。如果一个人不能专业而详细地解释新技术或科学进展，那么一个奇迹（如时间旅行）就会看起来与另一个奇迹（如基因剪接）一样合理。在科学变得高度专业化、技术看起来更加神奇的时代，除非教育系统明确地解决了诸如"外太空来客"或"替代医疗"信仰等问题，否则这些问题可能会持续存在。

在调查中，与女性相比，男性了解的科学事实更多，伪科学信仰更少（但其实性别影响很小）。我注意到（Losh，2001；Losh et al.，2003），一些伪科学信仰并不一定支持"缺失模型"（Bauer，Allum & Miller，2007）。例如，上述研究和其他分析表明，在不考虑教育变量和科学知识的情况下，支持占星术的女性多于男性。部分原因可能是大多数女性仍然依赖男性的经济支持。如果女性的经济福利很大程度上取决于她们的男性伴侣，那么占星术或许通过声称可以帮助她们找到"对的人"，而为其女性信徒提供表面上的控制感。如果正式教育忽视这些信仰，那么这些信仰就很容易持续下去，而且还会通过无处不在的每日星座运势和流行的电视节目得到强化。

总之，年龄、世代、教育和科学知识确实影响着公民科学素质的不同方面。当我们在课堂上讨论一个主题时，例如探究理解过程或进化论，正式教育变量就会影响成年公民科学素质。当正式教育忽视某一特定的伪科学领域时，年龄和同期群体的重要性就进一步凸显。随着成年人的年龄增长，他们对伪科学（如占星术）的信仰逐渐弱化，这可能反映出生活经历的作用。另外，同辈效应（如对外星人问题的态度）使我们注意到，当正式教育忽视该主题时媒体可以发挥的影响力。

为什么同期群体会发生变化？

近几代人掌握的科学知识增加——对一些伪科学信仰的支持也在加强，这有两种可能的原因。第一种可能是科学教育的变化，科学探究、背景信息和"科学家如何思考"这些方面被更多地强调，这些变化已经影响到了K-12教育工作者。这种解释性推理充其量算是间接原因，因为我们只知道受访者选修过哪些高中科学和数学课程，并不知道这些课程的授课方式。不幸的是，如果一般公众调查包括学术术语（如"对探究的强

75

调"），那么我们并不能够确定，成年人是否知道这些术语，或者是否记得他们的高中老师如何讲解科学主题，从而给我们提供更多的信息。无论如何，这些分析表明，与过去相比，近几代的毕业生接受了更富有成效的美国科学教育。

最近几代人中，上大学的人数也比以往多，他们在大学的多个学科中学习科学方法。现在几乎每本社会科学、教育科学或行为科学的大学基础教材，都至少有一章是关于学习的系统方法，从而强化了学生在"其他"科学课程中的学习体验。

令人遗憾的是，由于教育工作者忽略了伪科学主题，大众媒体急于填补空白，由此得出了同辈效应对成年公民科学素质产生影响的第二种可能。媒体可以嘲笑伪科学现象，如"白宫占星家"。看着《暮光之城》和《星际迷航》中年轻的"婴儿潮一代"长大后将不明飞行物与外星飞船联系起来，也就不足为奇了。在其他研究中，我注意到男孩，特别是爱看《恐龙战队》的男孩，在画画时会赋予科学家超人的力量（Losh, Wilke & Pop, 2008）。近几代人更经常使用卫星电视、有线电视和互联网，这些都充满了未经修正的科幻。

该研究结果表明，近年来科学教育的变化可能尤其提高了年轻人的科学知识水平。有些人希望看到这些创新继续下去并扩展到美国大学科学课程中，借此留住有才华的本科生，阻止科学事业的"人才流失"（Burris, 2006），这些研究发现支持了他们的观点。当科学教育支出可能遭到削减时，重要的是强调教学改革可能产生的积极影响，尽管这些影响是间接的。

美国产业界、政府和教育界领导人对科学教育的混乱主张令人警醒。勾勒出一个"理想化"的科学课程相对容易——尤其是当支持者不了解科学教育已经发生的变化以及学生在科学和数学领域的进步时，更是如此。这些主张对于认识到这些进步的家长和老师（无论他们对进一步发展预期如何）来说，会导致对学生恨铁不成钢，以及对数学和科学教育的过度重视，进而感到愤怒。这些群体似乎都没有意识到认知科学的进步，即教育新生代美国人必须要有相关领域知识（如科学事实）和批判性思维技巧。显然，增加这些领域之间的交流对于弥合他们之间的巨大差距来说至关重要。

致 谢

感谢美国教育研究会。国家科学基金会 REC-0310268 项目对研究经费的支持，让我们可以完成主要数据库的构建和上述分析。还要感谢瑞安·威尔克（Ryan Wilke）、布兰登·恩则奎（Brandon Nzekwe）、爱丽丝·罗宾（Alice Robbin）、瑞·伊芙（Ray Eve）、肯·菲德尔（Ken Feder）、马丁·W. 鲍尔、尼克·阿勒姆、鲍勃·贝尔（Bob Bell）和杰里·毛罗韦（Jeri Mulrow）提供的见解和帮助。当然，错误的责任和解释的任务由我本人承担。

注释

1. 本文仅对 2006 年使用固定电话或手机的受访者（占样本总数的 95%）进行了分析，以最大限度地将其与 1981—2001 年的随机电话调查进行比较。
2. 我们用百分比表示牛津问题和应用概率分数，以实现不同时间下不同问题数量的标准化。牛津指数的阿尔法系数为 0.68，每个问题对系数的贡献大致相同。根据班恩和施威林（Bann & Schwerin, 2004）报告的项目反应理论和其他测度分析，2006 年美国国家科学基金会的调查缩小了此前研究的指数。
3. 卡尔森（Carlson, 2008）采用这个术语是因为这一代人数较少，而且他们成长于第二次世界大战后的一段富裕时期，因此享有相当多的教育和就业机会。
4. 这是保守估计的数字，因为美国国家科学基金会的调查问卷中忽略了部分课程（例如生态学），无法纳入其中。
5. 目前尚不清楚在最早的同期群体中是指物理学，还是物理科学，如"地球科学"。
6. 药物测试问题的回答在此不作为预测指标，因为该问题仅在 1992 年之后才开始使用，将其作为预测指标会导致所有其他变量数据丢失严重；且对不明飞行物及外星人问题的分析仅限于 2001 年。
7. 由于这些变量可以影响牛津指数，所以在伪科学支持度的最终方程中缺少高中科学和数学的影响。结构方程模型可以厘清这些教育因素的影响，但它与那些侧重同期群体或世代的净效应分析并不相关。

保加利亚和英国的科学形象（1992—2005 年）与世代有关吗？

克里斯蒂娜·佩特科娃　瓦莱里·托多洛夫

背景：知识型社会和公众理解科学

在后现代社会中，知识和知识机构变得至关重要。与以往的社会类型不同，人们不再依赖农业和制造业。在过去的 20 年（甚至更长时间）里，"知识型社会"的概念得到了推广。这种社会中的经济是一种"学习型经济"（Lisbon European Council, 2000），整个社会创造、分享和使用知识以实现人民的福祉（European Commission, 2000：5）。作为"知识型社会的主要参与者"（European Commission：7），人们将会不断地追求新知识。换句话说，他们会成为学习型公民（Martin, 2003）。

在这一背景下，欧盟委员会致力于让科学更贴近社会，揭开科学和科学家身上的神秘面纱。公众理解科学成为这一过程中不可或缺的一部分。

因此在这一时期，人们对公众理解科学的测度越来越感兴趣并不足为奇。在"欧洲晴雨表"（Bauer, Allum & Miller, 2007）框架内开展的具有代表性的国家级调查就是一个很好的例子。也正是基于此，我们现在能够对成人科学素质、科学态度和科学兴趣的趋势进行系统的纵向分析。

为什么对比保加利亚和英国？

在科学发展和公众理解科学方面，保加利亚和英国代表着两种不同的案例。英国是一个在科学发展方面有着悠久传统并稳固建立了科学机构的典型案例。

从科学共同体的角度来看，公众理解科学可以理解为一种旨在向非专业人士传播、普及科学和科学活动的政策。当国家、社会其中之一或二者都认为公众对科学发展的支持不够时，这种政策的实施就变得很有必要。1986 年切尔诺贝利核事故的发生或许让科学与更广泛的社会之间的关系面临着最严峻的挑战（至少对西方国家来说）。但是，为了就此情形采取行动，科学共同体需要自治权及合适的行动者机构来执行其政策。英国很早就拥有独立的科学机构，能够发布和推行自己的政策。因此，在 20 世纪 80 年代中期，当英国政府取消了对科学的无条件支持时，英国皇家学会采取了行动，而且为了获得更广泛的公众支持，发起了一场旨在增进公众理解科学的长期运动（Royal Society，1985）。

保加利亚的历史背景则完全不同。经过奥斯曼帝国近 500 年的统治，保加利亚于 19 世纪末才恢复了国家地位。当时，大力促进科学和教育的发展是保加利亚解放和独立事业的核心问题。这个新成立的国家将支持科学和教育作为头等大事。由此，保加利亚的科学共同体逐渐形成，争取自治。1989 年后，极其艰难的经济转型导致了科学经费的大幅削减。不仅如此，科学机构还面临组织结构烦冗而低效的问题。因此，尽管原因不同，这时的保加利亚面临着与英国相似的情况，国家开始质疑对科学的支持。曾经完全被国家控制的科学共同体陷入了严重的危机。

这时需要一种新方法来处理科学与社会的关系。然而，在将近 20 年的时间里，保加利亚的科学机构仍遵循旧制，完全依赖国家的支持。因此，这些机构开始逐渐衰落，几乎没有再招聘年轻人。在走向消逝边缘的最后几年，保加利亚的科学共同体首次开始表现出对公众理解科学的关注。它最终迈出了重要的两步。第一，保加利亚最大的科学机构——科学院大会组织开展了一项特别调查，旨在调查公众对科学，尤其是科学院的态度。大会还决定在科学院设立一个新的公共关系方面的行政单位。第二，大会还设立了一个由科学家和记者组成的公共关系委员会。

科学与公众

本研究基本情况

通过这项研究，我们将继续对公众科学知识、公众科学态度（Bauer, Petkova & Boyadjieva, 2000）以及科学的公众表征的长期趋势（Bauer et al., 2006）进行比较研究。调查结果显示，保加利亚和英国在科学态度和科学报道的长期发展趋势方面存在着一些显著的差异。由此产生的问题是：在不同的背景下，两国的不同世代与科学的关系如何？

该研究调查了1992—2005年英国和保加利亚这两个欧洲国家同期出生群体对公众理解科学的三个主要指标——科学素质、科学兴趣和科学态度的影响。

我们预期这项研究可以分析得出：上述三个指标的发展趋势会与同期群体有关，并可根据科学在这两类社会中的地位加以解读。

实证基础

我们研究的数据库集成了来自五份关于公众理解科学的代表性调查的纵向数据，分别是"欧洲晴雨表"1992年和2005年对英国的调查，以及保加利亚1992年、1996年调查和"欧洲晴雨表"2005年224号专项调查。参与这些调查的总人数为5,543人。保加利亚受访者的样本数为878~1,008人，英国的样本数为1,307~1,374人。

我们确定了在这些调查中具有相似内涵的变量，并将它们重新编码，作为具有相同测度量表的共同基础。

研究中的变量

我们确定的第一个变量是科学兴趣。我们在与科技兴趣相关的一系列问题中囊括了对科学发现是否感兴趣的问题。

答案被编为3级，依次从"非常感兴趣"到"完全不感兴趣"。

基于历史发展脉络的纵向分析　第一部分

态度变量

如有可能，我们曾尝试开发一个态度量表。然而，测度科学态度的题目并没有显示出一致的相关性（只有两对变量显示出强相关且并未超过 0.33），所以我们无法构建一个同质量表，只能将这些题目视为科学态度的不同方面：

- 对政府资助科学的支持；
- 对科学家的不信任；
- 科学的日常相关性；
- 相信科学利大于弊；
- 相信科学会使生活更健康、更轻松、更舒适；
- 科学与信仰。

科学素质变量

有几个知识类题目在三个年份的调查中都出现了，它们分别是："地心很热"；"激光的工作原理是集中声波"；"孩子的性别由父亲的基因决定"（在重新编码时我们考虑了"欧洲晴雨表"2005 年调查中问题措辞的变化）；"地球绕着太阳转还是太阳绕着地球转？"我们根据这些题目计算出了一个知识指数。

同期群体变量

在同期群体的分析文献中，对同期群体时间的界定一直存在争议。曾有学者（如 Losh，2007）没有使用固定的时间间隔，而是同时考虑以历史时期和其间发生的重大事件来界定同期群体的时间范围。因此，我们参考鲍尔和舒克拉（Bauer & Shukla，2011）的研究，定义了五个同期出生群体。

生于 1977 年后

英国：成长于"冷战"之后、见证了资本主义经济最终胜利的受访者。
保加利亚：开始向民主和市场经济过渡的一代人。

生于 1963—1976 年

英国：在反核抗议、核军备、各种社会争论和"星球大战"计划中成长起来的一代人。

保加利亚：这一代人相信自己生活在"全面和高度发达"的时期。这一时期的科学被贴上了标签，人们认为科学应该"广泛地扎根于生产过程中，并成为直接的生产力"（《经济百科全书》，1984年，第363页）。

生于 1950—1962 年

英国：在社会现代化和经济繁荣时期成长的一代人。这代人是 20 世纪 70 年代抗议活动的主力，拥有理想主义的世界观，质疑科技的作用。

保加利亚：这一代人生活在一个"垂死的资本主义和新生的社会主义斗争"的时代（《经济百科全书》，1984年，第365页）。

生于 1930—1949 年

英国：这一代人不仅见证了第二次世界大战，而且还经历了战后的"冷战"，他们对核能源发展持积极态度，也相信会出现科学革命。

保加利亚：充满着"革命热情"的一代。

生于 1930 年前

英国：成长于 20 世纪 20 年代的鼎盛时期，在 1929 年的经济大萧条中幸存下来的一代人。

保加利亚：经历了多年的极权主义，但仍然怀念过去的"资产阶级"的一代人。

此外，我们将年龄变量分为四类。这是由于这五次调查中有一次（保加利亚1992年）并未调查受访者的具体年龄，而是让他们从以下年龄段中选择一项：18~29 岁、30~44 岁、45~59 岁、60 岁以上。

对于教育变量，我们做了一系列的转换，将教育变量分为四个层次：无、小学、中学和高等教育。

结果报告：保加利亚和英国公众眼中的科学

正如已有研究指出的（详见 Bradley & Elms，1999，供讨论），同期

基于历史发展脉络的纵向分析 第一部分

群体分析受到年龄、具体时间段及两者综合的影响。这就产生了一个逻辑和统计上的识别问题，因为如果同时研究这三个因素，就无法区分它们的影响（Losh, 2007; Yang & Land, 2006; Bradley & Elms, 1999）。因此我们建议每次只研究两个变量。在我们的研究中，我们可以选择控制年龄或控制时期来分析同辈效应。我们首先对这些变量进行了相关分析。由于年龄和同期群体之间是强相关（$r=0.89$, $P<0.01$），所以我们决定控制时期变量，而不再使用年龄变量。此外，由于人们越来越长寿，几代人的受教育时长和受教育程度都有上升的趋势。为了只考察同辈效应，我们还需要控制教育变量。

为了通过同期群体来探索英国和保加利亚的非专业人士（公众）与科学关系的发展趋势，我们构建了几个因子方差分析模型。在进行分析之前，我们对态度变量和知识变量进行了标准化。在方差分析模型中，因变量是科学态度的不同方面、科学素质和对科学发现的兴趣；自变量一直是同期群体。如上所述，我们还控制了其他的变量——时期、性别和教育。为了区分这两个国家，我们添加了"国家"变量，并检验了它的效果。

"国家"变量的影响，国家/同期群体变量的交互影响，以及英国和保加利亚的同辈效应

首先，我们进行了因子方差分析，分析中包括"国家"变量。除了"科学会使生活更健康、更轻松、更舒适"这一变量，在所有的方差分析模型中，国家变量的影响和国家与同期群体的交互效应均十分显著（$P<0.05$）（表1）。

表1 方差分析（1）

因变量	自变量	F 值	自由度（组间，组内）	P 值（精确）	偏 Eta^2 系数
科学素质	国家	202.00	1.5482	0.000	0.036
	同期群体	0.81	4.5482	0.518	0.001
	国家*同期群体	21.24	4.5482	0.000	0.015
对科学和科学发现有兴趣	国家	287.65	1.4613	0.000	0.059
	同期群体	1.30	4.4613	0.267	0.001
	国家*同期群体	14.19	4.4613	0.000	0.12

续表

因变量	自变量	F 值	自由度(组间,组内)	P 值(精确)	偏 Eta^2 系数
相信科学会使生活更健康、更轻松、更舒适	国家 同期群体 国家*同期群体	3.00 0.91 0.52	1.4343 4.4343 4.4343	0.083 0.456 0.718	0.001 0.001 0.001
重视信仰,不相信科学	国家 同期群体 国家*同期群体	47.75 12.52 10.04	1.4339 4.4339 4.4339	0.000 0.000 0.000	0.011 0.011 0.011
科学利大于弊	国家 同期群体 国家*同期群体	47.64 8.72 2.50	1.4343 4.4343 4.4343	0.000 0.000 0.000	0.011 0.008 0.002
科学对日常生活不重要	国家 同期群体 国家*同期群体	169.06 4.77 5.17	1.4233 4.4233 4.4233	0.000 0.001 0.000	0.037 0.004 0.005
支持科学研究	国家 同期群体 国家*同期群体	0.10 0.68 3.21	1.4339 4.4339 4.4339	0.755 0.606 0.012	0.000 0.001 0.003
对科学及科学家不信任	国家 同期群体 国家*同期群体	374.10 0.46 30.16	1.3474 4.3474 4.3474	0.000 0.769 0.000	0.097 0.001 0.034

然而,这个模型无法检验每个国家同辈效应的显著性。为此,我们分别对英国和保加利亚进行了额外的方差分析。每个国家态度变量的估计边际均值如图 1 至图 7 所示。表 2 显示了每个国家的同期群体对科学态度的影响。

表 2 方差分析(2)

因变量	保加利亚				英国			
	F 值	自由度(组间,组内)	P 值(精确)	偏 Eta^2 系数	F 值	自由度(组间,组内)	P 值(精确)	偏 Eta^2 系数
科学素质	7.12	4.2824	0.000	0.010	4.04	4.2654	0.003	0.006
对科学和科学发现有兴趣	6.24	4.1955	0.000	0.013	2.27	4.2654	0.059	0.003
相信科学会使生活更健康、更轻松、更舒适	2.57	4.2342	0.036	0.004	0.75	4.1997	0.56	0.001
重视信仰,不相信科学	1.56	4.2338	0.182	0.003	15.20	4.1997	0.000	0.030
科学利大于弊	6.73	4.2317	0.000	0.011	5.92	4.2022	0.000	0.011
科学对日常生活不重要	6.97	4.2315	0.000	0.012	5.55	4.2022	0.000	0.011
支持科学研究	2.63	4.2338	0.026	0.005	1.24	4.1997	0.293	0.002
对科学及科学家不信任	2.25	4.1448	0.062	0.006	2.95	4.2022	0.019	0.006

基于历史发展脉络的纵向分析 第一部分

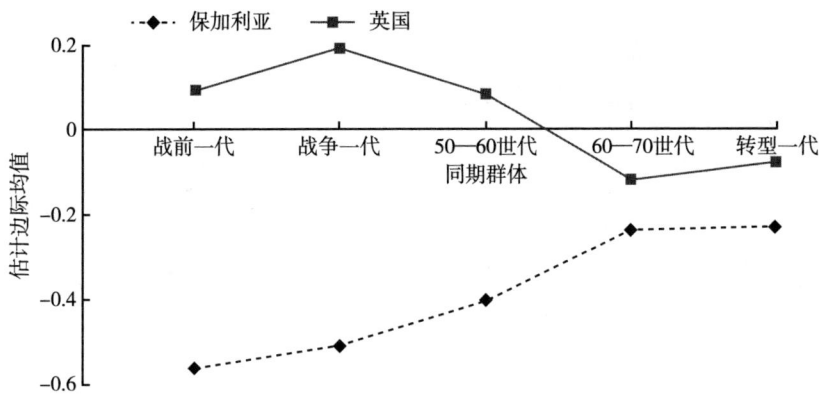

图1 态度变量的估计边际均值（科学素质）

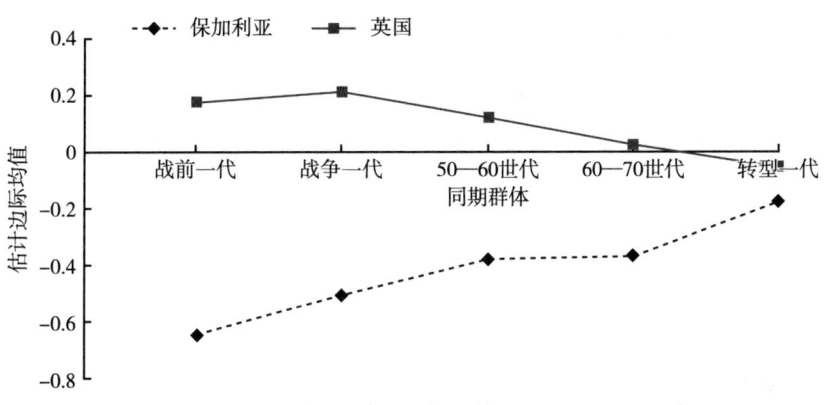

图2 态度变量的估计边际均值（对科学发现的兴趣）

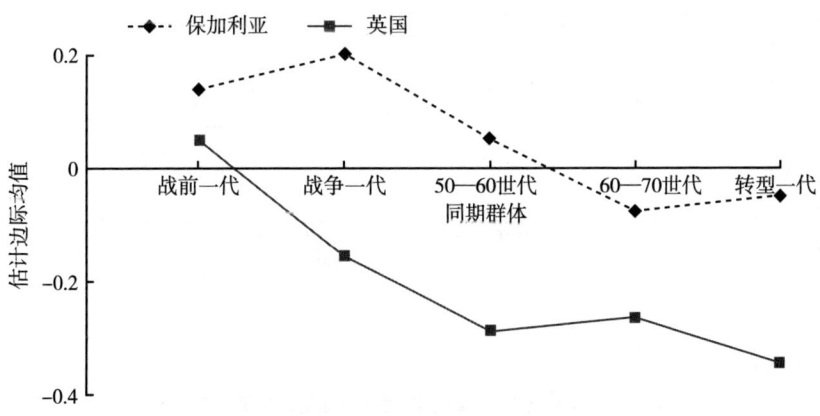

图3 态度变量的估计边际均值（科学利大于弊）

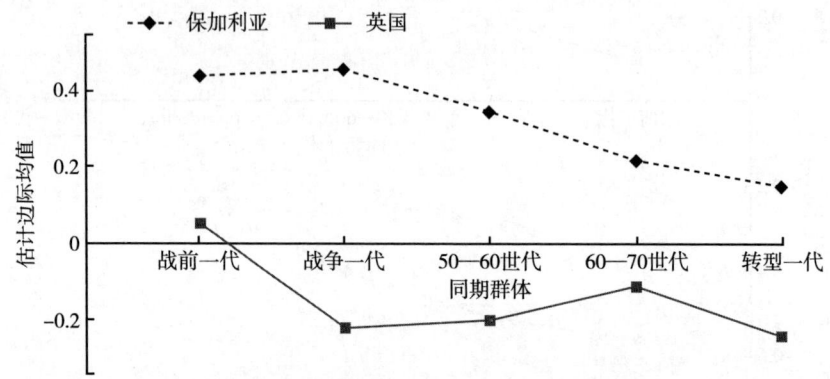

图 4　态度变量的估计边际均值（科学对日常生活不重要）

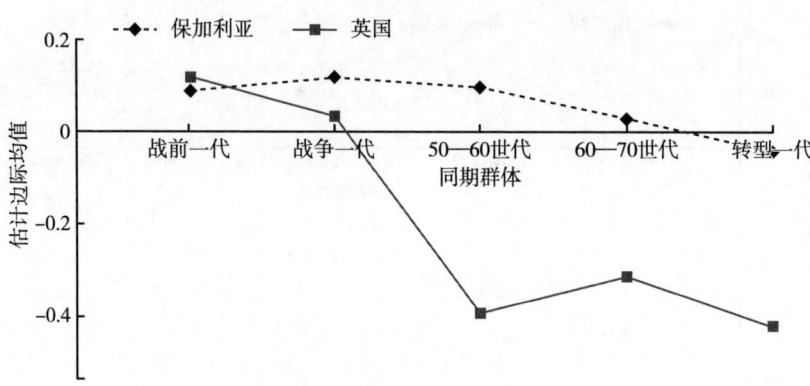

图 5　态度变量的估计边际均值（相信信仰，不相信科学）

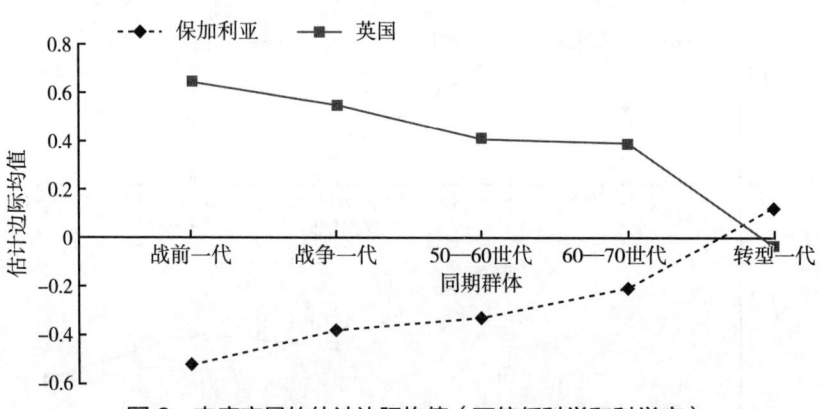

图 6　态度变量的估计边际均值（不信任科学和科学家）

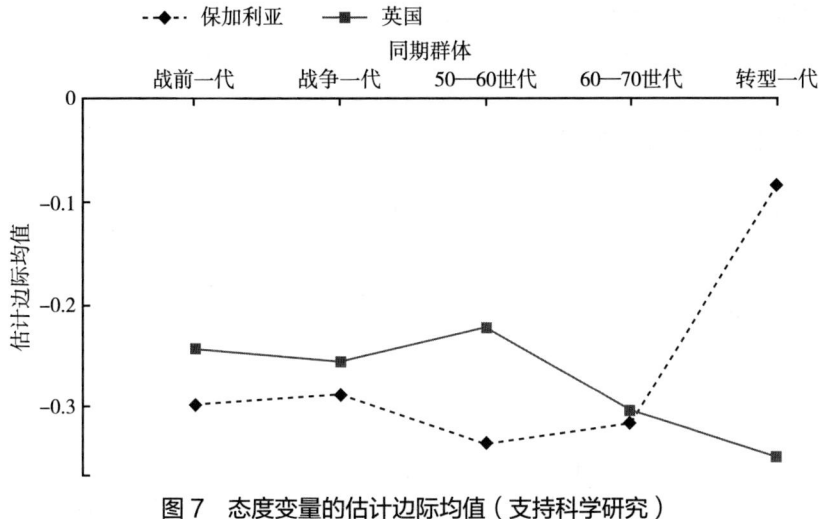

图 7　态度变量的估计边际均值（支持科学研究）

科学素质

如图 1 至图 7 中所示，保加利亚公众的科学知识水平普遍低于英国公众。两国之间最大的差距出现在战前一代。保加利亚 1950—1962 年出生的世代及其后一代似乎正在追赶转型一代。英国方面，我们发现自战争一代以来，公众知识水平在持续下降，20 世纪 60—70 年代出生的人的水平几乎与保加利亚持平。

科学兴趣

保加利亚公众对科学的兴趣水平一直低于英国公众。

而在英国，科学兴趣的趋势正处于显著性的临界值（$P = 0.06$）。可以看出，英国公众的科学兴趣也从战争一代开始逐渐下降。而与此相反的是，保加利亚公众的科学兴趣却在明显地逐代增强。

科学利大于弊

在科学态度方面，保加利亚公众的不同世代一直比英国公众更加乐观，他们似乎相信科学利大于弊。

两国各自的同辈效应也很显著，二者均呈下降趋势，表明人们对科学发展相关风险的担忧日益增加。

科学的日常相关度

在这个变量上，所有的效应都十分显著。

这两个国家的趋势都表明，公众对科学在日常生活中的相关性有着越来越强的认知。然而，对于英国来说，这种科学相关性的趋势似乎在战争一代有所放缓。

科学与信仰

保加利亚公众总体上似乎比英国公众更倾向于信仰宗教，这令人出乎意料，毕竟保加利亚曾有着社会主义历史。

在这两个国家中，只有英国的同辈效应具有显著性。数据显示，科学与信仰之间的关系发生了巨大的变化。人们的信仰水平在战前和战后保持较高水平，随后就大幅下降。

对科学家的不信任

国家与同期群体的交互效应十分显著。保加利亚公众比英国公众更相信科学。

在这两国中，只有英国的趋势十分显著，并且人们对科学和科学家的信任正在逐步提升。

支持政府资助

总的来说，英国公众比保加利亚公众更倾向于支持增加政府对科学的资助。

在这两国中，只有保加利亚的趋势十分显著。几代人对政府资助科学的支持度一直没有明显改变，直到转型一代表现出明显的支持度上升。

基于历史发展脉络的纵向分析 第一部分

讨论：公众理解科学的社会嵌入

我们报告了保加利亚和英国的同期群体在科学素质、科学兴趣和科学态度方面的不同变化趋势。我们将在最后对这些趋势的差异进行一些推测，假设它们与保加利亚和英国的现有社会类型有关。

在近半个世纪的时间里，保加利亚将科学视为社会基础的一部分。人们认为真理是科学的独有特权，科学活动的认知能力是无限的，科学是社会进步的主要推动力。科研费用完全由政府支持。这导致了一种过度的理性主义，高估了客观主义、决定论和控制的作用，却忽视了现代生活中科学发展的潜在风险。因此，科学家这一职业得到了极高的评价。然而，如本文开头所述，作为科学共同体的一项独立政策的公众理解科学实际上并不存在（更详细的分析见 Boyadjieva et al, 1994）。

而相比之下，在第二次世界大战后的几年里，英国和其他发达资本主义国家一起经历了一个长期的世俗化转型，人们用不同的名字来命名这种转型的社会：后现代社会（Bauman）、后工业社会（Bell）、风险社会（Beck）、反思性现代性（Giddens）。在这一时期，人类有史以来第一次意识到，自然资源并非取之不尽、用之不竭（Meadows et al., 1972），并开始形成社会与自然相互依存的观念。社会开始注意风险因素，因为风险因素是突出问题，且难以预测。这一过程导致了科学与更广泛的社会逐渐向更具"平等主义"的关系转变，这种社会不再将科学视为特殊事物。科学失去了它在国家支持方面的特权地位，转而在很大程度上依赖于私人行动。人们开始认为科学家只是众多专业职业之一，公众日益坚持参与有关科学"内部事务"的辩论。科普知识不再是不可或缺的核心（Bauer，2006）。于是，自治的科学共同体发起了在外行中推广科学的运动。

让我们回到研究结果并加以总结，我们看到了一些显著的差异和共同的趋势，这些可以在英国和保加利亚社会大致特点的背景中看到。就这些差异来说，我们可以用科学素质"统一标准"要求的逐渐消失来解释英国科学素质水平的下降（Bauer，2006）。公众不再对科学感到神秘，开始对此"习以为常",这同样可以解释科学兴趣的下降(Bauer,2006)。保加利亚人民的态度相对乐观,认为科学会带来好处,也相信科学家永远不会错。柏林墙倒塌后,国家的开放可能助长了保加利亚人对科学的怀疑。在保加利亚自1989年以来一直在努力建立的市场化社会中,科学被拉下了"主要生产力"的基座。

而英国的趋势却恰恰相反,公众对科学家越来越信任,正如本文开头讨论过的,这可能是科学向公众开放以及科学共同体在更广泛的社会中发起科学推广活动的结果。这两项活动都使科学更贴近社会,也让公众更加相信他们将在关键的科学问题上拥有发言权。

在调查结果中,一些保加利亚人不太愿意支持政府增加对科学的资助,更倾向于诉诸宗教而不是科学。这两点乍一看似乎与其历史特点不符。然而,我们需要考虑两件事情。第一,问题的表述是"你支持政府增加科学资助吗"。在英国,政府资助只是科学研究资金的来源之一。而在保加利亚,在很长的时期内,政府资助是科学唯一的资金来源。因此,我们可以理解保加利亚公众的立场。第二,我们在解读保加利亚的数据时,也应考虑到,在1996年进行调查时,该国正处于恶性通货膨胀时期,因此考虑增加额外的开支是无稽之谈。在那个时候,20世纪50—60年代出生的一代正处于壮年,他们要养家糊口,这也许对他们不愿增加政府对科学的支出产生了影响,这与转型一代的态度截然不同。在"科学与信仰"的对抗方面,我们不出所料地看到英国总体趋向于世俗化而保加利亚人比英国人更愿意考虑信仰。

结论:前景展望

我们调查了两个国家的同期群体对公众理解科学的影响。这两个国家代表着两种不同的社会制度,科学在其中有着不同的社会角色和声望。我们认为,未来在具有类似特征的社会进行这种研究将会十分有趣。这将需要进一步深化分析工作。因此,如果分析揭示出不同的趋势,我们就要关注其他解释因素的影响——例如文化因素。此外,这项分析也许能让我们更好地概括出科学与公众关系的特殊性,以及科学家本身促进公众理解科学所带来的影响。

变化的旧欧洲科学文化
（1989—2005年）

马丁·W.鲍尔

"欧洲晴雨表"调查是布鲁塞尔欧盟委员会的调查工具，自20世纪70年代以来一直在调查公众对科技的态度。最近四个密切相关的"欧洲晴雨表"调查（样本量$N > 50,000$份，60个变量）被整合到了一个纵向数据库中，用于研究1989—2005年12个欧盟国家在科学文化方面的变化和延续。可比较的问题涵盖科学知识、科学兴趣以及与教育水平、宗教信仰、年龄和性别相关的科学态度的不同方面。本章将比较这些指标及其关系随时间变化的情况（Bauer, Shukla & Kakkar, 2008）。

本文分为四部分。在第一部分中，我们将研究1989—2005年科学素质、兴趣和态度的时间趋势。在第二部分中，我们将对年龄同期群体进行定义，并比较不同群组的科学知识、兴趣和态度，进而绘制代际趋势。根据后工业假说，社会发展的不同阶段会产生不同的公众理解科学的结构。在第三部分中，我们按照这一假说仔细研究了性别和教育的差距。在最后一部分，我们构建了一个模型，用以在其他条件不变的情况下探索知识、态度和兴趣之间的各种相关性。

欧洲的时间趋势

我们现在掌握了一个综合数据集，其中包括1989年、1992年、2001年和2005年四轮调查中可比的问题及其答案。其中涉及的科学知识、兴趣和态度的问题如今已是众所周知。目前已有关于使用此类测度的最新综述

（Allum, 2010; Bauer, Allum & Miller, 2007）。

知识指标由13个测试题目组成，受访者须指出事实陈述的对错。"电子小于原子"等陈述的正确答案是"对"。"抗生素可以杀死病毒和细菌"等其他陈述的正确答案则是"错"（见附录）。知识指数就是答对的题目数量。就平均水平来看，人们在13个问题中答对了7个（平均值 M = 7.07；标准差 SD = 2.40；样本量 N = 47,000）。对这些指标进行技术讨论后，我们发现回答中有猜测的成分，也可能存在一个多维结构。对于我们的研究目的而言，我们认为这些指标足够可靠（克龙巴赫 α 系数 = 0.57）。出于比较目的对这些问题可靠性的讨论，请参阅帕尔多和卡尔沃（Pardo & Calvo, 2004），萨利·斯戴尔（Sally Stares，见本书），以及清水健哉和松浦孝哉（Shimizu & Matsuura，见本书）的研究。

我们将分析聚焦在两方面的科学态度：科学会使生活更健康、更轻松、更舒适（生活质量），以及科学让生活方式变化太快（生活节奏）。想要表现出对科学的积极态度，受访者必须认同第一点，否定第二点。这些问题已经使用了很长时间，可以追溯到维西（Withey, 1958）。[1] 人们用"非常同意""基本同意""基本不同意""非常不同意""保持中立"或"不知道"来回答问题。我们将这些回答调整为从 −2 到 +2 的量表，由此得出一个指数，其中正值表示对科学的态度，如对生活质量的期望（平均值 M = 0.77；标准差 SD = 0.94；样本量 N = 41,700）。

最后，兴趣由受访者自称对"科学新发现"有些感兴趣或非常感兴趣的单一问题表示。我们将"非常感兴趣"的回答（33%）作为指标，另外 1/3 是"有些感兴趣"，还有 1/3 的人表示"根本不感兴趣"。我们的指标是一个虚拟变量 0/1（平均值 M = 0.33；标准差 SD = 0.47；样本量 N = 50,245）。

基于科学知识、兴趣和态度三方面的指标，我们可以绘制出 1989—2005 年的时间趋势（图1）。为了方便比较，我们将变量标准化为一个共同的尺度（Z 值；平均值 M = 0；标准差 SD = 1）。需要注意的是，在生活质量方面的态度波动可能是选项所造成的假象。与其他年份不同，在 2001 年的调查中，此问题的选项中只有"同意"和"不同意"，受访者的态度并没有被具体衡量。这可能会导致回答发生两极分化，出现更多的"不同意"的

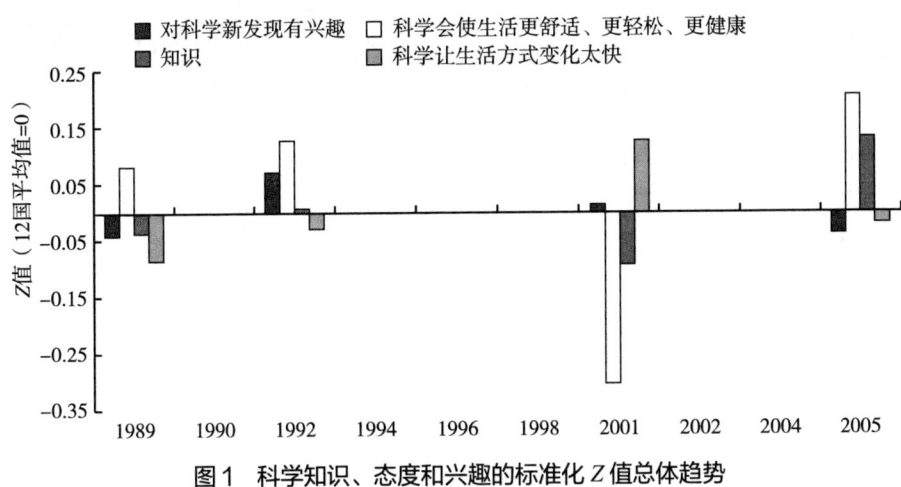

图1 科学知识、态度和兴趣的标准化 Z 值总体趋势

答案,因此在2001年时该指数更为负面。

图1显示了科学知识、科学兴趣以及生活质量和生活节奏两个科学态度方面的时间趋势。知识在增加,生活质量方面的态度总体保持稳定。值得注意的是,对科学新发现的兴趣和生活节奏方面的态度先增加后下降。21世纪初,旧欧洲的科学素质更高,积极态度保持稳定,对科学的兴趣正在下降。

具备科学素质的人被广泛视为可以在世界经济中带来竞争优势的人力资源。经济合作组织的国际学生评估项目会对学龄儿童的表现进行评估(PISA,2003),而我们的研究会为15岁及以上人口提供成人科学素质指数。

12国的科学素质趋势各不相同。荷兰、丹麦和卢森堡总体上领先,葡萄牙垫底。科学素质提高是大多数国家的总体趋势,但是意大利、葡萄牙、卢森堡和爱尔兰除外,这些国家在同一时期进展甚微。

在表1中,我们将旧欧洲内相互关联的国家进行了比较。在知识排名中,丹麦1989年为第7位,2005年提升到了第1位。同样,比利时和德国(联邦德国)的排名也有所上升。特别是德国,自从1990年德国统一以来,德国人见证了"现代化"的驱动力和"娱乐社会"的终结。在任何排名中,有升必有降,这里排名下降的是卢森堡、法国和意大利。在成人科学素质排名中,英国居中,葡萄牙、爱尔兰、希腊和西班牙垫底。

表1 12国按年份和世代同期群体划分在知识方面的排名

国家与变量	总计	2005年	2001年	1992年	1989年
荷兰	1	3	1	7.5	3
丹麦	2	1	2	3	7
卢森堡	3	5	4	1	1
法国	4	6	5	3	2
德国	5	2	6	3	5
意大利	6	8	3	5	4
英国	7	7	7	6	6
比利时	8	4	9	7.5	8
西班牙	9	9	8	9	11
爱尔兰	10	11	11	10	9
希腊	11	10	10	11	10
葡萄牙	12	12	12	12	12
知识—平均值	7.84	8.36	7.70	7.81	7.48
知识—变异系数	0.35	0.31	0.34	0.34	0.39
同期群体	1977年后"新秩序一代"	1963—1976年"X一代"	1950—1962年"婴儿潮一代"	1930—1949年"战争和危机一代"	1930年前"咆哮的20年代"
法国	5	5	2	5	1
卢森堡	4	1	6	2	2
荷兰	2	3	3	2	3
联邦德国	3	6	5	3	4
丹麦	1	2	1	4	5
英国	9	8	7	6	6
比利时	10	9	8	8	7
意大利	8	4	4	7	8
爱尔兰	12	11	11	9	9
希腊	7	10	10	11	10
西班牙	6	7	9	10	11
葡萄牙	11	12	12	12	12
知识—平均值	8.64	8.41	8.20	7.50	6.31
知识—变异系数	0.28	0.29	0.31	0.36	0.47
兴趣—平均值	0.38	0.36	0.35	0.31	0.26
兴趣—变异系数	1.29	1.34	1.36	1.49	1.69

注：知识指数是基于13个问题；兴趣是对"科学新发现"的兴趣（见附录）。变异系数即标准差除以平均值，它是对国别差异的测度。

代际趋势：一个准队列分析

通过对年龄群组的分析，我们可以发现另一种趋势：人口中不同世代之间的变化。对同期群体的分析让我们认识到了在特定背景下成长并享有共同历史经历的重要性，这些会给特定的一代留下深刻印象（参见 Rogler，2002）。为建立数据库，我定义了五个世代群组，并假设每个同期群体都对科学有着独特的看法，有一定的科学素质，有某种明确的态度，并对科学发展感兴趣。

"新秩序一代"1977年后出生的一代，这是最年轻的受访者群体，成长于"冷战"结束后，从"新世界秩序"中苏醒。他们经历了20世纪末信息技术和生物技术"革命"，是属于1995—2000年计算机和互联网热潮的一代。他们占受访者总量的8.8%（12国的这一比例从5.3%至13.20%不等）。

"X一代"出生于1963—1976年。这代人是计划生育"革命"的成果，经历过20世纪70年代的石油危机、80年代的核问题、反核抗议、核军备辩论以及"星球大战"计划。他们占受访者总量的26.4%（12国的这一比例从23.6%到29.6%不等）。

"婴儿潮一代"出生于1950—1962年。这代人成长于战后，那时的社会洋溢着乐观的情绪，并朝着现代化发展。他们见证了历史上最长的经济繁荣时期。当时的西方社会变得十分"富足"，没有物质上的担忧。但是，这代人也是20世纪70年代抗议活动中的主力。他们拥有理想主义的世界观，对社会进步以及进步与科技之间的联系有着更多质疑。他们占受访者总量的23.3%（12国的这一比例从19.6%到29.7%不等）。

"战争和危机一代"生于1930—1949年。这一代人不仅见证了第二次世界大战，而且还是经历战后"冷战"格局的第一代人。他们还经历过20世纪50年代的"核狂热"，这股浪潮预示着一场科学革命和"能源便宜到无法计量"的原子能社会。他们占受访者总量的28%（12国的这一比例从24.9%到30.7%不等）。

科学与公众

"咆哮的 20 年代"群体出生于 1930 年前,成长于第一次世界大战后或 20 世纪 20 年代的鼎盛时期。这段繁荣时期以 1929 年的大萧条和随后的经济危机告终。他们占受访者总量的 13.6%(12 国的这一比例从 9.9% 到 16.3% 不等)。

通过这些群组,我们现在可以对观察到的科学知识、兴趣和对科学的态度进行分析。

任何时间(时期)、特定世代群体(同期群体)以及变老变成熟(年龄增长)都会产生影响,此分析的一个关键问题就是厘清这些混杂的影响。在任何时候,这些影响中一次只有两种可以从统计学角度进行控制(参见 Mason & Wolfinger,2001)。我们将暂时忽略年龄效应,专注于时期效应和同辈效应的相对重要性。科学知识、兴趣和对科学的态度不太可能会随年龄的增长而改变,尽管它在人生的不同阶段带来的关注点可能会变化。科学可能会吸引年幼的孩子,但是当孩子们长大后开始找工作时,这种兴趣就会消失。当一个人面临生育或年老体弱所引发的健康问题时,科学可能会再次受到关注。或者在受欲望支配的浪漫生活阶段,人们会觉得凝望星空特别有吸引力。尽管如此,我在下文中还是将年龄效应放在一边,然后再来比较世代群体与时期的相对重要性(参见本书中罗西的研究)。

总而言之,我们发现科学素质从老年群体向年轻群体逐代增加。不过,这一代际趋势在整个欧洲并不一致。在法国和英国,年纪较小的三个群体的科学素质停滞不前。而在意大利,最年轻的"新秩序一代"的科学素质出现了下降。

表 1 显示了各国每个世代群体的科学知识排名。随着知识水平总体增加,各国之间的差异会减小。年轻欧洲人正聚集在更高的科学知识平均水平上。各国在同期群体上的相对排名差距很大。在丹麦,年轻群体的排名高于年长群体;英国则相反,年轻群体的排名低于年长群体。在意大利,"X 一代"和"婴儿潮一代"的排名则要高于最年轻一代。

五个同期群体的科学兴趣同样在递增:老一代人的科学兴趣低于最年轻一代,但各国的模式也各不相同。在法国,战前一代人对科学最感兴趣,最年轻的一代人最不感兴趣。在意大利,"新秩序一代"对科学的兴趣不及"X 一代"。

在德国（联邦德国）和葡萄牙，人们对科学的兴趣正在逐代增加，与欧洲平均水平一致。总体而言，我们观察到各国的科学兴趣水平都趋近于欧洲均值：如知识一样，"新秩序一代"的兴趣差异小于"咆哮的20年代"群体。

图2显示了与年龄群体、生活质量、更有趣的工作和生活节奏相关的知识和态度的三方面（具体问题见附录）。每个指标都经过了标准化处理（Z值；平均值 $M = 0$；标准差 $SD = 1$；数值高表示"积极的科学态度"）。在各年龄群体中，态度的三方面表现出不同的轨迹。在生活节奏和更有趣的工作方面，这个轨迹是线性的：越年轻的群组，对科学的态度就越积极；对他们来说，科学使工作更有趣，而且不会扰乱生活节奏。

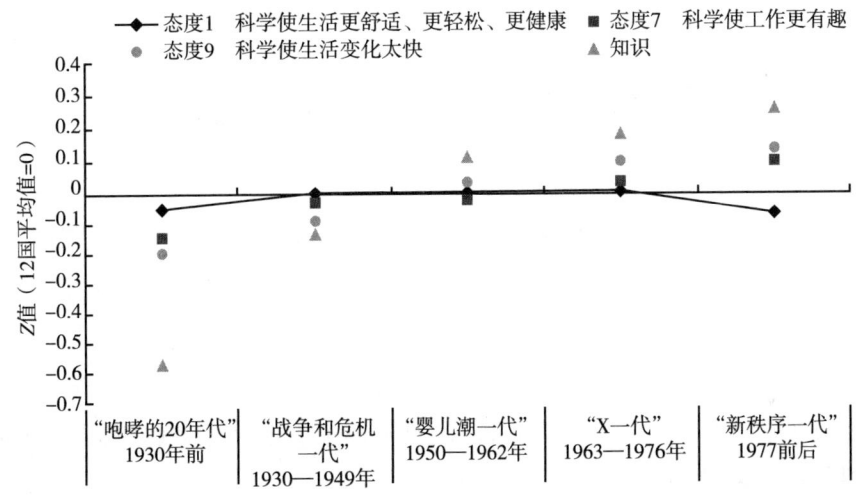

图2 按照世代划分的科学知识和科学态度：知识、生活质量、有趣的工作和生活节奏的 Z 值

我们来看一下图2中对科技改善我们生活质量的期望。该指标显示了各年龄群体之间非线性的轨迹。与中间几代人相比，最年长的一代和最年轻的一代在科学对生活质量的影响方面疑心更重。

同样，这个故事因国而异。德国的趋势与12国一致，并且在所有年龄群体中都是最积极的。法国"X一代"和"新秩序一代"的积极期望在不断降低。如果说在年龄较大的群体中，法国是态度最积极的国家之一，那么在较年轻的群体中，它则是质疑最多的（参见本书中布瓦的文章）。英国两个较年轻群体的积极性有所下滑。在英吉利海峡,"婴儿潮一代"是对科学寄予厚望的火炬手。在葡萄牙和意大利,人们对科学的积极态度逐代增加。在葡萄牙,"新秩序一代"的积极性有所下降。

其他两个指标的情况更加符合预期:年轻一代希望通过科技改善工作和生活,他们并不担心生活节奏变快。而老一辈人在这两方面则持怀疑态度。总的来说,我们可以得出结论,所有五代人的科学知识都有所增加,但科学态度,特别是期望提升生活质量的态度,不一定有所改善。由于对科学态度各方面的公众看法各不相同,所以态度的不同方面表现出不同的代际轨迹。无论是年轻一代还是年长一代都认为,科学技术似乎不是进步的普遍原因。人们对科学日益熟悉,这降低了人们原本对科学可能抱有的高期望。

同期群体间的性别差异和教育差距

现在让我们从公共政策和科学政策界出现的两个主要问题来看待不同教育水平和不同性别之间在科学知识、科学态度以及科学兴趣方面的差距。在不同的代际群体中,这些差距如何缩小或扩大?换而言之,教育和性别差距只是老一辈的问题,而非年轻一代的问题吗?为了回答这个问题,我们将三个因变量(科学知识、科学兴趣和科学态度)以及同期群体、受教育水平和性别作为要素建模,同时控制了每个同期群体中的年份变量(多元方差分析线性模型,见附录)。

总体而言,所有变量都会对科学知识、科学态度和科学兴趣产生影响,但影响程度略有不同。对科学知识的影响按照受教育水平、性别和年龄群体的顺序发挥作用;对科学态度的影响按照年份、性别和受教育水平的顺序发挥作用;对科学兴趣的影响按照受教育水平和性别的顺序发挥作用。

同期群体与受教育水平之间的交互效应更为显著。在整个年龄群体中,受访者正规教育水平的不同导致了在这些指标中的位置不同,其中科学兴趣方面的差异最为突出。控制其他变量不变的情况下,不同教育水平(初等、中等和高等教育)的知识,使科学知识、科学兴趣和科学态度(生活质量)之间体现出了交互效应。接受过不同程度正规教育的人在这些指标中的位置因世代群体的影响而异。特别是，在控制不同时期和性别影响的情况下，与受过中等和高等教育的人相比，受过初等教育的人在整个世代群体中的轨迹差异很大。

在科学知识方面（图3），受过高等教育的人懂得更多的科学知识，这并不足为奇。不过，接受过初等教育的人中，年轻一代知识的增长比年长一代多。而那些接受过中等或高等教育的人群在各个群体中保持大致相同的水平（交互效应：$F = 107$；$df = 8$；$P < 0.001$）。初等教育对科学知识的附加值最为显著，在"新秩序一代"中，只接受过初等教育的人比接受过中等教育的人更了解科学。接受过初等教育的学生对科学的熟悉程度与日俱增。而这一趋势在年轻一代接受过中等教育的人中逐渐消失。但总体而言，不同受教育水平的人群之间的差距正在缩小。

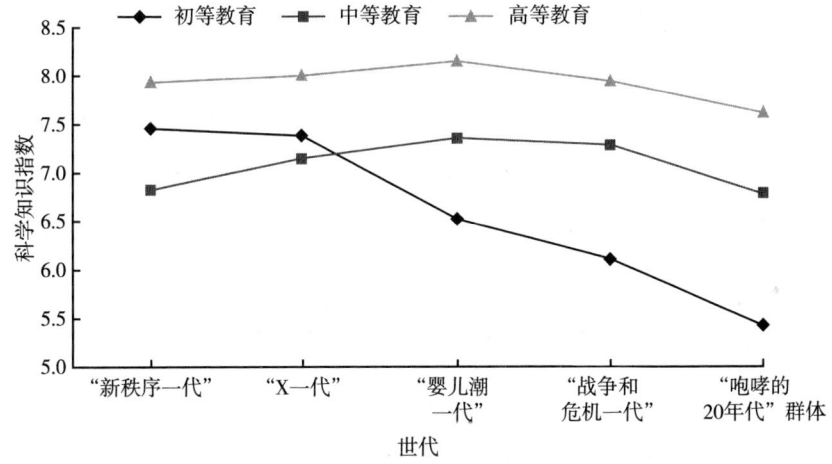

图3 不同受教育水平和不同年龄的群体在科学知识上的差异（控制其他变量不变）

科学兴趣的图景（图4）与科学知识非常相似：在所有年龄群体中，接受过高等教育的人对科学表现出来的兴趣最浓厚。受过中等教育的人对科学的兴趣正在衰减，但受过初等教育的人对科学的兴趣从年长一代到年轻一代正在逐代稳步增加。受此影响，"新秩序一代"和"X一代"中受过初等教育的人要比受过中等教育的人对科学更感兴趣（交互效应：$F = 33.1$；$df = 8$；$P < 0.001$），这里再一次忽略了时期的波动或性别的差异。

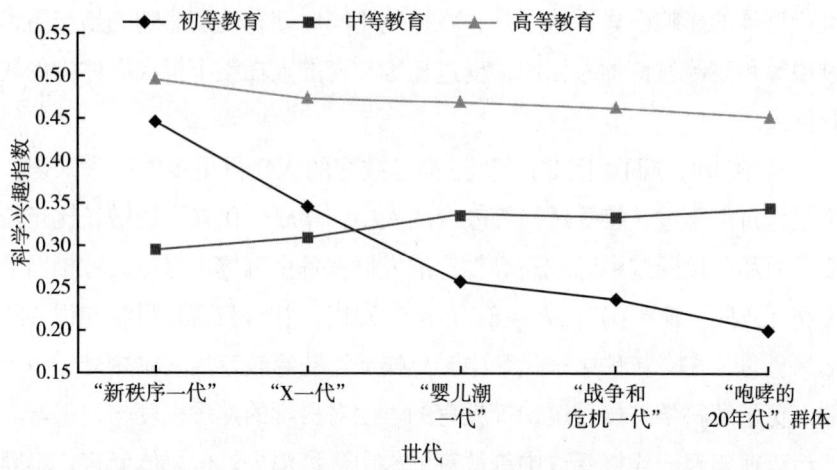

图4　不同受教育水平和不同年龄的群体在科学兴趣上的差异（控制其他变量不变）

在科学态度方面，我们观察到了一个惊人的趋势（图5）：无论教育水平如何，年轻一代都更加怀疑科学技术对生活质量的积极影响。但是对于接受过初等教育的"X一代"来说，这种趋势停滞了，他们还对此抱有更高的期望。出生于20世纪60年代的一代人推动了互联网"革命"，将计算机和互联网融入日常生活，年轻一代对此习以为常。然而，对于"新秩序一代"而言，更高的教育水平激发了对科学的热情，充分解释了态度方面的差异（交互效应：$F = 10.4$；$df = 8$；$P < 0.001$）。

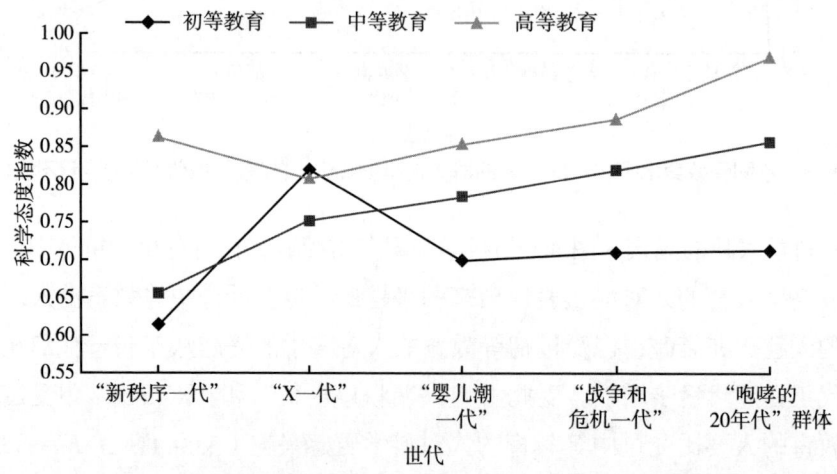

图5　不同受教育水平和不同年龄的群体在科学态度上的差异（控制其他变量不变）

基于历史发展脉络的纵向分析 第一部分

与这些变动的教育差异不同，**性别差距**在所有年龄群体的科学知识、科学态度和科学兴趣上一直都存在（未在图中显示）。性别和同期群体之间对于这些指标都没有交互效应。这表明所有年龄群组的女性一直都是知识（教科书上的科学知识）水平更低，对科学新发现的兴趣较小，更加质疑科学对生活质量的影响。男性和女性的总体趋势一致：所有群组的科学知识在增加，科学态度先提升再衰减，科学兴趣不断下降。

公众理解科学的后工业化假说

公众理解科学的后工业假说（Bauer，Durant & Evans，1994）假定科学知识、科学态度和科学兴趣之间的相互关系会根据社会背景发生变化。这种表述与"缺失模型"的预测相关，即科学知识、科学兴趣和科学态度的关系一般是正相关。这里的正相关并非"知道的越多，就越喜欢"，而是在不同的背景中可能会产生"越熟悉，越轻视"的想法，或许不是轻视，而是具有更清醒的态度。从工业社会到知识社会的社会经济转型也许能够说明相关背景。在欧洲，这种转型既是基于对事实的判断，也是高层政治意愿（参见Rohrbach，2007）。我们认为我们的世代群组是转型的指标。我们假设老一代人的心态更接近工业社会，而年轻一代更符合知识社会。这反映在我们三个指标之间相互关系的梯度变化上。

图 6 显示，在所有的世代群组中，态度和知识之间均是正相关，相关性较低且差异非常小（$0.11 < R < 0.20$）。几乎没有证据表明这些相关性对背景的依赖。在所有年龄群组中，高知识水平和对科学的积极态度都相互关联。在科学知识与科学兴趣的相互关系中，梯度变化更为明显（$0.15 < r < 0.36$）；与年轻人相比，知识作为驱动力更能激发老一代人的科学兴趣。这符合我们的假设。我们在图 6 中还观察到，兴趣的代际趋势随知识的增加而下降。最后，我们可以将态度视为知识和兴趣的函数，从某种意义上来说，我们知道得越多，对科学越感兴趣，那么我们对科学的期望就越高。几代人之间有一些梯度，但是变化并不显著（$0.12 < R < 0.23$）。显然，为了对这一假设进行更详细的分析，我们需要分别观察每个国家，并考虑从工业生产到后工业生产的不同背景中的世俗化转型速度。结合同期群体分

析与每个背景的纵向分析，我们可以在推测性的截面比较之外对该假设进行检验。

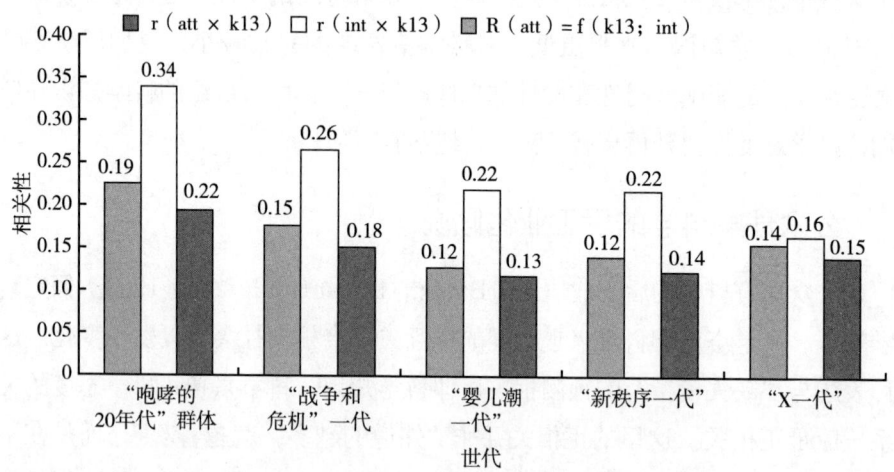

图6 每个年龄群组内三个指标之间的相关性和回归分析

科学知识、科学态度、科学兴趣之间的相互关系

在本章的最后一节中，我们探讨科学文化的三个指标——科学知识、科学态度、科学兴趣——与让三者保持恒定的其他变量之间的相关性。我们提出这样一个问题：国家、世代群体、调查时期、受访者的宗教观、受教育水平和性别会在多大程度上影响科学知识、科学兴趣和科学态度的整体水平。探讨该问题的最佳方式是拟合二元逻辑回归模型，当其他条件相当（其他条件不变）时，科学知识、科学态度和科学兴趣的高低取决于每个预测变量的水平。就科学态度和科学兴趣而言，我们使用了两个模型，一个在等式中包括科学知识，另一个则不包括。为此，我们将知识量表从十三级减少到五级，以观察二者与知识之间是否为单调线性关系。

从受访者的个人特征来看，性别是科学知识、科学态度和科学兴趣共同的决定性因素。与男性相比，女性知识渊博的可能性低46%，对科学抱有高期望的可能性低23%，对科学兴趣浓厚的可能性低34%。即便控制知识变量也是如此，只是差距较小而已，即女性对科学抱有高期望的可能性

基于历史发展脉络的纵向分析 第一部分

比男性低15%，对科学兴趣浓厚的可能性低26%。在其他条件相同的情况下，科学文化领域仍是更倾向于男性而非女性的领域。与那些自称有宗教信仰（见附录）的人相比，声称无宗教信仰人士对科学持有积极态度的可能性高24%，知识渊博的可能性高35%，兴趣浓厚的可能性高19%。与有宗教信仰的受访者相比，未公开宗教信仰的人士对科学持有积极态度的可能性则要低39%，知识渊博的可能性低27%，兴趣浓厚的可能性低26%。即使控制知识变量，这些关系依然成立，只是减弱了。

教育会影响科学知识、科学态度和科学兴趣。与高等教育相比，中等和初等教育在这三方面都使人们远离了科技。即便我们控制知识水平，科学态度和兴趣方面也是如此。教育既通过科学素质也通过科学素质以外的东西为科学文化做出独立贡献（表2）。

表2 基于宗教、同期群体、国别、教育水平、年份和性别的科学知识、科学态度和科学兴趣二元逻辑回归分析

变量	高—低	态度	态度	知识13	兴趣	兴趣
宗教	不信教	24	19	35	19	12
	不知道	-39	-34	-27	-26	-19
	信教	—				
同期群体	"新秩序一代"	86	50	250	124	69
	"X一代"	34	16	145	44	17
	"婴儿潮一代"	27	13	99	32	11
	"战争和危机一代"	24	15	65	22	8
	"咆哮的20年代群体"	—	—	—	—	—
国别	意大利	27	7 ns	140	82	47
	荷兰	32	12 ns	123	91	57
	卢森堡	19	1 ns	122	91	59
	法国	28	6 ns	103	160	120
	英国	63	42	80	87	62
	联邦德国	72	55	70	8 ns	-8 ns
	希腊	57	42	55	89	71
	比利时	5 ns	-4 ns	50	18	5 ns
	西班牙	16	9 ns	29	26	18

103

续表

变量	高—低	态度	态度	知识 13	兴趣	兴趣
国别	丹麦	19	7 ns	28	53	39
	爱尔兰	16	12	8 ns	11 ns	6 ns
	葡萄牙	—	—	—	—	—
教育水平	初等	−38	−26	−63	−53	−43
	中等	−23	−14	−51	−45	−38
	高等	—	—	—	—	—
年份	1989	−3 ns	−5 ns	14	25	21
	1992	22	20	1 ns	47	46
	2001	−30	−28	−37	11	22
	2005	—	—	—	—	—
性别	女性	−23	−15	−46	−34	−26
	男性	—	—	—	—	—
	k1	—	−55	—	—	−79
	k2	—	−30	—	—	−59
	k3	—	−19	—	—	−42
	k4	—	−13	—	—	−15
	k5	—	—	—	—	—
	兴趣低	—	−31	—	—	—
	兴趣高	—	—	—	—	—
	Nagelkerke R^2	0.06	0.08	0.15	0.09	0.13
	% 分类	73.61	73.2	53.36	66.46	66.46
	% 模型分类	74.2	74.40	62.60	68.10	68.13
	模型强度	0.6	1.2	9.2	1.6	1.7

注：百分比概率变化的计算方式为：% = [Exp（B）−1] × 100。请注意，所有这些数字都有估计的置信区间，此处没有展现。ns 表示 $\alpha = 0.05$ 水平下"不显著"。

对科学态度、知识和兴趣的代际效应是一致的。年轻一代比老一代更贴近科学。与"咆哮的20年代"一代人相比，1977年以后出生的一代人让欧洲人拥有高科学知识水平的可能性提高了250%，抱有积极期望的可能性提高了86%，对科学感兴趣的可能性提高了124%。不过如果我们控制知识水平，变化曲线就不会那么陡峭了。

这三个指标根据受访者所在国家的不同，差异都很大。意大利、荷兰和卢森堡公众的科学知识水平最高。与具有相似地位的葡萄牙人相比，这三个国家的人拥有高科学知识水平的可能性更高。与具有相似地位的葡萄牙人相比，英国人或联邦德国人对科学抱有积极期望的可能性高60%或70%，法国人表现出对科学兴趣浓厚的可能性高160%。在控制知识变量时，态度的国别差异没那么显著，只有英国、联邦德国、希腊和爱尔兰继续表现出比葡萄牙更积极的态度，其他所有国家都在同一期望水平上。同样，控制知识变量时，在兴趣方面的国别效应会减弱：联邦德国人、比利时人和爱尔兰人表现出的兴趣水平与葡萄牙人相当，而对于其他国家的人来说，兴趣水平则成梯度变化，其中法国人兴趣水平最高。

结　　论

本文报告了对构建新的微观综合数据库的初次探索情况，该数据库涵盖了12个欧洲国家对公众理解科学的四轮调查。这些数据让我们能够对五代人进行纵向分析（1989—2005年）和准队列分析，并比较欧洲科学文化的趋势。科学文化的评估依靠三个主要指标：科学知识、科学态度和对科学的兴趣。我们探索的主要结果如下。

1989—2005年的时间趋势表明，人们的科学知识有所增加，对生活质量的期望保持稳定，对科学的兴趣起伏不定。在代际趋势中，科学知识和科学兴趣从年长一代向年轻一代逐代增加，更好的工作条件也呈类似趋势，中间的几代人对生活质量的期望最高。不同国家的时间趋势和代际趋势都不同。在这里，新兴国家的故事可能很复杂，反映出了不同的历史、经济以及更广泛的文化背景。显然，我们在这方面还需要做更多的工作。

性别差距在各个世代的所有指标上都存在。在科学知识、科学态度和科学兴趣方面，女性比男性更远离科学。相比之下，就知识而言，各个世代之间的教育差距正在缩小。就科学态度和科学兴趣而言，差距的缩小程度略逊于科学知识。不过，在年轻一代中，初等教育的附加值很明显，中等教育则拉大了受访者与科学之间的距离。显然，高等教育对于各代人的知识、积极的期望和兴趣有积极作用。中等教育使中间几代人更贴近科学，但老一代和年轻一代则稍显逊色。在各个世代中，接受过中等教育的欧洲人对科学的积极期望和兴趣正在下降。初等教育和中等教育给欧洲科学文化带来的不同附加值，值得我们进一步探索。

总之，根据后工业假设，科学知识、科学态度和科学兴趣之间的相互关系取决于背景，这在各世代群体中有明显体现，尤其是在科学兴趣方面。科学知识是激发老一代人兴趣的驱动力，但是在年轻一代人中却并非如此。还有一种可能是，这些教科书式的知识性问题没有充分挖掘能激发年轻一代科学兴趣的知识。想要在每个国家的背景下探索这些问题，我们还需要做更多的工作，仔细比较各国在工业社会向知识社会转型期间国家地位的时间趋势和代际趋势。

附录：欧盟综合数据库

报告中使用的指标

知识：知识指标是根据 13 个知识类测试题目的正确答案数量计算的。这些题目包括：

1. 地心非常热。（对）
2. 煮沸可以使放射性牛奶变安全。（错）
3. 电子小于原子。（对）
4. 我们生活的大陆已经漂移了数百万年，未来也将继续漂移。（对）
5. 母亲/父亲的基因决定孩子是男孩还是女孩。（错/对）
6. 最早的人类与恐龙生活在同一个时期。（错）
7. 抗生素可以杀死病毒和细菌。（错）
8. 激光的工作原理是集中声波。（错）
9. 所有放射现象都是人为的。（假的）
10. 太阳绕地球转动。（错）

11. 我们呼吸的氧气来自植物。(对)

12. 众所周知,人类是由早期的物种进化而来的。(对)

13. 地球绕太阳转一周需要多长时间?(一年)

兴趣:对科学新发现的兴趣被编码为单项虚拟变量:1 = 非常感兴趣;0 = 有些兴趣或不感兴趣。

态度:对于目前的分析,我们主要使用的问题是"科学会使生活更健康、更轻松、更舒适"(生活质量);但另外两个问题"科学使我们的生活方式改变得太快"(生活节奏)和"科技应用将使工作变得更有趣"(有趣的工作)也同时使用。答案被编为 5 级量表,从非常同意(= 1)到非常不同意(= 5),并且通过重新编码使高数值表示对科学的态度积极。

宗教信仰:同意"我们过分依赖科学,却不太依赖信仰"这一问题表示有"宗教信仰",不同意表示"无宗教信仰",不知道或不确定表示"不确定或不可知"。

年份:调查研究的年份分别为 1989 年、1992 年、2001 年和 2005 年。

生物年龄:在每个同期群体中我们都进行了中位数分割。如果年龄低于中位数则赋值为 0,如果年龄高于中位数则赋值为 1。这是一种独立于同期群体之外的控制年龄的方法。

教育:调查要求每位受访者说明他们结束全日制教育时的年龄。然后将其重新编码为初等教育(小学)(1)、中等教育(中学)(2)和高等教育(专上教育)(3)级别。

性别:性别用虚拟值表示,分为男性(1)和女性(0)。

国家:12 国包括比利时、丹麦、西班牙、德国(仅限联邦德国)、爱尔兰、法国、英国(不列颠和北爱尔兰)、葡萄牙、荷兰、希腊、意大利和卢森堡。

有些表格将 Z 值视为相对于四轮调查中 12 国总平均值的偏差(样本量 N = 50,245)。

多元方差分析模型(样本量 N = 41,712)

设计:教育、性别和同期群体的全因素模型。协变量:生物年龄、年份。

截距＋年份＋生物年龄＋同期群体＋性别＋同期群体＊教育＋同期群体＊性别＋教育＊性别＋同期群体＊教育＊性别：

知识：F=240；df=31　P<0.001；Eta^2=0.151；Power=1.00

态度：F=36；df=31；P<0.001；Eta^2=0.026；Power=1.00

兴趣：F=68；df=31；P<0.001；Eta^2=0.048；Power=1.00

预测因子及其交互效应的影响（标准：按 F 排名）：

知识=（截距）教育，性别，生物年龄，同期群体，年份，同期群体＊教育；

态度=（截距）生物年龄，年份，性别，教育，同期群体＊教育，同期群体；

兴趣=（截距）教育，性别，同期群体＊教育，同期群体，年份，生物年龄；

没有显著的交互效应：同期群体＊性别，教育＊性别，同期群体＊性别＊教育（P> 0.001）。

注释

1. 这些问题来自维西（Withey, 1958），通过美国的指标系列进入"欧洲晴雨表"。它们是这一研究传统中很古老的问题。然而，现在从技术上来看，"生活质量"问题是一个"不好的问题"，因为严格来说它包含了三个不同的问题。"欧洲晴雨表2010"通过折半实验对此进行测试。一半的人被问到原始版本中的三重问题，而另一半被问到的问题是，是否同意"科技使我们的生活更健康"这一说法。基线结果显示，在"健康"标准上，欧洲人对科学影响的疑心略重，只有56%的人倾向于同意，17%的人不同意。相比之下，回答原始版本问题时，有66%的人同意，12%的人不同意。在科技对健康的影响（更怀疑）、科技对生活舒适度和便利性的影响上（不太怀疑），人们的想法有所差别。在我们的纵向态度指标上则没有这种差别。

日本的科技知识：基于1991年和2001年项目反应理论分数的分析

清水健哉　松浦孝哉

日本的公众理解科学技术调查

日本曾开展多种公众理解科学技术的调查。其中，日本国家科学技术政策研究所（以下简称"科技政策研究所"）曾于1991年、2001年和2007年开展过三轮使用国际可比调查题目的调查。第一次调查（J-SCITEK91）的计划始于1990年。根据日本的国家需求，根据美国、加拿大及欧盟研究人员的要求，科技政策研究所组织了一个公众理解科学技术调查的国家级研究小组，以获得关于调查内容和方法的建议。小组成员包括科技政策研究所的工作人员、大学教授和国家内阁官员。小组进行了七次会议讨论和试点调查。在此指导下，科技政策研究所于1991年11月开展了J-SCITEK91调查，目标人群为18岁及以上的成年人。计划样本量为2000份，采用二阶段分层抽样（城市规模和地理区域）的方式，最终调查对象为1457人（回复率：72.9%）。

J-SCITEK91调查的一些研究结果在日本社会引起了共鸣。虽然"年轻人对科技漠不关心"在当时的日本社会引发过讨论，但科学教育家、政策制定者和大众传媒仍都震惊于这样一个具体的结果：日本公众对科技的兴趣和了解均低于其他大多数工业化国家。

事实上，虽然J-SCITEK91主要是为了进行国际比较，但J-SCITEK91调查所使用的一些关键题目与其他地区使用的题目并不完全相同。例如，关于兴趣程度的问题，问卷要求受访者在"非常感兴趣""有点儿感兴趣""几乎不感兴趣"和"一点儿也不感兴趣"的4级量表中描述他们的兴趣水平。4级量表有助于区分"感兴趣"的人（"非常感兴趣"和"有点儿感兴趣"）和"不感兴趣"的人（"几乎不感兴趣"和"一点儿也不感兴趣"），但其他国家在进行同类民意调查时采用的却是3级量表："非常感兴趣""一般感兴趣"和"一点儿也不感兴趣"。为了构建一个可比较的指数，米勒等人（Miller et al., 1997）将4级量表转换为百分制的评价量表（非常感兴趣，100分；有点儿感兴趣，67分；几乎不感兴趣，33分；一点儿也不感兴趣，0分）。

J-SCITEK91调查采用了西方国家最常用的公民科学素质测试题库中的题目，但对这些题目进行了修改。大多数国家使用15道题目来测试公众理解科技的水平，但J-SCITEK91只采用了其中的6道题目。虽然米勒等人（Miller et al., 1997）曾建议日本使用基于项目反应理论的分数转换技术，但因为日本调查中的这6道知识性题目难度较高，所以项目反应理论的分数可能会低估日本人对科学术语和概念的理解水平。

为了收集能与国际研究小组所收集的资料进行比较的公众理解科技的数据，科技政策研究所组织日本研究小组开展了另一项调查。该小组的新成员只有一名来自科技政策研究所，另外三名成员为大学教职员工。在编制问卷的第一步，该小组将国际比较这一目的放在首位，仔细翻译了1999年美国调查中使用的所有题目。第二步，精心修改这些问题的措辞以适应日本人的习惯。该小组试图将修改控制在最低限度。然后，问卷中也加入了其他民意调查中一些有用的题目，如1992年"欧洲晴雨表"关于"欧洲人、科学和技术——公众理解和态度"的调查，以及2000年英国关于"英国公众对科学、工程和技术的态度"的调查。因此，大多数题目可与国际数据集进行比较。

科技政策研究所于2001年2—3月开展了第二次公众理解科技调查（J-SCITEK01）。调查目标人群为18~69岁的成年人，预期样本量为3000份，采用二阶段分层抽样的方法抽取受访者。最终调查对象为2146人（回复率：71.5%）。对比15个国家18项调查[1]的指数，结果显示，日本公众对科学新发现的兴趣最低，对新技术的兴趣倒数第二。日本人对科技测验题目的回答正确率只有51%，在15个国家的16项调查中排名倒数第三。

基于历史发展脉络的纵向分析 第一部分

六年后,科技政策研究所开展了第三次调查,这次使用的是互联网。2007年1月30日至2月2日,工作组通过电子邮件向9,245名在互联网调查公司注册的人士发出参与调查的请求。有2,868名受访者进行了有效的回复(回复率:31.0%)。调查收集了一些可比的数据,如兴趣、参观博物馆的频率、知识测验等。但是,此调查缺乏关于态度的问题,而其他国家的调查中通常包括这些问题。由于数据的代表性不强、回复率低,以及题目覆盖不全,所以第三次调查很难用于与国际上其他公众理解科技调查进行比较。

1991年和2001年公众理解科学技术调查二次分析的文献综述

虽然国际上对学生科学成绩的比较表明,日本学龄儿童对科学的了解状况较好,但成年人的情况却不一样。日本成年人理解科学的水平较低,一些研究人员探究了造成这一现象的原因。

冈本(Okamoto,2007)通过聚类分析将知识性题目分为四类。第一类题目是超过70%的J-SCITEK01受访者能够正确回答的题目。第二类是50%~70%的受访者能够正确回答的题目。第三类是超过35%的受访者都回答错误的题目。第四类是超过45%的受访者回答"我不知道"的题目。知识性题目中,关于恐龙和人类共存、父亲的基因决定后代性别以及抗生素对病毒的影响这几道题目属于第三类问题(公众对科学事实的误解);关于电子和原子的相对大小以及激光和声波之间关系的问题被归到了第四类。冈本的结论是,日本公众了解那些在课上和课后都可以学习的简单知识。

清水(Shimizu,2007)对J-SCITEK91和J-SCITEK01调查中6道通用的题目进行了简单的分析。如果仅比较这6道题目,可以发现科学测试题目的回答情况有所改进。在1991年调查时,一些科学事实已经广为人知,但是在1991—2001年,其他事实的知识从感兴趣的人群转移到了不感兴趣的人群。另外,由于1995年神户地震,板块构造的知识在日本公众中广泛传播。冈本(Okamoto,2007)和清水(Shimizu,2007)的研究揭示了公众日常学习科学的机会的重要性。

在影响公众科学知识的因素中，学校教育通常被认为至关重要。清水（Shimizu，2009）比较了整个课程队列中正确回答知识题目的平均百分比。在日本，自1947年以来，中小学科学课程的国家教学大纲一直在变化。因此，不同的世代学习了不同类型的科学课程。例如，老一代学习了实用的科学课程，中年一代学习了后人造卫星时代（post-Sputnik）的科学（学习了更多科学内容），年轻一代则学习了相对简单的科学课程。课程大纲的改变使得代际比较可以被认为是直接反映了科学课程类型的差异。清水预计，由于年轻一代对科学课程的需求较低，他们的表现可能不如老一辈。然而，研究结果却显示，年轻一代的科学理解水平比老一代更好。尽管最近简化的科学课程受到了批评，但该研究表明，学校课程的影响其实是有限的。

日本公众理解科学水平相对较低的另一个可能的原因是，这与问题的测度方式和知识性题目在日本的有效性有关。由于知识性题目由西方国家开发，并服务于西方国家，所以很自然地需要思考这些题目在日本的背景下是否有效。清水（Shimizu，2005）考察了知识性题目对日本公众的预测性和建构效度。研究发现，各知识性题目与"科学基本事实与概念""科学方法""科学的社会影响"的构想为显著正相关，得分与受访者的科学活动为正相关。只要我们认为这些由知识性问题测度的构想是公众参与科学的预测概念，那么这些题目就具有一定的有效性。

日本公众理解科学技术测试题库的题目分析

大多数对日本数据的二次分析都是为了寻找能提高日本成人科学知识水平的因素。然而，在日本的调查数据中，还没有从项目反应理论的角度对题目的有效性进行检验的。例如，清水（Shimizu，2009）的研究虽然包含了1991年和2001年数据的比较，但只比较了6道相同的题目。为了增强稳健性，需要校准题目的项目反应理论分数，并确定在日本背景下每道常用题目的特点。

在J-SCITEK91调查中，有12道测试题；在J-SCITEK01调查中，有20道测试题；在两项调查中有6道相同的题目。这些题目在不同国家的公众理解科学调查中被普遍使用。每次调查中，询问概率含义的题目都不同。在 J-SCITEK91 调查中，概率问题为询问花的颜色，如下：

第 13 题　一个孩子对一件事很感兴趣：他/她的种子将会开出的红花与白花之比为 3∶1。他/她问了自己父亲以下一连串问题。你给这些问题的答案是什么？答案选项包括"对""不一定对"及"我不知道"。

（1）如果他/她只拿了三颗种子，那就不会有白花的种子。（第 1 题）

（2）如果第一颗种子开了白花，那么下一颗种子会开红花。（第 2 题）

（3）每颗种子开白花的概率相同。（第 3 题）

（4）如果前三颗种子开了红花，那么第四颗种子会开白花。（第 4 题）

这道关于 1/4 概率含义的问题，第（1）（2）（4）题"不一定正确"为正确回答，第（3）题将"正确"编码为正确回答。

J-SCITEK01 调查利用遗传主题来检测有关概率的知识，这种题也常用于美国和欧洲的调查中，问题如下：

现在请想象这样一个情景。一位医生告诉一对夫妇，他们的基因构成显示他们有 1/4 的可能生下患有遗传性疾病的孩子。请判断以下这些说法的对错。答案选项包括"对""错"及"我不知道"。

（1）如果他们的前三个孩子是健康的，那么第四个孩子就会患病。（第 5 题）

（2）如果他们的第一个孩子患病，那之后的三个孩子都不会患病。（第 6 题）

（3）这对夫妇所有孩子患病的风险是一样的。（第 7 题）

（4）如果他们只有三个孩子，那么其中一个会患病。（第 8 题）

与 J-SCITEK91 调查中一样，题目（1）（2）（4）将"错（不一定对）"

编码为正确回答，题目（3）将"对"编码为正确回答。

两次调查询问了六个相同的问题，它们涉及人类进化、大陆漂移理论、激光和声波之间的关系、抗生素对病毒的影响、天然放射性物质的存在以及原子和电子的相对大小。然而，在J-SCITEK91和J-SCITEK01中，关于新开发药物测试方法的题目则有所不同。在J-SCITEK91中，受访者要从四个选项中选择正确答案，题目如下：

16题　假设科学家开发了一种治疗某种疾病的新药。科学家测试药物最常用的方法是什么？
　　选项1　使用这种药物医治一些患者，并询问他们的意见。
　　选项2　使用有关药物的生化知识，然后判断药物是否有效。
　　选项3　将患者分成两组，一组使用此药物治疗，另一组则不用，并比较治疗结果。
　　选项4　我不知道。

为校准项目反应理论，此题目将选项3编码为正确答案，而其他选项（包括"我不知道"）则编码为错误答案。

而J-SCITEK01使用了常见的高血压药物测试问题，问题如下：

第13题　请想象这样一种情况：两位科学家想知道某种药物是否对治疗高血压有效。第一位科学家想给1,000名高血压患者服用这种药物，观察他们当中有多少人血压降低了。第二位科学家想给500名高血压患者服用这种药物，对另外500名高血压患者则不使用此药，然后观察两组中各有多少人血压降低了。

哪种测试方法更好？
　　选项1　1,000人都使用此药物。
　　选项2　500人使用此药物，500人不使用此药物。
　　选项3　我不知道。

为校准项目反应理论，这一题将选项2编码为正确答案，而其他选项（包括"我不知道"）则被编码为不正确答案。

第一部分 基于历史发展脉络的纵向分析

为了利用 BILOG-MG3 ①（Zimowski et al.，2003）估计出题目参数，我们使用了这六道通用题，从而让题目与双参数逻辑模型（2PL）联系起来。双参数逻辑模型的经典题目统计和参数如表1所示。

表1 双参数逻辑模型的经典题目统计和参数

序号	题目	正确率（1991年）	正确率（2001年）	序列相关性	题目参数 斜度	题目参数 阈值
1	1/4概率的含义（花朵颜色问题）	0.480	—	0.688	3.042（0.271）	0.274（0.018）
2	1/4概率的含义（花朵颜色问题）	0.463	—	0.656	3.242（0.290）	0.303（0.017）
3	1/4概率的含义（花朵颜色问题）	0.311	—	0.527	1.716（0.162）	0.602（0.027）
4	1/4概率的含义（花朵颜色问题）	0.367	—	0.576	2.619（0.223）	0.463（0.018）
5	1/4概率的含义（遗传性疾病问题）	—	0.613	0.610	1.850（0.114）	0.200（0.022）
6	1/4概率的含义（遗传性疾病问题）	—	0.697	0.681	2.326（0.154）	0.022（0.022）
7	1/4概率的含义（遗传性疾病问题）	—	0.568	0.532	0.958（0.057）	0.237（0.033）
8	1/4概率的含义（遗传性疾病问题）	—	0.727	0.691	2.073（0.131）	−0.079（0.025）
9	人类是由早期的物种进化而来的	0.743	0.775	0.371	0.468（0.030）	−1.353（0.108）
10	我们居住的大陆数百万年来一直在漂移，并且在未来还将继续漂移	0.603	0.826	0.593	0.775（0.048）	−0.659（0.060）
11	激光通过集中声波工作	0.211	0.281	0.461	0.819（0.052）	1.267（0.051）
12	抗生素能杀死病毒	0.131	0.228	0.351	0.592（0.047）	1.932（0.111）
13	阳光会导致皮肤癌	0.774	—	0.527	0.659（0.056）	−1.279（0.123）
14	所有的放射现象都是人为的	0.526	0.558	0.540	0.862（0.048）	0.166（0.027）

---

① 这是项目反映理论的一个分析软件包。——译者注

续表

序号	题目	正确率（1991年）	正确率（2001年）	序列相关性	题目参数 斜度	题目参数 阈值
15	电子比原子小	0.293	0.295	0.412	0.620（0.045）	1.259（0.062）
16	实验设计（新药测试）	0.395	—	0.242	0.329（0.044）	0.847（0.132）
17	实验设计（新药测试）	—	0.143	0.270	0.459（0.056）	2.922（0.272）
18	地球的中心非常热	—	0.772	0.573	0.714（0.058）	−0.754（0.087）
19	氧气来自植物	—	0.666	0.267	0.302（0.035）	−0.973（0.180）
20	父亲的基因决定了孩子的性别	—	0.252	0.293	0.411（0.044）	2.114（0.173）
21	宇宙起源于一场巨大的爆炸	—	0.625	0.575	0.796（0.057）	−0.011（0.045）
22	吸烟会导致肺癌	—	0.827	0.125	0.210（0.033）	−4.053（0.697）
23	早期人类与恐龙生活在一起	—	0.402	0.462	0.693（0.053）	0.855（0.046）
24	含放射性物质的牛奶，只要煮沸就是安全的	—	0.838	0.627	0.927（0.068）	−0.906（0.081）
25	光速和声速	—	0.894	0.494	0.546（0.050）	−2.148（0.201）
26	地球公转周期	—	0.581	0.499	0.665（0.048）	0.112（0.045）

J-SCITEK91回答的正确率范围为0.131（第12题）~0.774（第13题），J-SCITEK01回答的正确率范围为0.143（第17题）~0.894（第25题）。在合并的模型中，子题目得分序列相关性范围为0.125（第22题）~0.691（第8题）。最特别的是第22题"吸烟会导致肺癌"。在双参数逻辑模型的参数中，题目的阈值（题目难度）范围为−4.053（第22题）~2.922（第17题），斜率（题目辨识度）范围为0.210（第22题）~3.242（第2题）。我们用阈值来描述难度，关于人类进化、吸烟的影响、光和声音相对速度的题目的阈值小于−1，似乎为常识。关于阳光与皮肤癌之间关系的问题的阈值也小

于 −1，但在最近的调查中没有被问及。考虑到媒体对环境问题报道的变化，可能有些题目不再是常识。在阈值为 1 及以上的题目中包含了一些支持当前技术的科学原理题目（即相关技术的科学基础），如关于激光、抗生素、电子和原子（纳米技术）的问题。此外，新药测试方法题目提问方式的改变提高了难度水平。

根据这些参数，所有题目的特征曲线（ICC）如图 1 所示。在图 1 中，第 22 题（吸烟的影响）由于阈值和斜率较低，所以较为明显。这道题不仅答对的百分比较高，而且序列相关性也最低。这显示出无论日本的公众理解科技水平如何，日本公众都知道吸烟的危害，也许是因为该题目与健康问题更相关，而不是科学问题。六道共同题目的特征曲线显示出，其阈值涵盖范围较广，适配度较高。大多数关于 1/4 概率含义的题目都为中等难度，且辨别度都较高。然而一般来说，关于花朵颜色的题目比遗传性疾病相关的题目正确率稍高。

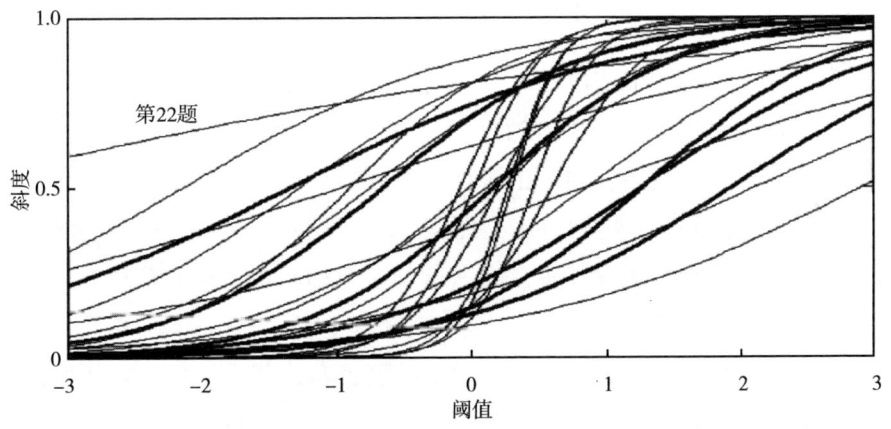

图 1　所有题目的特征曲线（粗线为六个共同题目）

我们对两项调查的项目反应理论分数进行了估计和重新调整，使 J-SCITEK91 的平均分数为 100 分，标准差是 20。重新调整后，J-SCITEK01 的项目反应理论分数为 108 分，标准差为 20.3。两项调查的平均得分存在显著差异 [t（3601）=12.24，$P < 0.001$]。将两项调查的样本分为 6 个年龄组（18~19 岁、20~29 岁、30~39 岁、40~49 岁、50~59 岁和 60 岁及以上），

J-SCITEK01中每组的平均项目反应理论得分均高于J-SCITEK91（图2）。此外，较年轻的年龄组，即2001年的30~31岁组和1991年的20~29岁组，在J-SCITEK01中的公众理解科技水平比J-SCITEK91更高。同时，年长一代（如50~59岁组）的公众理解科技水平并没有提升。

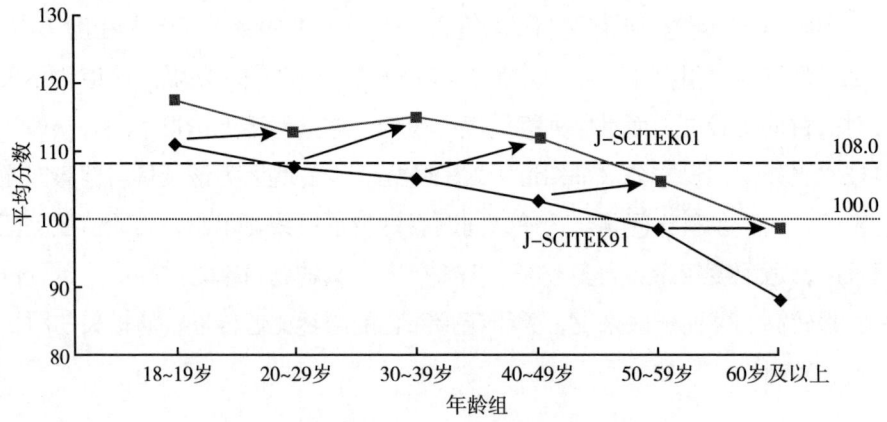

图2　日本各年龄组的项目反应理论平均分数

在其他人口统计因素方面，图2展示了J-SCITEK91和J-SCITEK01中各人口组的均值。在性别方面，男性和女性在最近的研究中得分都更高。且在这两项研究中，男性的平均得分都高于女性。在正规科学教育方面，两次调查的知识性题目存在显著差异。1991年，所有理科、医学或工程学（SME）专业的大学毕业生在科学学习上都没有表现出相对于非理工医专业毕业生的更多优势。研究者尚未就这一点做出任何解释。然而，理工医专业大学毕业生在测试中对决定性选择类题目表现出了犹豫。例如，在"激光通过焦中声波工作"一题中，理工医专业毕业生回答为"否"的比例为27.5%，低于非理工医专业毕业生（43.8%）。理工医专业毕业生回答为"是"的比例为22.1%，也低于非理工医专业毕业生（25%）。然而，理工医专业毕业生回答"不知道"的比例约为50%，高于非理工医专业毕业生（约30%）。在J-SCITEK01中，理工医专业毕业生的分数有所提升，并与非理工医专业毕业生形成了显著的差异。

由于两次调查中兴趣相关题目的量表不同，我们构建了一个指标以确定科学技术兴趣与科技测验题目之间的关系。在每个数据集中，对科学新发现、技术发明、医学和空间探索的兴趣变量进行因子分析（提取方法：最大似然法）。在每一个数据集中，这四个变量都可以合并到一个因子中，由此计算出了因子得分。然后在每个调查中，将计算所得分数分为四组（前25%、前25%—50%、后25%—50%和后25%）。这四个变量的信度分析显示，1991年调查的克龙巴赫α系数为0.83，2001年为0.81。双因素方差分析表明，第二次调查每组的平均得分比第一次调查有显著增加；受访者对科技的兴趣越高，其理解科学技术的水平也越高。

在参观社会教育设施的次数方面，两项调查都包括了参观科学博物馆、自然历史博物馆和公共图书馆的频率问题。尽管参观科学/技术博物馆对理解科学技术有显著的积极影响，但参观自然历史博物馆却没有体现出这种积极作用。

日本的调查使用了一道独特的题目来检验科技信息的其他非正式来源。J-SCITEK01有这样一道题：

第25题　目前你从哪里获得科学技术相关信息？请从下面的列表中选择你所有的信息来源：

（a）电视新闻

（b）杂志或周刊文章

（c）电视纪录片

（d）博览会、博物馆

（e）电视广告

（f）报纸文章

（g）与家人和朋友的交谈

（h）报纸广告

（i）互联网

（j）录像、光盘、磁带

（k）其他

（l）没有特别的渠道

（m）我不知道

1991年的调查未包含"互联网"和"录像、光盘、磁带"的选项。所以我们可以通过其他选项对这两个数据集进行对比。

方差分析的结果表明，所有来源和年份都对公众理解科技产生了显著的影响。从用户的角度来看，这些媒体各具特征。阅读杂志或报纸上的科学文章需要人们付出阅读时间，也许可以体现他们对科学技术的特殊兴趣。另外，人们可能会出于教育以外的目的（比如休闲）去参观博物馆，所以博物馆对科学知识的影响较弱。信息来源的特性将决定它们对科学技术知识的影响（表2）。

表2 基于年份和选定人口统计因素的日本项目反应理论平均分数

项目	1991年	2001年	F值（主效应）	F值（相互作用）
性别				
女	96.7	104.9	116.26***	0.17NS
男	103.7	112.5	115.93	
正规科学教育				
没上过大学	96.1	103.6		
上过大学（非理工医专业）	112.6	115.8	91.60***	11.71***
上过大学（理工医专业）	107.9	124.2	200.27***	
科学技术兴趣（基于因子得分）				
0—25%	86.8	97.5		
25%—50%	99.1	105.5	155.14***	3.05***
50%—75%	105.7	111.6	197.90***	
75%—100%	108.2	117.1		
每年去科学/技术博物馆的次数				
0次	99.0	107.5	9.20*** 20.64***	0.76 NS
1次	106.4	115.1		
2次	109.5	116.5		
3次及以上	113.2	113.0		

续表

项目	1991 年	2001 年	F 值（主效应）	F 值（相互作用）
每年去自然历史博物馆的次数			2.27 NS 23.51***	3.94**
0 次	98.7	107.3		
1 次	105.2	114.0		
2 次	111.2	113.9		
3 次及以上	117.6	107.1		
每年去公共图书馆的次数			34.53*** 66.23***	0.83 NS
0 次	97.3	104.3		
1 次	101.4	109.4		
2 次	105.6	109.6		
3 次及以上	110.3	115.3		
信息来源				
电视新闻				
不能获取	91.5	101.4	69.42***	1.78NS
能获取	101.9	109.1	76.73***	
信息资源				
电视纪录片				
不能获取	97.6	102.2	73.19***	4.01*
能获取	106.3	113.8	203.86***	
电视广告				
不能获取	99.1	108.0	51.90***	3.21 NS
能获取	105.3	110.7	19.70***	
报纸文章				
不能获取	93.1	101.6	117.70***	1.83 NS
能获取	104.7	111.3	229.93***	
报纸广告				
不能获取	98.9	107.9	44.57***	3.31 NS
能获取	107.2	112.4	35.96***	

续表

项目	1991 年	2001 年	F 值（主效应）	F 值（相互作用）
博物馆				
不能获取	99.2	107.8	16.05***	4.68*
能获取	112.6	115.2	56.70***	
杂志文章				
不能获取	97.6	104.3	55.13***	1.06 NS
能获取	110.9	116.0	245.59***	
杂志广告				
不能获取	99.4	107.1	57.44***	0.86 NS
能获取	106.5	116.2	49.93***	
与家人和朋友的交谈				
不能获取	99.0	107.6	85.43***	0.37 NS
能获取	104.3	111.8	29.33***	

注：* $0.01<P<0.05$；** $0.001<P<0.01$；*** $P<0.001$。

总结及未来工作

与西方国家不同，日本只进行过两次具有全国代表性的公众理解科技调查。这两项调查研究揭示了日本成年人在科学素质方面不如学龄儿童，这对日本社会产生了影响。然而，对两项调查综合数据集的分析表明，某些特征可能有助于提高科学素质。第一，尽管日本成年人在知识测验中的表现不如其他国家的成年人，但已经有所改善，尤其是年轻一代。通过继续努力提升公众理解科技水平，未来世代的表现可能会有进一步提高。第二，兴趣问题的影响和大陆漂移测验题目的改进意味着人们对日常生活问题的兴趣与对科学的兴趣之间的关系可以提升公众理解科技水平。21 世纪初以来，日本科学家已经认识到与公众交流科学技术的重要性。这些定期举办的活动给我们带来了希望，也许会让未来的日本公众对科学技术有适度的了解。

这些仅仅是对未来日本公众理解科技的猜测。我们必须定期收集数据，以做出更稳健的推测。项目反应理论得分的分析结果引发了对年轻一代公众理解科技的特别关注。因为我们只有两个数据集，所以这种趋势到底是暂时的还是年轻一代的一贯特征，我们目前只能推测。要找出答案，有必要对公众理解科技进行另一次调查。

注释

1. 这些调查包括 1992 年"欧洲晴雨表"调查、1989 年加拿大调查、2000 年英国调查、1992 年和 1999 年美国调查，以及 1991 年日本调查。

1992 年以来中国的成人科学素质及调查

王 可 任福君 何 薇 张 超

在中国，公众科学素质问题一直被认为是国家战略的重要组成部分，并受到中国政府的高度重视。自 20 世纪 90 年代以来，以国际通行方法为基础的国家公民科学素质调查已经进行了 7 次。[1] 这些调查以寻找提高中国公众科学素质的途径和策略为目标，揭示了中国公众科学素质的发展趋势和现状，为政府和相关部门的决策提供了统计支持，为问题的研究提供了便利。可以说，对中国公众科学素质的调查研究对政府决策有积极的贡献，推动了 2002 年《中华人民共和国科学技术普及法》（朱丽兰，2002）和 2006 年《全民科学素质行动计划纲要（2006—2010—2020 年）》（国务院，2006）（以下简称《纲要》）的颁布实施。这些法律法规的出台反过来又促进了公众科学素质的发展。这种国家级的科学素质调查对中国社会产生了深远的影响。

本篇分为两部分。第一部分试图对中国科学素质调查测度的发展历程进行描述；第二部分重点介绍调查的主要结果，并对这些发现进行简要分析。

中国公众科学素质调查简介

1992—2007 年，中国开展了七次国家公众科学素质调查。（国家科学技术委员会，1993，1995，1997；科学技术部，1999，2003，2005，2007；

---

[1] 此项研究最初开展于 2007 年，当时中国已开展了 7 次全国性科学素质调查。该调查早期称为"公众科学素养调查"，2007 年后称为"公民科学素质调查"。——译者注

中国科学技术协会中国公众科学素质调查课题组，2002，2004）七次调查都是面向 18~69 岁的人群进行抽样，通过面对面访谈开展的。表 1 展示了这些调查的基本情况。其间，调查方法和问卷内容也在与时俱进地进行调整。

表 1　历次调查的技术参数

年份	样本数 / 份	抽样方法	加权	问卷题目数 / 个
1992	5,500	概率比例规模抽样	性别	70
1994	5,000	概率比例规模抽样	性别	70
1996	6,000	概率比例规模抽样	性别	70
2001	8,520	4 阶段分层概率比例规模抽样（d ≤ 3%）	性别、年龄、教育水平、城乡	70
2003	8,520	4 阶段分层概率比例规模抽样（d ≤ 3%）	性别、年龄、教育水平、城乡	33
2005	8,570	4 阶段分层概率比例规模抽样（d ≤ 3%）	性别、年龄、教育水平、城乡	28
2007	10,080	4 阶段分层概率比例规模抽样（d ≤ 3%）	性别、年龄、教育水平、城乡	30

问卷的变化

这七次调查的问卷内容都包括四部分："受访者背景""公众获取科技信息的不同来源""公众对科技的理解""公众对科技的态度"。

在 1992 年 8 月进行的第一次调查中，"公众对科技的理解"部分的问卷设计参照了米勒的问卷，"公众获取科技信息的不同来源"和"公众对科技的态度"部分则根据中国的情境对部分问题进行了本土化的调整，以试图对中国的公众科学素质情况进行全面描绘，并与其他国家进行比较（国家科学技术委员会，1993，1994）。

1994 年的第二次调查使用了与 1992 年相同的问卷，只是把"公众对科技的理解"部分略做删减（国家科学技术委员会，1997）。

1996 年的问卷增加了一些问题，探讨了公众对科技（如放射现象）和基本经济知识（如市场经济和自由贸易）的认识程度（科学技术部，1999）。

2001 年的问卷考虑到电子媒体用户的快速增长，在"公众获取科技信息的不同来源"部分，强调了公众对电子媒体的使用（科学技术部，2003；中国科学技术协会中国公众科学素质调查课题组，2002）。

根据对前几份问卷的反思，在2003年开展的第五次调查中，问卷有了很大的变化。一是基于对调查总体目的、国家政策需求，特别是科普政策需求，以及学术兴趣的考虑，在"公众获取科技信息的不同来源"部分增加了公众参与科普活动的调查。二是对国际通行的问卷核心项目进行了重新翻译，采用了更加本土化的表达方式以便于理解，并将一些关于"科学术语"的问题设置为封闭式问题，而不是开放式问题。三是优化人口统计变量的选项设置，充分考虑中国社会的多样性，便于进行深入的数据分析。四是将问卷问题减少了1/4。2003年调查问卷的修订对于中国公众科学素质调查具有里程碑式的意义，它固定了调查问卷的框架，并为中国的同类研究提供了模板（科学技术部，2005；中国科学技术协会中国公众科学素质调查课题组，2004）。

2005年的第六次调查使用了2003年的问卷，没有任何变化。

随着《纲要》的实施，2007年的问卷中增加了关于重点群体的人口统计信息，这些信息继续在第八次全国调查中使用。此外，对于"公众对科技的态度"这一部分也做了一些修改。为了在进一步研究中增加态度指标，进行定量统计，我们参考李克特量表等心理测试方法，对选项设置进行了优化。

公众科学素质问卷的设计随着中国的社会背景变迁，与时俱进地进行了修改，这也是理论应用于实践的一个很好的例子。问卷定期增加了带有本地元素的问题。优化人口统计变量的选项设置有助于结合当时中国的时代背景进行数据分析和阐释。对公众科学素质的衡量已逐渐从米勒的三维结构（Miller，1983，1998）转向《纲要》中提出的"四科学二能力"（国务院，2006）。[1] 随着《纲要》的实施，对于社会不同群体的科学素质调查陆续开展。

抽样设计与调查方法的改进

· 四阶段分层法使样本分布更加合理（表1）；

· 2001年调查期间，建立了由201个国家级监测点组成的网络，从调查过程控制的角度来看，有利于对科学素质进行长期监测；

- 为了更深入地开展调查（任磊，2008），2007年的调查中纳入了定性的案例研究方法；
- 用科学素质指数代替百分制来表示公众科学素质的质量水平，有利于数据的整合和分析（张超，任磊，何薇，2008）。

因此，中国公众科学素质调查的重点已经从理论转向实践，从比较中国与其他国家的数据，转向为提高中国公众科学素质水平的战略规划和政策制定做出贡献。

中国公众科学素质的曲线分析

与米勒的调查结构相似，中国的受访者在以下情况下被认为具备科学素质：①基本了解科学知识（科学术语和概念）；②对科学研究过程有基本了解；③对科学的社会影响具备基本认识。

中国的公众科学素质调查采用了一个四维度量表来衡量公众的科学素质，即公众对科学术语、科学知识、科学方法以及科学与社会关系的理解。具体的测量阈值是正确回答"科学术语和概念"中的4项，正确回答16项"科学观点"（知识项）中的至少10项，正确回答"科学方法"中的全部3项，不迷信（位于科学与社会关系部分）。如果受访者满足上述四个条件，则被认为具有基本的科学素质。

从2003年到2007年的调查结果可以看出科学素质的建设情况（科学技术部，2005，2007；何薇，张超，高宏斌，2008）。表2提供了具备科学素质的公众的百分比（满足四个维度的基本要求）。

表2　具备科学素质的公众在科学素质不同维度的比例

单位：%

年份	科学素质水平	科学术语	科学概念	科学方法	科学与社会关系
2003	1.98	12.5	30.0	8.0	46.7
2005	1.6	13.1	27.5	7.4	41.9
2007	2.25	18.4	33.5	6.9	59.4

从表 2 可以看出，尽管公众科学素质水平总体呈上升趋势，但增长速度较慢。受访者在科学术语、科学知识以及科学与社会关系方面的得分不断上升，但是科学方法的分数却下降了。此外，数据显示，在过去的所有调查中，公众对科学方法的理解在所有维度中排名最低，这已成为中国科学素质水平一直较低的一个主要因素。

对 2007 年调查数据的分析表明，具备基本科学素质的人群之间存在着相当大的差异。

在《纲要》确定的成人社会群体中，具备科学素质的领导干部和公务员以 10.4% 的比例居于前列；城镇劳动力（即在城市工作的居民）具备科学素质的比例为 3.0%；农民仍然是最低的，只有 1.0%。

男性具备科学素质的比例为 2.9%，女性为 1.6%。

不同年龄段公民具备科学素质的比例是不同的。科学素质随着年龄的增长而下降。18~29 岁的人具备科学素质的比例最高，为 3.5%；随着年龄的增长，这一比例逐渐下降（30~39 岁为 3.0%，40~49 岁为 1.9%，50~59 岁为 1.5%，60~69 岁为 1.3%）。

城市公民和农村公民在科学素质方面存在着明显差异。在城市居民中，具备科学素质的比例为 3.6%，而农村居民中这一比例为 1.0%。

从上述数据可以看出，中国公众对科学术语和科学概念的认识在稳步提高，但对科学方法的认识却在下降。科学素质在不同社会群体中存在明显差异：科学素质的天平倾向于更加年轻和有更高教育程度的群体。

然而，以这些方法收集的数据还不足以进行深入分析。公众科学素质调查正在采取新的数据收集形式，以充分反映中国的公众科学素质现状。

中国公众科学素质的综合分析——以 2003 年和 2007 年的调查为例

在本节中，我们将基于 2003 年和 2007 年的数据，结合人口统计变量，对公众科学素质水平及其四个维度进行分析。通过这种方法，我们评估了这些变量对公众科学素质及其四个维度的影响，如表 3 所示。

表3 科学素质指数与自变量的相关性

年份	项目	性别	年龄	教育	城乡
2003（有效样本数：8,476份）	公众科学素质水平	−0.132**	−0.33**	0.627**	0.37**
	科学词汇水平	−0.113**	−0.341**	0.629**	0.373**
	科学概念水平	−0.146**	−0.313**	0.586**	0.352**
	科学方法的理解水平	−0.1**	−0.224**	0.432**	0.236**
	对科学与社会的理解水平	0.032**	0.101**	−0.154**	−0.079**
2007（有效样本数：10,050份）	公众科学素质水平	−0.107**	−0.107**	0.449**	0.117**
	科学词汇水平	−0.019**	−0.137**	0.41**	0.132**
	科学概念水平	−0.067**	−0.075**	0.398**	0.121**
	科学方法的理解水平	−0.009**	−0.053**	0.299**	0.063**
	对科学与社会的理解水平	−0.074**	0.008**	0.094**	−0.028**

注：相关性在0.01水平上显著（双边）。性别：1男性，2女性；年龄：18~69岁；教育：1文盲，2小学，3中学，4高中，5大专，6大学；城乡：1城市，2农村。

我们考虑了性别、年龄、受教育程度和居住地在城市还是乡村四个变量对科学素质的影响。受教育程度以及居住地是在城市还是乡村，与公众科学素质有关。公众科学素质水平与受教育程度为正相关，城市居民科学词汇和科学概念知识水平较高；而年龄与科学素质水平为负相关，且四个维度均呈现出越年轻得分越高的特点。在性别方面，与女性相比，男性的科学素质水平略高。

在科学素质的四个维度分析中，人口统计学变量对科学术语和科学概念等知识水平的影响最大，其次是对科学方法的理解。人口统计学变量对参与度的影响几乎可以忽略不计。参与度的衡量是主观问题，所以很难精确。从2003年到2007年，人口统计学变量与参与水平之间的关系缺乏一致性。

公众获取科技信息的途径

各项调查显示，电视和报纸是中国公众获取科技信息的主要渠道。此外，许多地方的人们习惯并倾向于通过个人对话来收集信息。2007年的调查数据显示，多达34.7%的中国公众通过与亲戚和同事的对话获得科学技术信息。与其他方式相比，人际传播仍然是中国公众获取科技信息的重要途径。这种现象可能源于中国特有的经济和文化背景。由于中国不同地区、不同社会群体之间的经济差距,一些生活在欠发达地区或收入较低的人没有能力支付电视或互联网的费用。显然,在某种程度上,他们在通过大众媒体获取科技信息方面受到一定的局限。而且,历史上的中国社会在很大程度上是农业社会。在农业社区中,人际关系是一种传统,也是生活方式的一部分,它将可能仍然是人们获取各种信息的重要渠道。

在这种情况下,中国人民实际上也在寻求更加多元的渠道和更加多样化的方式来获取科技信息(Ren et al.,2008)。电视和报纸确实是获取科技信息的主要渠道,但其他途径的占比也在增加。作为一种交流媒介,互联网正在经历快速增长。2003年,约5.9%的人口使用互联网获取科学信息,2007年这一数字上升到10%。互联网正逐渐进入中国人的正常生活。

从表4可以看出,使用互联网获取信息的公民的科学素质水平最高,其次是使用报纸和图书的公民。通过个人对话获取科学信息的公民的科学素质水平最低,几乎为零。对比2003年和2007年的调查可以看出,越来越多的公民能够上网。由于互联网是科学素质高的人的信息渠道,信息技术的发展可以促进公众科学素质的提高,促进社会的进步和发展。

表4 不同科技信息来源与科学素质水平

年份	信息来源	使用比例/%	具备科学素质	不具备科学素质	卡方值	P值
2003	互联网	5.9	15.8	84.2	108.41	0.00**
	图书	16.2	4.1	95.9	46.77	0.00**
	聊天	28.5	1.3	98.7	7.42	0.00**
	报纸	69.5	3.3	96.7	68.99	0.00**
	电视	93.1	2.1	97.9	4.49	0.04*
2007	互联网	10.7	4.9	95.1	221.77	0.00**
	图书	11.9	4.0	96.0	28.55	0.00**
	聊天	34.7	0.8	99.2	4.13	0.00**
	报纸	60.2	2.9	97.1	18.88	0.00**
	电视	90.2	0.8	99.2	2.76	0.09

注:*在0.05水平上显著(双边)。**在0.01水平上显著(双边)。

公众对科学技术的态度

中国公众科学素质调查持续地衡量了中国公众对科学技术的态度。历次调查显示，大多数中国公众对科技进步持积极态度。科学家、医生和教师是最受欢迎的职业，在过去的调查中排名前三。工程师也享有同样的声誉，排名较高（表5）。

从表5可以看出，认为工程师和医生是高声誉职业的公民具有较高的科学素质水平，认为教师是高声誉职业的公民的科学素质水平较低。

表5 职业声望与科学素质水平

年份	职业	声誉排序	比例	具备科学素质	不具备科学素质	卡方值	P值
2003	老师	1	57.5	3.4	96.6	0.12	0.76
	科学家	2	46.9	4.4	95.6	26.27	0.00**
	医生	3	42.0	2.5	97.5	9.76	0.00**
	工程师	5	15.4	5.1	94.9	14.30	0.00**
2007	老师	1	53.6	2.0	98.0	8.99	0.00**
	科学家	2	51.2	2.9	97.1	50.14	0.00**
	医生	3	38.4	1.5	98.5	24.06	0.00**
	工程师	5	27.1	3.6	96.4	50.29	0.00**

注：* 在0.05水平上显著（双边）。** 在0.01水平上显著（双边）。

结　论

基于对连续调查的反思和国际比较的要求，中国的调查问卷越来越地方化，更加适用于本土文化。为了满足中国不同地区的比较要求，抽样设计采用了多级分层和大样本量的方式，以满足对中国不同地区进行比较的需要。与此同时，调查报告的重点已经从数据比较转向关于如何提高公众科学素质的研究。

公众科学素质调查的主要结果表明，中国公众科学素质水平总体上呈稳步上升趋势，但增长速度较慢。科学素质水平受教育、性别、年龄和居住地点影响，存在差异。与此同时，大多数中国人对科技的态度和科技类职业的看法仍然是好的。

虽然中国公众获取科技信息的主要渠道仍然是经常使用的媒体（电视、报纸），但最近的迹象表明，公众正在寻求更加多元的渠道和更加多样化的途径来获取科技信息。互联网正在加速发展，并为提高公众科学素质提供新的途径。

公民科学素质建设是中国科普事业的重要任务之一。这需要了解不同社会阶层和不同地区的科学素质的特征和独特性。过去的全国性调查为中国政府的决策提供了实证数据和建议。通过回顾和分析以往的调查结果，我们正在探索改进调查、抽样和问卷设计的方式方法，以便更准确地反映中国公众科学素质水平。

注释

1. 公民的基本科学素质一般是指具有必要的科学技术知识，掌握基本的科学方法，发展科学思想，倡导科学精神，并具有应用这些知识解决实际问题和参与公共事务的能力。以上简称"四科学二能力"。

第二部分

基于国别的
比较研究

CROSS-NATIONAL COMPARISONS

中国与欧盟公众理解科学的比较研究

刘 萱 汤书昆 马丁·W.鲍尔

在本文中，我们比较了欧盟和中国公众理解科学的一些指标。这一研究结果是基于欧盟和中国关于公众态度的集成数据库。这是首次尝试在微观层面上整合中国和欧盟的数据，以便进行比较。我们从一组结构或功能上等价的项目中，提取了六个公众理解科学的指标：科学知识、科学兴趣、科学态度和科学参与、生态观念、迷信指标。下面，我们将对这些指标的差异及其相互关系进行初步分析，并结合社会地位和公众理解科学指标将人群分为五组进行讨论。

中国和欧洲的相关背景

欧盟各国的公众理解科学的发展状况与中国及其各省的情况存在差异。这些差异不仅源于公众理解科学研究和科学素质推进项目的历史，也来自不同的社会和文化背景。在欧洲，公众对科学的理解是现代公民的一个既定特征，因为许多政府决策都要接受公众监督，这需要更高水平的科学素质。欧洲的科学素质水平是历史上长期将科学教育作为基本素质培育的一部分来努力的结果，也是自20世纪80年代以来，人们为了促进科学和技术争论进行的共同和独立的努力的结果。许多欧洲国家有监测公众对科学态度的传统（见本书的各研究），欧盟的中央行政部门20世纪70年代以来也开展了与科学相关的"欧洲晴雨表"调查，尽管这一调查不是定期的（见本书中鲍尔的介绍）。

中国是一个快速发展中的大国，在科技创新领域的竞争优势日益明显。科学素质被认为是支撑这一优势的关键。因此，2006年3月，中华人民共和国国务院印发《全民科学素质行动计划纲要（2006—2010—2020年）》（简称《纲要》）。这一国家规划概述了在科学素质方面发展和构建评估"人口素质"（Wu & Mu, 2004：95ff）能力的需要。科学素质被认为是获取和应用科学技术知识、提高生活质量、实现国家全面发展的必要人力资源（同上：2）。《纲要》和《中华人民共和国科学技术普及法》规定，各省都有法定义务按照《纲要》要求实施行动。《纲要》特别指出了公民科学素质的城乡差距，以及劳动适龄人口科学素质不高的问题。此外，《纲要》表达了对"无知、愚昧和迷信"仍然盛行的担忧。科学素质被视为制约经济持续发展的瓶颈。《纲要》列出了四类重点目标人群：未成年人、农民、城镇劳动人口和公务员。作为提升公民科学素质基础设施的一部分，《纲要》要求每个省会城市或城区常住人口100万以上的大城市至少拥有一座"科技类博物馆"。同样，建立科学素质基准和测度指标体系的技术能力也得到加强。自20世纪90年代初以来，公众科学素质调查每两年开展一次（见本书中王可的论述），但中国的数据库尚未充分开发，也没有在国内整合，也没有与国际数据库进行整合以便开展比较研究。

根据这些调查结果，2.25%的中国成年人具备科学素质（"素质"的定义见本书中王可的介绍）。鉴于这样低的指标，在中国促进公众对科学的理解主要是在单向教学模式下完成的。但中国是一个大国，许多人生活在偏远地区，那里的人们的态度和价值观可能会与现代科学技术相抵触，这导致公众理解科学在中国呈现为一个复杂的现象。

集成的数据库

本研究是基于在欧盟国家和中国开展的两次大规模调查。欧盟数据来自"欧洲晴雨表"（63.1），这是2005年在所有27个欧盟成员国（$N=26,400$）开展的调查。中国数据来自作者在不同地区开展的一系列研究，主要是2006—2007年在中国东部省份安徽（N=13,000，详见附录1）开展的工作。该样本涵盖了中国人口的一个横截面，代表了"中国中部"人口的素质和态度，尽管这一样本在男性、农村和受过教育的人口方面相对于中国整体水平偏高（见附录1）。本研究在共同变量的微观层面上对这两次调查进行了整合。[1]

这些共同变量包括：知识（K，9个问题）、兴趣（I，3个问题）、科学参与（E，4个问题）和对科学的基本态度（$ATT2$，2个问题）以及其他两个态度。所有问题都对原始数据进行翻译以便于理解，或通过功能等价的方式进行了重新编码（见附录2）。社会人口信息主要采用年龄、性别、教育水平和居住地。

科学知识

知识（K）指标使用的是知识测验类的经典题目。受访者需要判断一句话是正确的还是错误的，如果答对就得一分。该指数涉及九个问题。回答选项为"正确""错误"或"不知道"。我们统计了每个问题的正确率，如表1所示。

表1 科学知识的答题情况分布

序号	问题	正确率/% 欧盟27国	正确率/% 中国
K1	地心的温度非常高	83.7	53.4
K2	地球围绕太阳转	66.2	78.8
K3	我们呼吸的氧气来自植物	82.7	64.3
K4	生男生女由父亲的基因决定	61.5	36.2
K5	电子比原子小	43.8	33.2
K6	抗生素既能杀死细菌也能杀死病毒	42.3	39.6
K7	地球的陆地一直在缓慢漂移，并将继续漂移	83.1	48.6
K8	就我们目前所知，人类是从早期生物进化而来的动物	64.6	73.3
K9	地球围绕太阳转一圈的时间是一天	65.5	40.3
	信度	0.60	0.63
	样本数（N）	26,600	12,994

为了评估九个问题的内部一致性，我们报告了信度值，即克龙巴赫α系数，欧盟为0.60，中国为0.63，低于标准的0.70，并不是无可置疑的。人们可能应该将"素质"作为一个多维量表进一步探索。然而，就目前的目的而言，我们认为可以将这些问题看作一维的，以便进行总结提炼和探索性分析。知识维度的总分是每个人回答正确的问题得分之和：

知识（K）=$K1+K2+K3+K4+K5+K6+K7+K8+K9$

K的取值范围为0~9。整体来看，中国的科学知识得分低于欧盟。但是，有两个问题在中国的答对率较高：K2"地球围绕太阳转"（日心说）和K8"就我们目前所知，人类是从早期生物进化而来的动物"（进化论）。中国受访者对日心说和进化论持赞同态度。总体而言，中国和欧盟之间的差距在统计意义上是显著的（表2）。

表2 指标的整体概述（平均值、中位数、标准差；方差分析、相关性）

	欧盟：样本 N=26,600			中国：样本 N=12,294				
	平均值	中位数	标准差	平均值	中位数	标准差	P值	Eta^2系数
知识	5.93	6	1.96	4.57	5	2.12	<0.001	0.084
兴趣	0.98	1	1.08	0.62	1	0.68	<0.001	0.030
参与	0.83	1	0.97	0.38	0	0.63	<0.001	0.056
态度	0.62	0	0.93	1.34	2	0.93	<0.001	0.171
理性	0.00	0	0.61	−0.40	−1	0.70	<0.001	0.076
生态	0.16	0	0.59	−0.45	−1	0.77	<0.001	0.147

	欧盟的相关性						中国的相关性				
	知识	兴趣	参与	态度	理性	生态	知识	兴趣	E	态度	理性	生态
知识		0.20	0.32	0.20	0.13	0.12		0.18	0.12	0.38	−0.16	−0.25
兴趣			0.20	0.10	0.08	0.05			0.17	0.14	−0.06	−0.10
参与				0.14	0.10	0.09				0.07	−0.07	−0.03
态度					0.45	0.60					−0.58	−0.65
理性						不显著						0.16

对科学话题的兴趣

兴趣指标由三个问题组成。这些问题的措辞在欧盟和中国有所不同。在中国是这样的："您对哪种科技信息感兴趣？"在欧盟的问题是："请告诉我对于下列主题，您是非常感兴趣、一般感兴趣还是完全不感兴趣。"在环境问题（$int\_environ$）、新发明（$int\_invention$）以及与健康有关的发展（int_health）方面，这两个问卷的问题和回答选项可以被看作是等价的。我们把欧盟的"非常感兴趣"和"一般感兴趣"与中国的"感兴趣"结合起来。同样，兴趣指标的总分是每个人兴趣得分的总和，其中"有兴趣"为1分，"不感兴趣"为0分，该指标的取值范围是0~3：

$$兴趣（I）= int\_environ + int\_invention + int\_health$$

总体而言，与中国公众相比，欧盟公众更关注环境保护（38%与19%）和新发明（28%与15%），而在医疗发展方面二者的差异较小（32%与28%）。以这些指标衡量，中国（以安徽省样本为主，本篇下同）公众对科技发展的兴趣低于欧盟公众。

科学展的参与情况

对于参与变量，我们使用了过去12或24个月里人们参观动物园、科学类博物馆、科学中心和公共图书馆的频率。这四个选项的总和定义了参与指标。在欧盟，参与的问题措辞是："在过去12个月里，您去过以下哪些公共场所？"（可多选）在中国是这样提问的："在过去两年里，您经常到访以下哪些地方？"（可多选）我们构建了动物园或水族馆（$engage\_zoo$）、科学类博物馆（$engage\_museum$）、科学中心（$engage\_sci\_centre$）、图书馆和公共阅览室（$engage\_library$）等常见选项的等效对应关系。受访者每选择一个相关的选项得1分，否则得0分。参与指数同样是这四项的总和，取值范围是0~4：

$$参与（E）= engage\_zoo + engage\_museum + engage\_sci\_centre + engage\_library$$

欧盟公众一般更频繁地到访这四种科学活动场所。欧盟和中国的公众光顾这四种科学活动场所的比例如下："图书馆和公共阅览室"（36%与7%），"动物园或水族馆"（26%与15%），"科学类博物馆"（13.6%与6%），"科学中心"（8%与11%）。请注意，中国公众参观科学中心的次数更多。

欧盟公众似乎更倾向于在展示科学技术的地方主动学习。但显然，这一指标不仅反映了访问的频率，而且也反映了设施的可用程度。我们可以假设，这些设施在中国不像在欧盟那么容易接触，这也在中国面向2020年的《纲要》中得以体现。正如科学中心所体现的效果，与其他休闲活动相结合的科学技术活动更受欢迎。

科学态度

态度指标（$Att2$）包括两方面：科技对国家产业发展的影响和对日常生活的影响。在这一部分，这两个调查采用了相当不同的问题形式，但我们再次尝试了构建功能等价的重新编码。

在"欧洲晴雨表"中，这方面包括两个经典的李克特问题"科学会使生活更健康、更轻松、更舒适"（*atti_life*）和"科技没有在产业发展中发挥作用"（*atti_industry*），受访者需要在"同意"到"不同意"的5级量表中进行打分。在中国，受访者需要在一组四个选项中选择他们认为不正确的说法（多选题）。我们用欧盟的同意（1）、不同意（-1）或不知道（0）来确定中国调查中的选项（具体的对应关系见附录2，表5）。指标（$Att2$）的值为这两项的和，取值范围为 -2~2：

$$态度（Att2） = atti\_life + atti\_industry$$

除了这些，我们还考虑了另外两个态度。一是关于相信"幸运数字"（Att_lucky）；二是关于自然资源的有限性："由于科学和技术的进步，地球的资源将是取之不尽、用之不竭的。"这些指标与中国和欧洲对科技的重视程度密切相关。53%的中国公众和20%的欧盟公众承认自己相信"幸运数字"。19%的欧盟公众完全反对，中国这一比例则是13%。从表面上看，中国公众比欧盟公众更迷信或更不理性。确实，大多数中国人似乎认为6意味着"一切都会很顺利"，8意味着"赚很多钱"。在我们的理性主义指数中，平均而言，中国公众的理性主义程度略低于欧盟公众（-0.40与0.001，取值范围为-1~1，表2）。我们认为相信"幸运数字"是表征与纯粹科学理性主义的文化距离的指标。

还有一个态度维度考虑的是生态观念：人们在多大程度上期待科学能够拓展增长的极限？这种期望与科学素质的相关性低于其他因素（Bauer，2009）。在这方面，中国公众的期望比欧盟公众更加现代主义：63%的中国公众希望科学能让我们获得更多自然资源，而欧盟的这一比例只有11%。26%的欧盟公众反对这个想法，而中国的这一比例为18%。我们把拒绝接受这一传统科学承诺作为一种生态观念的指标。在我们的指数中，中国公众的得分比欧盟公众更"负面"（-0.45与0.16）。得分为正数表明，在其生态观念中对科学能够拓展增长的极限这一说法是持怀疑态度的。

基于这些指标，我们得出了六个公众理解科学的指数，这些指数在欧盟和中国之间具有可比性，如前文表2所示。

- 知识 K（0~9）：分值越高，科学素质越高；
- 兴趣 I（0~3）：分值越高，对科技话题的兴趣越高；
- 参与 E（0~4）：分值越高，参观科技活动场所的次数越多；
- 态度 $Att\,2$（-2~2）：分值为正数表示对科技积极作用的期望；
- 理性 $Ratio$（-1~1）：分值为正数表示拒绝相信"幸运数字"，或更理性；
- 生态 Eco（-1~1）：分值为正数意味着有更强的生态意识，即拒绝相信科学技术可以让自然资源取之不尽、用之不竭的观点。

如表2所示，在所有指标上，欧盟和中国之间的差异在统计意义上是显著的，所以这种差异并不是偶然的。而且，根据 Eta^2 系数，我们发现一些指数的差异比其他的更明显。其中功利主义的态度指数（$Att2$）的差异最大；不出所料，中国公众的期望值比欧盟公众高得多。另一个巨大的差异是在生态观念上，欧盟公众的生态观念要强于中国公众。其他的差异从知识到迷信再到参与逐步递减，差异最小的是对科学话题的兴趣。

这些指数之间的相关性表明中国和欧盟之间存在显著差异。中国在知识和态度之间的相关性强于欧盟，而在知识、兴趣和参与之间的相关性则弱于欧盟。最明显的是，在欧盟，科学知识和对科学的积极期望都与理性主义、拒绝迷信行为以及生态观念高度相关。在中国，知识、积极态度、长期持续的迷信以及缺少生态观念之间同样存在着正相关关系。换句话说，在中国，对"幸运数字"的想法在文化上与科学素质以及对科学技术的功利主义期望相兼容，而生态观念则不是，或者可能目前还不是。欧盟和中国在态度上体现的文化差异值得进一步研究。

构建公众理解科学的分类

接下来本文将构建并验证一个在欧盟和中国通行的公众理解科学分类。我们对这六个指标采用两步聚类方法（SPSS 默认方式）。分析结果可以分为五个群组，如表 3 所示。

表 3　对指标的聚类分析

项目	群组 1	群组 2	群组 3	群组 4	群组 5	Eta^2 系数
总体占比 / %	21	12	23	23	22	—
欧盟占比 / %	26	15	21	15	24	—
中国（安徽）占比 / %	8	4	24	46	17	—
聚类	受过教育的热衷者	有兴趣的怀疑者	农村女性	农村年轻男性	年轻的城市人群	—
知识	较高	中等	较低	中等	中等（+）	0.18
兴趣	高	高	低	低	低	0.05
参与	高	中等	低	中等（-）	中等	0.14
态度	中立	消极	消极	积极	中立	0.05
生态	较高	较高	中立	较低	中立	0.03
理性	不太迷信	不太迷信	中立	较为迷信	中立	0.03
受教育程度	较高（第三）	较高，各种教育程度都有	低	中等	中等	0.09
年龄	中年（-）	年龄最大	中年（+）	较为年轻	较为年轻	0.05

续表

项目	群组1	群组2	群组3	群组4	群组5	Eta^2系数
性别	男女相当	男女相当	女性居多	男性居多	男女相当	0.01
居住地	城乡都有，城市居多	城乡都有，城市居多	农村居多	都在农村	城市	0.05

在聚类分析方案中，我们将知识（K）、态度（$Att2$）、兴趣（I）、参与（E）、理性（$atti\_lucky$）和生态观念（$atti\_resource$）作为连续变量，将教育程度、年龄、性别和居住地作为分类变量。

就社会人口特征而言，这五个群组的特征如下：

- 群组1：中年，受教育程度较高，居住于城市地区，男女相当——受过教育的热衷者；
- 群组2：年龄更大，受教育程度较高，居住于城市地区，男女相当——有兴趣的怀疑者；
- 群组3：受教育程度较低，居住于农村地区，女性居多，中年——农村女性；
- 群组4：较年轻，男性居多，居住地以农村为主，中等教育水平——农村青年男性；
- 群组5：较年轻，中等教育水平，居住于城市，男女相当——年轻的城市人群。

如表3所示，这五个群组可以按照这六个指标和四个社会人口变量进行分类。根据Eta^2系数，我们发现受教育程度、年龄和居住地是区分不同群组的主要因素；其他变量对差异的影响较小。群组1（21%），我们可以称他们为"受过教育的热衷者"，他们知识渊博，有较高的兴趣和参与度，在功利主义方面态度中立，但具备生态观念，不太迷信。在这个群体中，欧盟公众比中国公众多得多。群组2（12%），我们可以称他们为"有兴趣的怀疑者"，其特征是知识水平居中，对科学的兴趣很高，参与程度一般，但对科学的期望较低，具备生态观念，不太迷信。群组3（23%）主要为农村中年女性，她们知识水平低，对科学的兴趣和参与度低，态度消极；他们有一定的生态意识，也不是特别迷信，但是在这个群组中，中国和欧盟有一个有趣的差异（见下文）。群组4（23%），我们可以称其为农村年轻男性，他们的知识水平一般，科学兴趣低，参与程度一般，态度积极但有限，他们比其他人更迷信，更缺乏生态意识。最后，群组5（22%）被称为年轻的城市人群，其知识水平中等，科学兴趣低，参与度一般，态度中立，在迷信和生态意识方面也是中立的。

从表3可以看出，这五个群组在欧盟国家分布得更为广泛，相对集中于群组1（26%）和群组5（24%）。群组1是受过教育的城市居民，具有较高的科学知识水平和科学兴趣，不迷信，具备生态观念。群组5是年轻的城市人群，对科学的兴趣低，态度中立。相比之下，中国样本主要集中在群组4（46%）和群组3（24%）中。群组4是农村年轻男性，对科学抱有很高的期望，但生态观念不强，比较迷信。群组3是农村受教育水平较低的人群，女性为主，他们科学素质低，对科学的期望低，但是不像其他群组那么迷信。

为了获得更好的对比效果，表4列出了五种公众理解科学类型在欧盟27国和中国的分布情况。我们发现在欧盟的所有群组中存在相当大的差异，而且没有一个欧盟国家与中国的情况相符。这表明中国显然具备自己的特征，特别是群组4占主导地位。这些年轻的农村男性可能正在城市中心寻找工作。我们还注意到，在所有群组中，中国和欧盟之间的差异依然存在：在每个群组中，与同样身份的中国公众相比，欧盟的公众更有知识，对科学更感兴趣，参与得更多，但对科学的期望更少，更有生态意识，也更理性。

表4 欧盟27国和中国（安徽省）的公众理解科学群组分布

单位：%

国别	受过教育的热衷者	有兴趣的怀疑者	农村女性	农村年轻男性	年轻的城市人群
比利时	38	14	13	17	16
丹麦	61	16	5	5	11
联邦德国	26	14	2	12	23
希腊	23	10	33	9	23
西班牙	22	7	42	8	19
芬兰	42	18	13	8	16

续表

国别	受过教育的热衷者	有兴趣的怀疑者	农村女性	农村年轻男性	年轻的城市人群
法国	30	17	18	17	17
爱尔兰	17	11	17	17	36
意大利	23	7	30	7	31
卢森堡	28	20	20	13	17
荷兰	40	21	10	12	16
奥地利	15	13	26	15	28
葡萄牙	12	4	59	6	18
瑞典	48	16	8	14	12
英国	17	18	23	10	34
塞浦路斯	16	14	33	14	22
捷克	16	19	6	18	39
爱沙尼亚	28	21	10	13	26
匈牙利	11	18	33	12	24
拉脱维亚	25	20	9	18	26
立陶宛	26	16	16	9	31
马耳他	9	13	36	27	14
波兰	22	13	14	19	30
斯洛伐克	14	14	9	32	28
斯洛文尼亚	23	16	19	21	19
保加利亚	22	16	19	11	30
罗马尼亚	19	11	25	18	25
中国（安徽）	8	4	24	46	17
总计	21	12	23	23	22

注：该调查在2005年进行，当时欧盟27国包括英国，不包括克罗地亚。——编者注

在当今中国，城乡人口在受教育程度和心态方面仍存在较大差距；他们的不同体现在收入水平和获得公共资源机会的差异上。中国城乡之间的巨大差距由来已久。由于种种原因，城乡差距在户籍、公共基础设施建设、义务教育、社会福利、公共服务等方面持续存在。在促进公众理解科学方面，大多数新举措都是针对城市地区。在目前中国农村生活质量有待改善的情况

下，人们对科技问题的关注较少是很容易理解的，但人们依然对科学寄予厚望。

另一个非常值得注意的现象是：在群组4中，46%的中国公众，即受过中等教育的农村年轻男性，目前是中国社会的主要蓝领工作者。根据最近的调查，这一群体主要由服务人员、产业工人和农业劳动力组成。群组4中的中国样本代表中国的体力劳动者。这一群体在对科学的兴趣和参与方面的得分远远低于欧盟的类似群体。要理解这种情况，我们必须考虑它的社会学解释。20世纪80年代以来，中国劳动力经历了快速转型的过程。因此，这些人中有很大一部分是从农村到城市的流动人口，他们没有享受到城市居民的福利和公共服务。这些流动人口从事着城市居民普遍认为较辛苦的工作，通常住在城市中租金低廉的地区。最近的研究表明，这些劳动者虽然生活条件较差，但他们对环境和社会的要求却很少。中国城市地区的大量流动人口为城市建设提供了所需的劳动力，并承担着包括销售和家政在内的许多服务功能。他们为当前的经济发展增添了活力。

群组3农村女性中也存在一个值得注意的结果，那就是欧盟和中国在日常生活中的迷信和理性主义方面的差异。图1展示了模型中理性主义的边际均值，包括作为因变量的所有指标以及作为预测变量的群组和区域（欧盟与中国）。欧盟和中国之间的差距在所有的公众理解科学类型上保持一致，但奇怪的是只有群组3是个例外，也就是居住于农村、受教育程度较低、以中年女性为主的人群。在中国样本中，她们表现出一种相当清醒的态度，是所有人中最不迷信的；而在欧盟，这一群体是所有类型中最迷信的。我们认为这是一个令人惊讶的结果，原因有二：如果对"幸运数字"的态度确实是理性主义的一个很好的指标，那么我们必须得出这样的结论：农村生活不是中国非理性主义的中心。相反，非理性主义在城市生活中最为突出，在受教育程度最高的人群（群组1和群组2）、受教育程度中等的人群（群组4和群组5）、老年人和年轻人中都是如此。这种非理性主义（"幸运数字"）很可能与现代城市生活的不确定性及其快速转变有关。正如群组1和群组2所展现的，对于那些知识渊博且对科学有兴趣的人来说，这些迷信与科学理性主义并不矛盾。中国城市人群似乎在过着一种"认知多相症"（见本书中阿勒姆的论述）的生活，即在日常生活中能够协调科学素质和传统非理性信念之间的关系，而且这种兼容性在城市生活中的体现似乎比在农村生活中更容易。这是一个有趣的结论，因为这与欧盟的情况形成了鲜明对比。在欧盟，对"幸运数字"的传统信仰主要出现在群组3覆盖的农村地区，并且与科学素质明显为负相关。

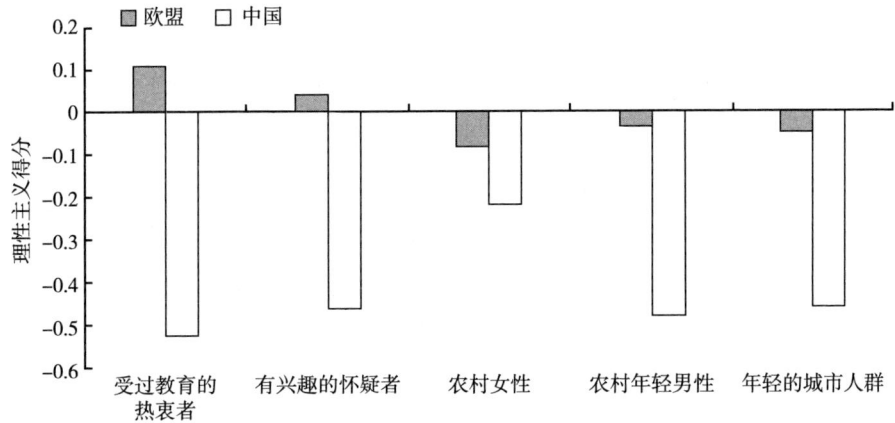

图1　欧盟与中国公众理解科学群组的理性主义（即拒绝相信"幸运数字"）的边际均值

注：基于包含所有六个指标（知识 K，兴趣 I，参与 E，态度 $Att2$，生态 $Ecol$ 和理性 $Ratio$）的多变量方差分析（MANOVA）模型。理性主义在不同群组和国家间的交互作用显著（$F=111$，$P<0.001$，$df=4$，$R^2=0.10$）。

比较和讨论

我们在微观层面上整合了欧盟和中国的调查数据库，并在二者截然不同的背景下对公众理解科学进行了首次比较分析的探索。从这一比较分析中，我们可以得出以下几点结论。

第一，中国公众的科学素质水平低于欧盟公众，对科学的兴趣、参与程度和生态观念水平也低于欧盟公众。但是，在中国，人们对科学的基本态度更加积极，表明在经济发展和个人生活改善方面对科学的期望更高。更普遍的是日常生活中的迷信，如相信"幸运数字"。

中国和欧盟遵循不同的公众理解科学的模式。在中国，人们知道得越多，就越积极；而在欧盟，情况正好相反：人们知道得越多，就越怀疑，对科学的期望就越低。这一观察结果与公众理解科学的双元文化模型是一致的。该模型预测了在不同的发展背景下不同的知识—态度—兴趣的关系（Bauer, Durant & Evans, 1994）。

第二，在欧盟国家，与科学素质、兴趣、参与和态度最相关的社会人口统计学因素是受教育程度和年龄。在中国，最相关的变量是受教育程度和居住地。这反映了中国城乡生活的差异，特别是城乡人口资源配置的不均衡。

第三，我们构建了一套与不同社会经济群体相关的公众理解科学的分类，可以识别和描述五个群组及其分布。大多数欧盟人属于群组1和群组5。群组1包括受过良好教育的城市人口，他们科学知识丰富，对科学有浓厚的兴趣，参与度较高，是持怀疑态度的理性主义者，具有生态观念。群组5由受过中等教育的青年城市居民组成，他们有中等的科学素质，但对科学的兴趣不大，态度中立，对生态没有特别的意识。相比之下，中国人占比最大的是群组4，他们是年轻的农村男性，科学素质处于中低水平，对科学的兴趣不高，参与少，但对科学的期望很高，没有生态观念，迷信程度较高。群组3在中国的数量也很可观，它包括受教育程度较低的农村人口，通常是中年女性，她们对科学没有什么期望，但有一定的生态观念，并表现出惊人的清醒和理性。后者尤其令人惊讶，因为在欧盟，农村生活是迷信的港湾，而在中国，这似乎更像是城市的一种特征。

由于反对"无知、愚昧和迷信"是中国公众理解科学的一个主要关注框架，我们对城市非理性主义的惊人发现，以及它与科学素质其他方面——如知识和态度——的兼容性，与城市或农村生活的关系，都值得进一步研究。

附录1：欧盟和中国的调查样本

欧盟样本

2005年1月3日至2月15日，由索福瑞集团（Taylor Nelson Sofres）和盖洛普欧洲（EOS Gallup Europe）创建的TNS社会民意调查（TNS

Opinion & Social）代表欧盟委员会科技研究署（the Directorate-General for Research）开展了"欧洲晴雨表"的第63.1次调查。

样本设计采用了一种多阶段定比随机概率的方式。在每一个国家，按照人口规模（就国家的总覆盖率而言）和人口密度定比设置了一些抽样样本点。为此，对每个"行政区域单位"按单位和区域类型进行分层后，系统地抽取抽样点。因此，他们是根据欧盟标准地区统计单元区划第二级（Eurostatnuts Ⅱ）（或同等标准）并根据各国常住人口在大都市、城市和农村地区的分布情况确定样本比例，能够代表所调查的国家的全部领土的情况。他们在每一个选定的抽样点上，随机抽取一个起始地址；从这一地址开始，通过标准的"随机路线"程序，每隔 N 个地址选择一个地址。在每个家庭中随机抽取受访者（遵循"生日最近规则"）。所有的采访都是在受访者家中以当地语言面对面进行的。在条件允许的国家，也可以使用计算机辅助调查（CAPI）以获取数据。

中国的样本

合肥工业大学汤书昆教授领导的团队策划和执行了2007年中国科学素质研究项目。这一实证研究分为三个阶段，分别是以合肥市为试点阶段、以安徽省为样本阶段，以及以中国东部、中部、西部地区为检验样本阶段。

合肥市试点研究（2006年12月）

我们在合肥市进行了一项预调研，以便对问卷进行测试，发现问题并进行修改。这一样本并不是为了代表合肥市的人口，而是为了覆盖城乡、性别、年龄和受教育水平等不同类型的人群。我们在居委会进行了200次访谈；其他受访者包括大学生、高等教育工作者、公务员和进城务工人员。最终合肥市样本有247份。

安徽省（2007年1—3月）

本调查采用四阶段分层抽样方法：分层等比抽样（PPS）。

第一阶段：从省级区域中选择市、区、县。按照平均受教育程度和总人口，采用分层等距抽样。我们首先根据城市的人口数量对每个城市的样本规模进行了分配；然后在每个城市随机选择县或区，并确定每个县或区相对于人口的样本量，最终选出了17个市57个县。

第二阶段：在每个单元中，等距抽取街道、镇和乡的分层样本。样本量按人口比例计算，共抽取了256个街道/乡镇。

第三阶段：选定居委会或村委会。每个居委会/村委会都为访谈提供了"地方权威"。因此很少有不回应的。在这一阶段，居委会/村委会采用简单随机抽样（SRS）或等距抽样（系统抽样），最终选出了101个街道居委会（城市）和364个村委会（农村）。

第四阶段：在每个居委会/村委会管辖区域内选择住户。调查员遵循右手法则选择家庭住户。在选择家庭住户后，调查员采用二维随机数表法从每个家庭中选择一个年龄在15岁以上、69岁以下的人进行访谈。

最终样本包括来自17个市57个县的12,994名受访者，覆盖101个街道居委会（占总数2,627的3.9%）和364个村委会（占总数10,367的3.5%）。

东部、中部及西部地区的样本（2007年7—8月）

为了进一步研究，课题组采用目标抽样的方法，分别在东部的上海市浦东新区、中部的安徽省合肥市和西部的甘肃省天水市设计了东部、中部、西部比较样本。在每个城市进行了大约350次采访。

安徽样本与全国样本的比较分析

在安徽样本中，男性受访者占57.2%（51.5%，中国，2005年）。与2005年人口普查相比，样本中的男性比例高于中国的整体情况。在居住地方面，28%（37%，中国，2005年）的受访者居住在城市地区。样本的城市人口占比低于中国的整体情况。在受教育程度方面，25.6%的受访者是文盲或受过初等教育（47.7%，中国，2005年），64.3%受过中等教育（51.5%，中国，2005年），10.1%受过高等教育（3.8%，中国，2005年）。安徽样本的受教育水平较全国整体水平偏高。在年龄方面，我们不能直接比较安徽的样本和2005年的人口普查，因为年龄范围不一致。安徽的样本年龄分布如下：15~26岁（24.8%），27~36岁（26.2%），37~46岁（23.2%），47~69岁（25.8%）；2005年全国人口普查的年龄分布为15~24岁（20.5%）、25~34岁（31.3%）、35~44岁（24.3%）及45~69岁（19%）。安徽的样本和中国的整体情况之间似乎区别不大，但平均来说，安徽的样本应该比全国样本年龄偏小。该样本偏向于较年轻的人群。

总之，我们可以得出结论，与2005年的全国人口普查相比，2007年的安徽样本数据库受教育程度更高，农村人口更多，更年轻，男性人口更多。对于欧盟国家和中国之间的直接比较，中国的数据将偏向于受教育程度更高的、年轻的、农村的和男性的受访者。对于欧盟国家和中国之间的结构比较，我们预计这些偏差不会成为问题。

附录2：态度和兴趣的等价建构

"欧洲晴雨表"和中国的问卷在态度和兴趣方面的问题措辞上存在差异。我们对这些变量进行了重新编码，如表5所示。

表5 态度（$Att2$）和兴趣（I）的等价编码

			欧盟：科学与技术使我们的生活更健康、更方便		中国：您认为以下哪种说法是不正确的	
	选项	编码	选项	编码	选项	编码
态度—生活（$Atti\_life$）	同意（积极的）	1	非常同意	1	科技发展不利于提高生活质量	3
			同意	2		
	中立	0	既不同意也不反对	3	不知道	5
	不同意（消极的）	-1	反对	4	科技发展使交通更便利	1
			强烈反对	5	科技发展使通信更方便	2
					科学研究有助于防治疾病	4
			欧盟：科技在产业发展中不重要		中国：您认为以下哪种说法是不正确的	
	选项	编码	原始选项	编码	原始选项	编码
态度—产业（$Atti\_industry$）	同意	1	强烈反对	5	产业发展与科技无关	4
			反对	4		
	中立/不知道	0	既不同意也不反对	3	不知道	5

续表

	选项	编码	欧盟：科技在产业发展中不重要		中国：您认为以下哪种说法是不正确的	
			原始选项	编码	原始选项	编码
态度—产业 （Atti_industry）		−1	同意	2	科技进步提升了劳动者的技能	1
	不同意/不知道	−1	非常同意	1	科技进步带来了生产工具的改进	2
		−1			科技进步促进了工业发展	3
兴趣（*I*）			欧盟：请您根据感兴趣程度给以下每个科技议题打分		中国：您对下列哪类科技信息感兴趣	
	环境保护（Int_environment）		环境污染（Vqa1_4）		环境保护（a3）	
	新发明（Int_invention）		新发明和新技术（Vqa1_5）		新发明（a3）	
	生命健康（Int_health）		发现新药（Vqa1_3）		生命健康（a3）	
	选项	原始选项	编码	原始选项	编码	编码
	有兴趣	1	非常有兴趣	1	有兴趣	1
			一般有兴趣	2		
	没兴趣/不知道	0	完全没兴趣	3	没兴趣/不知道	0

注释

1. 这些数据集在2009年用了一年时间整合。在此期间，第一作者刘萱在伦敦政治经济学院进行了为期12个月的培训学习，并与马丁·W. 鲍尔密切合作，检测这两项调查，评估开展比较研究的潜力，并构建了比较框架。数据的微观集成在合著文献（Liu & Bauer，2009）中有记载。

伊比利亚美洲的科技信息和态度

卡梅洛·波利诺 尤里·卡斯特尔弗兰奇

研究通常被认为是公众理解科学"运动"的一部分，这些研究涵盖了多元的传统和分析视角。[1]对科技态度的人口统计调查已成为公众理解科学传统中被广泛应用的工具。这些调查最初在美国、英国、法国及部分欧洲国家（"欧洲晴雨表"）开展，后来被世界上其他国家和地区（加拿大、日本、新西兰、印度、意大利、中国、西班牙、俄罗斯、韩国、阿根廷、巴西、墨西哥、哥伦比亚等）采用。随着这些调查的开展愈加广泛，作为必然结果，该领域的研究工作也与日俱增，包括关于指标的争论（Allum et al., 2008; Raza & Dutt, 2002）、统计一致性（Pardo & Calvo, 2002）、分析维度（Osborne, 2003; Wynne, 1995; Michael, 1998; Miller, 1998）、方法论（Pardo & Calvo, 2004）、模型（Wagner, 2007; Pardo & Calvo, 2006; Sturgis & Allum, 2004; Godin & Gringas, 2000），以及从各地方、区域和国际层面实地研究中得出的解释（Allum et al., 2008; Miller, 2004; Bensaude-Vincent, 2001; Miller et al., 1997; Bauer & Shoon, 1993; Bauer et al., 1993）。当前，许多分析人士确信，寻找可以促进传统融合的整合视角正当其时。他们正在按照这些路线探讨一项雄心勃勃的计划，旨在利用统一的国际视角解决有关公众理解科学的问题（Bauer et al., 2007）。他们试图将全国性调查和国际性调查纳入全球数据库，构建全球性指标和补充的数据流，如媒体监测和纵向定性研究（Bauer, 2008: 125）。

这一"新国际计划"的总体目标恰好与伊比利亚美洲一些机构对这一问题的思考相吻合。这些机构通过基于战略协作网络的工作进行跨区域比较。研究最初由伊比利亚美洲科技指标网络（RICYT）、伊比利亚美洲国家组织（OEI）与圣保罗研究基金会（FAPESP）合作开展，后来西班牙科技基金会

（FECYT）、哥伦比亚科学技术创新部（Colciencias）以及其他机构也参与其中。[2] 自从他们开展这些研究，方法整合机制和测度的试点经验也得以问世（Vogt & Polino, 2003）。事实上，正是得益于这个区域网络的配置，一些国家才得以从多个方面巩固全国性调查。[3] 同样，我们需要批判性地修改公众理解科学研究的传统，并反思理论模型和这些模型背后的概念（Vogt & Polino, 2003; Vaccarezza et al., 2003a, 2003c）。此外，我们还开始寻找一些指标和指数，它们不仅更加符合当地现实和政治预期，而且还可以在国际背景下具备可比性和通用性（Polino et al., 2006; Vogt & Polino, 2003; Vaccarezza et al., 2003b）。最后，我们强调发展一项超越人口统计学实证研究的计划，这一计划应纳入定性研究，它将科学文化分析视为社会结构特征，对个人而言是必不可少的（Polino et al., 2006; Vaccarezza, 2007）。

伊比利亚美洲地区对于比较研究和新视角的吸引力来自两个主要方面。一方面，伊比利亚美洲是世界上一个包含许多国家、文化和语言的很大的区域，其中两种语言占主导地位——西班牙语和葡萄牙语。共享的语言和相似的历史环境对研究人员来说是宝贵的，因为它们简化了调查和访谈的标准化任务，并且可以让研究人员进行富有成效的比较和基准测试。另一方面，该地区具有极大的生态、文化和语言多样性[4]，极端的社会分层和分化，以及截然不同的宏观经济和政治局势。这种多样性也许能让研究人员制定复杂和异质的数据集，提出有用的见解，并测试某些关于认知和态度影响因素的假设。

表1显示了国际和区域机构（联合国教科文组织、联合国开发计划署、世界银行、伊比利亚美洲科技指标网络）选定的指标，为我们提供了一些各国之间可比数据的例子。该信息还包括评估科技系统的具体指标。伊比利亚美洲的科技史是独一无二的。在发展中国家，科学的建制化和专业化以及国家科技体系和政策的形成遵循了非常独特的轨迹，这与在西欧和美国观察到的情况截然不同（RICYT, 2008; Velho, 2005; Saldaña, 1996; Albornoz, 2001）。

在许多"先进资本主义"国家中产生广泛影响的某些因素（金融资本

表 1 各国的可比指标

各国的可比指标	阿根廷	巴西	智利	哥伦比亚	西班牙	巴拿马	葡萄牙	美国	伊比利亚美洲
人口 / 百万人 （来源：伊比利亚美洲科技指标网络，2007 年）	3,936	18,930	1,660	4,393	4,520	330	1,060	30,162	60,090
2005—2010 年平均预期寿命 / 岁 （来源：联合国，2008 年）	75.3	65.6	78.6	73.3	80.1	73.1	77.9	77.9	
2005 年人均国民生产总值（以美元购买力平价计算） （来源：世界银行，2007 年）	13,800	8,140	10,920	6,970	17,830	7,050	15,370	31,600	
人类发展指数（HDI）* （来源：联合国开发计划署，2007 年）	0.866	0.813	0.878	0.807	0.955	0.840	0.909	0.956	0.87
研发投入在国内生产总值中占比 / % （来源：伊比利亚美洲科技指标网络，2007 年）	0.51	1.11	0.67	0.16	1.27	0.20	1.21	2.66	
研发投入资金来源占比 / % （来源：伊比利亚美洲科技指标网络，2007 年）									
政府	67.6	52.9	44.4*	37.7	47,0	47.9	44.6	27.6	51,0
企业	29.3	44.7	45.8*	27.2	45.5	0.3	47.6	66.6	40.9
高校	1.4	2.4	0.8*	25.6	0	0.5	0.7	2.7	4,0
非营利组织	1.1	0	0.3*	5.4	0.5	1.3	2.3	3.2	0.5
国外	0.6	0	8.7*	4.1	7.0	50.0	5.4	0	3.5
总计	100	100.0	100	100.0	100.0	100.0	100.0	100.0	100.0
不同类型科技活动支出占比 / % （来源：伊比利亚美洲科技指标网络，2007 年）									
基础研究	29.3		35.7	24.0**	20.2	29.0	18.5	17.5	
应用研究	42.7		49.0	47.0**	43.6	38.0	35.7	22.1	
试验发展	28.0		15.3	29.0**	36.3	33.0	45.8	60.4	
总计	100		100	100.0	100.0	100.0	100.0	100.0	

155

续表

各国的可比指标	阿根廷	巴西	智利	哥伦比亚	西班牙	巴拿马	葡萄牙	美国	伊比利亚美洲
授权专利/项 (来源：伊比利亚美洲科技指标网络，2007年)									
本国居民	445	3,468***	67	12	2,603	15		93,665	6,070
非本国居民	2,324	3,628***	515	210	19,220	243		89,236	36,998
总计	2,769	7,096***	582	222	21,823	258		182,901	43,068
SCI论文/篇 (来源：伊比利亚美洲科技指标网络，2007年)	6,479	23,109	3,559	1,239	40,594	369	7,466	388,160	90,388

注：* 最近一次可获取的年份为2004年。** 最近一次可获取的年份为2001年。*** 最近一次可获取的年份为2006年。

主义的兴起、全球化等）也在伊比利亚美洲的大部分地区产生了决定性的影响，影响到了社会技术系统的形成和科技政策的制定。不过，这些影响的表现形式不同，而且对该地区各个国家的影响各异。在伊比利亚美洲，我们可以在不同的社会需求及社会与政治冲突的背景下观察到一些现象，如研究私有化和拨款日益增长的重要性，国际和/或跨学科网络的发展，大学与企业之间日益紧密的联系，科学机构的社会责任，以及与技术化科学相关的理智的公共辩论和冲突等。通过这些方式，它们最终产生了多样化的地方格局。

这些论点的结合使得在伊比利亚美洲就一些关键词和口号的含义开展调查变得有趣。这些关键词和口号包括"可持续性""互动性""融入度""社会参与""电子民主""自下而上的治理""参与式决策""预防性原则"等。因此，测度研究必须伴随着对科技的社会文化和政治路线的分析，以便从更广泛的社会学视角来看待和解释指标和指数。

本文考察了伊比利亚美洲第一次就公众对科技的认知和态度开展大规模比较调查的部分结果。该调查是在伊比利亚美洲科技指标网络、伊比利亚美洲国家组织与圣保罗研究基金会共同开展的区域试点项目的背景下进行的，并得到了当地机构的支持。[5]该项目的主要目标是为伊比利亚美洲地区的公众理解科学调查领域的方法论做出贡献，提出并开发一套用于全国性调查的核心常见问题与指标。[6]我们总结了三个主题：公众兴趣和信息、对科技的风险和收益的态度，以及对公民参与科技相关决策过程的态度。[7]我们还将这些研究发现与关于伊比利亚美洲的其他数据库和欧洲的调查数据进行了比较。

伊比利亚美洲调查（2007年）

伊比利亚美洲调查于2007年年底在以下七个大城市进行：波哥大（哥伦比亚）、布宜诺斯艾利斯（阿根廷）、加拉加斯（委内瑞拉）、马德里（西班牙）、圣保罗（巴西）、圣地亚哥（智利）和巴拿马城（巴拿马）。工作人员对16岁以上人口进行了核校，根据性别、年龄和教育情况对其进行了分类（误差范围为3%，置信水平为95%），形成了代表性样本。每个城市的样本规模为 1,100 份左右，总计 7,800 份。

信息和兴趣

研究人员利用直接和间接策略确定了信息和兴趣分析的轴心。直接策略是在调查问卷开始时，要求受访者说出自己看电视或阅读报纸的频率，以及喜欢什么类型的电视节目、报纸板块或新闻。这里的科技被视作一组更广泛偏好中的一种。间接策略包括使用一系列特定指标来测度他们填答的信息搜索方式，包括：电视、广播、报纸、互联网、大众科学图书和杂志、博物馆、科学中心和展览，以及与朋友就这些话题闲聊，参与可能由科学、技术或环境问题引发的抗议，签署声明，在会议上争论和在报纸刊发文章等活动（表2）。

这两种策略的调查问卷产生了一致的结果。一般而言，结合表明人们缺乏相关主题信息（在这种情况下，波哥大与其他城市没有差异）的自评估，我们发现在绝大多数城市（波哥大可能除外），公众对科技主题都没有强烈或明显的兴趣。这适用于阅读报纸上的科学新闻以及观看电视上有关科学、技术和自然的内容。正如我们所料，在评估了其他习惯之后，我们发现人们获取科技信息少的问题更加突出：七成受访者没有在互联网上搜寻过科学信息，从未读过科普杂志的也是七成，九成受访者从未读书，七成受访者从未去过科技博物馆、科学中心或科技展览。重要的是，这种分布通常与全国性调查，即阿根廷（SECYT, 2007）、巴西（MCT, 2007）、西班牙（FECYT, 2006）、哥伦比亚（Colciencias, 2005）以及委内瑞拉（MICYT, 2007）的调查结果是一致的。关于是否与朋友谈论到科学、技术和环境问题，大多数人都选择了"是的，偶尔了解一下"，这可能是因为他们不清楚这些包括（或不包括）什么。无论如何，这一结果与受访者在生活中对科技主题不太感兴趣的总体趋势相符。同样的模式在接下来的问题中再次出现，在描述科技相关活动的参与情况时，他们表现出来的兴趣同样很低。除了波哥大和马德里，所有城市的受访者基本上都是回答"不，从来不参加"。

现在我们可以与欧洲进行一些比较。从全球视角来看，可以观察到这

表 2 从不同媒体获取科技信息的指标

单位：%

频率	观看科研相关的电视节目 *		在报纸杂志上阅读科普文章 **		收听科研相关的广播		在互联网搜索科研相关的信息		购买科研相关的专业刊物 ***	
	IB（2007）	EU（2007）	IB（2007）	EU（2007）	IB（2007）	EU（2007）	IB（2007）	EU（2007）	IB（2007）	EU（2007）
定期	23.4	16	14.1	12	5.4	4	11.4	7	5.9	5
偶尔	52.6	45	37.9	37	18	22	22.1	21	21.1	17
几乎没有 ****	—	21	—	18	—	26	—	14	—	19
从不	23.5	17	47.1	32	75.7	47	65.4	57	72	58
不知道	0.45	1	0.9	1	0.8	1	1.1	1	1	1
总计	100	100	100	100	100	100	100	100	100	100

注：IB 代表伊比利亚美洲调查，EU 代表"欧洲晴雨表"。* 在伊比利亚美洲的调查中不只涉及科学，也涉及自然科技。** 与"欧洲晴雨表"（2007年）不同，伊比利亚美洲的研究将报纸杂志放在了两个不同的问题中。*** 伊比利亚美洲的调查中的调查直接提问是否"读过"这类刊物。**** 伊比利亚美洲的调查中不包括此类选项，这也说明了为什么我们不应今天大特定问题中体现的差异。在这些案例中，我们应该从整体趋势来理解研究结果。

两个地区的信息有相似之处，这表明伊比利亚美洲成年人与大多数欧洲成年人一样，在大多数可比指标上存在着共性，并且每个指标的频率分布相对同质。

更具体一点，我们可以断言，在看电视方面，尽管伊比利亚美洲声称"非常感兴趣的"人群比例高于欧洲，但是二者在平均消费范围方面的比例是一样的。就报纸而言，这两个地区声称的报纸消费均低于电视消费。在广播、互联网和专业杂志上也是如此。

科技信息指数

为了大致了解伊比利亚美洲受访者的科学信息消费情况，我们设计了八个变量以测度受访者填答的与科技话题相关的信息收集行为，并在这八个变量的未加权平均值的基础上构建了"科技信息消费指数"（西班牙语缩写为ICIC）。[8]

这组中的所有问题都是正相关的，相关系数中等，通常为 0.31~0.49。只有"科普杂志—科普图书"除外，其系数为 0.65。因子分析揭示了这些问题的一维性。[9]

我们在估算科技信息指数时观察到一种不对称的分布，这表明有一小部分人对科技主题相关信息非常地了解。当然，这种分布在测度人口政治信息了解程度的调查中很常见。也就是说，大部分人的信息了解程度总是很一般，但也有小部分人的信息了解程度较高。

我们将这一指数与社会人口变量进行了交叉分析，可以看出女性和男性在信息收集行为方面并不存在显著差异。年龄变量体现出了些许差异。在某种程度上，我们可以说老年人（55岁及以上）的信息了解程度较低，但没有构成明显的对比。另外，受教育水平与指数为正相关（具有中等的统计相关性）。这意味着在一般情况下，受教育水平越高，信息了解程度就越高。例如，在大学生中，信息了解程度最高的人数是平均水平的人数的两倍，是具有平均学历水平的人数的三倍以上。

观察本研究涉及城市的科技信息指数得分（表3），我们发现了显著的相似点和不同点。 在所有城市中，已经形成搜寻科技信息习惯（"高"和

表 3 各城市的科技信息指数

科技信息水平		波哥大	布宜诺斯艾利斯	加拉加斯	马德里	巴拿马城	圣地亚哥	圣保罗	总计
科技信息水平为0	人数/人	116	112	231	110	143	145	237	1,094
	占比/%	10.9	10.4	22.5	10.2	13	13.7	22.1	14.6
科技信息水平非常低	人数/人	280	227	239	229	252	382	393	2,002
	占比/%	26.3	21.1	23.3	21.2	22.9	36.1	36.7	26.8
科技信息水平低	人数/人	404	505	371	457	421	345	331	2,834
	占比/%	38	47	36.2	42.3	38.3	32.6	30.9	37.9
科技信息水平中等	人数/人	170	193	117	222	197	149	86	1,134
	占比/%	16	18	11.4	20.6	17.9	14.1	8	15.2
科技信息水平高	人数/人	73	33	48	55	76	30	18	333
	占比/%	6.9	3.1	4.7	5.1	6.9	2.8	1.7	4.5
科技信息水平非常高	人数/人	21	5	19	7	11	6	5	74
	占比/%	2	0.5	1.9	0.6	1	0.6	0.5	1
总计	人数/人	1,064	1,075	1,025	1,080	1,100	1,057	1,070	7,471
	占比/%	100	100	100	100	100	100	100	100

"非常高"水平)的人群不超过人口的10%。在这方面排名较靠前的是波哥大(8.9%)和巴拿马城(7.9%),排名垫底的是圣地亚哥(3.4%)和圣保罗(2.2%)。后者属于"科技信息水平为0"和"非常低"类别的受访者数量明显高于平均水平。

科技带来的风险和收益

在过去的20年中,人们形成了对于"风险"的不同定义及其与"危险"之间的区别。一些研究者(Beck, 1998, 2008; Giddens, 1990; Luhmann, 2005)提出了"风险社会"的概念,它有助于我们理解为什么现代世界的决策既带来了解决方案也带来了威胁。"风险"和"风险认知"已成为当代社会科学的重要主题,与科学社会学研究和公众理解科学领域尤为相关。

该调查包括两套用于评估科技收益和未来风险的指标。在绝大多数城市(加拉加斯除外),大多数人都认为,在未来20年内,有必要处理科技带来的风险。其中,波哥大的公众对未来的愿景最悲观。同时,大多数受访者(76%)指出,科技将带来好处。波哥大再次脱颖而出,对此远景最乐观的城市当属它和布宜诺斯艾利斯。

风险和收益之间的相关性让我们可以实质性地识别具有统计显著性的三组(表4)。第一个也是最主要的一组表明,46%的受访者强调风险和收益一样多。第二组倾向于强调科技的好处并将风险最小化,这部分人数超过1/3(35%)。相反,约占总人数15%的第三组认为科技几乎没有任何好处,而且会存在很多风险。那些认为科技关系不大的人(收益和风险都几乎为零),或者无法发表意见的人在数量上很少。与社会人口统计变量(性别、年龄、教育)或构建变量(例如科技信息指数)的交叉分析显示,这几部分之间没有实质性差异。

通过表5,我们可以看到对于科技未来风险和收益平衡的不同态度类型,以及这些类型在各城市的分布。我们在上述两个问题基础上通过计算得到了一个新的目标变量,进而得出了六个"目标群体"的定义。[10] 平均有四成的受访者认为科技未来的收益会多过风险。其中,巴拿马城和加拉加斯的这一比例更高(接近总人数的一半),而圣地亚哥和圣保罗的这一比例则较低。在第二组中，两成的受访者认为科技的未来风险会多于收益。与加拉加斯或马德里相比，圣保罗和圣地亚哥的公民对未来的态度更为谨慎。在第三组中，我们发现平均有三成的受访者认为科技未来的风险和收益相当。本文中各城市的人都有着这种想法。

表4 科技的未来风险和收益平衡

对科技未来风险的态度		对科技未来收益的态度				
		有许多收益	有一些收益	几乎没有收益	完全没有收益	合计
有许多风险	人数/人	919	509	473	111	2,012
	占比/%	13.2	7.3	6.8	1.6	28.9
有一些风险	人数/人	671	1,115	379	55	2,220
	占比/%	9.6	16.0	5.4	0.8	31.8
几乎没有风险	人数/人	1,028	802	226	18	2,074
	占比/%	14.7	11.5	3.2	0.3	29.7
完全没有风险	人数/人	445	167	36	19	667
	占比/%	6.4	2.4	0.5	0.3	9.6
总计	人数/人	3,063	2,593	1,114	203	6,973
	占比/%	43.9	37.2	16.0	2.9	100.0

如上所示，当考虑与年龄、性别或受教育程度等变量的双变量相关性时，人们对科技未来风险和收益的认知没有显著差异。然而，从表5中的态度类型来看，我们发现这一情况发生了变化。此时，对风险和收益的态度会受到受教育水平的影响。受教育水平较高的人更倾向于科学会带来收益，并且随着教育水平的提高，对风险的考虑会逐渐减少。同时，除了没有上学的人，认为风险和收益均等的人在不同受教育水平（基础教育、中等教育、高等教育和大学教育）的分布相对一致。在与科技信息指标做交叉分析后，我们也可以发现一些趋势。在知识更加广博的人群中，重视科技带来收益的比例更高，而对风险的考虑更少。同样，认为风险和收益均等的人在不同信息了解程度的人群中分布相对一致。

表 5　各城市对于科技带来的风险与收益的"态度类型"

态度类型		波哥大	布宜诺斯艾利斯	加拉加斯	马德里	巴拿马城	圣地亚哥	圣保罗	合计
利大于弊	人数/人	396	426	519	435	520	349	337	2,982
	占比/%	32.4	35.4	41.6	34.4	47.9	32.0	32.2	39.4
弊大于利	人数/人	214	237	129	172	192	287	314	1,545
	占比/%	17.5	19.7	10.3	13.6	17.7	26.3	30	20.4
利弊相当	人数/人	399	320	234	320	342	339	325	2,279
	占比/%	32.7	26.6	18.8	25.3	31.5	31.1	31.1	30.1
更强调收益，没有回答风险	人数/人	52	49	51	65	18	35	22	292
	占比/%	4.3	4.1	4.1	5.1	1.7	3.2	2.1	3.9
更强调风险，没有回答收益	人数/人	131	131	212	181	4	22	11	692
	占比/%	10.7	10.9	17.0	14.3	0.4	2.0	1.1	1.3
既没回答收益也没回答风险	人数/人	30	40	102	91	10	58	37	368
	占比/%	2.5	3.3	8.2	7.2	0.9	5.3	3.5	4.9
总计	人数/人	1,222	1,203	1,247	1,264	1,086	1,090	1,046	7,568
	占比/%	100	100	100	100	100	100	100	100

社会参与和公共政策

近年来,在公共事务管理中提高透明度和社会参与度的讨论已经出现在了当代民主社会的政治言论中。在这一框架中,研究者已经讨论了专家系统的作用和技术专家决策的合法性。这些话语体系也渗透到了其他领域,科技领域也不例外(Bucchi & Neresini,2008;Irwin,2008;Fiorino,1990;Funtowicz 和 Ravetz,1997,2000;López Cerezo & Luján,2000)。

随着公众理解科学运动的研究进一步拓展到科学与社会之间的共识和对话(Bauer et al.,2007),调查中也加入了同社会参与和科技决策相关的问题。例如,欧洲公众要求获得更多的参与机会(Eurobarometer,2005)。伊比利亚美洲调查的城市中也出现了同样的趋势,人们普遍认为必须听取和考虑公民的意见(七成受访者要求更多地参与决策),不过这些变量在不同城市之间的差异并不显著。

发达国家支持参与性民主的运动并不意味着经典技术专家路径的消亡。这在科技领域尤其明显:科技同时具有重要性和复杂性,而且大多数社会都不习惯反思影响其发展的问题和在其他方面(社会、政治、经济、文化、生态等)的影响。这样做的一个后果是,虽然我们需要参与公共决策的空间,但是通常会更倾向于专家意见。"欧洲晴雨表"调查(2005.224)就是一个很好的例子,它询问了在科技的风险和收益方面应该主要根据专家建议还是公众看法来进行有关的科技决策。该报告的结论是:66%的欧洲公民认为科技决策应以专家建议为主(Luján & Todt,2007,2008)。

伊比利亚美洲的受访者总体上也倾向于给出同样的评价,人数分布也呈同样的比例。六成的受访者认为与科技有关的社会问题应该由专家决策。[11]在考虑到相关的各社会人口学指标时,评价依旧如此,即不同的年龄、性别、受教育水平或获取科技信息的习惯之间没有差异。这与人们从风险和收益的角度如何看待科技未来的后果也无关。在这方面,我们本可以期待最关键的人(即那些认为科技弊大于利的人)会更加明确地支持社会干预并要求降低技术专家的作用,但是这并不是一个明显的趋势。[12]与总体平均值(65%)相比,各城市之间存在一些差异,但差异不是十分显著,或者非常接近抽样误差范围。我们应该承认，考虑到不同的政治和文化制度，总的来说这种趋势是相当一致的。

这种对专家决策和公众参与的态度一致性要求在定性分析的框架中进行深度调查并运用更有力的量化指数与指标。这种一致性可能是当代科学文化中两种强有力的叙事的象征。一方面，大多数人认为（且大多数媒体刻画为）科技对竞争力、创新和发展至关重要，科技进步、社会进步和财富密不可分。从这个意义上说，人们认为，科技是"未来岌岌可危"的领域。这种论述与"（公众科学素质）缺失"的叙事密切相关。那种叙事认为，人们因为知之甚少，所以无法做出理性的、明智的决定，因此，我们要让科技自己发展（和加速发展），并且应将科技治理委托给专家。另一方面，最近资本主义制度的重构（与金融全球化、数字革命和所谓的知识经济相关）带来了新的实践和论述，它们在市场和政治中与经典的实践和论述共同发挥作用（可以理解的是，会有一些摩擦）。其中一种重构引入了这样一种观念：在推出产品和政策之前应先听取人们的意见，所以汽车是定制的；在制定政策、进行改革或是在修建大坝和公路之前，要进行咨询，听取"当地人"的意见，等等。从这个意义上讲，许多人希望既要有专家（或最低限度的）科技治理，又要在决策中允许社会参与，这种愿望是合理的。

科技信息指数回归分析

最后让我们展示回归分析的结果。我们在分析中将科技信息指数作为文中人口统计变量（性别、年龄、受教育水平、居住城市）和态度变量（关于"公民参与"和"风险与收益"的观点）的函数建模。科技信息指数有16类，很接近线性最小二乘回归中假设的区间变量。

表6表明女性的科技信息指数低于男性（即便在控制了模型中的受教育水平和其他变量之后）。而且，年龄没有显著影响，受教育水平不出所料对科技信息指数产生了巨大的影响：受教育水平的序列变量每增加一级，因变量将增加超过半个点。圣保罗和加拉加斯略低于波哥大，而马德里则高于波哥大。此外，圣地亚哥也高于波哥大，只是差距较小，刚刚达到显著范围。布宜诺斯艾利斯与波哥大之间没有显著差异。

表6 模型 科技信息指数的决定系数

项目	非标准系数 B	非标准系数 Tip. error	标准系数 Beta	t	Sig.	置信区间: B 95% 下限	置信区间: B 95% 上限
（常数）	156	169		919	358	-177	488
专家应在科技决策中发挥更大作用	18	19	11	961	336	-19	56
公众应在科技决策中发挥更大作用	-70	21	-39	-3,435	1	-111	-30
利大于弊	771	109	219	7,110	0	559	984
弊大于利	540	112	127	4,809	0	320	761
利弊相当	655	110	175	5,938	0	438	869
更强调收益，没有回答风险	279	143	30	1,951	51	-1	560
更强调风险，没有回答收益	291	201	19	1,448	148	-103	686
性别（男性=1）	-227	38	-66	-5,897	0	-302	-151
6个年龄分组	-8	12	-8	-656	512	-33	16
5个受教育水平分组	537	19	333	27,636	0	499	575
布宜诺斯艾利斯	-111	73	-22	-1,516	130	-255	33
加拉加斯	-257	74	-50	-3,463	1	-403	-112
马德里	258	72	53	3,565	0	116	399
巴拿马城	72	70	15	1,025	305	-65	209
圣地亚哥	-122	73	-24	-1,674	94	-264	21
圣保罗	-388	73	-79	-5,307	0	-532	-245

关于态度变量，只有"公民是否应该在科技决策中发挥更大作用"这一问题对科技信息指数产生了统计学意义上的显著影响。这一影响是负的，表明受访者越同意公民参与其中，科技信息了解程度就越低。

此外，对风险和收益有想法的公民获得的信息多于"既没有回答收益也没有回答风险"的公民。然而，"更强调收益，没回答风险"的这组人并未达到最低的常规置信水平（0.05）。相应的，对于"更强调风险，没回答收益"的人来说，该系数显然不显著。

我们将三个 0.05 级别的显著类别的系数按预期进行排序：较大的是认为"利大于弊"的人，其次是认为"利弊相当"的人，再次是宣称"弊大于利"的人。然而，人们不应高估这些差异的显著性，因为这些差异看起来很小而且在统计学意义上不相关。

结　　论

我们分析了伊比利亚美洲公众对科技认知调查的部分数据，这是迄今为止关于伊比利亚美洲的最大的国际性调查。我们测试了科学信息指数（在 FECYT-OEI-RICYT，2009；SECYT，2007 中讨论过），结果表明它似乎是一个与态度、兴趣和价值观相关的持续有效变量。一方面，我们的数据表明科学文化有全球化基础：发达国家和发展中国家对科技的一些看法似乎是一样的；另一方面，数据体现出了一些可以将伊比利亚美洲与其他地区区别开来的有趣特征，以及各国之间的一些差异（如巴西和哥伦比亚之间）。这种特点值得我们进行更深入的调查，并且在某些情况下，它让我们对一个国家的科技基础设施、公众认知和态度之间可能存在的复杂非线性关系提出了有趣的问题。除此之外，我们的数据分析支持一些对于"缺失模型"相关的简化假设的批评：我们的调查表明，知识、受教育水平、兴趣和对科技的态度之间的关系实际上是复杂的，而且往往是非线性的。例如，虽然认同科技利大于弊的观点在受教育水平较高的人群中更为普遍，但今天的科技利弊相当的观点在人群中以非常一致的方式分布。两种有关科技进步的说法似乎并存，但是在公共表征中二者存在一些摩擦和矛盾：自由放任的"技术专家说"（即应由专家决策，应该让科技半自动地发展）和"公众参与说"（即人们应该更多地参与决策过程）。

与此同时，我们认为伊比利亚美洲最近的工作和调查网络的出现支持了对新国际议题的需求，包括数据库集成、新指标的制定、对现有数据的全新解释、新的概念发展，以及公众认知、媒体和文化指标之间的交叉融合。我们希望伊比利亚美洲的调查将有助于有关指标及其构建和验证的讨论。我们也期望它有助于从不同方面来进一步研究科学、技术、文化和公民参与。为了获得集成数据集和讨论概念问题，我们还需要更进一步的交流。

注释

1. "公众认知""科学素质""科学文化""公众意识""公众融入""公众参与""公众态度"等公众理解科学的表达在科学政策、民意研究、新闻、教育、科学研究和文化研究等领域越来越常见。不过，这些术语都有着不同的理论背景，并且其中许多术语都被不加区分地使用，这表明公众理解科学领域缺乏明晰的概念。
2. 2002年11月，伊比利亚美洲科技指标网络、伊比利亚美洲国家组织与圣保罗基金会合作开展了第一次比较试点调查。该调查以非代表性人口样本为基础，在阿根廷、巴西、乌拉圭和西班牙的城市进行（Vogt & Polino，2003）。
3. 伊比利亚美洲地区包括20多个国家，其中11个国家的全国科技委员会或类似机构在1987—2009年期间至少开展了一次关于公众科学认知的全国性调查，包括：阿根廷（2004年，2006年）、巴西（1987年，2006年）、智利（2007年）、哥伦比亚（1994年，2004年）、厄瓜多尔（2006年）、墨西哥（1997年，2001年，2003年，2004年，2005年）、巴拿马（2001年，2006年）、葡萄牙（2002年）、西班牙（2002年，2004年，2006年，2007年，2008年）、乌拉圭（2007年）和委内瑞拉（2004年，2006年）。
4. 仅在巴西就有大约170种不同的本地语言。从生态学的角度来看，南美洲的一些地区都是具有高度多样性的区域。在典型的欧洲森林中，可以找到十几种树木；但是，仅在一半的大西洋沿岸的热带雨林中就可能存在300多种树木。

5. 这些支持机构包括：哥伦比亚科学技术观察组织、智利国家科技研究委员会、巴西的圣保罗研究基金会、委内瑞拉科技部、西班牙国际合作计划署和巴拿马科技秘书处。调查问卷由来自超过九个国家十五个机构的研究人员共同开发。

6. 在许多方面，该地区的调查遵循了"欧洲晴雨表"和美国国家科学基金会报告的方法论要求。同时，这些研究也结合了当地的方法和测度需求。目前的情况表明调查的范围很广，且在一些方法上趋同。尽管如此，在不同层面上仍存在着许多重要的方法论差异。在某些情况下，这些差异会限制所收集指标的可比性（在概念维度、问卷调查和样本设计、实地工作组织等方面）。

7. 综合调查结果汇编于2009年年底出版（FECYT-OEI-RICYT，2009）。

8. 构成该指数的指标有：①"观看电视上的科技节目"；②"阅读报纸上的科技新闻"；③"收听有关科技的广播节目"；④"阅读科普杂志"；⑤"阅读科普图书"；⑥"使用互联网获取科学相关信息"；⑦"参观博物馆、科学中心和展览"；⑧"与朋友讨论与科技有关的话题"。每个指标有三个选项："定期""偶尔"或"从不"。回答"定期"得1分，回答"偶尔"得0.5分，回答"从不"不得分，回答"不知道"或不回答为缺失值。此方法得出的指数取值范围为0~8.0。

9. 第一个因素占总方差的47%，第二个仅占10%。

10. 这些群体都是按照回答的强度标准来定义的：在认为"利大于弊"的人群中，受访者积极地认为科技会带来一些或许多收益，几乎没有风险。这一群人倾向于否定风险或将风险最小化，他们显然更支持收益。然而，回答"弊大于利"的人群则恰恰相反。这群人认为科技会带来一些或许多风险，几乎没有收益。他们倾向于否定收益或将受益最小化。因此，他们会强调未来的风险。第三组的回答是"利弊相当"，即认为科技带来的风险和收益是等量的。例如，有人说科技会带来一些收益和一些风险，或者收益和风险都几乎没有。还有群人要么"重视收益，没有回答风险的问题"，要么"重视风险，没有回答收益的问题"，要么"既没回答风险问题，也没回答收益问题"，我们很容易就能根据这些标签推断出他们的特征。

11. 如果我们观察反对专家决策的人群构成（略少于总体的20%），我们可以看到在性别方面比例是均等的；在受教育水平方面，具有中等教育水平的人比例较高（4/10），接受过大学教育的人则占总数的1/3。总而言之，他们对科技可能带来的影响的态度比较慎重，并认为科技带来的风险和收益一样多。
12. 有意思的是，一方面是倾向于"自下而上"的民主和全体社会参与，另一方面是技术专家价值观占上风，这些讨论和摇摆都是关于科学研究背景下的开放式问题。柯林斯和埃文斯（Collins & Evans，2002）的讨论就是一个例子。

科学文化指数的构建与验证

拉杰什·舒克拉 马丁·W.鲍尔

文化指标

科学绩效指标始于早期关于"科学的科学"（Price，1963）的讨论以及《科学计量学》等期刊在20世纪50年代末的问世，如今已取得长足进步。研发支出、人力、专利、高新技术国际收支等已经成为许多国家的常规统计数据。出版物的数量和被引用的次数也广泛用于评估研究机构和研究团队的水平。

一些国家和国际的行动者试图将数据和数据收集标准化，提出使用科学指标；戈丹（Godin，2005）出色地记录了这段历史。第一次世界大战时，美国、英国和加拿大的政府机构作为先驱者开始探索使用科学指标；联合国教科文组织（自1960年以来）紧随其脚步，创建了"科学活动"（STA）的指标；美国国家科学基金会每年发布"科学指标"报告（1973年首次发布），引领了这一趋势。经济合作与发展组织追求的议程则较为有限，它最初专注于研发和科学人力（意大利弗拉斯卡蒂，1963年），后来又增加了高科技国际收支（1990年）、创新和专利、人力资源（堪培拉，1995年）的数据，之后通过国际学生评估项目进一步拓展到总体素质。欧洲共同体在20世纪90年代开展了创新调查，也为这一领域做出了重要贡献。

全球范围内的这些工作大多集中在"客观"的投入和产出测度上。经合组织对其30多个工业成员国的统计数据进行了标准化，尽管"无形资产"（如创造力、市场营销）的概念早为人所知，但其经济学偏向更青睐于能用货币度量的数据。联合国教科文组织在范围和覆盖面上都做出了更多的尝试（参见世界科学报告，例如 UN，2003）。同时，它还要应对许多国家缺少基本信息的情况。研究发现，非洲和阿拉伯世界缺乏基本的统计信息（Butler，2006）。

"主观"的文化，如观点、信仰、态度、兴趣、参与、价值观、形象和科学的"符号域"，从未被纳入科学指标。联合国教科文组织以"相关科学活动"（Related Science Activities，RSA）的概念来代表这些主观的文化，包括传播、教育、展览、产品测试和改进。

自 1971 年以来，美国国家科学基金会在公众态度及资助来源方面的报告涵盖了教育、博士学位、出版物、专利、引文和影响。从那以后，正式或不正式的公众态度相关报告及类似的尝试数量激增（Bauer，2008）。最近，我们看到了一股席卷国内和国际的新势头：试图考虑主观科学文化的无形资产价值。但目前只有美国国家科学基金会（1979 年起）、巴西的圣保罗研究基金会（2004 年）和印度国家应用经济研究委员会（Shukla，2005）同时报告客观指标和主观指标。

伊诺努（Inonu，2003）等人指出，**科学生产很难用经济事实（如按购买力平价计算的 GDP 或人均 GDP）来解释**。有科学发达的穷国，也有科学落后的富国。我们在关于民主与发展的研究中也可以找到类似的论点。世界各地的民主化进程并不是靠经济力量的直接作用，即越富裕，越民主。研究表明，公民文化，如对自治和自我表达的"解放欲望"以及对公共领域的关心，调节了经济实力和民主化之间的关系（如 Welzel，2006）。同样，如果经济实力不能解释科学生产力，那么很可能公民的气质会发挥作用。

要了解一个国家的科学基础，我们需要考虑非经济条件。文化不仅是人类活动产生的条件，同时也是人类活动的催化剂。人类行为的"主观"方面，性情、态度、形象和情绪，不仅仅是客观结构的附带现象。它们还解释了人们如何在非自己创造的环境中行动。文化比较在解释西方世界内部以及西方与世界其他地区之间的关系发展长期路径方面具有重要意义（参见 Berg & Bruland，1998）。"客观世界"不能很好地代表"主观世界"，反之亦然。

如果科学生产不仅仅关乎经济实力，那么我们还需要考虑决定科学文化的其他因素。为了进行比较测度，我们需要构建这种文化的指标。"文化指标"一词有多种含义。第一，这个词指的是经济中的创意部门，包括设计、建筑、广告、电影、美术、音乐部门和博物馆，及其产品或展示展览的生产和消费。此指标报告国民生产总值附加值、就业份额和出口价值（如 Work Foundation，2007）。其增长与经济周期密切相关（Chang & Chan-Olmstead，2005）。第二，联合国教科文组织使用这个术语来报告文化多样性，包括语言、宗教、节日、自然和历史遗产景观、交流和翻译工作，以及电影院、博物馆和音乐会等文化产品的消费。第三，它被用于地方知识和传统农业实践的记录，例如"SARD 的文化指标"（如农业可持续发展，FAO，2003）。第四，这个词在大众媒体效应研究方面有着悠久的历史，它指的是"培养"研究计划，专注于研究大众媒体的中端力量以利用电视曝光来培养意识形态世界观（Gerbner，1969）。在这里，"文化"指的是"不现实的电视世界"，是日常信仰的驱动力。第五，这个术语指的是对平面媒体的"纵向内容"分析（Klingemann, Mohler & Weber，1982），并将"文化"指标与"社会"指标区分开来。"社会"指标是行动指标，用来评估社会议程的成功与否。与之相比，"文化"指标则是服务于行动的指标。它们反映与某些议程相关的背景，但并不制造背景（Melischek, Rosengren & Stoppers，1984；Bauer，2000）。第六，国际数学素质评估（TIMSS）项目用这个词描述数学文化的特征：美国人注重程序，法国人强调概念，瑞典人解决实际问题，德国人能处理图形和表格（例如 Klieme & Baumert，2001）。第七，20 世纪 70 年代，随着"国家主观状态"监测行动的开展，主观指标建设运动加快了步伐。这个术语还包括以生存、生活方式、福祉和幸福感为导向的"世界价值观调查"（参见 Inglehart，1990）。这里，为了避免产生误解，我们在推断感知的变化时，需要考虑到"文化指标"这个词的不同含义（Turner & Krauss，1978）。

构建一个可比的公众理解科学数据库

测度主观科学文化的工作已经取得了一些进展。自 20 世纪 70 年代以来，美国国家科学基金会每年都会发布一份全面的年度科学指标报告。然而，迄今为止，无论是在国内还是国际上，很少有人尝试将公众情绪与更客观的科学指标结合起来，也没有学术研究流来讨论这个想法。直到最近，后发国家的活动才开始向这个方向发展，印度（Shukla，2005）和拉丁美洲（Polino et al.，2005；FAPESP，2004）同时构建客观指标和主观指标。科学指标和公众理解指标这二者似乎处于不同的"平行宇宙"中，前者已普遍制度化，而后者却仍只能依赖于公务员和感兴趣的学术研究人员之间脆弱且不断变化的合作。

我们将探讨"科学文化是科学社会的独立驱动力"这一假设。这个假设可能有两个版本，一个公式较"弱"，另一个则较"强"。为了简洁，我们用以下这一数学公式来呈现较"弱"的版本：

$$Model：SCI = STS + PUS \Leftrightarrow a*(STS) + b*(PUS) + error$$

该模型规定了一个加性函数，即客观科学基础（STS）和公众理解感知（PUS）的线性组合。

根据经验，它们的贡献经过了加权，并保留了未解释的方差残差。该模型表明，在 $PUS=0$ 的极端情况下，科学文化完全可以被结构方差（STS）解释。或者在缺乏客观科学基础的情况下，感知可以完全解释文化。又或者在一个动态的模型中，如果 PUS 或者 STS 保持不变，科学文化仍然会发生改变。科学基础和 PUS 对科学文化来说都不是必要的，它们在逻辑上是可替代的。

2005年"欧洲晴雨表"和2004年印度国家应用经济研究委员会在欧洲和印度进行的两项调查（表1）在微观层面对数据进行了部分协调和整合。共同的核心变量包括参与度（参观科学展览和博览会）、科学的兴趣和信息了解度、九道测度科学素质的题目、七道测度态度的题目，以及受访者的社会经济信息，如性别、年龄和受教育水平。这些题目或在格式上完全相同，或在功能上对等。对所有这些题目的标量分析使我们能够在这两类人群中构建具有相当可靠特征的量表：①知识或素质；②态度（AttA 和 AttBc）；③兴趣；④信心（承认的信息了解程度）；⑤说明性科学参与度。

我们在两个量表中比较了科学态度。这是因为"欧洲晴雨表"（63.1）包含了一个对半设计。一套题目（AttA）仅能与欧盟样本的一半进行比较；

第二套题目（AttBc）可与另一半进行比较。AttA 包括两道题目："科学会使生活更健康、更轻松、更舒适"和"应该允许科学家在动物身上做研究"。AttBc 包括以下题目："新技术使工作变得有趣"和"现代科学技术将为下一代创造更好的机会"。

根据知识对于这些指标的情况来绘制图表，我们可以通过横跨欧洲和印度的 55 个分析单元来检验总体测度是线性的还是非线性的。对于任何统计分析，公众理解科学指标中的这些（线性和非线性）关系都需要得到适当的处理。在文化指数构建的背景中，非线性意味着我们引入了一个超越一定知识阈值水平的条件转换。为了在指标构建中使用主成分分析，我们提出了一个基本假设，即各成分变量之间的关系是线性的。在检验"知识"、"态度"（AttA 和 AttBc）和"参与"之间的线性或非线性关系时，后两个变量先进行了有条件的转换，以满足线性假设的条件，随后进入了建议的统计框架中（即考虑指标的主要影响及其相互作用）。

科学文化指数：方法和基准测试

根据上述讨论，我们将 *STS* 绩效指标与 *PUS* 指标相结合，构建了一个综合指数，我们称之为"科学文化指数"（*SCI*），以确定 32 个欧洲国家和 23 个印度邦／区／市的"科学文化"水平。该指数考虑了与 *STS* 进展有关的投入、产出和影响（公众理解）指标，并关注了该国家／邦作为一个整体在创建和维持科学文化社会方面的参与程度，由此反映出一个国家／邦的科学文化水平。

我们将量化的客观和主观指标整合到科学文化指数的构建中，以捕捉科学文化的多维本质（Godin & Gingras，2000）。这些决定因素本身由若干子指数组成，它们之间的关系是复杂的、相互作用的和多向的，因此每一个成分既是其他成分变化的原因，又是后者影响的结果。图 1 展示了科学文化指数的概念框架。指标详情见表 1。

哪些因素会影响科学文化指数复杂的相互作用？我们在选择指标时提出了这个问题，因为我们的目标是构建一个更关注文化产出和成就的指标，而

基于国别的比较研究 第二部分

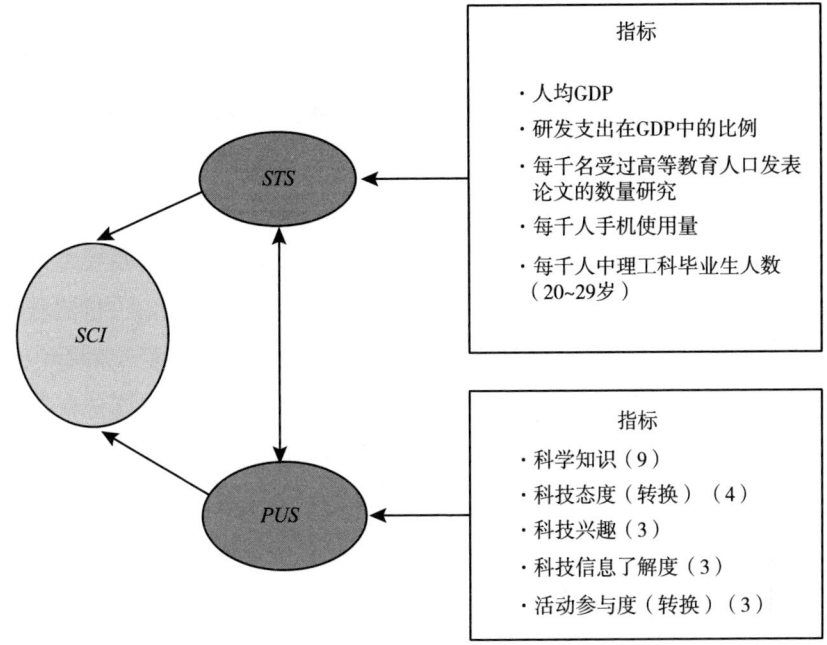

图 1　科学文化指数概念框架

不是科学家人数、研发支出或政策环境等。只用单一的数值来窥探科学文化指数各组成部分之间的相互作用并不容易。在这方面，选择什么指标和方法就具有特殊意义。因此，我们在方法上面临如何把这些复杂的概念付诸实施的挑战，这也是本节的重点。

所有可用指标的有效性和可靠性在定量分析的早期阶段都接受了评估，并形成了一个"短名单"。在 STS 指数方面，我们进行了广泛的文献调查，以选择可能纳入该框架的指标。我们采用广义线性模型进行回归分析，以确定这些候选指标的系数，获取它们与人类发展指数（HDI）构成的科学文化指数之间的关系强度，在这里 HDI 成了筛选工具。我们评选产生了以下五个指标：人均 GDP、研发支出、科学生产力、手机使用率和各世代科学教育毕业生数量。

我们使用五个关键变量来计算 PUS 指数：科学知识、科学态度、科技兴趣、科技信息了解水平以及说明性科学参与度，这些变量来自"欧洲晴雨表"（63.1）和国家科学调查（印度）的综合数据集。

科学知识包括九道标准题目——均为判断题——并以标准的科学知识作为基准。受访者的科学知识总分由他回答正确的题目得分相加算出（正确答案得1分，错误答案得0分）。我们构建了一个可用的一维科学知识量表：欧盟和印度样本的分数都呈正态分布，结果显示内部一致性处于一个可接受的水平。

科技态度可通过四个问题来测度和量化，并在两个不同的量表内进行比较。这是由于"欧洲晴雨表"（63.1）包含了两个不同版本的问卷（对半设计）。因此，第一组态度题目（AttA）只能与欧盟的一半人口进行比较，而第二组态度题目（AttBc）可以与另一半人口进行比较。态度A问卷包括以下两道题："科学会使生活更健康、更轻松、更舒适"和"应该允许科学家在动物身上做研究"。AttB问卷则包括以下两道题目："新技术使工作变得有趣"和"现代科学技术将为下一代创造更好的机会"。态度量表的构建方法与科学知识构建量表的方法相同，因此印度在量表中不同题目答案之间的内部一致性高于欧盟，特别是AttA部分。

考虑到知识与态度之间的交互作用和非线性，所以如前一节所述，我们将态度通过条件转换纳入PUS指数中。本文报告的所有结果都基于AttA和AttBc的条件转换指标。

科技兴趣和信息了解度是通过受访者对新科学发明和发现等问题的兴趣和信息了解程度的回答来测度的。欧洲国家在这两个指标上的平均得分都明显高于印度。

科技活动的参与度是通过询问参观动物园/水族馆、博物馆、展览/科学展览的情况来测度的，量表为两分制。欧洲国家的量表得分是1.26，明显高于印度的0.61。与科学态度一样，参与度首先进行条件转换，再纳入指数中。

研究发现，两组调查对象在科学概念方面的平均知识水平都很高。然而，印度在科学兴趣、信息了解和参与度这三个指标方面得分较低。所有指标均高度相关，说明选取它们作为衡量PUS指数的指标是合适的。

指数验证

*STS*指数、*PUS*指数和科学文化指数这三者都用于计算32个欧洲国家

和 23 个印度邦 / 区 / 市的数据。这些指数均被概念化，与科学在社会中的发展有正相关。换而言之，科学文化指数越高，社会就更具有科学文化。因此，根据指数值对国家 / 邦进行排名，可以对其相对于整个样本的表现进行评估。

结果表明，欧洲国家和印度各邦内部及两者之间都存在着巨大的多样性。例如，欧洲国家的科学文化指数平均值为 0.720（从土耳其的 0.378 到瑞典的 1.000），远远高于印度的 0.196（从比哈尔邦的 0.000 到昌迪加尔的 0.459）。我们在 STS 指数和 PUS 指数方面也观察到了类似的趋势。印度各邦在这三个指数上的差异都远高于欧洲国家（图 2 至图 7）。

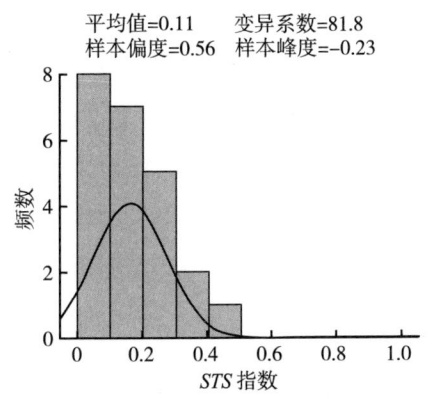

图 2　印度 23 个邦 *STS* 指数

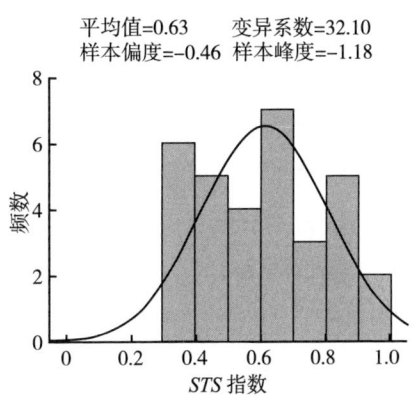

图 3　欧洲 32 国 *STS* 指数

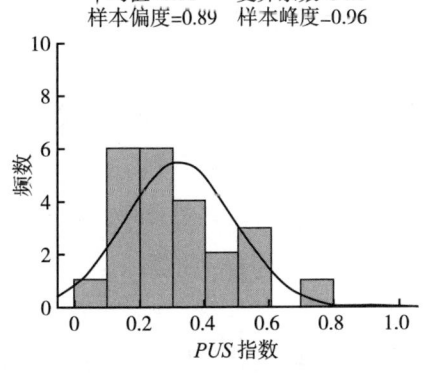

图 4　印度 23 个邦 *PUS* 指数

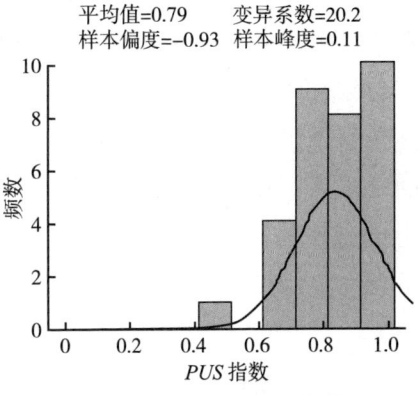

图 5　欧洲 32 国 *PUS* 指数

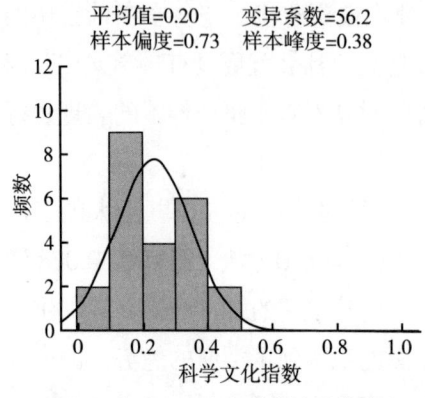
图 6　印度 23 个邦科学文化指数

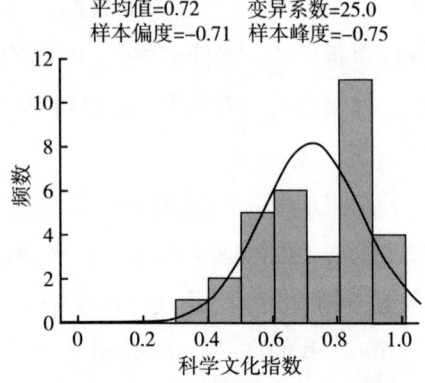
图 7　欧洲 32 国科学文化指数

不同指标对子指数 STS 指数及 PUS 指数的相对贡献如何？为了回答这个问题，我们计算了 STS 指数和 PUS 指数在不同维度的系数。这些系数使我们可以确定相应的维度在最终指标得分中的相对重要性。对两个指数的加权分量进行简单的重新排列，有助于将其表示为构成指标实际值的加权和。

$STS_{Est.}$ = 0.065*ln（GDP）+ 0.069*$R\&D$ + 0.035*$Paper$ + 0.0002*$Mobile$ + 0.012*$SE\ Graduate$

$PUS_{Est.}$ = 0.0576*$Knowledge$ + 0.1240*$AttA$ + 0.1249*$AttBc$ + 0.0973*$Interest$ + 0.0941*$Informedness$ + 0.1186*$Engagement$

然而，这些系数不应被解释为偏回归系数，因为左边的变量是不可观测的。例如，假设其他变量不变，知识系数的确衡量了每单位知识增长所带来的 PUS 值的增长。该模型可用于计算每个邦 / 国家的指数中每个维度所占的份额及其在整个样本的平均值。

表 1 列出了欧洲国家和印度 STS 指数和 PUS 指数平均得分中各成分的贡献。人均 GDP 对 STS 指数的贡献最大，分别占欧洲国家和印度 STS 得分的近 61% 和 81%。印度各邦的研发支出贡献位居第二，第三是印度各邦的移动电话普及率。然而，在欧洲国家，研发支出的贡献是最低的，手机普及率的贡献位居第二，第三是科学教育毕业生数量。

欧洲印度和印度各指标对 PUS 指数得分的贡献模式类似，但仍显示出科学知识、AttA 和 AttBc 三个指标对印度来说比对欧洲国家更重要。例如，

表1 各指标对次指数的贡献比例

指数	指标	欧洲国家	印度
STS 指数	人均 GDP	61.1	80.6
	研发支出	7.0	10.8
	出版（论文）	8.6	1.9
	移动电话	13.7	4.1
	科学教育毕业生数量	9.6	2.5
PUS 指数	科学知识	28.5	39.8
	AttA 问卷	17.7	22.1
	AttBc 问卷	14.8	18.8
	兴趣	14.2	11.6
	信息了解度	11.5	7.7
	参与度	13.1	12.4

这三者作为一个整体对印度 PUS 指数的贡献约为 80%，但对欧洲国家的贡献仅为 60% 左右。换句话说，与欧洲国家相比，这些指标在解释印度的 PUS 指数得分方面发挥了更大的作用。

这三个指标与人类发展指数（HDI）和技术进步指数（TAI）均呈显著正向秩相关。然而，HDI 与科学文化指数的相关性（0.90）略高于它与 STS（0.87）和 PUS（0.78）的相关性。这意味着一个拥有良好科学文化的国家/邦也必然会在卫生健康发展方面取得卓越的成就——印度的喀拉拉邦就是一个著名的例子。毫不意外，我们发现 HDI 也与 GDP 高度相关。

欧洲国家和印度邦/区/市的整体样本可根据科学文化指数值分成四组[1]，以便更好理解，并进行更有意义的解释。第一组"领导者"包含十二个欧洲国家（科学文化指数大于 0.80）。第二组"胜任者"包含 15 个欧洲国家（科学文化指数为 0.56~0.80）。第三组"潜力者"包含 5 个欧洲国家和 9 个印度邦/区/市（科学文化指数为 0.22~0.56）。第四组"有志者"包含剩下的 14 个印度邦/区/市（科学文化指数小于 0.22）。

通过观察，我们发现，"领导者"和"胜任者"的人均 GDP 远远高于两个较低级别的组。它们的研发支出占 GDP 的比例也明显更高。同时这两个精英群组的 PUS 指标得分也高于两个较低级别的组。

地区差异是政策制定者关注的主要问题，这种差异在本研究的"有志者"之间也很明显。这是否意味着，在 STS 指标方面表现更好的国家/邦，其公众理解科学水平也更高，所以科学文化水平也更高？或者在这四组中，在科技和经济增长方面是否存在国/邦别差异？为了理解其复杂性，我们将整个样本每个成分的指数值进行了标准化，以欧洲国家为 100 分，以了解它们在整体科学发展方面的差异。表 1 给出了分为四组的总样本的得分和相应的排名，为每个国家/邦的绩效提供了一个相对评估。我们也可以将其看作一个随时间变化的指标。

我们计算了这四组国家/邦基于加权分数的三个指数得出的综合/平均分数。[2] "领导者"和"胜任者"显然比"潜力者"和"有志者"的得分要高得多——前两组的科学文化指数得分分别为 114 分和 99 分，而后两组的得分分别为 53 分和 22 分。STS 和 PUS 指数得分也显示出了类似的趋势。

该指数还表明，一个国家/邦如果在 STS 指数方面得分较高，它的 PUS 指数得分排名并不一定也较高。以英国为例，它在 STS 指数上排名第三，但在 PUS 指数和科学文化指数上排名分别为第十三名和第六名。虽然卢森堡在 STS 指数上排名仅为第十三名，但在 PUS 指数上排名第三。

印度的大多数邦/区/市处于最后一组——在这三个指数方面，排名和得分都或多或少比较相似。然而，一些发达的邦/区/市，如德里国家首都辖区、喀拉拉邦、昌迪加尔市和喜马偕尔邦，则在这三个指标上表现相当不错，与波兰、匈牙利、保加利亚和罗马尼亚等欧洲国家排名接近。

科学文化指数得分最高的国家往往在指标变量上得分也都较高。因此，这些国家各个指标贡献的变异性相对低。变异系数决定了变异性。随着科学文化指数分数的下降，变异性不断增加。变异性最大的是"有志者"的分数。在图 8 和图 9 中，我们能明显看到这个模式。

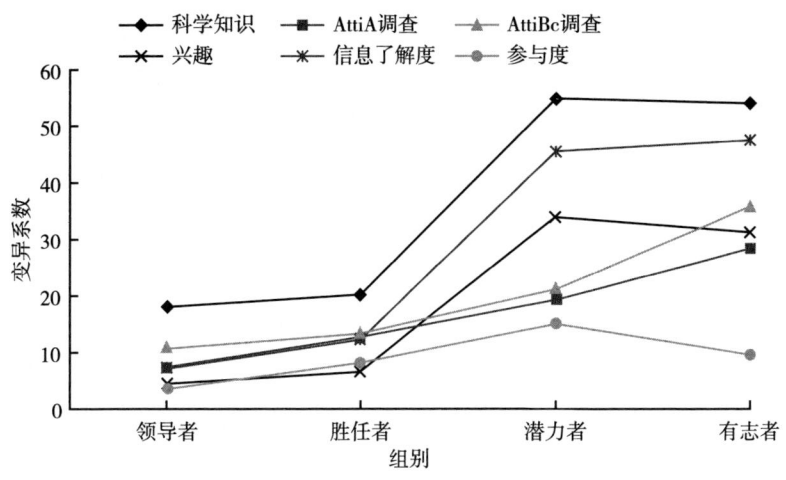

图 8 *PUS* 指标变异性估计

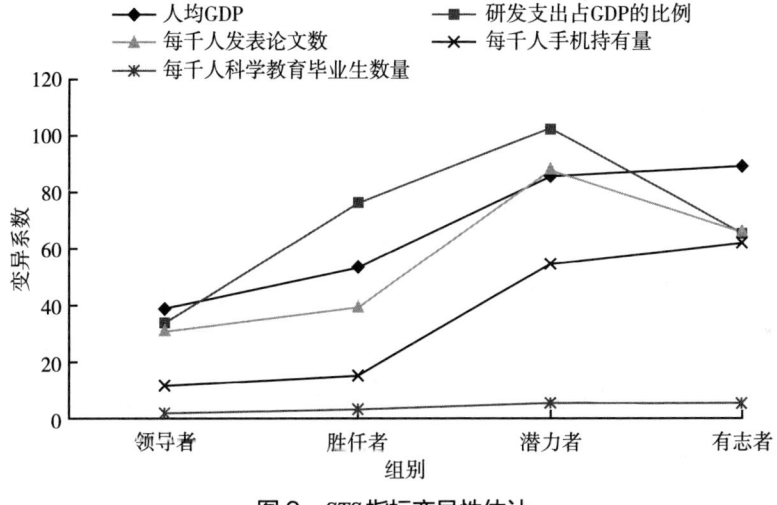

图 9 *STS* 指标变异性估计

讨 论

在这一章，我们概述了构建科学文化指数的基本原理和方法。这是我们首次尝试构建这样一个具有全球有效性的指数。这种指数能够反映全球范围内的变化。在构建过程中我们考虑了以下几点。

自 20 世纪 60 年代以来，主要在经济合作与发展组织等国际组织的支持下，科学指标在定义和全球标准化方面都取得了长足的进步。然而，由于受到经济学倾向的影响，所有的工作都完全集中在投入（研发经费、人员数量）、产出（专利、创新、高科技贸易平衡）等客观指标上。他们忽视了科学文化中更为主观和象征性的特征，即对于科学技术的态度、精神、想象力和公众情绪。文化既是科学技术发展的前提，也是催化剂。**客观结构和主观意义是同一枚硬币的两面**，若用其中一面去代替另一面，就低估了可能存在的复杂事实，即两者之间存在的补偿、替代和潜在功能对等的关系。

主观指标（如素质、态度和兴趣等）的定义有其自身的发展历史，但其发展进程在制度上与主流科学指标的发展相分离。所谓主观，是指我们是从具有全国代表性的样本中挑选受访者，数据全部源于对受访者的个人访谈。除了少数特例，主观指标不是科学指标的常规部分。这些数据，即使有人收集，也只会在不同的章节中报告，而不会交叉引用其他科学指标。我们的科学文化指数试图通过将客观指标（STS 输入和输出）和主观指标（PUS）结合成一个有意义的综合指数以重启这个讨论：

$$SCI = f[STS, PUS]$$

这个模型可能存在两种版本：一种是较"强"的乘法模型，另一种是较"弱"的加法函数，表示文化的客观和主观因素的相对重要性。本文所讨论的科学文化指数是目前基于 PUS 和 STS 的"弱"加法模型。

一个全球数据库正在形成，它涉及知识、素质、态度、兴趣和参与度等问题。目前，我们收集了一部分对这些测度有效的批评，并提出这些现有指标的创新用法。我们使用五个指标来定义 PUS：

$$PUS = f[知识，态度转变，兴趣，信息了解度，参与度]$$

PUS 越高，特定背景下的主观科学文化就越强。

在"成人科学素质"和"公众理解科学"这两个主题下，关于科学主观指标的讨论已经引起了广泛的争论。特别是关于知识和态度之间的关系，一直存在争议。标准模型显示，知识推动了人们对科学产生积极态度，但总体上几乎没有这方面的证据。在全球范围内更加有效的是两种文化动态模型，该模型表明知识和态度的关系是非线性的倒"U"形。较低发展水平适用标准模型；但发展到更高层次时，知识和态度之间就可能为负相关：我们知道的越多，就会越怀疑。人们的素质低于平均水平时，对科学会有热情的态度；而当素质高于平均水平时，就会引发批判的态度；"怀疑论者共同体"的科学理想就这样被泛化了。因此，我们的科学文化指数有效地利用了公众理解科学过去25年的研究：态度首先经过条件转换，然后才进入模型。当素质达到一定水平后，消极态度得分为正。参与度也经历了类似的条件转换。当素质低于某一平均水平时，高参与度反而得分为负。

为构建指数，我们建立了一个数据库，其中包括23个印度邦/区/市和32个欧洲国家的数据。我们汇总了STS数据（国民生产总值、研发支出、电话普及率、教育、科学教育）和PUS数据（知识、态度、兴趣、信息了解度、参与度），并在这55个分析单元中逐一进行分析。PUS数据来源于最近一次的公众理解科学调查、2005年"欧洲晴雨表"（63.1）调查（欧盟，$N=32,000$）和2004年的印度国家科学调查（印度，$N=30,000$）（Shukla，2005）的整合数据。这55个分析单元覆盖了广泛的背景，从印度非常不发达的邦到欧洲非常发达的国家。这使我们可以模拟一个全球背景，并在此范围内验证指数的有效性。

科学文化指数构建在主成分分析的基础上，并在0~1范围内进行了标准化。目前，此指数只是一个相对的测度：最低的分析单位赋值为0，最高的分析单位赋值为1。在这种定义下，该指数并不适合用来测度科学文化绝对水平随时间的变化，但它有可能评估单元之间等级顺序随时间的变化。

我们通过观测各成分的内部一致性（克龙巴赫α系数）和主成分载荷来检验指数的信度。STS和PUS的指标之间的相互关系足够紧密，证明它们可以组成一个指数。这也表明态度和参与度分数的条件转换的确提高了PUS指数的内部一致性。STS与PUS存在相关性（$R = 0.86$），但对科学文化指数做出独立的贡献。PUS和STS与合并的科学文化指数高度相关（秩相关系数分别为0.95和0.98）。这表明，无论是根据综合指数还是子指数，国家在科学文化方面的排名大致相同。但是如果考虑到全球适用性，那么综合指数是更好的选择。

我们计算了每个子指数（STS和PUS）中每个指标的相对贡献。这让我们更清楚地了解该指数的驱动因素，而这些驱动因素的权重在印度和欧洲也略有不同。*STS* 由人均 GDP 主导，其他成分的贡献要小得多。而 *PUS* 中各指标权重分布更均匀，不管在欧洲还是在印度，知识都是最重要的成分。这些不同的栏目表明，一些国家在科学文化指数上的整体排名受 *PUS* 的影响要大于 *STS*。例如，英国的 *STS* 排名第三，但因为它在 *PUS* 上排名第十三，因此它在科学文化指数排名第六。意大利和奥地利的分数也有类似的情况。而卢森堡、挪威和荷兰，相对于 *STS* 分数，它们的分数较高，在科学文化指数上的排名也得到了提升。

我们验证了当前所有测度发展的指数，如 *HDI* 和 *TAI*。它们之间为正相关，这表明它们测度了"发展"的某些共同方面。

我们还将 55 个分析单元分为**四组**，并对每组进行了不同的描述。这四组在指标的可变性方面有所不同。一般情况下，科学文化指数值越高，各成分指标的可变性越小。这些描述具有**判断意义**，并表明我们应该用政策干预来提高科学文化指数的水平，并降低科学文化指数及其成分的可变性；要根据一个地区的科学文化指数水平实施不同的干预政策。

最后需要考虑的是**科学文化指数的表现**。我们有不同的比较基础。我们以欧洲国家或印度作为基线，也考虑了总体平均值或中位数，结果显示了相对于不同比较基础的科学文化指数。单位之间的排名并不受这种变化的影响，但指数的呈现可能会受到影响，即指数的最低分和最高分的范围会出现变化。这里**数字的修辞**可能会发挥作用，为出于特定目的而在替代方案中做出特定选择提供建议。

通过这项研究，我们希望在制定科学指标的事业中重启和激发关于公众理解科学的地位、科学文化的主观方面的讨论。我们建议用一种新颖的方式来使用现有的数据，也许未来也会用到它们，而不是把现有的公众理解科学测度当作陈词滥调弃置不顾。

在近期和不远的未来，全球需要更为紧密的合作，将现有数据进行此类比较，使之成为一种评估工具。印度和欧洲国家背景迥异，将两者放在一起比较，显然是朝着正确方向迈出了一步。在一个全球化的世界里，科学不仅仅是发达国家的事，也不仅仅服务于发达国家。

有太多关于公众理解科学的现有数据没有得到充分利用，即使它们某一天作为"最新新闻"出现在大众媒体上，在当时引发了研究人员的注意，随后也会隐匿起来无人问津。现有的公众理解科学数据显然比仅仅登上当天的新闻头条更有价值，尽管上头条可能对研究人员个体和整个公众理解科学事业都很重要。我们需要一种经过深思熟虑和协调一致的方法，能在全球范围内收集、整合和分析数据，并通过系统比较来提升其判断能力。科学文化指数为我们未来进行更多思考性和技术性的讨论拉开了序幕，因此在不久的将来，我们可能会有幸评估和比较几个具有相似目的的不同指数：用全球适用和经过验证的工具来评估科学文化及其客观、主观特征。为实现这一目标，我们任重道远。

附录：数据来源

1. 公众理解科学指标

印度（国家科学调查，印度国家应用经济研究委员会，2004年）

"国家科学调查2004"是由印度国家应用经济研究委员会（新德里）在印度全国开展的实地调查。调查采用多阶段分层随机抽样，在全印度范围内不同类型（年龄、教育程度和性别）的人群中，选取10岁以上公民进行调查。由于印度语言和地域特点的多样化，样本量和选择程序是出于为各邦/区/市提供评估结果而设计的。

为提高评估的准确性，委员会从全印度范围内的城市和农村选择受访者。农村样本来自印度各地有代表性的地区，城市样本覆盖了从人口不足5000人的小城镇到大都市的范围，形成了34.7万人的样本库（11.5万来自农村，23.2万来自城市），覆盖了152个地区的553个乡村和213个城镇的1128个城市街区。调查者从这些人中挑选了3万多人，通过面对面访谈和问卷调查方式收集详细信息。关于详细的调查方法，请参考《印度科学报告》的附录3。

欧洲["欧洲晴雨表"（63.1），2005年]

"欧洲晴雨表 N°224特别调查"是"欧洲晴雨表"（63.1）的一部分，涵盖了当时的欧盟25国、欧盟候选国家（保加利亚、罗马尼亚、克罗地亚和土耳其）以及欧洲自由贸易联盟国家（冰岛、挪威和瑞士）15岁以上的抽样人口，对所有国家都按照多阶段概率进行了样本设计，都以与人口规模和密度成比例的概率来选取抽样点。

为了做到这一点，调查人员在按个体单位和地区类型分层后，系统地从每个行政区域单位选取抽样点；在每个选定的抽样点上，随机抽取一个初始地址；通过标准的随机路线程序，从初始地址开始每隔 n 个地址来选取下一个地址。在每个家庭中，受访者都是被随机抽取的（按照"生日最近规则"）。所有采访均为面对面访谈，地点在受访者家中，使用语言为受访者母语。一些国家也应用了计算机辅助调查。

2. 科技绩效指标

人均GDP（以美元购买力平价计算）

欧洲：经济合作与发展组织关键指标，2004年。

印度：经济调查，2004年、2005年。

研发支出占GDP的百分比

欧洲："欧洲创新记分牌2005年"中，2003年的公共及商业支出，此数据只是将各部分简单相加。

印度：根据国有部门研发支出（DST）中的研发支出总额，对数据所覆盖的各邦/区/市研发支出份额进行了估计，这与全国份额（0.78%）相匹配。

移动电话每千人普及率

欧洲：计算机与通信行业协会统计数据。

印度：全国家庭收入和支出调查（印度国家应用经济研究委员会，2004年、2005年）。

每千名高等教育人口发表科学论文数量

欧洲：1999年SCI论文总数来自艾尔达·伊诺努（Inonu, 2003）的论文。每千人高等教育人口（25~64岁）数据来自"欧洲创新记分牌"（EIS, 2005）。

印度：1998年的出版数据来自巴苏和阿加沃尔（Basu & Aggarwal，2006）的报告。每千人高等教育人口（25~64岁）数据来自印度国家应用经济研究委员会2004年的国家科学调查。

每千人理工科毕业生人数（20~29岁）

欧洲："欧洲创新记分牌"（EIS，2005）。

印度：印度国家应用经济研究委员会2004年的国家科学调查。

表2所示为欧洲和印度客观科学基础、公众理解感知和科学文化指数得分。

表2 客观科学基础、公众理解感知和科学文化指数得分（以欧洲为100分）

组别	国家/城市	STS指数 分数	STS指数 排名	PUS指数 分数	PUS指数 排名	SCI指数 分数	SCI指数 排名
领导者	瑞典	149	1	114	6	132	1
	芬兰	137	2	111	8	124	2
	瑞士	125	4	120	1	123	3
	法国	122	6	120	2	121	4
	丹麦	123	5	112	7	118	5
	英国	125	3	104	13	114	6
	卢森堡	103	13	120	3	112	7
	荷兰	102	15	116	4	109	8
	奥地利	114	9	103	14	108	9
	意大利	121	7	94	23	107	10
	挪威	103	14	110	9	107	11
	比利时	103	12	109	10	106	12
胜任者	爱尔兰	117	8	95	20	106	13
	德国	104	11	107	12	105	14
	冰岛	110	10	101	15	105	15
	斯洛文尼亚	91	17	115	5	103	16
	捷克	88	19	108	11	98	17
	希腊	94	16	100	16	97	18
	西班牙	89	18	91	26	90	19
	斯洛伐克	69	23	99	17	85	20

续表

组别	国家/城市	STS 指数 分数	STS 指数 排名	PUS 指数 分数	PUS 指数 排名	SCI 指数 分数	SCI 指数 排名
胜任者	爱沙尼亚	72	22	93	24	82	21
	克罗地亚	65	24	99	18	82	22
	葡萄牙	80	20	82	29	81	23
	塞浦路斯	64	25	94	22	79	24
	立陶宛	79	21	78	31	78	25
	拉脱维亚	56	29	94	21	75	26
	马耳他	57	28	92	25	75	27
潜力者	波兰	60	27	88	28	74	28
	匈牙利	49	32	95	19	72	29
	保加利亚	51	31	74	32	62	30
	罗马尼亚	46	35	79	30	62	31
	昌迪加尔市	32	40	89	27	60	32
	德里国家首都辖区	47	33	65	35	56	33
	喀拉拉邦	35	38	70	33	52	34
	喜马偕尔邦	54	30	50	38	51	35
	土耳其	46	34	54	36	50	36
	卡纳塔克邦	26	43	68	34	47	37
	本地治里中央直辖区	36	37	50	37	43	38
	旁遮普邦	36	36	47	40	41	39
	北安查尔邦	62	26	21	54	40	40
	哈里亚纳邦	30	42	39	42	34	41
有志者	中央邦	12	48	47	39	29	42
	马哈拉施特拉邦	23	45	35	43	28	43
	泰米尔纳德邦	24	44	33	44	28	44
	阿萨姆邦	32	39	22	53	26	45
	古吉拉特邦	30	41	23	51	26	46
	北方邦	4	53	46	41	25	47
	安得拉邦	23	46	23	52	22	48
	孟加拉邦	15	47	29	48	21	49

续表

组别	国家/城市	STS 指数 分数	STS 指数 排名	PUS 指数 分数	PUS 指数 排名	SCI 指数 分数	SCI 指数 排名
有志者	贾坎德邦	9	49	32	45	20	50
	恰蒂斯加尔邦	8	50	30	46	19	51
	奥里萨邦	8	51	30	47	18	52
	拉贾斯坦邦	6	52	24	49	14	53
	梅加拉亚邦	1	55	23	50	11	54
	比哈尔邦	2	54	19	55	8	55
欧洲国家		100	—	100	—	100	—
印度邦		17	—	35	—	25	—

注：①领导者，$SCI > 0.80$；胜任者，SCI 为 0.56~0.80；潜力者，SCI 为 0.22~0.56；有志者，$SCI < 0.22$。②由于欧盟国家和印度各邦的人口数量不同，加权分数是根据人口来计算的。例如，计算"领导者"组的科学文化指数加权得分，我们将该组中每个成员的科学文化指数得分乘以其相应的人口，然后取加权平均值。

青少年科学态度的比较研究[1]

思韦恩·斯爵伯格　卡米拉·施莱纳

科技在社会中的地位随时间的推移和社会的变迁而变化。在发展中国家，许多年轻人希望从事科技相关职业，然而在许多高度发达的富国，从事科技研究的学生人数正在下降。《欧洲需要更多的科学家！》是一个大型欧盟项目最终报告的标题，该项目着眼于欧盟的科技状况，尤为关注从事科技教育和科技相关职业的人员数量（EU，2004）。该报告的标题揭示出一点：大多数科技教育领域的招生人数呈下降趋势，这被大多数欧洲国家视作一个大问题。美国（NSB，2008）和其他大多数经济合作与发展组织成员国中也出现了相同的趋势。科技领域新进人员数量的减少引起了这些国家政治上的极大关注（OECD，2006）。

学校科技课程缺乏相关性被认为是好好学习的巨大障碍之一，也是年轻人对学校学科兴趣不高以及不想在高等教育中继续学习该学科的原因。ROSE项目是一个国际比较项目，旨在阐明影响科学技术学习的重要因素。该项目的目标人群是即将中学毕业的学生（15岁），研究方法是问卷调查，主要由4分制李克特量表的封闭式问题组成。施莱纳和斯爵伯格（Schreiner & Sjøberg, 2004）描述了该项目的基本原理，包括问卷设计、理论背景、数据收集程序等，这些内容也可以从作者的网站或该项目的网站上获取。我们将在本篇中介绍ROSE项目，包括一些从数据资料分析中得出的一般性结果。

ROSE 项目简介

ROSE项目的关键特征是收集和分析影响学习者的几个因素的相关信

息，这些因素影响他们对科技的态度以及学习科技的动机。例如，各种与科技有关的校外经历，在不同背景下学习不同科技主题的兴趣，之前对学校科学的体验和看法，对社会上科学和科学家的看法和态度，对未来的希望和侧重点，以及年轻人在环境挑战方面对赋权的感受，等等。

通过国际商议、工作坊和在许多研究合作伙伴中进行的试点研究，ROSE 项目开发了一种工具，旨在描绘 15 岁的学习者对教育和社会中科技术的态度或观点。ROSE 咨询小组由来自各大洲的重要国际科学教育工作者组成。[2] 我们试图制作一种可以在截然不同的文化中使用的工具，目的是推动跨越文化障碍的研究合作和交流，促进深入讨论，明确如何在尊重性别差异和文化多样性的基础上增强科学教育的相关性，并使它对学习者来说更有意义。我们还希望阐明应该如何激发学生的兴趣，让他们选择与科技相关的研究和职业，以及该如何让他们将科技作为我们共同文化的一部分，激发他们一生中对科技的兴趣和尊重。

大约有 40 个国家参加了 ROSE 项目，还有更多的国家对该项目表现出了兴趣。在这些国家，ROSE 服务于多种教育目的。ROSE 的研究合作伙伴（个人和机构）通过国际网络和组织的"招募"加入科学教育研究，并在欧洲科学教育研究协会（European Science Education Research Association，ESERA）和国际科技教育组织（International Organization for Science and Technology Education，IOSTE）的会议上会面。ROSE 专项工作坊也已在几个欧洲国家和马来西亚举行。目前已有以下 34 个国家或地区的数据符合数据质量标准，并且被纳入了比较分析当中：奥地利、孟加拉国、博茨瓦纳、捷克、丹麦、英国、爱沙尼亚、芬兰、德国、加纳、希腊、冰岛、爱尔兰、日本、拉脱维亚、莱索托、马来西亚、挪威、菲律宾、波兰、葡萄牙、俄罗斯、斯洛文尼亚、西班牙、斯威士兰、瑞典、土耳其、乌干达、津巴布韦，以及印度的吉吉拉特邦和孟买市，英国的北爱尔兰和苏格兰，乌拉圭的特立尼达市。在大多数国家，ROSE 的目标人群是整个国家的同期群体；但在某些国家，目标人群则指该国某一地区的学生（例如俄罗斯的卡累利阿、印度的古吉拉特邦和加纳的中部地区）。此外，许多国家或地区（例如巴西、意大利、法国、以色列，以及中国台湾）已经发布了相关报告，尽管其数据尚未被纳入国际数据文件当中。

根据挪威组织者与国际咨询小组合作编写的手册，不同国家（地区）的研究人员按要求应使用随机抽样的方法。不过由于各种原因，比如财政资源有限，一些国家（地区）未能遵守这一要求。这表明40个参与国（地区）并非都无条件拥有能代表15岁学生的样本。[3]

ROSE得到了挪威研究委员会、挪威教育部、奥斯陆大学和新成立的国家科学教育中心的支持。工业化国家费用自负，还为发展中国家和可用资源较少的国家提供了一些资金用于数据收集。在许多国家，加入该项目为参与者节省了当地的资金。

ROSE资料可能会让科学教育界展开一系列重要的主题讨论，例如课程内容与学生兴趣、文化多样性、学生对科学课程的失望、学生对社会中的科学及性别差异的认识等。许多以ROSE资料为基础的论文和会议报告都对此类问题进行了讨论（例如Jenkins, 2005; Jidesjö & Oscarsson, 2004; Lavonen, Juuti, Uitto, Meisalo & Byman, 2005; Ogawa & Shimode, 2004; Trumper, 2004）。大约有10名博士生和数名硕士生都在以ROSE数据为基础撰写论文。第一篇基于ROSE的博士学位论文在挪威发表（Schreiner, 2006），第二篇在加纳发表（Anderson, 2007）。

在下文中，我们将报告一些对ROSE材料进行分析的结果。这些图表列出了ROSE样本中来自多个国家（地区）的14~16岁女孩和男孩的平均分数。其中部分国家（地区）与周边国家（地区）一起按照地理位置进行分类，部分国家（地区）则以HDI为指标，按照发展水平进行分类。

李克特量表的回答有4个类别，因问题而异。A、C和E组问题的主题是："我想了解的内容。"这些问题是受访者可能要了解的主题的目录，每个主题都包含了4分制量表。量表中的极端类别被标记为"不感兴趣"（编码1）和"非常感兴趣"（编码4）。这是一套相当冗长的问题，共有108项。为了避免让学生感到疲劳，问题被分为3组：A、C和E。下文简称"ACE问题"。

其他问题还包括陈述列表，学生要按照要求用4分制量表来表示他们是"不同意"（编码1）还是"同意"（编码4）。在下文的图中，我们让编码3

和编码 4 都表示"同意",并将回答用占总数的百分比来表示。

国家(地区)之间的相似之处

在 ACE 问题上,我们要求学生阐述自己对学习各个主题的感兴趣程度。该问题的一个基本假设是,尽管很少有学生选择科技教育和科技类职业,研究也发现许多学生不喜欢学校的科学课程,但还是有许多年轻人认为科学的某些方面很有趣。ACE 问题提供了学生对学习哪些主题感兴趣的经验数据。这一见解可以为我们讨论如何构建科技课程以适合不同学习者群体的兴趣提供参考。询问学生对各个主题的感兴趣程度是了解科学课程吸引力的一种方式。

当然,我们不认为科学课程应该根据学生对什么感兴趣的民意测验来确定。但是,我们相信学校的科学教学具有激发学生兴趣、丰富学生的科学知识、让学生参与并获得启发的潜力。为此,我们需要了解学习者的兴趣、希望和专长。

为探索 ACE 问题中各国(地区)的相似性,层次聚类分析是一种有用的探索性统计工具。层次聚类分析的结果如树状图所示。图 1 中的树状图显示了国家(地区)和国家(地区)群组之间的相似或接近程度:分支说明了群组在分析的不同阶段是如何形成的,以及群组之间的距离。

沿着水平轴从群组产生的点到它们汇聚而成的一个更大群组的点,这段距离代表了群组的特殊性。特殊性告诉我们一个群组与其最邻近的群组有何不同。群组越紧凑,即分支的合并越靠左边,国家(地区)之间的相似度越高。

联合国开发计划署每年都会发布一份《人类发展报告》(Human Development Report,HDR)。每份报告会按照 HDI 对国家(地区)进行排名。该指数从三个方面监测国家在人类发展方面取得的平均成就:收入、教育和卫生健康。[4] 在本文中,HDI 值(基于 2004 年的数据)将被用作衡量一个国家(地区)发展水平的指标。在图 1 的左侧,我们插入了各个国家(地区)的 HDI 值。

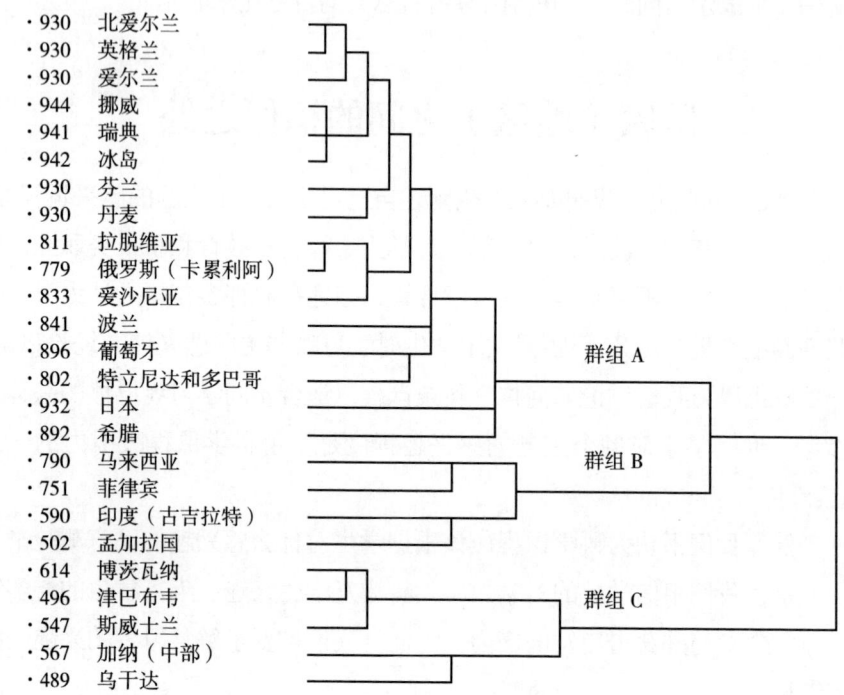

图1 国家（地区）ACE 平均分残差的层次聚类分析

注：近邻测度：欧式距离平方。聚类方法：组间连接。在图的左侧，我们插入了一列国家（地区）的 HDI 值（UNDP, 2004）。
图片来源：Schreiner, 2006。

通过从左向右观察树状图，我们发现元群组包含三个主要群组：①高 HDI 的国家（地区），包括所有的欧洲国家（地区），以及日本、特立尼达和多巴哥；②中等 HDI 的东方国家（地区）；③低 HDI 的非洲国家（地区）。由于这三个群组的分支长度都比较长，因此可以将它们视为三个不同的国家（地区）群组。与群组③相比，群组②和群组①的相似度更高。

以上分析中有个值得注意的结果，即在这一部分调查问卷中，国家（地区）之间的相似性似乎由两个属性决定：地理接近程度和发展水平。通常的模式是，首先国家（地区）与地理上相邻的国家（地区）合并，然后相邻的几组国家（地区）与发展水平相当的几组国家（地区）合并。[5] 但是，只有当发展的多样性在一定的限度内时，地理接近的统一效应才会体现出来。例如，日本在地理位置上相对于欧洲而言更靠近菲律宾和马来西亚，但是日本学生似乎与欧洲学生有更多的共同兴趣。这可能与日本相对高的发展水平和工业化水平有关。东方国家（地区）（例如马来西亚、菲律宾、印度和孟加拉国）的学生答卷看起来更相似。我们应该注意的是，俄罗斯学生对科学和科学教育的态度似乎与波罗的海国家（拉脱维亚和爱沙尼亚）的学生差不多。请记住，ROSE 项目中的俄罗斯学生来自卡累利阿，该地区距离波罗的海国家和芬兰非常近。

大多数年轻人都很重视社会中的科技

年轻人对科技研究、学习缺乏兴趣的一个可能的解释是，他们对科技在社会中的作用持消极看法，并且将意外的灾难和风险归咎于科技［例如1986 年的切尔诺贝利核事故、牛海绵状脑病（俗称"疯牛病"）、臭氧层空洞、全球变暖和人口过剩］（Beck，1998；Sjøberg，2009）。

与该预期相反，ROSE 的结果表明年轻人对科技的看法是积极的。几乎所有国家（地区）的女生和男生的平均得分都与以下陈述非常吻合：

- 科技将治愈艾滋病、癌症等疾病；
- 科技对于社会很重要；
- 得益于科技，我们的子孙后代将拥有更多的机会；
- 新技术将使工作更有趣；
- 科学利大于弊；
- 科学会使生活更健康、更轻松、更舒适。

图 2 通过举例对此进行了说明。该图显示的是对"科技对于社会很重要"的回答。平均而言，各国的女生和男生都认为科技对于社会很重要，其中的性别差异可以忽略不计。

总体来看，发展中国家的年轻人态度非常积极，而一些富裕国家的年轻人则比较犹豫。在大多数国家，这个问题中的性别差异很小。

如图 3 所示，年轻人对于"科学利大于弊"这一陈述的看法完全不同。我们注意到，相比之下，在比较富裕的国家，年轻人的回答不太积极，而且其中的性别差异很大，女生对该陈述的怀疑态度远甚于男生。然而，最突出的结果是日本年轻人的回答。同样，在其他相同性质的问题上，如科技在社会中的作用，日本年轻人的怀疑态度远甚于其他国家。

日本年轻人对科技表现出来的相当消极或厌恶的态度引起了极大的关注，例如日本报纸《朝日新闻》就在 2004 年 12 月对此进行报道。2008 年，东京《科学广场》（*Science Agora*）也介绍了日本的 ROSE 数据。

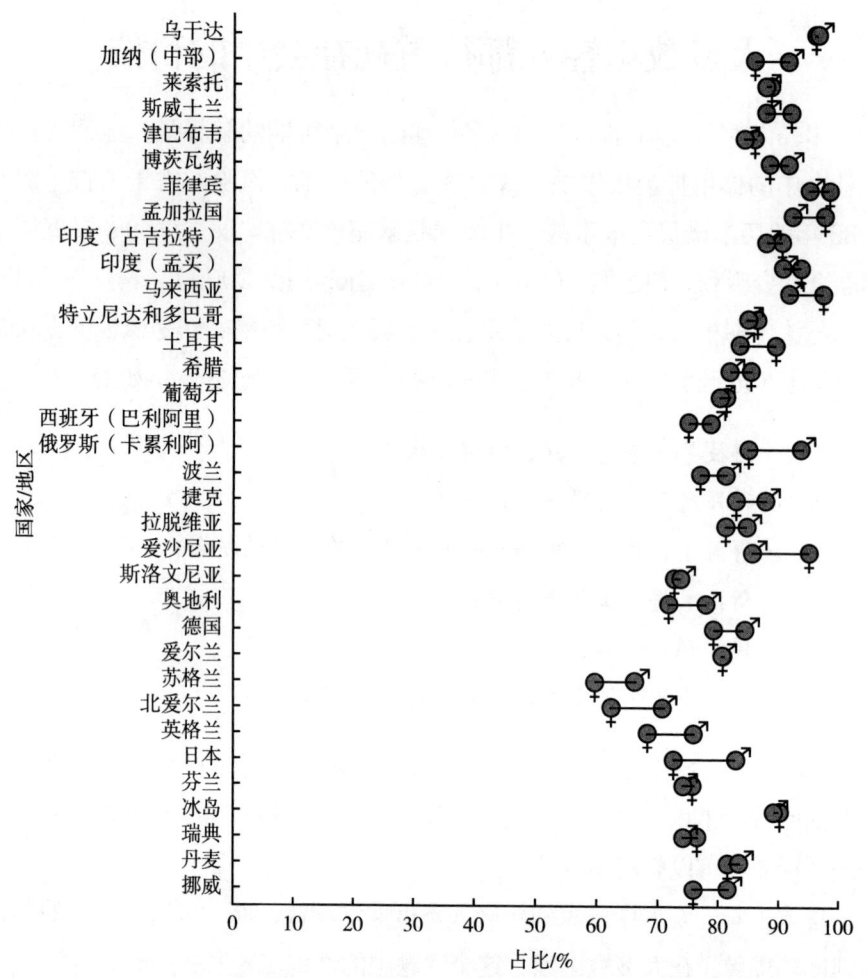

图 2 关于"科技对于社会很重要"，男生和女生回答"强烈同意"和"同意"的百分比

注：部分国家（地区）按照 HDI 进行分类，部分则按照地理远近进行分类。

基于国别的比较研究 第二部分

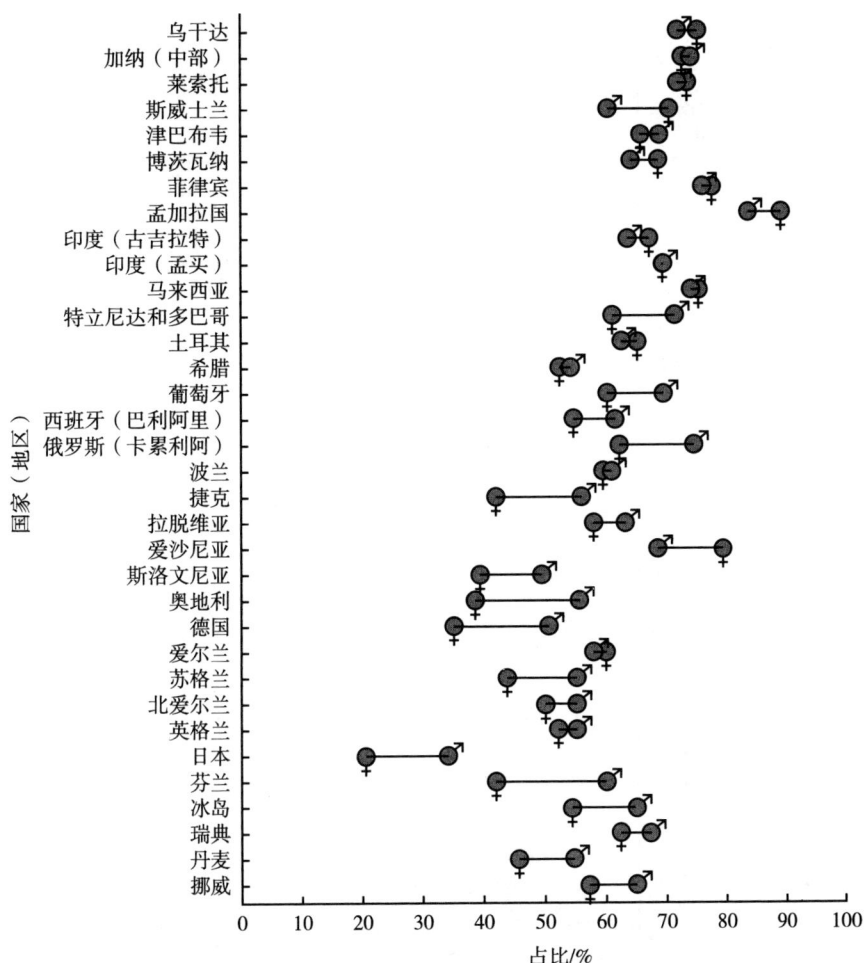

图3 对于"科学利大于弊",男生和女生回答"强烈同意"和"同意"的百分比
注:部分国家按照 HDI 进行分类,部分则按照地理远近进行分类。

未来从事科技工作?

如前所述,人们普遍担忧科技行业的从业情况。许多问题都与此相关,在这里我们只介绍这个主题下单个问题的结果。从图4可以看出,各国学生对于"我想成为一名科学家"这一陈述的态度存在着很大的差异。发达国家的平均分数极低,而且女生的态度比男生更消极。其中日本的性别差异尤为显著。

199

科学与公众

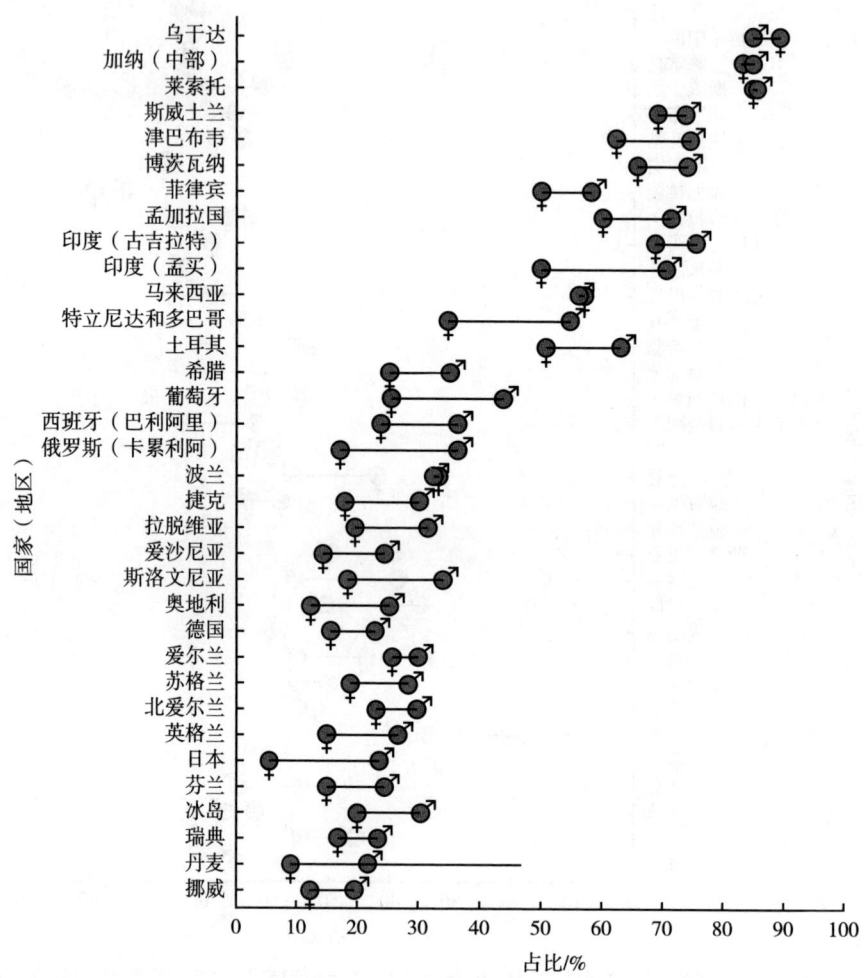

图 4 对于"我想成为一名科学家",男生和女生回答"强烈同意"和"同意"的百分比
注:部分国家按照 HDI 进行分类,部分则按照地理远近进行分类。

图 5 展示了对"我想从事一份技术领域的工作"一题的回答。在此图中,我们同样发现各国之间以及各国的男生女生之间存在明显的差异。在比较发达的国家,男生的平均分很接近中间值,但是这些国家里的大多数女生都不想从事技术领域的工作。在发展中国家,男生和女生都同意这一陈述。同样,这些国家也存在一些性别差异,只是完全没有发达国家那么显著。

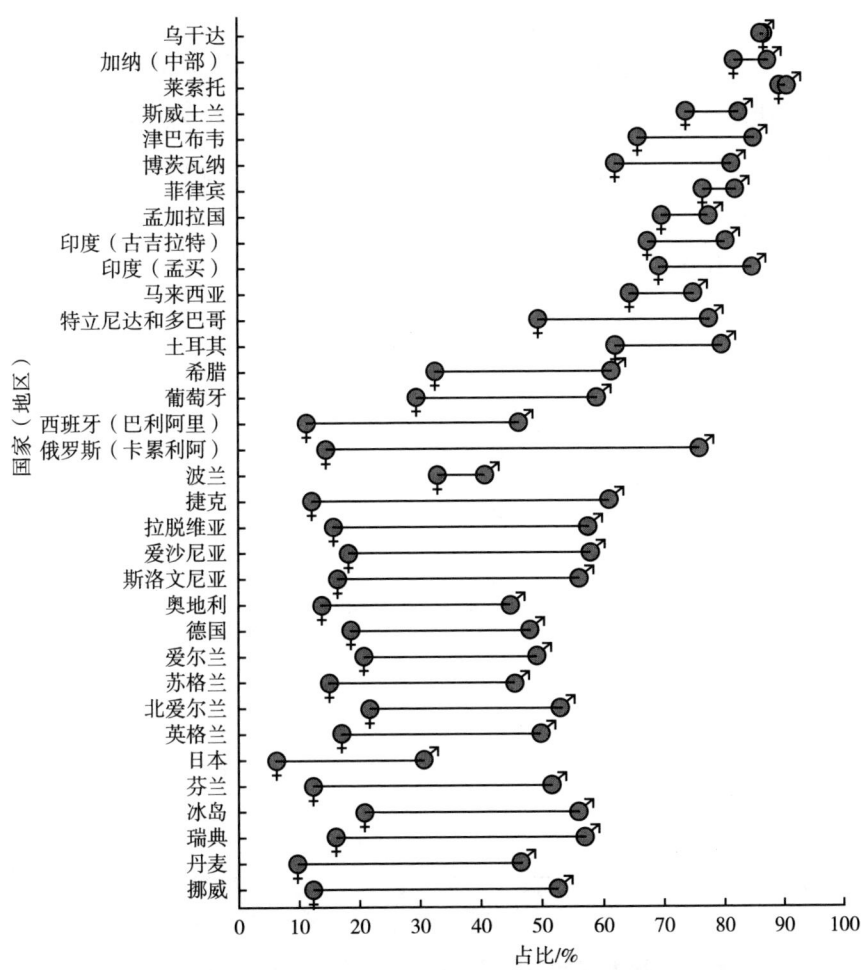

图5 对于"我想从事一份技术领域的工作",男生和女生回答"强烈同意"和"同意"的百分比

注:部分国家按照 HDI 进行分类,部分则按照地理远近进行分类。

对科技的看法:与一个国家的发展水平相关

年轻人的价值观、看法以及他们理解自我、周围环境和世界的方式都是他们成长过程中所接触的文化的产物。我们的数据显示,一个国家的 HDI 与 ROSE 问卷中的回答之间存在强相关。例如,ACE 主题"我想了

科学与公众

解什么"中所有问题的全国平均分相对于 HDI 的皮尔逊相关系数为 −0.85（$p < 0.01$），这表明存在着很强的反比关系：一个国家的发展水平越高，学生学习科技相关话题的兴趣就越低，尽管存在一些有趣的异常值。

图 6 显示，一些 HDI 极低的国家的 ACE 问题量表平均值比一些 HDI 极高的国家高出一个单位（量表范围为三个单位）。在大多数的 ACE 问题中，乌干达和孟加拉国等国家的学生比挪威、冰岛、芬兰和日本等较发达国家的学生更有学习兴趣。菲律宾的年轻人也普遍表现出浓厚的兴趣。

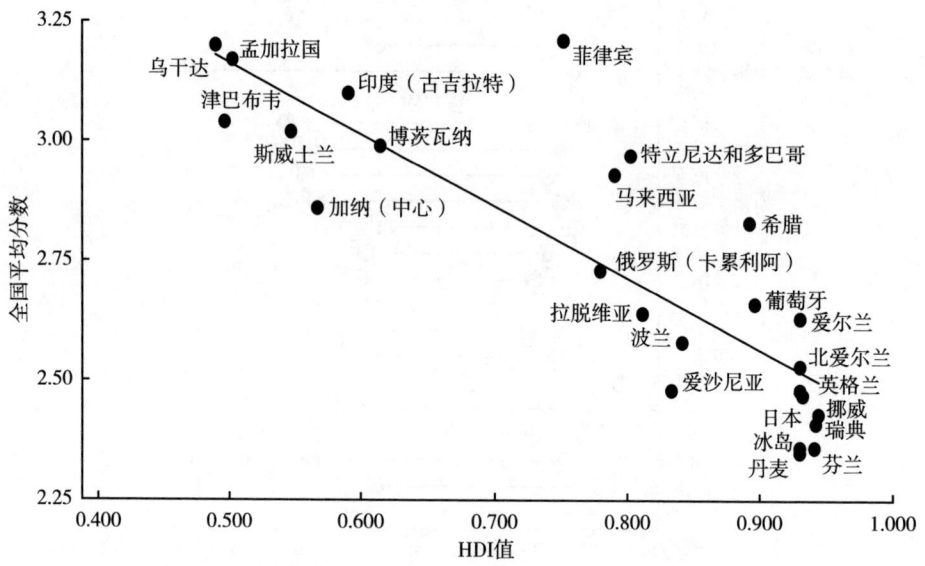

图 6　国家科学学习兴趣的平均值与基于 HDI 的发展水平

注：这一带有回归线的散点图显示了所有国家的 HDI 值（横轴）和它们在所有 ACE 问题中的全国平均分数（纵轴）。皮尔逊相关系数为 −0.85。

表 1 给出了图 2 到图 5 中的四个问题的相关系数。该表体现了大多数 ROSE 材料分析得出的一般模式：一个国家越发达，该国年轻人就越不认可科技在社会中的作用。

从我们的数据中可以看出，年轻人是否愿意从事科技领域的职业与该国的发展水平密切相关。贫穷国家面临的重要任务当然是改善物质条件、促进经济增长、改善卫生和福利制度。社会的进一步物质发展自然是一个主要的政治和公共问题，在这方面科技被视为基本驱动力。人们可能会认为，在这

表1　包含 HDI 陈述的均值协议的皮尔逊相关系数（$p<0.01$）

问题	皮尔逊相关系数
我想成为一名科学家	−0.94
我想从事一份技术领域的工作	−0.91
科技对于社会很重要	−0.78
科学利大于弊	−0.73

样的社会中，科技领域的工作对社会很重要，因此对个人也一样有意义。

如果一个社会处于工业化早期阶段，那么重点就放在进步、增长和国家建设上。因此，人们认为国家建设对社会很重要，对个人也很有意义。在较发达的国家，人们曾经认为物理学家、技术人员和工程师的工作对人们的生活和福祉至关重要，但也许我们现在已经告别了这个时代。其他研究也表明，在较贫穷的国家，年轻人将科学家视为英雄；而在高度发达的西方社会却并非如此（Sjøberg，2002）。在现代社会中，科学家和工程师都不是年轻一代的英雄或有吸引力的榜样。

显然，发展水平影响了人们对科技发展收益的期望（Sicinski，1976）。"欧洲晴雨表"（EU，2005）也表明，较不发达的欧盟国家的受访者更相信科技会带来好处，这一信念要强于较富裕和较发达的国家。[6] 根据英格尔哈特的研究（Inglehart，1990），现代社会可以被描述为后物质主义社会，强调环境、民主、关爱他人、自我实现等价值观。从事医学、生物学和环境研究的西方学生人数并没有减少，而且这些学科的女生人数往往多于男生。这可能表明，较发达国家的年轻人认为，我们社会面临的最重要的挑战，与健康、环境问题有关，因此我们在这些领域可以找到有意义的工作。

注释

1. 本篇借鉴了作者以往研究（Schreiner，2006；Schreiner & Sjøberg，2004，2007）的资料。

2. 除了挪威团队，该小组还有以下成员：维维安·M.塔利萨扬（Vivien M. Talisayon）主任（菲律宾）、简·穆勒姆（Jane Mulemwa）博士（乌干达）、黛比·科里根（Debbie Corrigan）博士（澳大利亚）、杰什里·梅赫塔（Jayshree Mehta）主任（印度）、埃德加·詹金斯（Edgar Jenkins）教授（英国）、瓦西利斯·库莱迪斯（Vasilis Koulaidis）主任（希腊）、维德·戈尔（Ved Goel）博士（印度）、格伦·艾肯黑德（Glen Aikenhead）教授（加拿大）和大川（Masakata Ogawa）教授（日本）。

3. ROSE网站上提供了有关每个国家如何开展调查的国家报告。http：//www.roseproject.no/

4. HDI来自三个指数的加权平均值，是对人类发展的综合性测度：①健康长寿，通过出生时的预期寿命来测度；②受教育程度，通过成人识字率（2/3权重），小学、中学和高等教育的总入学率（1/3权重）来测度；③生活水平，通过人均GDP（以美元购买力平价计算）来测度。（有关指数计算的详细信息请参见联合国开发计划署的技术说明1，2008年）。

5. 尽管采用了非随机抽样的程序，但通常我们认为和其他国家相似的国家（例如非洲国家、波罗的海沿岸国家或亚洲国家）在大多数情况下确实会表现出相似或相关的回答模式。这可以看作是对数据的某种验证。

6. "欧洲晴雨表"（EU，2005）收集了32个国家的数据。

第三部分

模型与方法

MEASUREMENT ISSUES

公民科学素质的来源及其影响

乔恩·米勒

在21世纪,民主社会的健康有序运行,部分有赖于公民阅读、听闻、理解和运用当前科技问题的能力。从本质上来说,公民有必要了解经济、外交政策及其他复杂事务,从而对政府绩效做出明智的评价,并且有效参与政治决策。从这个意义上看,科学素质与其他公民能力并无二致,都是在21世纪维持民主参与所必需的认识和理解能力。

亚洲国家、欧盟国家及美国领导人都提倡科学素质,认为科学素质越高,越有益于各自社会发展。很多国家的教育负责人和教育机构将大量资源和精力聚焦于提升学生们的科学素质。他们认为课堂上成功的科学和数理教育将促使学生日后成为具备科学素质的公民。虽然中学生的科学成绩有所提升,但是国际比较研究发现,绝大部分成人仍然无法理解当今世界公共政策议程中的大多数科学相关问题。

这一现状对我们参与式民主治理的长期承诺是一个巨大的挑战。尤其在欧洲,成年公民经常无法理解那些需要一定基础科学概念的重要公共政策议题,傲慢的科学共同体将这种情况称为"缺失模型"(Wynne,1991,1996;Ziman,1991)。意识形态不能取代了解情况基础上的民主辩论。我们需要将标签和口号放在一边,认真思考科学素质的普及对我们社会的影响。

我们不妨简要考虑一下关于转基因食品和用胚胎干细胞做生物医学研究的争论,这是在所有社会中都在不同程度上激烈争论的两个话题,也是在公共政策辩论中被严肃讨论的主题,甚至在有些国家已成为党派之争的关键议题。

绿色和平组织以及其他反对转基因食品的组织试图将这一争论描绘成这样的故事:转基因动植物是一种新生事物,由大公司强加给毫无防备的公众。这一叙事忽视了数百年来英国等欧洲国家和美国在植物育种和畜牧业方面的出色表现。自从农业在新月沃地诞生以来，农民们就通过动物育种、植物培育来改善基因性状。今天的基因改造方法在针对单个基因或特定基因序列时更为精确，但它仍然是漫长而卓越的科学探索路线的延伸。然而在20世纪末，仅有29%的英国和法国公民、35%的德国公民及45%的美国公民能够认识到"普通的西红柿没有基因，而转基因西红柿含有基因"这一说法是错误的，这让看重民主政治体制的人倍感挫败（Pardo, Midden & Miller, 2002）。当然，我们不能认为大多数英国、法国、德国或者美国公民能够在1999年（即调查时间）参与到转基因食品的知情辩论中来。如果他们能够做到，那我们现在的生活明显要更好。

欧洲国家和美国围绕用胚胎干细胞做生物医学研究展开了激烈的公共政策辩论。2004年美国总统大选时，两位主要候选人就曾在一场全国电视辩论中以干细胞使用为主题展开辩论。米勒发现，在公开辩论近一年之后，只有4%的美国选民对干细胞问题态度鲜明，绝大部分选民表示难以理解（Miller, Pardo & Kimmel, 2005）。2005年"欧洲晴雨表"调查（64.3）显示，只有4%的欧洲成年人表示"非常了解"干细胞议题。这些结果令大西洋两岸的民主盟友们有些沮丧。

在这一背景下，本文将呈现对34个国家及欧盟总体公民科学素质现状的实证描述，挖掘影响科学素质发展的相关因素，并探讨这些结果对民主治理未来的影响。

公民科学素质的概念

要理解公民科学素质，就要先理解"素质"的概念。"素质"的基本概念是一个人进行书面交流所必备的最低水平的读写能力。历史上，如果一个人能够写出和认出自己的名字，就被认为是有文化的人。近几十年来，"基本素质"有了新含义，还要包括看懂公交时刻表、贷款合同或是药品说明书的能力。成人教育工作者们常用"功能性素质"这一术语指代在当代工业

模型与方法 第三部分

社会中发挥作用所需的最低能力（Kaestle，1985；Cook，1977；Resnick & Resnick，1977；Harman，1970）。社会科学和教育文献显示，大约1/4的美国人不具备"功能性素质"。我们有充分的理由预期，这一比例大致适用于大多数成熟的工业化国家，新兴工业化国家的这一比例会略高一些（Ahmann，1975；Cevero，1985；Guthrie & Kirsch，1984；Northcutt，1975）。

在此背景下，"公民科学素质"被概念化为在现代化的工业社会中公民行使其职能所需的科学技术理解水平（Shen，1975；Miller，1983a，1983b，1987，1995，1998，2000，2004，2010a，2010b，2010c）。"科学素质"的概念并不意味着理解的理想水平，而是最低的门槛水平。它既不是工作技能的衡量标准，也不是全球经济中竞争力的测评指数。

公民科学素质的测度

在制定公民科学素质的测量方法时，构建一种将在一段时间内有用的测量方法尤为重要。它要足够敏感，能够捕捉公众理解（科学）的结构和成分的变化。如果时间序列指标修改过于频繁，或是各参数之间没有预先设计好联系，可能就无法将变量引起的变化与随时间发生的实际变化分开讨论。在美国和其他主要工业国家，关于消费者价格指数组成的周期性辩论提醒我们，在一段时间内保持稳定的指数是非常重要的。

持久性问题在美国制定公众理解科学水平衡量标准的初期已然显现。1957年，美国国家科学作家协会（National Association of Science Writers，NASW）委托开展了一次关于公众对科学技术的理解和态度的全国性调查（Davis，1958）。1957年的这项研究是在斯普特尼克一号人造地球卫星发射前几个月完成的，成为太空竞赛开始前公众对科技的理解和态度的唯一测度。不幸的是，当时实务知识的四个主要术语"放射性沉降物""饮用水氟化""脊髓灰质炎疫苗"和"太空卫星"在50年后，其中至少三个不再是衡量公众理解的核心。

意识到这个问题，米勒试图划定一组基础的科技知识，例如原子结构或 DNA。这些是阅读和理解当代议题的基础知识，但将比特定术语，如"大气检测中锶 90 的沉降物"等，更具持久性。20 世纪 70 年代末 80 年代初，美国国家科学基金会开始支持对美国公众（对科学）的理解和态度进行全国调查，此时除了 1957 年 NASW 的研究，几乎没有其他经验衡量成人对科学概念的理解。美国的第一批研究严重依赖于每个受访者对各种术语和概念的理解水平的自我评估（Converse & Schuman, 1984; Sudman & Bradburn, 1982; Labaw, 1980; Dillman, 1978）。这种方法现在仍在一些国家的全国性研究中使用，但其精确度低于直接的实质性调查。

  1988 年，米勒与英国的托马斯（Thomas）、杜兰特（Durant）合作，开发了一套扩展的知识项目，向受访者直接提出有关科学概念的问题。这些研究发现，开放式和封闭式项目相结合，可以更好地估测公众（对科学）的理解程度。这次合作形成了一套核心的知识项目，并被用于加拿大、中国、日本、韩国、印度、新西兰和欧盟成员国的研究。

  这些核心项目为科学结构的词汇表提供了一套持久的衡量标准，但重要的是它仍需继续丰富内容以反映科学和技术的发展。例如，米勒对美国公众的最新研究包括对干细胞、纳米技术、神经元、基因组等内容的新的开放式测度，以及有关动植物基因改造、纳米技术、生态学和传染病等内容的新的封闭式知识项目。使用项目反应理论（IRT），可以体现一组项目组成中的边际变化，并根据不同的调查或随时间而产生的变化得出可比较的总分（Zimowski et al., 1996）。2005 年的美国研究对因子载荷的检验说明了该结构的一维性质（表 1）。与封闭式问题相比，开放式项目的载荷往往略高，因为它们的猜测成分较低。但是，开放式项目的收集和编码成本更高，会引起一些受访者的更多抵制。封闭式和开放式问题的混合提供了测量受访者知识水平的最佳解决方案。

表 1 科学知识项目的验证性因子分析（2005 年）

问题	载荷
为"干细胞"提供一个正确的开放式定义。	0.84
为"分子"提供一个正确的开放式定义。	0.80

续表

问题	载荷
不同意:"1 纳米等于 1/100,000 英寸。"	0.77
为"神经元"提供一个正确的开放式定义。	0.76
不赞同:"激光的工作原理是集中声波。"	0.76
为"神经元"提供一个正确的开放式定义。	0.75
不赞同:"普通西红柿没有基因,转基因西红柿有基因。"	0.73
不赞同:"只有植物才有干细胞。"	0.73
不赞同:"抗生素能杀死细菌和病毒。"	0.69
不赞同:"核电站破坏臭氧层。"	0.68
为"科学地学习"提供一个正确的开放式定义。	0.67
赞同:"电子比原子小。"	0.67
不赞同:"全球变暖日益加剧主要是因为太阳直接辐射水平在增强。"	0.65
赞同:"地心非常热。"	0.65
赞同:"我们生活的大陆已经漂移了数百万年,未来还会继续漂移。"	0.61
为"实验"提供一个正确的开放式定义。	0.61
赞同:"人类和老鼠有半数以上的基因相同。"	0.60
不赞同:"自有记载起,部分动植物就在逐渐消亡或是已濒临灭绝。"	0.59
通过两个封闭式问题指出地球绕太阳公转一周的时间是一年。	0.58
指出光速比声速快。	0.57
不赞同:"最早的人类和恐龙生活在同一时期。"	0.56
赞同:"数百万年来,有的动植物物种适应环境生存下来,有的物种则濒临灭绝。"	0.56
赞同:"所有的动植物都有 DNA。"	0.54
赞同:"占星术一点儿也不科学。"	0.52
不赞同:"人类和大猩猩相同的 DNA 在半数以下。"	0.50
赞同:"宇宙始于大爆炸。"	0.49
赞同:"温室效应导致地球温度上升。"	0.48
赞同:"造成全球变暖的人类活动主要是燃烧煤和石油等化石燃料。"	0.47
指出一种对 1/4 概率的正确理解。	0.44
赞同:"全球变暖的影响之一是有的动植物物种会繁茂生长,有的则会濒临灭亡。"	0.41
赞同:"正如我们今天所知,人类是从早期的动物物种进化而来的。"	0.37

注:卡方 = 9580;自由度 = 456;近似误差均方根(RMSEA)= 0.040;近似误差均方根 90% 置信区间 = 0.038,0.043。

个人分数的计算和校正

为了将2005年来自欧洲和美国的结果与之前的研究相结合，我们将2005年调查的结果添加到IRT数据库中。该数据库包括美国在1988年、1990年、1995年、1997年、1999年、2001年及2004年开展的全国性研究，1992—2004年"欧洲晴雨表"调查，以及日本2001年的全国性研究数据。这个多年的IRT模型包括超过75,000名受访者。通过计算难度估计值、效率估计值和猜测参数，IRT技术可以在项目、组和年的全部范围内，根据一个通用的度量标准校准每一个项目，并使用项目的各种组合计算每个个体的总分（Zimowski et al.，1996）。

IRT评分程序会进行标准化评分，平均值为0，标准差为1.0。为便于报告，平均值（在整个数据库中计算）设置为50，标准差为20。就公民科学素质指数的个人分数而言，结果分值为0~100。

个人得分为70及以上意味着其科学素质水平足以理解《纽约时报》（*New York Times*）的科技板块或是《科学与生活》（*Science et Vie*）上的科技报道。与所有的阈值测度一样，切点是一个近似值。对受访者能够正确回答的项目进行检验后发现，得分低于60分的人难以理解当前关于气候变化或干细胞研究的争论。米勒（Miller，2010b，2010c）在其他分析研究中已经证明，在使用美国数据的结构方程模型中，这种阈值度量和连续度量产生了与公民科学素质指标类似的结果。表2中A、B两列呈现了类似的比较情况。

公民科学素质的阈值测量显示，在过去的18年中，美国成年人的公民科学素质有稳定的显著提升，这与美国中学生的情况形成鲜明对比。美国成年人公民科学素质得分在70分以上的比例从1988年的10%增长到2005年的25%（图1）。

在跨国比较方面，2005年调查显示，35%的瑞士成人具备公民科学素质；美国紧随其后，有28%的成人具备公民科学素质（图2）。在同样的标准下，荷兰成人具备公民科学素质的比例为24%，挪威、芬兰及丹麦的这一比例为22%。在这个排名中，两个或三个百分点的差异并不能反映

表 2 特定变量下公民科学素质效应总效应的比较

总效应	美国-C A	美国-T B	美国-T* C	欧盟国家 D	瑞典 E	荷兰 F	德国 G	英国 H	西班牙 I
性别：女	−0.17	−0.24	−0.22	−0.33	−0.25	−0.43	−0.35	−0.43	−0.20
被调查者的年龄	−0.11	−0.12	−0.07	−0.23	−0.11	−0.16	−0.11	−0.24	−0.28
受教育程度	0.59	0.70	0.66	0.58	0.39	0.34	0.41	0.68	0.40
大学科学课程	0.62	0.74	—	—	—	—	—	—	—
家庭中学龄前或学龄儿童的存在	0	0	0	0.04	0	0	0	0.09	−0.01
正统基督教徒/宗教活动	−0.12	−0.24	−0.26	−0.10	0	−0.10	0	0	−0.11
对科学、技术、医学、环境问题的兴趣	0.06	0.06	0.10	0.32	0.12	0.26	0.13	0.23	0.08
成人科学学习	0.26	0.25	0.34	0.33	0.30	0.25	0.30	0.56	0.20
拟合系数 R2	0.48	0.70	0.64	0.64	0.28	0.42	0.35	0.91	0.29
自由度	20	20	15	6	13	13	11	10	13
卡方	117.2	114.0	33.0	23.1	31.6	35.7	37.6	30.1	27.3
近似误差均方根（RMSEA）	0.009	0.007	0	0.017	0	0	0.020	0.019	0.010
RMSEA 90%置信区间上限	0.028	0.027	0	0.032	0.031	0	0.038	0.039	0.034
样本数	1125	1125	1125	3000a	965	972	1324	1212	988

注："美国-C"是使用连续公民科学素质指数的模型；"美国-T"是使用公民科学素质指数阈值（70 或更高）的模型；"美国-T*"是使用公民科学素质阈值，并省略了大学科学课程变量，以便与欧盟国家保持一致。"欧洲晴雨表"包括 22,261 名受访者，但由于协方差结构模型（LISREL）拟合统计数字将对大数据做球破模型与美国或单个欧洲国家的可比性。使用这个数字做统计数据对大数字的敏感性，在非常大的数据集中，减少报告的显著性检验样本数是一种标准做法。

科学与公众

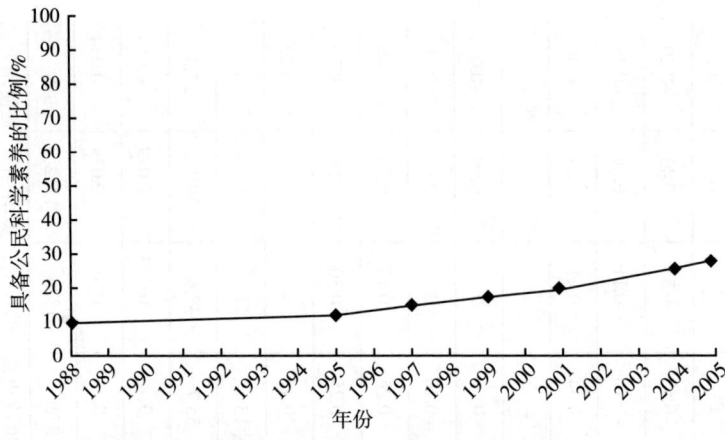

图1 美国公民科学素质(1988—2005年)

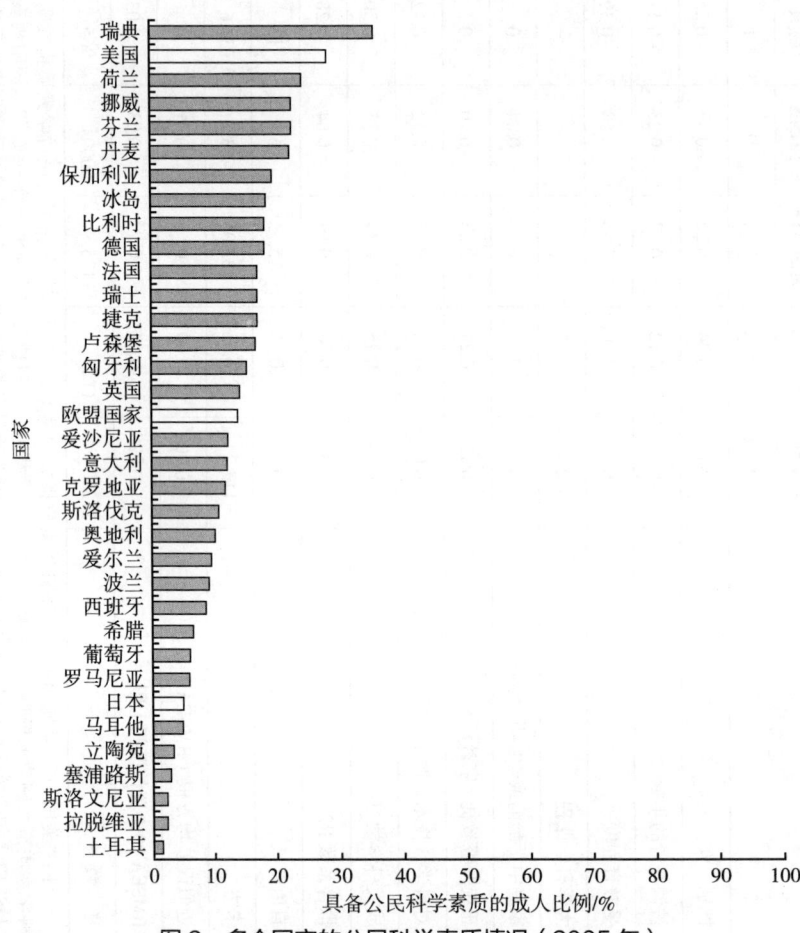

图2 多个国家的公民科学素质情况(2005年)

统计学上的显著差异。这些结果与20世纪90年代初对欧盟（当时的15个成员国）、加拿大、日本和美国的早期分析结果一致（Miller, Pardo & Niwa, 1997）。

图2中的结果以0~100%的度量标准显示，因为在这场比赛中没有赢家。这一分析中包括的所有国家声称致力于就重要问题进行知情的公共政策辩论。但是，这些结果表明，在排名最高的国家中，只有1/3的公民有准备参与并关注有关气候变化、干细胞研究、转基因食品、传染病和未来能源等重要问题的公共辩论。这些将是21世纪的决定性问题，并且都需要人们掌握一些基本的科学知识才能对问题的严重性做出判断，并在同类解决方案中做出选择。

公民科学素质的来源

所有民主社会都需要着力解决如下议题：①每个社会中成人的公民科学素质的来源是什么；②我们可以做些什么来拓展和提升公民科学素质。由于各国教育制度的显著差异，公民科学素质的来源问题不是一个简单的询问。为了了解不同社会中科学教育结构的影响，本分析将首先着眼于美国，然后关注选定的欧洲国家。

美国公民科学素质的来源

近30年的国际教育研究发现，美国中学生在科学和数学的标准化测试中表现较差（Beaton et al., 1996; Schmidt, McKnight & Raizen, 1997）。最近，米勒、斯科特和冈本（Miller, Scott & Okamoto, 2006）发现，在34个国家中，美国成人对生物进化的接受度排名第33。但是同时，美国成人在公民科学素质的跨国研究中却排名世界第二，这是如何做到的呢？

自斯普特尼克一号发射以来，美国在中小学科学和数学课程的研究和修订方面投入了大量精力。尽管联邦政府投入了大量资金，但美国中学生的表现并没有改善。第二届国际数学与科学研究（SIMSS）和第三届国际数学与科学研究（TIMSS）的结果令人信服，也令人失望（Beaton et al., 1996; Schmidt, McKnight & Raizen, 1997）。

同时，许多科学和教育政策制定者并未意识到，美国是唯一要求所有大学生完成一年科学课程并作为他们学士学位课程一部分的大国。斯诺提出两种文化论述，认为牛津大学和剑桥大学缺少通识教育的要求，他提出所有受过教育的人都应该了解莎士比亚和"热力学第二定律"，呼吁英国高等教育体系应有通识教育的要求（Snow, 1959）。斯诺和后来的通识教育倡导者都没能改变这一教育体系，英国学生仍然只在一个领域攻读一个学位。实际上，欧洲国家、日本、中国和其他国家的教育系统都是类似的模式。检验现有的美国数据以探索通识教育要求——非专业的科学课程——的影响是有用的，这是成年公民科学素质的一个可能来源。

也有必要研究美国成人科学素质来源的其他可能性。第二次世界大战结束以来的60年中，美国成人非正规科学学习机会的数量显著增加，范围显著扩大。在过去的20年中，电视和互联网上科学节目呈指数增长。近年来，科学书籍的销售量迅猛增长。这些因素的结合为结束正规教育的美国成人提供了许多学习科学的机会。现有的销售和使用数据表明，许多成人在使用这些非正规的学习资源。

有几个因素可能会鼓励成人在结束正规教育后寻求科学信息。个人和家人健康是促使人们继续学习科学知识的第一个动力。例如，大量研究表明，被诊断出患有癌症的成人会积极查找生物学和生物医学知识（Johnson, 1997; Miller & Kimmel, 2001）。第二个动力源于职业，大量成年人在使用科学技术的公司或组织中工作，其中一些人可能出于职业原因需要了解更多科学知识。促使成人继续学习科学知识的第三个动力是家中的未成年子女，因为父母要辅导孩子做作业，带他们参观科学展览，还要为他们答疑解惑。促使成人继续学习科学知识的第四个重要动力是日益增加的公共政策议题。尽管很少有成人能在正规教育期间学习干细胞、气候变化或纳米技术相关知识，但所有这些问题都已成为美国当前政治话语的一部分。

预测美国公民科学素质的结构方程模型

为探究这些可能影响公民科学素质发展的动力来源,我们对2005年美国数据集进行了结构方程分析[1](Jöreskog & Sörbom,1993)。该分析模型包括每个人的年龄、性别、最高学历、完成的大学科学课程数量、家庭中是否有未成年子女,以及对科学、技术、医学或环境问题的兴趣,个人宗教信仰和非正规科学学习资源的情况(图3)。

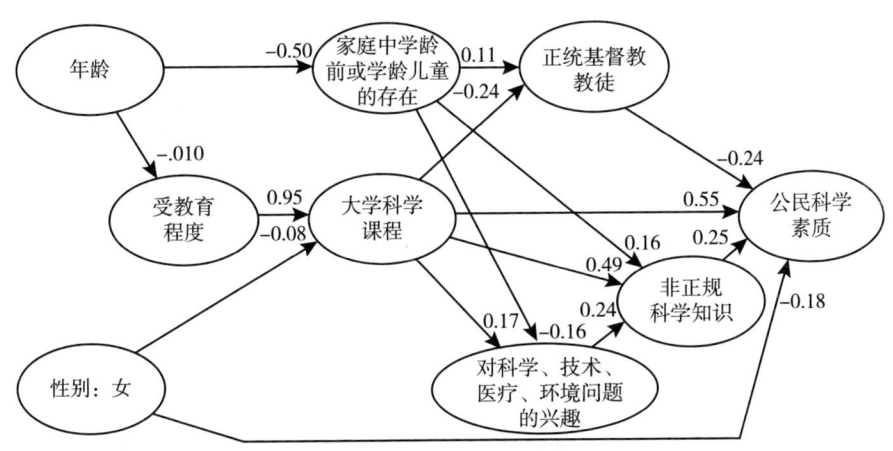

图3　成年公民科学素质预测的路径模型(2005年)

对于具有已知时间顺序或逻辑顺序的变量,可以用路径模型检测其相对影响。每个人的性别和年龄均在出生之际就已确定。个人的性别可能会影响他(她)的受教育情况,尽管在美国和欧洲这种影响似乎正在减少。任何特定时间的个人公民科学素质水平都是这些因素和其他因素共同作用的结果(图3)。在路径模型中,时间或逻辑因果关系从左到右流动。

路径系数的结果是每个变量对结果变量——在此分析中是公民科学素质的总效应——的估值。我们首先查看此模型中每个变量的总效应,然后再检查一些特定的路径系数。

大学科学课程的数量[2]是公民科学素质最强劲的预测指标,总效应为0.74(表2中的B列)。正规受教育程度[3]是成年公民科学素质的第二大预测指标（0.70）。成年公民科学素质的第三大预测指标是非正规科学学习资源[4]的使用（0.25）。这一效应如此显著，表明非正规科学知识的学习对于成人保持公民科学素质的功能性水平很重要，并且说明了正规教育与离开学校后的成人学习之间的联系。个人对科学、技术、医学或环境问题的兴趣水平影响了非正规科学学习资源的使用水平，但对公民科学素质的净效应很小（0.06）（图4）。

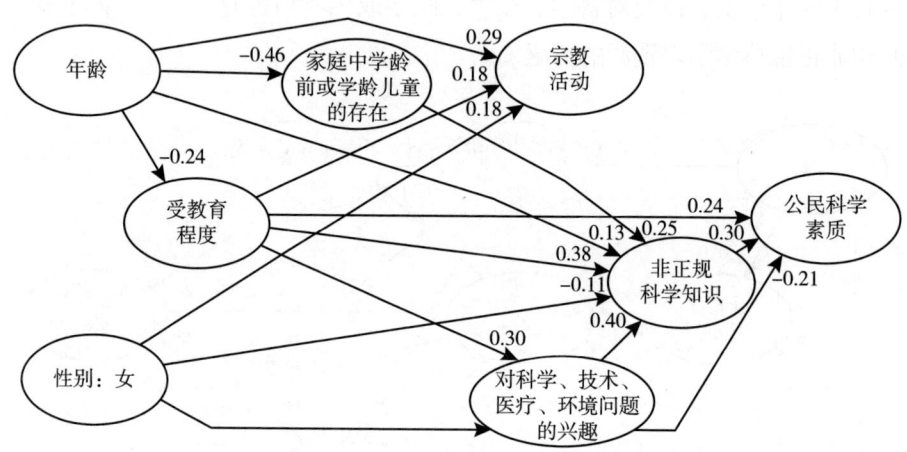

图4　瑞典公民科学素质预测模型（2005年）

个人宗教信仰是公民科学素质相对强的预测指标，持有正统基督教信仰[5]的成人比其他成人具有科学素质的可能性更低（-0.24）。在此模型中，宗教信仰是当前的宗教信仰。学习了更多大学科学课程的成人持正统基督教信仰的可能性大大低于其他成人（-0.24）。在年龄、性别、受教育程度、大学科学课程和其他变量保持不变的情况下，宗教信仰与非正规科学学习资源的使用无关。

性别是成年公民科学素质的中等强度预测指标，总效应为-0.24（表2中的B列）。负系数意味着在美国成人中，男性比女性更有可能具有科学素质。在受教育程度、性别和其他变量的差异一致的情况下，老年人比年轻人更不可能具有科学素质（-0.12）。在美国，家中是否有学龄前或学龄儿童对成人的公民科学素质没有净效应。

这个模型解释了美国成年公民科学素质70%的总差异。模型拟合良好，其他指标证实了模型的拟合。

欧洲国家公民科学素质的来源

我们有理由认为，在现代科学工业国家中，提升公民科学素质的主要因素是相似的。但是，从2005年"欧洲晴雨表"（63.1）中得出的某些变量的测度存在一些差异，因此在分析这些数据之前需要进行讨论。

首要的也是根本的差异便是教育。在暂且不谈测度的情况下，欧洲国家和美国的高等教育迥然不同。美国的科学课程和人文社科课程一样，都是通识教育，所有高校学生都必须学完一年的大学科学课程及其他通识教育课程。但在欧洲和亚洲，大学生们只需专心学习各自的专业课程。如之前的分析所示，美国大学生学习一门或多门科学课程的比例相对高，这提升了美国的公民科学素质指数。"欧洲晴雨表"调查没有询问受访者一生选修了多少门高等教育科学课程，这是教育体系的差异，而不是测度的问题。

但是，"欧洲晴雨表"中有一些关于教育的重要测度。纵观历史，"欧洲晴雨表"一直以受访者结束全日制教育时的年龄来衡量受教育程度。尽管这提供了正规教育的一般指标，但严格来说，这种方法并不精确。经济合作与发展组织详细描绘了教育情况，表明欧洲国家之间的教育路径存在巨大差异。有两个人都在20岁时完成了他们的全日制教育，但是一个人可能获得了大学学位，而另一个可能是在职业培训学校完成了技术培训课程。显然，这两人的教育水平是不相等的。经济合作与发展组织对各种教育类型进行了有效区分，并提出了一些适用于不同国家教育系统的等效测度措施。因此，应将"欧洲晴雨表"的教育测度视为正规教育成就的粗略指标。

定义和测度差异的另一个方面是宗教。前文收集和分析的美国测度结果呈现了受访者的宗教信仰情况。尽管美国的正统基督教信仰在欧洲影响微弱，但从其他研究中可以清楚地看到，欧洲人有广泛的神学信仰，从强势的自然神论到更具人文主义或是不可知论的信仰。"欧洲晴雨表"（63.1）中对宗教活动的唯一测度是评估教派关系和参加宗教服务的频率。为了区分这两种测度，我们将美国的变量标记为"正统基督教徒"，将欧洲的变量标记为

"宗教活动"。这二者是不同的变量。

除了这些差异,分析中的两个数据集还存在实质性的共同点。在两项研究中,年龄都是以"岁"为单位收集的,并作为六类序数变量被纳入所有模型,性别和家中是否有未成年儿童这两个测度方法几乎相同,对兴趣的测度大体一致,对成人科学学习资源使用的测度也相似。

预测特定欧洲国家公民科学素质的结构方程模型

使用和上文研究美国时相同的一般模型,可以检验、预测特定欧洲国家和欧盟公民科学素质情况的变量中每一个变量的相对重要程度(使用欧盟成员国的数据)。简明起见,本文将分析讨论瑞典路径图和欧盟及特定国家总效应汇总表(表2)。为便于比较,我们使用单一的教育成就指标重新计算了美国模型(表2 C列)。

瑞 典

瑞典模型(图4)有一些明显的结构差异。宗教活动与瑞典公民科学素质指标无关,但我们还不清楚这反映了宗教测度方法的差异,还是只反映了瑞典具有宗教信仰的人比例较低。从年龄到其他干预变量的几种路径的存在表明,瑞典的代际效应比美国更强。

我们将比较瑞典和美国每个自变量的总效应,这将提供更有用的信息(表2)。两国最大的差异在于教育,美国和瑞典的总效应分别为0.66和0.39。鉴于瑞典成人在公民科学素质指数上的得分最高,这一结果表明瑞典成人在教育经历方面的同质性高于美国成人(比较表2中的C列和E列)。与所有国家的成人一样,瑞典成人一生中的受教育年限和受教育水平也存在差异,但是总效应较低并不意味着教育对公民科学素质影响不大,而是表明较高的教育同质性会降低总模型中教育变量的预测能力。成人非正规科学学习的影响在瑞典和美国是相当的(分别为0.30和0.34),这表明两个国家中相当高比例的成人使用非正规资源来保持和增进他们对新兴科学技术的理解。

瑞典和美国一样，受教育程度是公民科学素质最强的预测指标，但美国受教育程度的相对效应（0.64）要明显强于瑞典（0.41）。尽管我们是用排除了大学科学课程数后的美国模型进行比较，但高等教育与大学科学课程的选修人数之间有很强的相关性，这意味着美国单一的测度方法间接包含了这些大学科学课程所赋予的大部分优势。毫无疑问，瑞典的中学科学教育优势（与美国相比）是导致瑞典成人在公民科学素质指数上总体评分更高的因素之一。在瑞典，成人对科学、技术、医学或环境问题的兴趣与成人科学素质的相关性很弱（0.12），与美国（0.10）相当，但低于欧盟（0.32）。在瑞典（0.30）、美国（0.25）和欧盟（0.46），对科学技术问题的兴趣与积极的成人科学学习为正相关。

总而言之，这一模型能够解释瑞典数据对公民科学素质的预测中28%的差异，这与西班牙相当，但低于整个欧盟或美国的比例。

荷　兰

2005年，荷兰具备科学素质的成人比例排名第三。荷兰有久负盛名的中学数学和科学教育传统，还有一套强大的成人科学学习资源体系，包括公共科学电视广播、科学博物馆和"科学商店"等。

荷兰模型显示，女性具有科学素质的可能性明显低于男性（-0.43），这是在欧洲或美国发现的两个突出的性别差异之一（表2 F列）。荷兰的老年人比年轻人更不可能具有科学素质（-0.16），这一差异略高于美国（-0.07），略低于欧盟成员国总和（-0.23）。

荷兰公民受教育程度和科学素质有很强的正相关（0.34）。这种关系略弱于瑞典（0.39）、美国（0.66）或欧盟成员国的总和（0.58）。荷兰成人对科学、技术、医学、环境问题的兴趣与非正规科学学习资源的使用（0.44）及科学素质（0.26）为正相关。在荷兰，非正规科学学习资源的使用程度与成年公民科学素质为正相关（0.25）。

荷兰成人中，更频繁的宗教活动与公民科学素质为较小的负相关（-0.10）。

荷兰模型能够解释公民科学素质指数的42%，显示出良好的拟合性。

德　国

德国是欧盟最大的国家和欧洲科学的历史领导者，研究德国的公民科学素质结构是非常重要的。尽管德国最好的中学——文理中学——提供的中等教育被奉为传奇，但近几十年来，相当大比例的德国中学生选择了更能面向职业的课程。

德国模型中性别差异明显（-0.35），年龄差异较小（-0.11），受教育程度和科学素质为明显正相关（0.41）。德国教育对公民科学素质的影响与瑞典相似，略低于欧盟总体（0.58），大大低于美国的可比效应（0.66）。在德国，家中是否有未成年子女以及对宗教活动的参与程度都与公民科学素质无关（表2 G列）。

对科学、技术、医学、环境问题的兴趣水平与成人非正规科学学习资源的使用有很强的正相关（0.44），与科学素质有较弱的正相关（0.13）。在德国，非正规科学学习活动的水平与公民科学素质为正相关（0.30），这与在美国和欧盟发现的影响相似（表2）。

德国模型仅能解释公民科学素质指数的35%，这表明一定有其他变量还没有被纳入模型。

英　国

英国引领科学教育的历史由来已久，因而有必要简要分析英国科学素质的结构。

英国模型所分析的几乎所有维度表明，英国每个自变量对公民科学素质的直接效应都反映出欧盟的总体情况（表2 H列）。[①] 英国女性比男性更不可能具备科学素质（-0.43），老年人比年轻人更不可能具备科学素质（-0.24）。在英国，受教育程度与公民科学素质有很强的正相关（0.68），家中未成年儿童的存在对成人科学素质有较小的正向影响（0.09）。在英国，宗教活动与公民科学素质无关。

---

① 该项调查进行于2005年，当时英国为欧盟成员国。——编者注

对科学、技术、医疗、环境问题的兴趣与非正规科学学习资源——报纸、杂志、图书、互联网和其他人——的利用之间存在很强的正相关（0.41）。对科学议题的兴趣水平对公民科学素质有正向影响（0.23），而非正规科学学习资源的使用程度对公民科学素质有实质性的正向影响（0.56）。

总体而言，英国模型能够解释公民科学素质的91%，是此次分析的所有模型中拟合情况最好的。

西班牙

最后，我们来看一下西班牙。西班牙是欧盟大国之一，代表了南欧的一些传统，有着悠久的保守天主教传统。

在保持年龄和性别差异不变的情况下，受教育程度与西班牙公民科学素质有着很强的正相关（0.40）。这一效应与瑞典和德国受教育程度的影响水平类似。与美国和欧盟模式类似的是，公民对科学、技术、医疗、环境议题的兴趣程度与非正规科学学习资源的使用程度为正相关（0.42）。兴趣水平和非正规科学资源利用水平均与公民科学素质有正相关（分别是0.08和0.20），但不像在美国和欧盟所发现的那么强。

西班牙女性的科学素质低于男性（-0.20），老年人的科学素质低于年轻人（-0.28）。家中有未成年子女对成人科学素质没有影响（-0.01），宗教活动与公民科学素质为负相关（-0.11）。

讨　论

科学素质问题与民主治理密不可分。英国人在民主制度及实践经验方面悠久辉煌的历史——从《大宪章》到今天蓬勃发展的民主进程——提醒我们，有效参与政府事务需要对民主实践和争议问题的实质都有一定的理解。只有乔治·奥威尔（George Orwell）能想出一种公民不需要理解问题的"民主"模式，但他并不提倡我们采用这种模式。

上文概述了目前公民科学素质的情况。目前欧洲和美国的大多数成人无法理解地球上现代社会面临的一些重要问题的实质。这些结果常常引发两种完全对立但同样不可接受的观点。

科学界中的一些人看到了这些结果。他们为将科技议题排除在正常的政治议程之外进行辩护，主张建立"科学法庭"来处理有争议的决策。莫里斯·沙莫斯（Morris Shamos）等人认为，科学对普通人来说本质上太困难了，这些人在民主进程中必然会不知情（Shamos，1995）。这种做法是对民主的基本前提的侮辱，在大多数国家基本上已被搁置。

一个温和一些的观点是，让所有成人都能受到充分的教育是天方夜谭，但是我们可以选取一些有代表性的成人，为其开设科学培训课程，帮助他们了解一些特定的议题，然后引导他们针对该问题展开有序讨论。比起几十年前的"科学法庭"提案，这些"共识会议"更有民主精神，但迄今为止，议会委员会只是试图利用这类会议，在相对短的时间内（一到三天）阐明多年来他们一直在努力解决的问题。

有些人借助"缺失模型"等具有讽刺性的术语，试图否定这些结果，并暗示公民就算完全不了解议题的科学本质，仍能确定议题的真相（Wynne，1991，1996；Ziman，1991）。这种反应是建立在这样一种观念之上：所有的科学都是相对的，任何群体对科学问题的看法都与其他群体并无二致，因为这一过程在根本上是政治问题。温内（Wynne）断言：

> 因此，这种公众理解科学的方法强调用其他社会学分析中的观点分析科学知识，即科学和社会的边界是社会惯例，这种预先定义相对于权威的方式不一定合理，且还可以重新商议。（Wynne，1996：39）

这种做法代表了对科学和政治的根本误解。

30年前，本杰明·申（Benjamin Shen）认为，公众理解科学可以分为实践科学素质、文化科学素质和公民科学素质。在这种情况下，公民科学素质是指了解一定水平的科学术语和概念，可以阅读每日的报纸或杂志，并了解特定争议或竞选辩论的本质。申认为：

> 了解科学并明白其可能的影响不同于为解决实际问题而获取科学知

识。在这方面，公民科学素质与实践科学素质存在本质区别，尽管在某些领域两者不可避免会有重叠。与实践科学素质相比，达到公民科学素质的功能性水平需要更持久的努力。但这是一项迟早要完成的事。随着时间的推移，人类事件将与科学越来越紧密地交织，未来与科学相关的公共问题只会越来越多，越来越重要。公民科学素质是知情公共政策的基石。(Shen，1975：79)

为了民主制度在现代社会长期健康发展，我们必须摒弃科学素质无法实现以及科学素质无关紧要的观点。科学素质不是神话，欧洲和美国已有成千上万的成人具备科学素质。但是，正如申所说，公民科学素质的发展需要"持久的努力"，它建立在学校正规教育期间的坚实基础之上，并通过成年后持续关注高质量的科学报告来维持。这不是像疫苗接种一样一次接种终身免疫，而更像是语言习得——在学校从基本词汇和语法开始学习，但只要我们还活着，就会不断习得新的词汇、概念和思想。

发展多数成人的科学素质得到了政治和教育界领袖的支持，但是事实证明，实现这一目标比仅仅认可它更为困难。我们对现代社会公民科学素质发展情况有何了解？我们可以采用哪些政策来提升具备公民科学素质的成人比例？以这两个问题的讨论来结束此次分析恰到好处。

人们普遍认同，科学素质的根源在于中小学。大多数国家都在促进科学和数学研究方面大量投入，我们也开展了广泛的跨国测评项目，以监测我们向目标边进的过程。科学和数学教育者在帮助学生牢固掌握基本科学概念的最佳方法方面存在分歧，但是教育者和政治领导人都意识到，这方面的进展不尽如人意。美国为提高其中学毕业生的科学素质所做的投入全球领先，投资金额最高，但很明显并没有成效。

美国教育体系的独特优势在于，它坚持对所有学院和大学的学生开展通识教育。如前文分析所示，正是这些大学科学课程使得美国成人科学素质排名相对靠前。在美国中学科学教育表现普遍较差的情况下，这一结果更加令人印象深刻，因为它似乎弥补了严重的基础教育不足，并使近30%的美国成人具备了最低水平的科学素质。

科学与公众

适逢查尔斯·珀西·斯诺（Charles Percy Snow）在剑桥大学瑞德讲坛演讲 50 周年，欧洲和亚洲教育及政治领导人重温他的观点也许会有所裨益。一个美国人很难对欧洲的科学教育提供建议，认识到这一点，欧洲及亚洲发达国家相关人员应当认真考虑斯诺等人的观点，也就是目前的专业高等教育体系不符合 21 世纪欧洲的最大利益。欧洲早期教育体系将学生分流为职业技术和学术两类。当专业化教育体系与早期分流体系相结合，将导致相当一批人在校的第九年或第十年便是他们最后一次正式接触科学思想和概念的时间。对于期望了解气候变化、胚胎干细胞、基因改造或纳米技术等科学内容的成年人来说，这是不够的。

在亚洲或欧洲高等教育体系中引入通识教育，将会意味着要求大学通识学习贯穿整个四年，但是如今大学生结束正规学习生涯后，将加入劳动大军，在之后的四五十年作为公民发挥作用。当然，对于那些以科学技术为经济发展引擎的发达社会而言，增加一年学习时间无疑是一项合理的投资。为所有大学生引入通识教育——包括一年的大学科学教育，并不会导致新专利或诺贝尔奖的数量增加，但会培养一批更有能力参与社会中科技相关议题民主决策的公民。

总之，认识到人在整个生命周期内学习科学的重要性，以及非正规科学学习资源对这一过程的贡献，是重要的（Miller, 2010a）。美国调查分析的结果表明，选修大学科学课程明显有助于公众对非正规科学学习资源的使用和理解，而且这些资源的使用与所有国家成年公民科学素质的保持提升息息相关。政府、企业和大学需要认识到这些制度发挥的重要作用，并支持它们的运行。

培育具备科学素质的公众并不容易，也不可能很快实现。但这是建设和维护我们的民主制度的重要组成部分。我们需要承认这一目标的中心地位，并认真和有计划地思考如何实现这一目标。

注释

1. 一般而言，结构方程模型是分析多个自变量与单个或多个因变量之间关系的一组回归方程，能够提供最优拟合。本文所用的结构分析使用 LISREL 程序，它可以同时进行结构关系验证和测量误差建模。关于结构方程模型更全面的讨论可参见其他研究（Hayduk，1987；Jöreskog & Sörbom，1993）。

2. 该变量衡量的是大学科学课程的数量，包括社区学院、四年制学院和大学的所有课程。课程数量分为三个等级：①无大学水平的科学课程；②有 1~3 门课程；③有 4 门以上课程。有 1~3 门课程的学生将大学科学课程作为通识教育必修课，而不是专业课或专业选修课。用整数衡量会导致专业课的权重过大，并将通识教育课程在分析中的影响最小化。

3. 受教育程度划分为五类序数变量，最低水平指未完成中学学业或未获得普通文凭（高中文凭）的人，二等指完成了高中学业并获得普通文凭（高中文凭）的人，三等指获得副学士学位的人，四等指获得学士学位但是没有研究生学历或者专业学位的人，最高等级是获得了研究生学历或专业学位的人。

4. 非正规科学教育指数（ISE）包括七个独立的科学信息获取指标：个人利用科学杂志、新闻杂志、科学图书、科学电视节目、科学博物馆、科学健康网站和公共图书馆的情况。在验证性因素分析中，七个项目的载荷均为 0.5 或以上。我们计算每个受访者的因素得分，将其转换为 0~100 的量表，构造了符合该模型的五类序数变量。

5. 宗教信仰指数是受访者对以下论述非常同意的次数：①《圣经》是上帝的真实话语，必须按字面意思理解；②上帝会聆听每一位信徒所作的祷告；以及强烈反对以下论述的次数；③我们所知道的人类是由早期生命形式进化而来的。该指数得分为 3 的是正统基督教徒（28%），得分为 2 的是保守派（28%），得分为 1 的是温和派（26%），得分为 0 的是自由派（19%）。

公众科技知识水平的国别比较：基于潜在特质模型的评估[1]

萨利·斯戴尔

科学知识调查方法

构建"知识"，有时也被称为"素质"，在研究科学与公众关系的人们眼中一直是一个相当有争议的主题（Sturgis and Allum，2004）。人们提出了不同类型的知识（例如，Shen，1975），其中，"公民"科学知识最受关注。相应的，公民科学知识也被分为不同种类。其中，关于科学内容或词汇的知识接受度最高——部分原因可能是，与科学制度知识等元素相比，科学词汇使用调查问卷进行测度更具可操作性。

美国的米勒（Miller，1998）、英国的杜兰特及其同事（Durant，Evans & Thomas，1989）已经开发并应用了一套标准的一般科学知识封闭式试题，在美国被称为"科学素质量表"，包括大约十个表述，受访者要判断这些句子的正误，如"地球中心很热"，"所有的放射现象都是人为的"。这些表述不是为了对受访者的知识水平进行全面测评，而应被看作来自更广泛领域的一组事实样本——这是政治知识调查中常用的一种方法（例如，Converse，2000）。研究者在生物科技和基因知识方面专门开发了一套类似的试题，特别将公众对生物科技的看法纳入研究。这套试题自1993年起应用于"欧洲晴雨表"关于这一主题的调查。对于这些知识试题的内容，人们的反对声不绝于耳。有的质疑试题中的科学知识是否与公众相关（例如，Irwin and Wynne，1996），有的质疑通过让公众回忆一系列孤立的事实来衡量人们的科学素质是否有意义（Jasanoff，2000）。这些担忧在任何一个国家都存在。但是，本文的主题是，无论内容如何，使用相同的试题来检验不同社会或群体的科学知识水平时应作何考虑。本篇聚焦于跨国比较。不同国家间的对比绝不是唯一的方式。例如，帕尔多和卡尔沃（Pardo and Calvo，2004）分析了不同年龄和不同受教育程度群体的科学知识试题测量属性。拉扎等人（Raza et al.，2002）调查比较了印度内部的文化。但是，跨国比较与公众理解科学研究相关的原因有很多。一个是实质性的，与以下事实直接相关：对于许多科学行动者来说，了解不同政体之间的意见氛围差异尤为重要——毫无疑问，公众理解科学领域的研究牢牢植根于其政治经济背景中。从方法上看，跨国比较需要仔细检验，按照国家来系统地组织调查，以研究含义是否会随调查所使用的语言不同而系统地变化，测量误差是否会随调查管理方式的不同而系统地变化。这对调查分析和以后的问卷设计都很重要。一些发表的成果已经表明，知识量表的构成在欧洲内部各国之间可能截然不同（例如，Pardo & Calvo，2004；Peters，2000）。从最广泛的意义上讲，本章关注根据标准问题设计构建的科学知识量表是否具有跨国可比性。更具体地说，问题的核心是，在不同的国家，所用试题是否能达到足够相似的"效果"，以便我们开展合理的跨国比较，更确切地说，是否具有纯粹统计学意义上的"可比性"。当然，这是一条针对非常广泛问题的非常狭窄的进路。但是，在本篇中我想表明，统计可比性的信息尽管有限，但仍是有用的特征信息，对评估科技知识测量方法的有效性这一庞大而烦琐的工作大有助益。

数　据

我们从"欧洲晴雨表"中选取了两组题目进行分析。"生物技术"正如其名，主要是生物和基因方面的知识。"科学素质"则试图涵盖更为广泛的科学知识。因为发表的评论文章大多针对一般的科学素质题目，而不是生物技术类的题目，所以在本篇中我将主要分析后者。我这样做不仅是为了调整两类文献关注度的不平衡，也是由于阿勒姆等人（Allum et al.，2008）认为，尽管对于科学的一般态度和一般的科学知识之间是弱相关，但是对于更具体科学（例如生物技术）的态度和知识有着更强的相关性。因此，费些时间精力来开发一种工具以测度生物技术知识可能是值得的。

两组题目的分析数据详见表1，表中标灰的是正确答案。表格前半部分是10道生物技术题目，来源于2002年"欧洲晴雨表"关于公众对生物技术认知的调查。后半部分是13道一般科学素质题目，取自2005年"欧洲晴雨表"关于公众理解科学的调查。两份调查都是面向15个欧盟成员国的受访者。在这里需要注意数据的两个关键特征。一是有些题目只有少数受访者回答正确，而其他题目则有很多受访者都答对了；二是很多题目受访者回答"不知道"的比例都很高。

表1 15个欧盟国家知识问卷的回答分布情况

序号	标签	陈述	回答*/% 对	错	不知道
生物技术题目（2002年）					
1	细菌	污水会滋生细菌。	84	3	12
2	西红柿	普通西红柿不含基因，但转基因西红柿含有基因。	35	36	29
3	克隆	生物的克隆产生基因相同的复本。	66	16	18
4	水果	食用转基因水果，人的基因也会改变。	20	49	31
5	母亲	母亲的基因决定孩子的性别。	23	53	24
6	酵母	酿造啤酒的酵母含有生命体。	63	14	23
7	检测	怀孕的最初几个月可以检测出婴儿是否患有唐氏综合征。	79	7	14
8	动物	转基因动物总会比普通动物大。	27	38	35
9	黑猩猩	半数以上的人类基因和黑猩猩的相同。	52	15	33
10	转录	动物基因无法转录到植物体上。	29	26	45
$n=16,040$					
一般科学素质题目（2005年）					
1	太阳	太阳绕着地球转。	31	65	4
2	热	地心很热。	87	6	6
3	氧气	我们呼吸的氧气来自植物。	80	15	4
4	牛奶	放射性牛奶煮沸后可放心食用。	10	75	16

续表

序号	标签	陈述	对	错	不知道
5	电子	电子比原子小。	45	30	25
6	板块	我们生活的大陆数百万年来一直在漂移，未来也会继续漂移。	88	5	7
7	母亲	母亲的基因决定孩子的性别。	20	65	15
8	恐龙	最早的人类和恐龙生活在同一时期。	22	67	11
9	抗生素	抗生素能杀死病毒和细菌。	40	49	11
10	激光	激光的工作原理是聚集声波。	26	47	27
11	放射性	所有放射性现象都是人为的。	27	60	13
12	人类	众所周知，人类是从早期的动物进化而来的。	72	19	9
13	月	地球绕太阳一周的时间是一个月。	19	65	16

$n=15,518$

注：* 该列使用加权频数，根据每个国家的人口规模对每个国家的比重进行加权。由于四舍五入，总和不一定总为100%。

度量方法

根据这些试题创建量表的典型方法是将正确回答的数量相加。但是，这种简单的总和计分法会有很多潜在的问题。首先，必须确保这些试题没有任何测量误差。其次，这种方法不能区分实质性错误响应和"不知道"的响应。最后，这种方法通常意味着量表中所有的试题是等权重的，尽管有的试题比其他试题更能衡量人们的知识水平。

在这些试题中，我们首先要关注三个问题。第一，无论是在教育测试中还是在态度研究中，人们都很清楚，这些试题并不是我们试图用来了解概念的完美指标。第二，区分不知道的响应和实质性响应可以提供信息，可以用于调查数据的可能响应效果，即特定类型的测量误差。本篇分析的两组试题集中"不知道"的回答比例都很高，尤其是对生物技术试题。第三，像平时的考试或测验一样，根据试题内容为不同试题设置不同分值是有意义的。

在以下分析中，我采用潜在特质模型来回应这三个问题（相关介绍见Bartholomew et al. 2008）。假设存在"科学知识"结构，我们无法直接观察，于是把对个别调查问题的回答作为这个隐变量的不完美表现。如果所有的试题都在此结构中，它们应该会在统计学意义上互相关联；这些关联可通过隐变量"知识"得以解释。

隐变量模型通常被认为是最简单的回归分析模型，有多个可观测的响应变量和较少未观察到的解释变量。对于这些知识题目，可能需要不止一个隐变量，不止一个无法观察到的因素，才能充分解释这些问题的响应模式。可能对这些试题的响应用两个隐变量可以得到很好的解释：一个反映了知识水平；另一个是特定的响应方式，它会影响人们的答案，但这一变量与知识水平完全不相关。一种预期的响应方式可能是，例如默认偏差——倾向于同意或对问题给予积极回答，这种情况在调查数据中是经常出现的。隐变量模型可通过以下方式解决当前的三个问题。

首先，这一模型明确指出试题的响应和解释它们的隐变量之间是概率关系而非确定性关系，允许测量误差。

其次，使用特定的隐变量模型能够保留实质性响应和"不知道"响应之间的区别。在调查研究中，隐变量模型最常用于基于线性回归模型的因子分析，假定隐变量和观察试题是连续的定距变量。但是，如果观察试题是分门别类的，那隐变量模型就不适用了，这是我们要分析的问题，这确实在"欧洲晴雨表"等态度调查中时常发生。因此，潜在特质模型会更适用。该模型能够确定分类的试题响应和连续的潜在特质之间的逻辑回归关系。潜在特质模型在某些领域被称为项目反应理论模型（Van der Linden & Hambleton, 1997）。这里所介绍的模型中，我的第一种方法是将观察到的知识题目视为三类名义项，即对每个项目和潜在特质的关系基本使用多类别逻辑回归模型进行分析。

最后，知识量表中某些调查项目的权重应该是增加还是减少，以及具体的权重应该是多少，可用模型的估计系数确定。潜在特质模型可提供一组项目的大量有用信息。每个项目（或项目类别，如果有两类以上）对应的斜率和载荷告诉我们这一项目（或类别）在多大程度上通过特质区分受访者。载荷越高，区别越明显，与特质越相关，决定一个人的位置或特质"得分"的权重越大。鉴别度高的项目有助于我们获取"知识"并根据受访者知识水平进行标记。鉴别度低的项目对区分受访者作用微乎其微，而且可能会在之后的调查中被剔除。除了鉴别度参数，模型还明确指出了常数或截距。尽管在线性因子模型中，这些数据并没有太大意义，但在潜在特质模型中，作为项目的难度参数就很有启发意义。某一特定响应的难度被定义为中位数个体对某一特质给出响应的概率。在任何一个量表中都应该有不同难度等级范围的项目。针对某一潜在特质（如果特质不止一个，则将其他特质固定为特定值——本篇将其余特质固定为其平均值）的一系列值，计算项目响应的拟合概率选择，将项目载荷和截距的组合信息图形化地表示出来。根据这些拟合概率，我们可以绘制出项目特征曲线（ICC）或轨迹线，可以一目了然地展现根据潜在特征在任何点上选择每种响应类别的变化概率。ICC 通过响应曲线斜率的陡峭程度（斜率越大，鉴别度越高）及其难度来显示每个项目的鉴别力，难度由曲线在图中的位置确定（在潜在特征中位置越高，难度越大）。

据我所知，乔恩·米勒对封闭式知识项目的各种分析——包括科学素质量表和聚焦于生物技术相关问题的"欧洲晴雨表"式问题——均采用了隐变量模型，构成了公众理解科学文献中最先进的方法。他采用二元项目［其中"不知道"（DK）响应被重新编码为"不正确"］，使用初步的因子分析来识别构成一维尺度的项目，然后应用三参数逻辑模型分析这些项目，即难度、鉴别参数，并用另外一个参数来纠偏。米勒、帕尔多（Miller & Pardo, 2000）和米勒、帕尔多、尼瓦（Miller, Pardo & Niwa, 1997）用这些模型对欧盟、美国、日本和加拿大进行了比较研究。

在本篇中，我采用与米勒及其同事略有不同的方法来分析可能的响应效果。正如从文献中看到的，第三个"猜测"参数只能被较弱地识别出来（Skrondal & Rabe-Hesketh, 2004; Thissen & Wainer, 1982）。我的样本是标准数量的（每个国家大约 1,000 份）。我仍然使用双参数逻辑模型，但尝试用多个特质解释回答的效应。这样做有潜在优势，不仅是出于统计识别的原因，我还猜测"欧洲晴雨表"项目中的响应方式要比在两个选项之间的猜测更为复杂。数据显示，"不知道"（DK）的响应率较高；在生物技术试题中，"对 = 正确"的试题比"错 = 正确"的试题正确回答更多。因此，这些数据除了包含我们试图获取的信息，还可能包含了默认偏差、猜测倾向和自称无知倾向的混合。因此，我保留了"不知道"（DK）和错误响应之间的区别，使用双参数逻辑模型，允许需要多个特质来表示数据变化的可能性。此外，我将潜在特质建模为具有七个级别的离散特质，而不是连续的（参见 Heinen，1996）。这有一个特别的好处，该模型不会强行假设潜在特质是正态分布的，所以可以考虑知识在人群[2]中不是系统对称分布的可能性。

为了解决跨国可比性的问题，我主要关注欧洲国家在构建"知识"方面的异同，这些"知识"来自所用的潜在特质模型项目。其逻辑依据为，如果代表"知识"的特质估计项目参数（载荷和难度）因国家而异，则调查项目与构建"知识"之间的关系也因国家而异。这意味着从统计意义上讲，在不同地区，这些项目获取知识的方式是不同的。所以，我们应该谨慎使用这些项目来进行跨国比较，并考虑在将来的调查中修改这些项目，以构建具有广泛可比性的量表。但是，如果可以在不过度影响模型拟合的情况下，将不同国家间项目的载荷和难度限制为相同的，那么我们可以合理地讨论一种构造"知识"的常见方式，并且将其用于比较各国知识水平，这在统计学上是有意义的。这是否有实质性意义是下一个问题，本篇暂且不做讨论。这里的统计方法大致类似于在因子分析中应用于连续观察项目的统计方法，文献中有更多对于项目参数"不等价"或"不恒定"的论证和讨论（最近的示例和概述，请参见 Allum，Read & Sturgis，即将出版）。

按照顺序，在本篇中，我首先分别为每个国家找到了适当的知识模型。我会针对每个模型非正式的比较参数估值，然后尝试在整个数据集中找到一个模型，将国家/地区作为协变量，载荷和截距固定为所有国家相同。"寻找模型"的标准是模型拟合和模型解释的标准。为了评估模型的拟合度，我关注双向边际残差，按照巴塞洛缪等人（Bartholomew et al.，2008; Bartholomew and Knott，1999）以及乔雷斯科和穆斯塔基（Jöreskog and Moustaki，2001）的方法。[3] 除了充分拟合，模型还必须有实质意义。在这种情况下，这在最基本意义上意味着人们回答问题的正确率会随着潜在特质"知识"的增加而增加。

模型与方法 第三部分 3

生物技术知识的度量结果

通过定向分析，我在本文中展示了英国样本中十个知识项的双特质模型结果，该模型很好地拟合了数据（2.7%的标准化边际残差 >4）。图 1 显示了该模型标记"知识"特质的项目特征曲线。每个图都指向其中一个项目，横轴为潜在特质数值，纵轴为回答"对""错"或"不知道"的概率。可以看出，随着特质数值由低向高（从较低的知识水平到较高的知识水平）移动，大致来看，做出正确回答的可能性增加，而给出错误或"不知道"回答的可能性减少。另一个特质（不太有趣，在此不做介绍）似乎总结了回答"不知道"而不是做出实质性回答的趋势——这是我期望找到的响应效果特质。

但是，对知识特质的这种广泛解释需要满足两个条件。第一，图左侧列出的所有项目中，无论知识水平"低"或"高"，给出正确回答的可能性在每一点上都非常相似。而且，这种可能性很高——这类题目很容易做对。黑猩猩一题是其中最难的一个项目，但即便如此，处于特质低端的人回答正确的概率也有约 60%。因此，这些项目对我们区分知识水平高低没有太多"帮助"。值得注意的是，这些项目有一个共同特征，"对"的选项就是正确答案。在右侧显示的项目中，"错"的选项才是正确答案，整体来看有着更强的辨识能力——知识水平最低的人大约有 20%的概率答对西红柿一题，而知识水平最高的人约有 80%的概率答对。请注意，西红柿的题目比水果一题（在西红柿下面）更难。具有中等知识水平的人更容易答对水果一题而不是西红柿一题。第二，一些斜率估计值表明有些解释是有问题的。克隆和黑猩猩两题回答"对"的和回答"错"的斜率符号实际上顺序错了：随着特质的提升，回答错误的概率也随之增加（这两题中，"错"是错误答案）。实际上，这两题的"对"和"错"回答的斜率估计值并没有明显差异（$P < 0.05$）。但是，该模型对特质计算的后验分数（"因子分数"）的含义是，一个人正确回答了所有其他题目，但是这两题回答错误，给的答案是"错"，与正确回答所有题目的人相比得分略高。在此模型下，前者的得分为

235

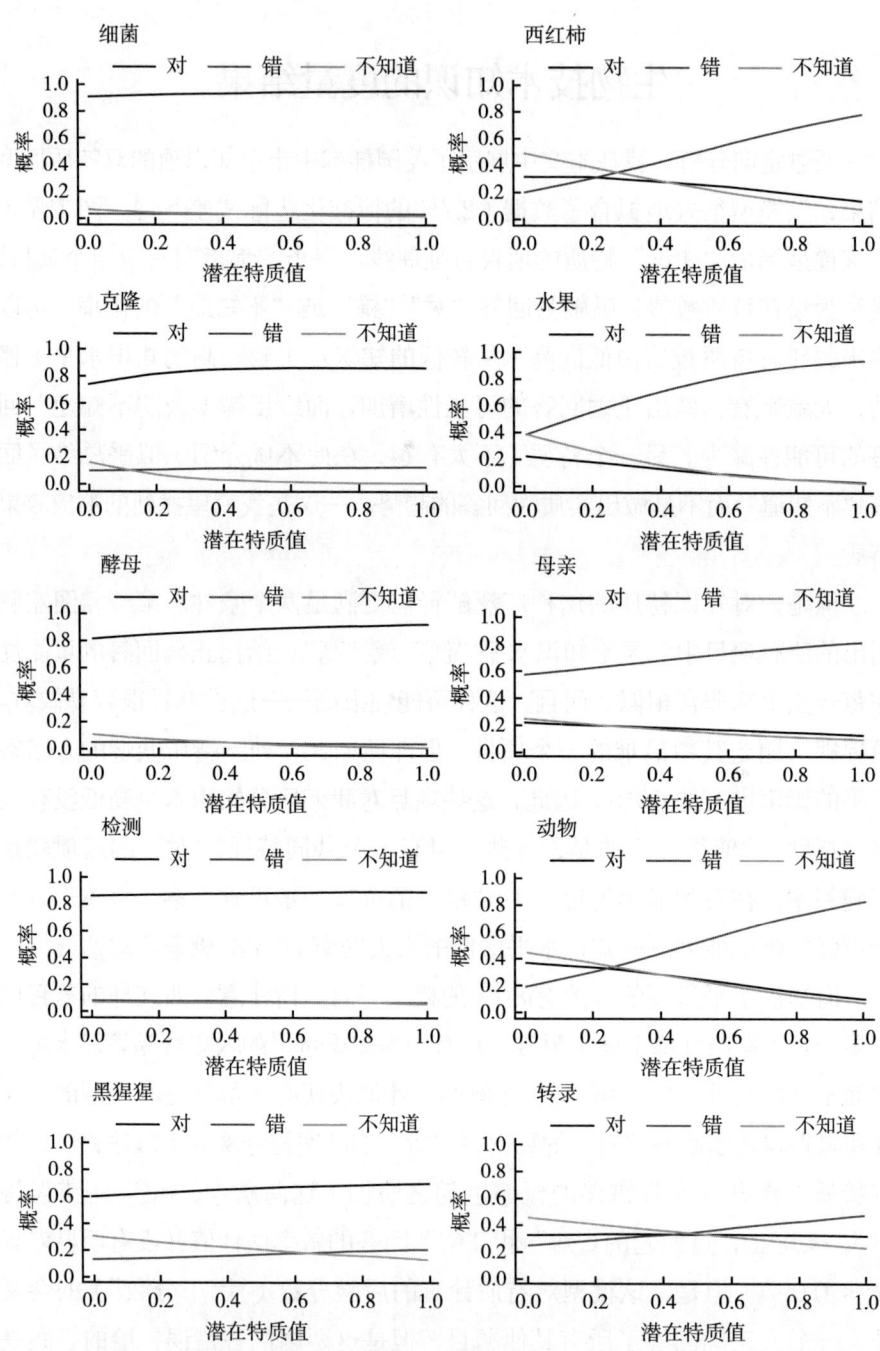

图 1 英国样本中"知识"特质的项目特征曲线：三类名义项的二特质离散特质模型

0.943，后者的得分为 0.917。

模型拟合英国数据的下一步是要从知识量表中删除有问题的项目，以便找到合适的模型。在该模型中，斜率系数的方向逻辑上与定义高知识水平量表的一端是相符的。这种做法实际上存在很大问题。从量表中移除项目明显会动摇余下项目——最明显的是，"对 = 正确答案"项目很难找到斜率系数采用所需符号的模型。在我尝试的几种模型中，没有比十项量表更好的模型，尤其是在根据正确答案数量逻辑排序得出因子分数方面。因此，十项特质仍然是这部分对于英国样本的最终模型，但有附加的警示。

继续探索 15 个国家的知识项目联合模型，对国家逐个单独分析表明，从双特质模型着手是可行的。使用样本集中的所有十个知识项构建的双特质模型对于所有国家的样本都非常适用：双向标准化边际残差的百分比在 15 个国家中平均值为 2.4%，从芬兰的 0.2 到德国的 7.2 不等。对于所有国家，其中一个特质都可以合理地标记为"知识"，而另一个特质在不同样本之间的解释略有不同——在一系列解释中，最常见的是一种响应效果特质，一端的回答是"不知道"，另一端则为"错"。表 2 主要关注"知识"特质，定性总结了少数国家和少数知识项斜率系数相对于捕获知识特质预期模式的偏离。它反映了英国数据的模型，许多"对 = 正确答案"的项目在一些国家缺乏辨识度，在许多情况下，虽然回答正确的总体概率在特质最高点最高，但回答错误的斜率在增加——意味着英国数据中因子分数存在问题。但是，与最后一项转录相比，这些问题并不是那么严重，因为针对这一知识项，5 个国家中处于"高知识水平"特质一端的人们，回答错误的可能性大于回答正确的可能性。在这些情况下，从项目特征曲线可以很清楚地看出，该项目与知识量表的其他项目在逻辑上不相符。因此，我们从项目组中删除了这一项。用九个知识项重复这些探索性分析，保持表 2 中对它们的定性总结基本不变。

从图 1 中给出的项目特征曲线示例中可以明显看出，某些项目具有比其他项目更大的辨别能力。在联合特质模型中，不同国家之间的项目相对差异被设为固定值。不幸的是，各国的项目特征曲线似乎差异太大，如果对

表 2 生物技术"知识"特质异常项目特征曲线的定性总结：基于 15 个国家数据的双特质模型

国家	"对 = 正确答案"的项目						"错 = 正确答案"的项目		
	细菌	克隆	酵母	检测	黑猩猩	西红柿	水果	母亲	动物	转录
奥地利										
比利时	c−, i+			c−, i+	d					d, c−, i+
丹麦				c−, i+	i+					I, c−, i+
芬兰								i+		
法国	c−, i+	c−, i+	c−, i+	c−, i+	c−, i+					
德国			c−, i+	c−, i+						I, i+
希腊	i+			i+						
爱尔兰	i+				i+					
意大利	c−, i+	c−, i+	c−, i+	c−, i+	i+					c−, i+
卢森堡	d	d		d, i+						I, d
荷兰	d	d		d	d					I, d
葡萄牙				i+		I, i+				
西班牙	c−, i+	c−, i+	c−, i+	c−, i+						I, i+
瑞典	d			d						
英国	d			d	i+					d

注：d 表示鉴别度低，有非常平坦的项目特征曲线；c− 表示随着"知识"水平的提高，正确回答的斜率略有下降；i+ 表示随着"知识"水平的提高，错误回答的斜率略有增加；I 表示在特质最高点，最有可能做出"不正确"回答。

每个国家使用相同的测度模型，这样的联合特质模型无法很好地拟合。[4]在九个知识项的双特质联合模型中，42%的标准化双向边际残差很大。就知识项的双向项—项边际、国家—项边际以及三向项—项边际而言，西红柿、酵母、动物和黑猩猩这四个知识项的大残差数量相当多。从量表中删除这些项目会使高残差的比例几乎减半，但仍高达26.3%。增加特质的数量也有助于模型拟合：如果用三特质模型分析，删除这四个有问题的项目，可以将高残差的比例降低到15.9%。但这仍然太高了（与本书中梅尔加德和斯塔勒的潜在类别模型相比）。此外，基于这些项目对知识的测度相当不稳定。在各国针对所有特质使用相同测度的模型中，我发现不同知识项数量和组合会产生截然不同的解决方案——这与在英国数据的双特质模型中的发现相呼应。即使模型包含三个特质，某些项目组合也无法成功反馈在一端代表正确"知识"的特质。因此，尽管这些项目旨在从广泛的知识项中构建样本，但对"知识"构建的解释似乎比预期更依赖于有贡献的项目组合。

这一模型的目标是测度知识，所以不应通过允许第二特质（充当了解释回答类型的作用）在各组之间不同从而对模型做出妥协。也就是说，一个可行的联合模型可能既具有代表"知识"的固定特质，也具有一种体现回答效果的、因国而异的特质。但是，这组项目没有做到这点。无论是九个知识项的版本，还是五个知识项的删减版（如上文所述，通过检查较大的双向和三向边际残差选出），固定特质都不能解释为"知识"。无论回答是否正确，它似乎更接近这样一种回答效果，一端是"不知道"，另一端是"错"。尽管这些模型拟合有很大的改进（例如，九项模型双向残差大的比例为13.2%），但它们并不能代表"知识"。从这些分析来看，要为这些项目找到可行的联合模型，任务艰巨。这里尝试的模型，或拟合性较差，或无法识别出可以被解释为"知识"的特质，而且似乎在数值上不稳定。在本篇介绍的模型中，包含五个知识项的三特质模型是在跨国比较层面解释"知识"的最佳代表。图2给出了该模型中"知识"特质的项目特征曲线。请注意，对于这一特质，低分表示知识的高水平。

从这些项目中确定最佳跨国知识量表后，下一个问题是知识如何按国家

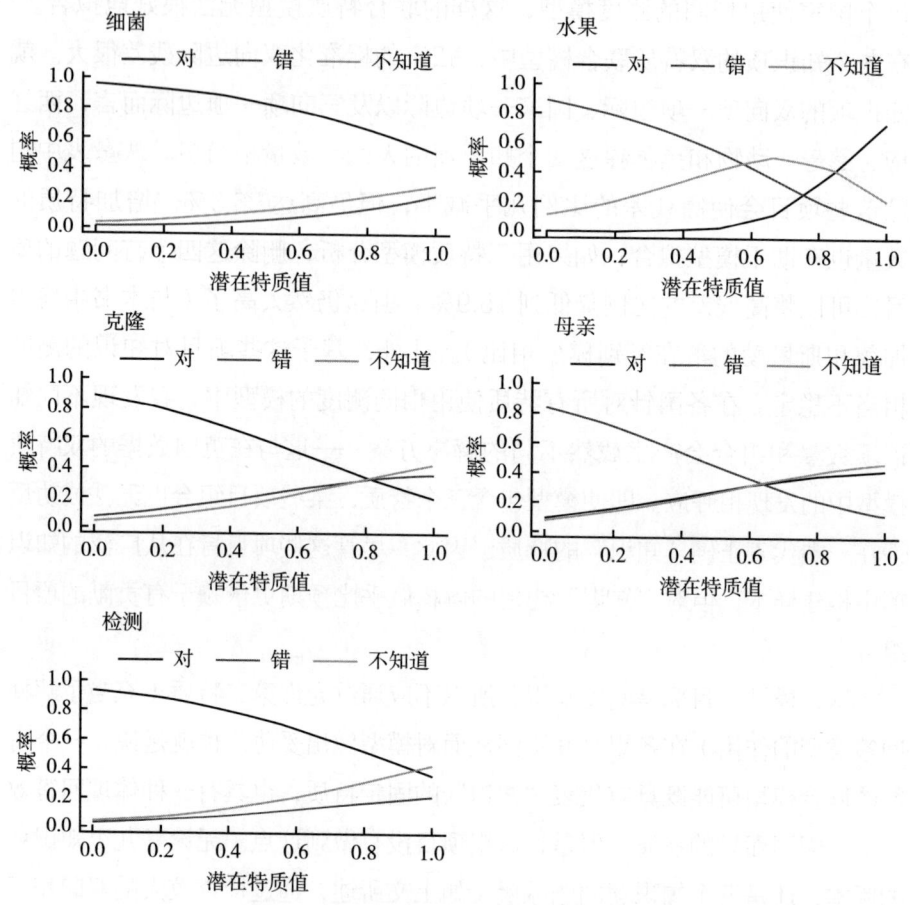

图2 三类名义项的三特质离散模型项目特征曲线：基于15国生物技术"知识"特质，所有特质采用同等测度模型

分配。表3显示了根据该特质的知识水平分布（与原始模型相反，高特质表示高知识水平）。具体而言，它显示了对于各个国家及15个国家整体，按人口比重加权的、属于该特质七个级别的人口百分比估计值。各国按平均知识得分从高到低排序。该特质在各国之间的分布与公众理解科学文献的预期一致：北欧国家的知识水平较高，而有些例外的是，南欧国家的知识水平较低。总体而言，欧洲人在这一量表中得分很高，只有很少的人属于这一特质的三个较低级别，欧盟整体的平均水平为0.68。

表3 生物技术知识项目最终联合模型各级别受访者比例 / %

国家*	低知识水平			等级		高知识水平		平均知识水平
瑞典	0	0	0	7	10	47	36	0.85
丹麦	0	0	0	16	15	45	23	0.79
荷兰	0	0	0	17	15	44	22	0.78
英国	1	0	1	22	17	42	18	0.75
芬兰	1	0	1	30	19	36	12	0.70
法国	2	0	1	30	19	36	12	0.70
卢森堡	2	0	1	31	19	35	11	0.69
意大利	4	1	1	34	19	32	9	0.66
德国	4	1	2	36	19	30	9	0.65
爱尔兰	5	1	2	36	18	30	9	0.65
西班牙	5	1	2	37	19	29	8	0.64
比利时	6	1	2	38	18	28	8	0.63
希腊	8	1	2	43	18	23	5	0.59
奥地利	11	2	3	46	17	19	4	0.55
葡萄牙	18	2	3	45	15	15	3	0.49
各国总计（按人口加权）	4	1	1	32	18	33	12	0.68

*由于计算问题，各国内部的百分比未进行加权。

鉴于我们未能成功地为多个知识项构建拟合良好的联合模型，自然就产生了一个问题，即上述模型的困难是否是由于保留了"不知道"的回答和实质错误回答之间的区别所致。由于在公众理解科学文献中对二元版本建模（正确与错误，"不知道"被视为回答错误）更为常见，因此我在这里简要介绍二元版本的分析结果。

逐个国家的分析表明，一个特质足以代表这些数据：双向边际残差较大的百分比范围从5个国家的0到西班牙的3.9，平均值为2.10，所有项目载荷均是相同符号。各个国家模型可能在定性上相似，但是它们的参数差异很大，足以导致联合模型在各国采用同一测度模型的情况下拟合得很差（双向边际残差较大的占43.1%）。与以前一样，无论是从量表中删除有问题的项目，还是增加特质数量，都可以极大地提高拟合度。对于五个项目的情况，双向边际残差较大的占26.3%。值得注意的是，与多项目模型相比，这里保留了一组略有不同的项目——特别是在量表中保留了转录。这组项目的双特质模型进一步改善了拟合情况（残差较大的仅占14.2%），但五个项目中有三个的响应曲线是平坦的，导致其价值值得怀疑，可能被解释为过度拟合的情况。因此，综合考虑所有情况，我们将五个项目的单特质模型视为首选模型。其项目特征曲线如图3所示。有趣的是，对转录的正确回答预期只会出现在处于量表顶端的受访者身上。

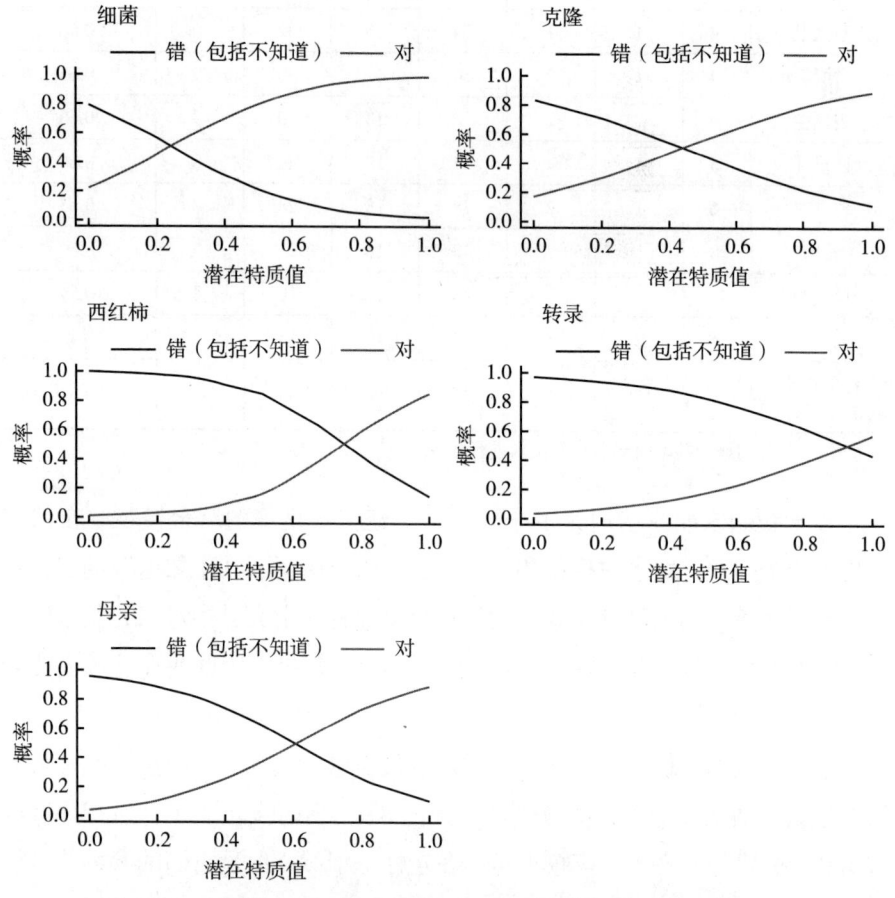

图3　15国采用同等测度的二元单特质离散模型项目特征曲线

一般科学知识项目度量结果

在推测生物技术项目遇到问题的可能原因时，可能需要考虑其内容。因为在不同的模型中，不同的知识项导致了拟合问题，所以在某些地方奇怪的提问措辞似乎不是罪魁祸首。因此，对科学素质知识项进行类似的分析，提供了一个有用的可比之处。

由于篇幅的原因，此处的分析做了一些删减。我们将项目多级分类建模，并采用两特质离散模型，对国家逐个进行分析，发现一些知识项存在问题。例如，生物技术项目中，有的国家"知识"特质的项目载荷符号反馈的解释违背了直觉。因此，有必要从知识量表中删除一些项目。根据表2中所总结的非正式分析，建立联合模型的第一步是保留九个知识项。这九个知识项的双特质模型，在不同国家之间采用了同等测度模型，拟合效果很差——但值得注意的是，并不像生物技术项目的九项目双特质模型那么差（前者双向边际残差大的比例为28.1%，而后者为41.8%）。减少知识量表中的项目数量对于降低双向边际残差较大的比例作用甚微。但是，部分放宽测度模型可以极大地提高拟合度，即允许同一特质的斜率和截距在不同国家之间不同，而在另一特质上限定斜率在不同国家之间相等（截距在不同国家之间可以不同）。在此模型中，双向边际残差很大的比例只有4.1%，固定的特质可以解释为代表从低到高的知识水平。图4显示了针对英国受访者使用该模型的项目特征曲线，即将斜率固定为欧洲国家的统一水平，但截距是英国特定的。这里有几点要注意。首先，与生物技术项目相比，所有科学素质项目的正确回答斜率都相对陡峭。也就是说，从广义上讲，科学素质项目比生物技术项目具有更大的辨别力。其次，对于科学素质项目而言，并非所有"错 = 正确答案"的项目都比"对 = 正确答案"的项目更难。图中左列的前三个项目是正确回答为"对"的项目。第二道题判断"电子比原子小"，是相对难的项目，其难度并不取决于回答的方式。这是项目组在生物技术项目中十分可取的、非常有吸引力的两个特点。

科学与公众

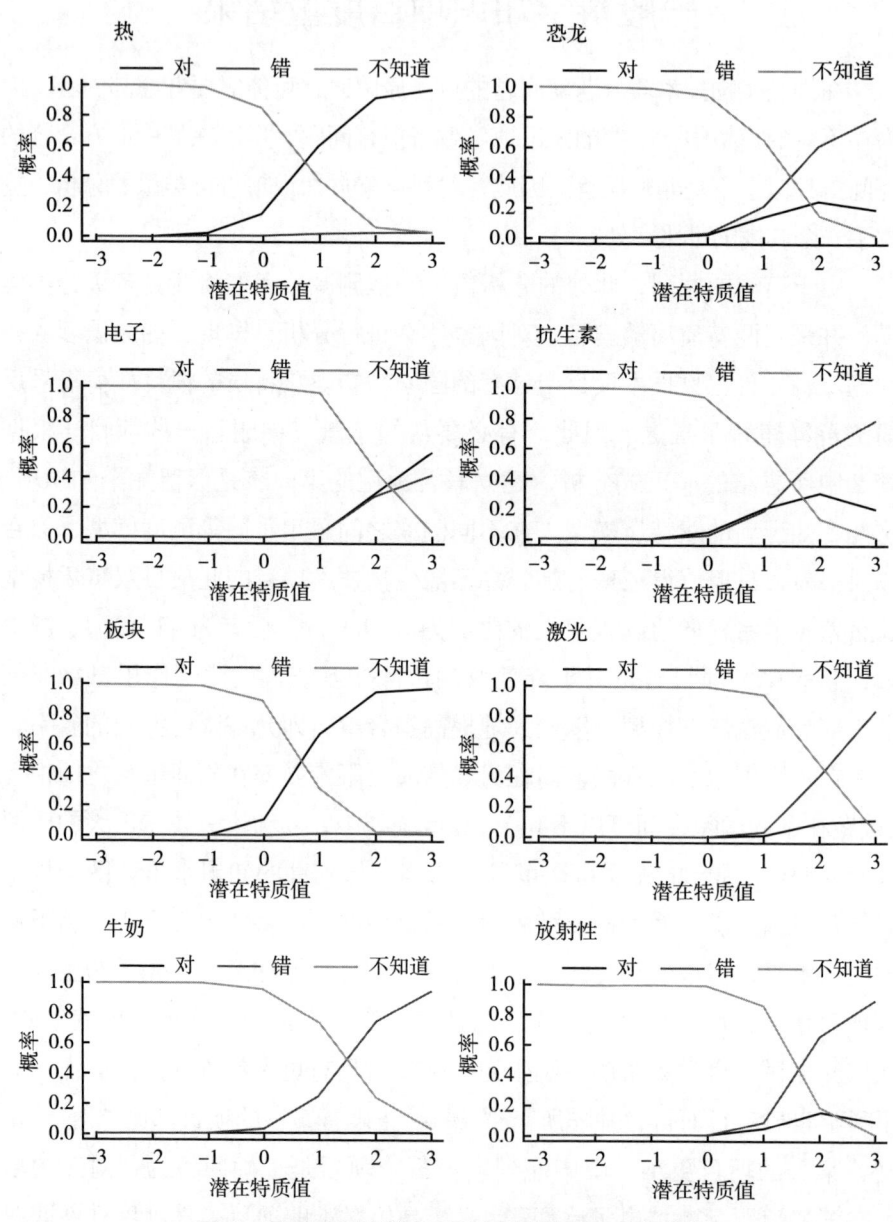

图4 英国最终科学素质量表模型的项目特征曲线

模型与方法 第三部分

讨论：对未来调查设计的启示

　　这些分析的结果表明，使用已有项目获得对于15个欧国家统计学上可比较的知识量表是一项艰巨的任务。与科学素质项目相比，生物技术项目更是如此。但是，这些模型也非常清楚地指出了在未来设计包括这些项目的调查时，可能要进行一些修改。

　　首先要考虑的是国家内部的知识量表运作。知识项最显著的特征是相对容易，因此不具诊断性，因为大多数受访者都正确回答了这些问题。但是，这些项目可能不是直接检验广为人知的事实。与"错"是正确答案的项目相比，那些"对"是正确答案的题目要容易得多（即更多的人回答正确）。这可能表明高正确率是由猜测或默认偏差等响应效果造成的。在这方面，生物技术项目和科学素质项目是相似的，但生物技术项目的问题更为突出。帕尔多和卡尔沃（Pardo & Calvo, 2004）在他们对科学项目的方法学分析中提出，可以通过在项目组中添加或替换更多难的知识项来优化量表。他们特别建议使用更多"错＝正确答案"的项目来增加测试的难度。他们还建议使用四分制的李克特响应量表，以使受访者能够区分自己认为每个陈述是"确定"对或错还是"可能"对或错，以降低猜测或其他响应效果的影响。但是，我将采用不同的方法。我们已经知道默认偏差和猜测等响应方式在某些人口统计数据中，包括文化群体中，是更有可能出现的（Smith, 2003）。因此，增加"错＝正确答案"项目的数量可能会导致知识量表偏向于特定类型的受访者，更容易受到偏见的影响。项目转录有非常奇怪的缩放行为，需要双重否定才能得到正确的回答，这是对过度使用此策略的警告。毫无疑问，尝试增加有难度的知识项数量有一定效果，但是如果可以确保是知识项内容有难度，而不是所需的响应难度增加，将会更加有效。因此，如果将这些更难的问题混合在一起，其中一些"对"是正确答案，而另一些以"错"作为正确答案，将是一个很好的组合。四分制李克特响应量表可以在某种程度上减少猜测和默认偏见的潜在影响，但更可能成功的策略是从测试题中完全消除对错二分法，而要求受访者在两者之间进行选择。许多原始的科学

245

素质和生物技术知识量表项目可以很容易地以这种方式被重新编制。例如，"母亲的基因决定孩子的性别"这一题可改为从以下陈述中做出选择："母亲的基因决定了……"或是"父亲的基因决定了……"。也可以考虑多项选择题。例如"普通西红柿不含基因，但转基因西红柿含有基因"这一题，可以改为这样一个问题：

以下哪项含有基因？
A. 人类
B. 水果和蔬菜
C. 转基因水果和蔬菜
D. A 和 B
E. B 和 C
F. 以上所有

理想情况下，前三个选项的顺序也应改变。多选题的分析更加复杂，处理起来成本更高，但应认真考虑将其作为降低数据中响应效果偏差的一种可行方法。

完全改变项目体例是一个相对激进的举措：新项目可能总是不如现有项目好用，而且也阻碍了对趋势的分析。相对折中的策略是下一次调查时在现有项目组中添加更有难度的知识项，并在未来考虑彻底改变问题体例之前，先评估其有效性。鉴于科学素质项目比生物技术项目更容易找到合适的模型，将这些问题的内容转向一般科学，而不是特定的应用，如生物技术，可能是可取的。比起改变整体的问题形式，向已有项目组中增加项目导致失败的风险似乎较小，但是即使采用这种方法，也需要适当考虑应答者的疲劳程度，以及这种结构与给定问卷中需要涵盖的其他主题相比的相对重要性。这需要调查设计者的战略决策。如果可以找到一个模型来适应项目当前的形式，那么这可能是创建知识量表的最佳解决方案。适用于科学素质项目的双特质模型（有一个固定的"知识"特质和一个自由的"响应效果"特质）就是这种模型的一个典型示例。但是，对于非专业人员而言，使用多个特征来解释响应效果可能不像一维知识量表那样直观。最后还有一个更积极的结论,在国家内部分析中,现有的双特质模型可提供大量项目相关的有用信息。在跨国比较研究方面,鉴于知识对公众理解科学研究领域的重要性,更加努力地提高知识量表的适用性是有价值的。对生物技术量表和科学知识量表的方法论批评强调了这一点。帕尔多和卡尔沃(Pardo and Calvo,2004)指出,通常在知识和态度测度之间发现的弱相关可部分归因于所使用量表的质量。阿勒姆等(Allum et al.,2008)在他们对知识和态度之间关系的系统分析中发现,模型中最大的差异来源于所用的测量方法,而很少与国别差异有关。这尤其为制定更合适的跨国测度标准提供了动力。

注释

1. 本篇来源于由英国经济与社会研究理事会(UK Economic and Social Research Council)奖学金资助的研究。
2. 使用潜在类别和有限混合建模分析软件(Latent GOLD)(Vermunt & Magidson,2005)对模型进行估算。项目特征曲线和一些拟合统计量是使用约尼·库哈(Jouni Kuha)博士亲自编写的数据分析和统计建模平台软件(S-Plus)中的函数计算的。
3. 对于每对项目的回答,我通过折叠对其他变量的回答来创建双向边际表。O是此表格中单个单元格观察到的频数,E是对同一单元格的频率预期,我将O和E进行比较。对每个单元格的残差进行标准化,即$(O-E)^2/E$,其中值大于4表示拟合不佳(Bartholomew et al.,2002)。大残差的数量越多,模型越差,我将跨国模型中每个模型标准化边际残差大于4的百分比作为拟合统计量,用于反映所有国家总体情况以及各国特异情况。更详细的信息请参见斯泰尔斯(Stares,2009)在采用潜在分类模型情况下应用的相同方法。
4. 作为对这种联合模型的简要初步分析,我们进行了指示性分析,着重分析项目的辨识力,这里定义为与错误回答相比正确回答的辨识参数——暂时忽略"不知道"回答的斜率估计值。如果某些知识项的辨识参数在不同国家的顺序显著不同——例如,如果在某些国家中关于西红柿的题目比关于细菌的题目辨识度更高,但在另一些国家中相反——这将是一个明确的信号,表明找到一个合适的联合模型将是困难的。分析是使用数据分析和统计建模平台软件（S-Plus）进行的，在不同斜率估计值之间使用了95%的置信区间，并应用邦费罗尼校正（Bonferroni Correction）进行多次比较。实际上，只有两对知识项（细菌和酵母以及细菌和西红柿）似乎相对辨识度明显不同，第一对只存在于葡萄牙和西班牙之间，第二对则是在葡萄牙、西班牙和丹麦之间。这让我们有理由乐观地认为，在不同国家之间使用固定测度模型的知识跨国比较模型可能是可行的。

公众理解科学的统计模型

阿尼尔·拉伊　拉杰什·舒克拉

计算机技术领域的新近进展使我们能更容易地应用复杂的统计模型/技术对调查数据进行更有意义的分析，这在过去是不可能实现的。目前已经有许多计算机统计技术被开发出来，用于密集的数据探索和整合，以得出有意义的结论。

大规模调查以抽样的形式收集人口的各种定量和定性特征数据。根据数据分析的类型，这些调查大致可分为两类。第一类调查称为描述性调查，研究人员主要关注通过估计目标群体的参数函数来得出结论。第二类调查称为分析性调查。在这一类别中，研究人员主要关注人口结构分析，在此分析基础上得出的推论也适用于其他类似的人群。分类数据（如受教育程度、性别、职业群体等）分析属于第二类，特别是对调查的定性变量的分析。

在公众理解科学调查中，调查对象会被问及大量的问题，且大部分收集到的信息本质上都是定性的。公众理解科学中的变量通常为序数变量或名义变量。名义变量中，层级顺序并没有意义，也就是说，它是非信息性的，性别单纯指男性或女性。但是在序数变量中，层级顺序和名称都具有信息性和相关性，例如教育水平（分为小学、初中、高中、本科生和研究生）。因此，使用不同的视角对这些变量进行整合，然后得出关于人类理解科技不同方面的结论，是有挑战性的。此外，数据收集的调查设计本质上大多比较复杂，抽样权重在保证兴趣参数的无偏估计方面起到了重要作用。

公众理解科学调查属于分析性调查，研究人员的基本兴趣是探讨人口变量之间的结构关系。在这里，科学理解和知识水平是因变量，而其他定性变量和预测变量是解释变量，这些关系可进一步用于未来的预测。因此，基于调查数据建立定性和定量变量的统计模型是主要问题之一。本文试图对公众理解科学的调查中使用的一些技术进行描述。这些技术进一步的例证来源于新德里的国家应用经济研究委员会进行的一项全国科学调查中收集的数据。

在分类数据分析中主要有三种问题。一是对于关联的度量，据此可以测度任意两个定性变量之间的关系程度。二是假设检验，利用卡方检验统计数据，可以检验各种关于兴趣的假设，如拟合优度、属性的独立性、比例的同质性等。三是开发使用定性和定量变量的模型。公众理解科学研究中，在做人口行为相关的推论时，对属性独立性的假设进行数据检验是非常重要的，如检验性别、教育水平、社会群体等对于科技知识和理解的影响程度。同样，可以使用卡方检验来统计检验整个国家／地区／社会群体对科学和技术的理解水平，以估计比例的同质性。二维列联表的假设检验非常普遍，但直到最近，在对数线性模型的帮助下，这些检验在多维列联表中才得以应用。在这个快速扩张的领域中，毕晓普、菲恩伯格和霍兰德（Bishop, Fienberg and Holland, 1975）出版了早期的著作。阿格雷丝蒂（Agresti, 1996）、克里斯滕森（Christensen, 1997）等人的著作也详细介绍了这些模型。这些模型在调查数据方面的应用则稍微复杂一些。

基于一系列科学问题对个人的知识和理解进行评估是一个劳心劳力的过程，它需要大量的定性变量才能得出有意义的结论。相反，我们可以基于公众理解科学的调查数据，开发一个随机模型来评估对科技的理解和知识水平。利用该模型，可以以一定概率将个体划分为不同的知识序数等级（如高、中、低），以及对科技的理解和态度类别。

本篇尝试利用公众理解科学数据建立一个逻辑回归模型，使来自相似群体的任何个体都可以根据其个人特征，而不是对一套科学问题的回答，按概率被划分为不同的知识类别水平。这个模型的数据来自新德里的国家应用经济研究委员会进行的国家科学调查。此外，在公众理解科学调查中，研究人员也可能会有兴趣探索不同定性变量之间的关系，例如教育水平、收入水平、媒体曝光度、职业地位、性别，以及对科技的理解和知识水平。对数线性模型对此问题十分有用，在多维列联表中，它与用于属性独立性假设检验的逻辑回归模型密切相关。在下一节，我们将简要介绍这些模型。

对数线性模型

分类变量可以分为两大类：名义变量和序数变量。名义变量的层级没有自然顺序关系，而序数变量有层级顺序。区间变量则是另一类变量，它们在两个级别之间没有距离。在测度等级中，区间变量位于最高级，其次是序数变量和名义变量。在实践中，这意味着适用于低水平测度等级的统计技术可以应用于更高等级，但不能应用于更低等级。区间变量也称为定量变量。2×2 表中的关联度量可以通过比值比来计算，而在 $I\times J$ 维列联表中，关联度量则是取各比值比的加权平均值来计算。为了测度顺序关联性，受试者被分成两组，即一致组和不一致组。如果一名受试者的 X 变量排名越高，其 Y 变量排名也越高，那么这对数据就是一致的。如果一名受试者的 X 变量排名越高，其 Y 变量排名越低，那么这对数据就是不一致的。

对数线性模型的统计特性介于方差分析（ANOVA）和回归模型之间。该模型中，列联表的观测单元频率以对数形式建模。采用这种建模形式有许多理由。首先，它支持大样本理论，是泊松抽样数学的自然延伸。此外，在存在多项单元频率的情况下，因为参数估计很困难，界限是相当模糊的，即在 0 和 N 之间；但在对数线性模型中，参数的估计和解释是相当直接的。对数线性模型的可扩展性和可伸缩性使其可以进行拓展，以分析多维列联表。

对数线性模型是广义线性模型的特例。对数线性模型的所有兴趣变量都被视为响应变量，因为它不区分因变量和自变量。如果需要将兴趣变量视为因变量和自变量，则需要首选逻辑或逻辑回归技术。在逻辑回归分析中，定量变量也可以作为自变量与定性变量一起使用。对数线性建模技术是将模型拟合到列联表的观测频率中，然后在考虑各种零假设的情况下能够估计出一个期望频率。分类变量之间的不同关联模式也可以通过比值比来进行估计。为了保证模型拟合的简易性，最好采用分层对数线性模型进行拟合。对于分层对数线性模型，如果模型中存在一个高阶交互项，那么也应该考虑相应的低阶交互项（参见附录 1 中的详细统计信息）。

在比值比方面，对这些模型的推理有许多重要而有趣的解释。模型拟合有两种方法：自上而下法和自下而上法。自上而下法是通过饱和模型检验，删除低阶项，直到获得最佳拟合模型。自下而上法则是从一个最简单的模型（独立模型）开始，添加高阶项，直到获得最佳拟合模型。一般采用迭代比例拟合算法（Deming-Stephan algorithm）来获取模型的参数。该算法为分层模型生成期望单元频率的最大似然估计。模型拟合的检验采用卡方检验或似然比检验。利用残差分析可以对模型的质量进行评价。在这一过程中，用观测频率与期望频率之差除以期望频率的平方根来计算标准化残差。残差较大说明拟合模型与数据集较为适配。拟合对数线性模型时需注意以下几点：

（1）变量的数量越少越好。
（2）样本观察的数量是单元格数量的5倍。
（3）期望频率数大于1且不超过20%的单元格期望频率小于5。

对数线性模型在复杂调查数据分析中的应用需要较强的计算能力。下文将进行简要回顾。

调查数据中的对数线性模型

科恩（Cohen，1976）研究了一个一般问题中非常特殊的情况，即在复杂抽样设计的帮助下收集数据时如何测试拟合优度，特别是在恒定设计效应模型下的聚类抽样。基什和弗兰克尔（Kish and Frankel，1974）提出的设计效应是抽样设计的方差与有放回简单随机抽样的方差之比。南森（Nathan，1969，1972，1973，1975）进行了最为持久的复杂样本独立性检验。他还回顾了几位作者的工作，如巴普卡尔和科赫（Bhapkar and Koch，1968）及查普曼（Chapman，1966）。这些作者专注于与属性独立性的零假设检验密切相关的统计。基于样本重用技术，他们提出了几种无偏统计方法，特别是平衡重复复制法。利用相同的样本重用方法，对双向统计列联表的不同单元格进行了方差—协方差估计。上述作者提出的检验统计量以上述统计量二次函数的形式表现出来。遗憾的是，由于所提出的检验统计量的分子和分母之间高度相关，该技术所提出的检验统计量在其所达到的显著水平方面表现得非常糟糕。南森（Nathan，1973）报告的模拟结果是有缺陷的，他在1975年的后续论文中指出了这一点。

费莱基（Fellegi，1980）仔细验证了复杂样本的非线性统计量方差估计问题，并结合现有文献提出了两组检验统计量。第一组检验统计量来自对南森（Nathan，1973）考虑的统计量的泰勒近似（Taylor's approximation）。第二组检验统计量是从普通皮尔逊卡方统计量中剔除复杂调查设计的效应，即用统计量除以单元设计效应的平均值。拉奥和斯科特（Rao and Scott，1979，1981）已经证明，对于复杂的抽样设计，通常的检验方法即使能够渐近也是无效的。研究已经证明皮尔逊卡方检验统计量（X^2）和似然比检验统计量（G^2）都作为独立卡方随机变量的加权和渐近分布，每个变量都有一个自由度。每个卡方随机变量的权重是设计效应矩阵的特征值，这是基于通常设计效应矩阵的概念，而通常设计效应矩阵又基于个体单元的通常设计效应概念。此外，对上述统计量，即X^2和G^2，提出了一阶修正，使它们的一阶矩与它们的自由度相等，就像在多项抽样的应用中一样。此外，当数据是在复杂的调查设计帮助下获取时，使用基于萨特思韦特近似（Satherthwaite approximation）（Satherthwaite，1946）的二阶校正来修正X^2和G^2。拉奥和斯科特（Rao & Scott，1984，1987）利用对数线性模型将这些修正扩展到多维列联表。费依（Fay，1985）通过使用重采样技术（如平衡重复复制法）延伸了这种修正，以检验列联表中的独立性和各种形式的条件独立性。

舒斯特和唐宁（Shuster and Downing，1976）在调查抽样分类数据分析领域做出了一些相对不那么重要的工作，他们提出了在各种抽样方案的列联表中检验独立性、准独立性和边缘对称性的方法。布里耶（Brier，1980）使用狄利克雷多项分布作为聚类抽样方案生成列联表的一个模型。科赫等人（Koch et al.，1975）讨论了对可能来自复杂调查设计的数据进行多变量分析的某些方面，涉及用于瓦尔德统计量的加权最小二乘算法的大样本方法学。霍尔特等人（Holt et al.，1980）实证研究了调查设计效应对英国经济调查和一般健康调查数据的拟合优度检验、同质性检验和独立性检验的影响。拉奥和海迪罗格娄（Rao and Hidiroglou，1981）、库马尔和拉奥（Kumar & Rao，1984）、费依（Fay，1984，1989）、托马斯和拉奥（Thomas & Rao，1984，1985）、辛格和库马尔（Singh & Kumar，1986）也在这一领域做出了其他重要的实证研究。此后，调查抽样的分类数据分析程序已被纳入 SAS©（数据分析软件）；它同时也适用于拉奥和斯科特（Rao & Scott，1981）提出的一阶修正和二阶修正。

逻辑回归分析

我们可以使用一些技术来对人口中各种定性变量之间的结构关系加以量化。在这些技术中，首要兴趣是一种相关因子，它依赖于其他独立因子，被称为响应因子。在该模型的建立过程中，对与响应因子相关的各种对数概率也进行了建模。一种特殊情况是，如果响应因子只有两类，其概率分别是 v 和 $(1-v)$，那么得到类别 1 的概率就是 $\varpi/(1-\varpi)$。如果 $\log[\varpi/(1-\varpi)]$ 模型是由方差分析（ANOVA）类型的模型来构建的，那么它被称为逻辑模型（logit model）。如果将这个模型视为回归模型，那它就被称为逻辑回归模型（logistic regression model）。从真正意义上来说，logit 和 logistic 都是转换的名称。对于 logit 转换，P 值（处于 0 和 1 之间）用 $\log[\varpi/(1-\varpi)]$ 进行转换；而对于 logistic 转换，x 值（处于 $-\infty$ 到 $+\infty$ 之间）用 $e^x/(1+e^x)$ 函数进行转换。可以看出这两个转换是相反的，即如果将 logit 转换应用到 logistic 函数中，它提供 x 值，同样，如果将 logistic 转换应用于 logit 转换函数中，它会提供 ϖ 值（统计量详情见附录 2）。

一般回归分析是研究变量间函数关系的一种方法。多元回归线性模型基于一个因变量和一些自变量或解释变量。这个模型中的大多数变量本质上是定量变量。该回归模型的参数估计基于四个基本的假设。第一，响应变量或因变量与解释变量呈线性相关。第二，模型误差是独立且同分布的正态变量，均值为零，并具有公共方差。第三，自变量或解释变量的测度没有误差。第四，最后一个假设是观察的可靠性均相同。如果响应变量在模型里本质上是定性变量，那可以使用相同的模型，来模拟此响应变量落入特定类别的概率，以代替响应变量本身，但是在多元回归模型的假设下存在若干约束条件。首先，概率的范围在 0 和 1 之间，但多元回归模型的右侧函数是无界的。另外，模型的误差项只能取有限的值，且误差方差不是常数，而是取决于响应变量落入特定类别的概率。

现有数据来源：2004 年印度国家科学调查

本章展示的结果主要基于由印度国家应用经济研究委员会开展的一项全印度实地调查所收集的信息，名为"2004 年国家科学调查"。调查对象为 10 岁以上的个体，采用多阶段分层随机抽样，从全国广泛的人口中（不同年龄、教育程度和性别）抽取。由于印度语言和地域的多样性，抽样规模和抽样程序服务于提供邦这一级别的评估结果。为提高评估准确性，受访者来自全国范围内的农村和城市地区。

农村样本来源于全国有代表性的地区，城市样本的选取范围覆盖了从人口不足 5,000 人的小城镇到大都市。总名单共计 34.6 万人（11.5 万名农村人口和 23.1 万名城市人口），农村样本覆盖了 152 个地区的 553 个村庄，城市样本覆盖了 213 个城镇的 1,128 个城市街区。调查人员从中挑选了 3 万多人，通过面对面访谈的问卷调查方式收集详细信息。

数据分析

此数据分析的一个主要目标是通过演示一个随机模型的发展，根据可测度和可验证的特征，发现一个未知个体落入不同水平知识类别的概率。该模型建立后，任何属于相似群体的个体都可以根据其特征（即不需要通过问卷测试他的知识），可靠地将其划分为高、中、低等不同的知识类别。这个模型可以用定量、定性或定量和定性相结合的解释变量组合来发展。本次分析共选取了 9,954 名来自印度主要邦的农村受访者。根据受访者对各科技领域中不同问题的回答所得的指数（分数），将受访者个体知识分为低、中、高三个等级。这些回答经过标准化、重新换算和加权，被适当地整合。不同类别间的界限是根据平均分数及其标准误差来确定的。知识水平被作为响应变量，分为三个层次。解释变量包括了教育程度、职业、年龄、性别、社会群体和大众媒体接触度。其中，前五个是定性变量，而大众媒体接触度是定量变量。受访者的大众媒体接触度是根据其接触媒体的频率和对媒体重要性的感知而得出的。表1提供了分类变量的详细信息。其中响应变量是根据国家科学调查问卷中科学问题回答构建的指数（分数）所得出的知识水平，即高（1）、中（2）、低（3）。

表1 分析中使用的变量的定义

特征/变量	详情	层级编码
教育类别	高中以下学历	1
	高中学历	2
	本科学历（任何非理科专业）	3
	本科学历（理科）	4
	研究生学历（任何非理科专业）	5
	研究生学历（理科）	6
	大专	7
职业类别	会计师和审计师	1
	科学家及相关人员	2
	行政、执行和管理人员	3
	办事人员和有关人员	4
	服务行业人员	5
	生产相关人员	6
	农民	7
	农业工人、非农业工人和家庭主妇	8
	学生	9
	无业	10
	其他	11
年龄类别	儿童（<18岁）	1
	青年（18~30岁）	2

续表

特征/变量	详情	层级编码
年龄类别	中年（30~45岁）	3
	中老年（45~60岁）	4
	老年（>60岁）	5
社会群体	表列种姓（SC）	1
	表列部族（ST）	2
	其他种姓（OBC）	3
	平民	4

评估受访者的科学知识及其对科技的理解和态度难度较大，因为这些必须以精心设计的问卷中的大量问题做支撑。此外，由于大多数问题的回答本质上是定性的，所以对回答的分析和汇总不仅具有挑战性，还较为耗时。因此，开发一个基于大规模调查的模型是可取的，它可以根据简单和可验证的个人属性来预测受访者归类到某个特定知识类别的概率。为了考虑受访者归类于每个知识类别预测概率的定性和定量变量，我们使用逻辑回归模型拟合收集到的数据。

为了确定因变量或响应变量（对科技的理解和科技知识水平）的类别，我们整合了问卷中每个科技相关问题的正确回答，从而计算出每个受访者的逻辑回归模型得分。将9,954名农村受访者的得分按升序排列，且以百分位数为基础划定各个知识类别（即低、中、高）之间的界限。得分低于25百分位的被划分为低科技知识水平，介于25百分位和75百分位之间的被划分为中等科技知识水平，高于75百分位的被划分为高科技知识水平。

此外，在分析中，还通过抽样权重考虑到了抽样设计。本模型采用逐步逻辑回归分析方法。在此过程中，以知识类别作为响应变量，逐步将解释变量加入模型中。在每个步骤中，我们根据卡方分数来评估变量的重要性。第一步，选择出最重要的解释变量，然后评估所有剩余的变量，并将下一个变量加入模型；去除第一个变量后，再评估模型的预测效果。如果效果有所改进，则将第一个变量从模型中删除。若不是，则两个变量就都要考虑，剩余

257

变量中最重要的变量将加入模型。这个过程一直持续到所有重要的解释变量都被纳入模型为止。模型建立过程中考虑的逐步变量见表 2。

表 2 逐步逻辑回归结果：全印度

步骤	输入的变量	赤池信息准则	一致性百分比	不一致性百分比	关系百分比	肯德尔相关系数
1	截距	1.25	—	—	—	—
2	教育水平	1.18	45.30	10.70	44.00	0.67
3	性别	1.17	59.30	19.00	21.80	0.70
4	年龄	1.16	68.10	26.30	5.60	0.71
5	社会群体	1.15	70.60	27.40	2.00	0.72
6	职业	1.15	71.50	27.40	1.00	0.72
7	大众媒体接触度	1.15	72.30	27.40	0.30	0.73

此表还提供了对关联、赤池信息准则（AIC）、一致性百分比、不一致性百分比、关系百分比和肯德尔相关系数（Tau-C）的度量。在这里，一致性百分比测度的是所有受访者对科技的理解和科技知识水平实际所属类别与预测类别的平均一致性。肯德尔相关系数的作用与其类似。

由此可见，教育程度是提高科技知识水平的最重要因素，其次是性别、年龄和社会群体。其他因素对知识水平提高的贡献，要么已经被这些因素解释了，要么意义不大。肯德尔相关系数的值为 0~1。数值越接近 1，说明解释变量的累积相关性越强。

表 3 为不同因子不同水平下的参数估计值，以及标准差百分比和显著性水平。值得注意的是，这些参数的估计值显示了不同水平的参数对知识的影响，但它仍受到给定参数在不同层级的影响之和为零这一限制。因此，如果一个因素有 K 个层级，则提供 $K-1$ 个层级的估计值。从此表中可以看出，所有的估计值都是显著的。因此，此逻辑模型中需要包含所有的参数。

表3 Logistic 回归估计结果：全印度

参数		层级	估计值	标准误差/%	*Pr*>卡方检验
截距1		—	−1.7114	0.04	<0.0001
截距2		—	0.00814	7.33	<0.0001
性别（男）		1	−0.2406	0.04	<0.0001
年龄类别	儿童（<18岁）	1	0.5756	0.05	<0.0001
	青年（18~30岁）	2	−0.3762	0.04	<0.0001
	中年人（30~45岁）	3	−0.2307	0.07	<0.0001
	中老年人（45~60岁）	4	−0.0149	1.22	<0.0001
教育类别	高中以下学历	1	1.4076	0.04	<0.0001
	高中学历	2	0.4207	0.13	<0.0001
	本科学历（任何非理科专业）	3	0.0284	1.98	<0.0001
	本科学历（理科）	4	−0.0287	3.06	<0.0001
	研究生学历（任何非理科专业）	5	−0.8744	0.11	<0.0001
	研究生学历（理科）	6	−0.4342	0.49	<0.0001
职业类别	会计师和审计师	1	0.2539	1.23	<0.0001
	科学家及相关人员	2	−0.1648	0.34	<0.0001
	行政、执行和管理人员	3	−0.8474	0.15	<0.0001
	办事人员和有关人员	4	−0.2809	0.27	<0.0001
	服务行业人员	5	0.0358	1.89	<0.0001
	生产相关人员	6	0.2767	0.19	<0.0001
	农民	7	−0.0274	1.45	<0.0001
	农业工人、非农业工人和家庭主妇	8	0.3194	0.12	<0.0001
	学生	9	−0.0587	0.78	<0.0001
	无业	10	0.2816	0.17	<0.0001
社会群体	表列种姓（SC）	1	−0.0821	0.21	<0.0001
	表列部族（ST）	2	0.3397	0.06	<0.0001
	其他种姓（OBC）	3	0.0300	0.04	<0.0001
	未定义变量		—	−0.3049	0.05	<0.0001

利用不同响应水平和解释变量的逻辑回归模型的估计参数，可以根据受访者的特征建立模型，并得到不同响应水平的分类概率。

表4给出了各逻辑模型拟合各邦情况时关联测度的详细信息。在这种情况下，一致性百分比的范围为68.1~86.9。2号邦最低，18号邦最高。相反，2号邦的不一致性百分比最高（31.6），18号邦的不一致性百分比最低（12.9）。关系百分比方面则并没有太大的差别。肯德尔相关系数统计值符合根据一致性百分比或不一致性百分比的预期趋势。因为这些邦同质性较强，所以对大多数邦预测的准确性是相当高的。

表4　不同统计数据关联性的度量

序号	邦	百分比一致性	百分比不一致性	百分比关系	肯德尔相关系数
1	安得拉邦	75.1	24.5	0.3	0.753
2	阿萨姆邦	68.1	31.6	0.3	0.683
3	比哈尔邦	70.1	29.6	0.3	0.703
4	哈里亚纳邦	77.5	22.3	0.2	0.776
5	喜马偕尔邦	83	16.8	0.2	0.831
6	卡纳塔克邦	78.6	21.1	0.4	0.788
7	喀拉拉邦	68.4	31.3	0.3	0.686
8	中央邦	75.3	24.5	0.3	0.754
9	马哈拉施特拉邦	79.7	20.1	0.2	0.798
10	梅加拉亚邦	77.7	22	0.3	0.778
11	奥里萨邦	82.7	13.8	3.5	0.844
12	旁遮普邦	86.4	13.4	0.2	0.865
13	拉贾斯坦邦	83.3	16.4	0.3	0.835
14	泰米尔纳德邦	75.2	24.5	0.3	0.753
15	北方邦	81.1	18.7	0.2	0.812
16	孟加拉邦	76.6	23.1	0.3	0.767
17	本地治里	72	27.7	0.3	0.722
18	恰蒂斯加尔邦	86.9	12.9	0.1	0.87
19	北安查尔邦	83.3	16.6	0.1	0.834
20	贾坎德邦	84.9	14.9	0.2	0.85

从这个分析中可以看出，逻辑回归分析可以成为一个非常强大的工具，它可以通过建模来整合定性变量和定量变量。它可以根据一个人的可测量和可验证的属性，对他的知识、理解和态度等特征做出可靠的预测。此外，通过使用这些模型，人们不用进行大规模调查就可以预测与科技有关的社会行为，因为模型中使用的大多数预测变量通过许多其他方面的调查都可以获得。这些模型还可用于开发与公众理解科学相关的决策支持系统。

附录1：对数线性模型

定性变量 X 和 Y 的 I 层级和 J 层级分别构成二维列联表。令 $m_{ij} = 1, 2, 3, \cdots, I$ 和 $j = 1, 2, 3, \cdots, J$ 表示在第 ij 列联表单元格中观察到的单元格频数。这些观测到的第 ij 个单元格频数可以用饱和对数线性模型来建模。

$$\log m_{ij} = \lambda_0 + \lambda_i^x + \lambda_j^y + \lambda_{ij}^{xy}$$

其中 $\sum_{i=1}^{I} \lambda_i^x = \sum_{j=1}^{J} \lambda_j^y = \sum_{i=1}^{I} \lambda_{ij}^{xy} = \sum_{j=1}^{J} \lambda_{ij}^{xy} = \sum_{i=1}^{I}\sum_{j=1}^{J} \lambda_{ij}^{xy} = 0$

上式中：

λ_0——总平均数

λ_i^x——X 变量第 i 层的影响

λ_j^y——Y 变量第 j 层的影响

λ_{ij}^{xy}——X 变量第 i 层与 Y 变量第 j 层相互作用的影响

模型（1）称为饱和对数线性模型，因为模型中所估计的参数的数量等于列联表中观察的自由度的数量（即 $I \times J - 1$），所以误差分量没有自由度。因此，拟合后根据模型所估计出的单元格频数总是等于观测的单元格频数。在行和列的属性均为独立的零假设情况下（即 $\lambda_{ij}^{xy} = 0$），这个模型可以写作：

$$\log m_{ij} = \lambda_0 + \lambda_i^x + \lambda_j^y$$

其中 $\sum_{i=1}^{I} \lambda_i^x = \sum_{j=1}^{J} \lambda_j^y = 0$

对简化模型（2）进行拟合后，我们得到零假设条件下的期望频率为：

$$\log \hat{m}_{ij} = \hat{\lambda}_0 + \hat{\lambda}_i^x + \hat{\lambda}_j^y$$

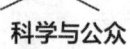

属性独立性统计的普通卡方检验可计算为：

$$X^2 = \sum_{i}^{I}\sum_{j}^{J} (m_{ij}-\hat{m}_{ij})^2 / \hat{m}_{ij}$$

X^2 将遵循 $(I-1)(J-1)$ 自由度的卡方分布。上述二维列联表的对数线性模型可以进一步扩展为三个变量（因子）X、Y、Z 的三维列联表，这个三因子饱和模型可以表示为：

$$\log m_{ijk} = \lambda_0 + \lambda_i^x + \lambda_j^y + \lambda_k^z + \lambda_{ij}^{xy} + \lambda_{ik}^{xz} + \lambda_{jk}^{yz} + \lambda_{ijk}^{xyz}$$

其中

$$\sum_{i=1}^{I}\lambda_i^x = \sum_{j=1}^{J}\lambda_j^y = \sum_{k=1}^{K}\lambda_k^z = 0$$

$$\sum_{i=1}^{I}\lambda_{ij}^{xy} = \sum_{i=1}^{I}\sum_{j=1}^{J}\lambda_{ij}^{xy} = \sum_{j=1}^{J}\lambda_{ij}^{xy} = 0$$

$$\sum_{i=1}^{I}\lambda_{ik}^{xz} = \sum_{k=1}^{K}\lambda_{ik}^{xz} = \sum_{i=1}^{I}\sum_{k=1}^{K}\lambda_{ik}^{xz} = 0$$

$$\sum_{j=1}^{J}\lambda_{jk}^{yz} = \sum_{k=1}^{K}\lambda_{jk}^{yz} = \sum_{j=1}^{J}\sum_{k=1}^{K}\lambda_{jk} = 0$$

$$\sum_{j=1}^{J}\lambda_{ijk}^{xyz} = \sum_{j=1}^{J}\lambda_{ijk}^{xyz} = \sum_{k=1}^{K}\lambda_{ijk}^{xyz} = 0$$

$$\sum_{i=1}^{I}\sum_{j=1}^{J}\lambda_{ijk}^{xyz} = \sum_{i=1}^{I}\sum_{k=1}^{K}\lambda_{ijk}^{xyz} = \sum_{j=1}^{J}\sum_{k=1}^{K}\lambda_{ijk}^{xyz} = 0$$

$$\sum_{i=1}^{I}\sum_{j=1}^{J}\sum_{k=1}^{K}\lambda_{ijk}^{xyz} = 0$$

三因子模型中术语的解释与两因子模型中类似。该模型为检验零假设的数量提供了机会。在完全独立，即每个因子都独立于其他各因子的假设下，模型（5）可表示为：

$$\log m_{ijk} = \lambda_0 + \lambda_i^x + \lambda_j^y + \lambda_k^z$$

进一步，在一个因子独立于其他两个因子的零假设下，当其他两个因子之间的关系没有作用时，可根据被检验的零假设的结构，将模型简化为以下形式。

情况1：X 独立于 Y 和 Z。

$$\log m_{ijk} = \lambda_0 + \lambda_i^x + \lambda_j^y + \lambda_k^z + \lambda_{jk}^{yz}$$

情况2：Y独立于X和Z。

$$\log m_{ijk} = \lambda_0 + \lambda_i^x + \lambda_j^y + \lambda_k^z + \lambda_{ik}^{xz}$$

情况3：Z独立于X和Y。

$$\log m_{ijk} = \lambda_0 + \lambda_i^x + \lambda_j^y + \lambda_k^z + \lambda_{ij}^{xz}$$

条件独立性的零假设，即给定一个因子的特定水平，其他两个因子是独立的。这些条件因子有三种选取方式，饱和对数线性模型（9）根据所考虑的零假设可以写为：

$$\log m_{ijk} = \lambda_0 + \lambda_i^x + \lambda_j^y + \lambda_k^z + \lambda_{ik}^{xz} + \lambda_{ik}^{yz}$$

$$\log m_{ijk} = \lambda_0 + \lambda_i^x + \lambda_j^y + \lambda_k^z + \lambda_{ij}^{xy} + \lambda_{jk}^{yz}$$

$$\log m_{ijk} = \lambda_0 + \lambda_i^x + \lambda_j^y + \lambda_k^z + \lambda_{ij}^{xy} + \lambda_{ik}^{xz}$$

附录2：逻辑回归分析

设 X 为解释变量的向量，表示二元响应变量的概率。则 Logistic 模型为：

$$\log it(\pi) = \log\left(\frac{\pi}{1-\pi}\right) = \alpha + X\boldsymbol{\beta} = g(\pi)$$

其中 α 是截距参数，$\boldsymbol{\beta}$ 是斜率参数向量。如果响应变量有序数类别，如 1，2，3，…，I，I+1，那么通常逻辑模型使用公共斜率拟合，基于响应类别的累积概率而不是单个概率。这提供了回归模型的平行线。该模型的数学形式为：

$$g\{\operatorname{Prob}[y \leqslant_i(x)]\} = \alpha_i + x\boldsymbol{\beta}, \ 1 \leqslant i \leqslant I$$

其中 α_1，α_2，…，α_k 是 k 截距参数，$\boldsymbol{\beta}$ 是斜率参数向量。然而，在名义响应逻辑模型中，logit 模型可以扩展为：

$$\log\left[\frac{\Pr(y=i/X)}{\Pr(y=i+1/X)}\right] = \alpha_i + \boldsymbol{\beta}_i'x_i,\ i=1,2,\cdots,I$$

其中 α_1，α_2…，α_I 为截距参数，$\boldsymbol{\beta}_1$，$\boldsymbol{\beta}_2$，…，$\boldsymbol{\beta}_I$ 为斜率参数向量。这也称为多项式模型。这些模型可以通过极大似然法进行拟合，且可以使用 SAS（数据分析软件）中的 SURVEYLOSTIC 程序将复杂调查设计效应纳入此模型的拟合过程中。此过程使用费希尔得分（fisher-score）算法或牛顿—拉夫森（Newton-Raphson）算法。如前所述，logit 函数 $g(\pi)=\log\left(\frac{\pi}{1-\pi}\right)$ 与 logistic 函数互逆，即

$$\pi = \frac{e^Z}{(1+e^Z)} = \frac{1}{(1+e^{-Z})}$$

其中

$$\text{where } z = X\beta$$

通过将每一层与一个固定层进行对比，可以将二项 logit 模型扩展为层级向量（π_1, π, …, π_{z+1}），写出广义 logit 函数。

$$g(\pi_i)=\log\left(\frac{\pi_i}{\pi_{I+1}}\right), i = 1, 2, \cdots, I$$

可以通过以下三个标准得到模型拟合统计信息。

*-2 log—Likelihood：

$$-2\log L = -2\sum_{i=1}^{I} w_i f_i \log(\hat{\pi}_i)$$

其中 w_i、f_i 分别为第 i 次观测的权重和频数值。

*赤池信息准则

$$AIC = -2\log L + 2[(I-1)+(k+1)g]$$

其中，I 为响应层级的总数，k 为解释变量的数量。

*广义决定系数

科克斯和斯内尔（Cox and Snell, 1989）提出了下列决定系数产生的方式。

$$R^2 = 1 - \left\{\frac{L(0)}{L(\hat{\theta})}\right\}^{2/n}$$

其中 $L(0)$ 可能是截距模型，且 $L(\hat{\theta})$ 是特定模型的似然性。可以得到 R^2 的最大值为

$$R^2_{max} = 1 - \{L(0)\}^{2/n}$$

内戈尔科（Nagelkerke, 1991）提出了如下的调整系数，可以使最大值达到 1。

$$R^{*2} = \frac{R^2}{R^2_{\max}}$$

为了将复杂抽样设计效应纳入模型拟合和估计过程中，设响应变量为1，2，3，…，I，$I+1$ 类。设 Y 有 K 个协变量，用向量 $\boldsymbol{x}$ 表示。设人口有 H 层，第 h 层包含 n_h，$h=1$，2，…，H 群组。让

$$n = \sum_{h=1}^{H} n_h$$

即人口中群组的总数。m_{hc} 表示第 i 个群集的采样单元数，$c=1$，2，…，第 i 层的 n^h。设 Y_{hcj} 为第 h 层第 i 个群组第一个 I 类指标变量 I 维向量。在这种情况下，如果第 h 层第 i 群组的第 j 个采样单元属于第 i 类，则向量的第 i 行为 1，其余元素为 0。Y_{hcj} 表示第 $(I+1)$ 类别的相似向量。同理，x_{hij} 表示第 h 层的第 i 个群集第 j 个采样单元的解释变量 R 维行向量。如果有截距，则 $x_{hij}=1$。设 $\boldsymbol{\pi}_{hij}$ 为响应变量的预期向量，即

$$\boldsymbol{\pi}_{hij} = E\left(\frac{Y_{hij}}{\underline{x}_{hij}}\right)$$

和

$$\boldsymbol{\pi}_{hij(I+1)} = E\left(\frac{Y_{hij(I+1)}}{\underline{x}_{hij}}\right)$$

广义逻辑模型可以定义为

$$\boldsymbol{\pi}_{hij(i)} = \frac{e^{xhij\underline{\beta}_i}}{1 + \sum_{i=1}^{I} e^{xhij\beta_i}}$$

其中 $\underline{\beta}_i = (\boldsymbol{\beta}_{i1}, \boldsymbol{\beta}_{i2}, \cdots, \boldsymbol{\beta}_{ik})$

模型参数的方差估计可以通过泰勒近似得到，即

$$\hat{}(\hat{\underline{\theta}}) = \hat{\theta}^{-1} \hat{G} \hat{\theta}^{-1}$$

其中 $\theta = (\boldsymbol{\beta}'_1, \boldsymbol{\beta}'_2, \cdots, \boldsymbol{\beta}'_I)$

$$\hat{\theta} = \sum_{h=1}^{H} \sum_{i=1}^{nh} \sum_{j=1}^{mch} W_{hij} \hat{D}_{hij} \left(\text{diag}(\hat{\pi}_{hij}) - \hat{\pi}_{hij} \hat{\underline{\pi}}'_{hij}\right)^{-1} \hat{D}^1_{hij}$$

$$\hat{G} = \frac{n-1}{n-k} \sum_{h=1}^{H} \frac{n_h(1-f_h)}{n_h-1} \sum_{i=1}^{n_h} \left(e_{hi} - \overline{e}_{h..}\right)\left(\overline{e}_{hi} - \overline{e}_{h..}\right)'$$

$$e_{hi} = \sum_{j=1}^{mhc} W_{hij} \hat{D}_{hij} \left[\text{diag}\left(\hat{\pi}_{hij}\right) - \hat{\pi}_{hij}\hat{\pi}_{hij}'\right]\left(Y_{hij} - \hat{\pi}_{hij}\right)$$

$$\overline{e}_{h..} = \frac{1}{n_h} \sum_{i=1}^{nh} e_{hi}$$

因此，$\hat{D}_{hij}$ 是 π 的偏导数矩阵，f_h 是第 h 层的抽样比。

文化视角的公众理解科学：
文化距离的界定

高哈·拉扎　苏尔吉特·辛格

专家通过所谓的科学实践产生的科学思想、规律、信息、数据和方法，需要历经复杂的路径才为大众所知（Raza et al., 2002）。即便得到了科学界的重复验证和接受，科学思想成为特定文化背景下普通公民认知结构的一部分还是需要相当长的时间。如今在世界上大多数公民眼中是常识的一些概念，其实历经好几个世纪的发展才成为众多人世界观的一部分。地球公转、没有容纳天体的天球、引发疾病的细菌和病毒，以及由带电云层造成的闪电，这些只是科学发现和它在公众中传播滞后的几个例子。近年来，传播渠道的传播速度、推广力度和效率的提高也加速了科学信息的传播，新技术在大众中的接受度也有所提高（Stamm, Clark & Eblacas, 2000）。

尽管这种时间滞后已经大幅减少，但对科学信息或科学思想的抵制却千差万别。[1] 决定相对阻力的操作因素是什么？思想之间是否存在竞争关系以保持或成为鲍尔所说的"常识"的一部分（Bauer, 2009）？"常识"是一种社会、文化或种族建构吗？那么"常识"是否会随着这些参数的变化而变化？在公众和科学的背景下，是否有且只有一个可定义的"常识"，或者说是否可以将许多"常识"置于与科学知识体系不同的文化距离处？如果构成现实的科学方法和人们的世界观之间存在一条天然的鸿沟，那么这条鸿沟是否可以被测度？这些都是学者已经研究了很长一段时间的相关问题。

科学与公众

对历史的简要回顾

关于科学及其与公众之间关系的争论几乎与现代科学一样历史悠久。有人认为,话语的性质已经发生了根本性的变化(Raza et al., 2002: 293)。[2] 在18世纪,学者们意识到科学界已经形成了"语言特性",这对科学触及普通公众构成了障碍。18世纪中叶,"科学"一词在狭义上仅指"物理"或"自然"科学(Collini, 1993: xi)。斯蒂芬·科里尼(Stefan Collini)告诉我们,在20世纪30年代,通过类比艺术家的命名方式,科学家的术语正式提出,即"学习物质世界知识的学生"。在接下来三四十年里,科学不得不努力争取在欧洲的国家课程中获得平等的地位。渐渐地,随着科学界得到了认可,它还开发出了一种在很大程度上依赖数学表达式的正式语言。

数学提供了精确性,减少了在用普通语言共享科学原理时可能引起的歧义。为了交流科学研究的方法论和结果,科学家越来越多地使用数学符号、记号和方程。1937年,当时最杰出的思想家贝尔纳(J. D. Bernal)认识到科学的这些固有特征,并断言"科学本身几乎完全是通过独立于时间的隔离和类别精确定义发展的",而这种"科学上的隔离只能通过严格控制实验或应用环境来实现"(Bernal, 1937)。即使是在21世纪,也难以期待普通民众实现"对环境的严格控制"。因此,如果不加以干预,普通公民与科学之间的距离必然会增加。

在这一话语的早期阶段,人们意识到鸿沟除了源于知识—生成—验证和传播间存在的自然滞后,还与文化方面有关(Snow, 1993)。尽管斯诺承认在庞大的科学家群体中,各个子群体之间存在异质性,但对他来说,科学文化的标志是科学家群体中普遍存在的共同态度、共同标准和行为方式、共同方法和假设。因此他得出结论:"科学文化实际上是一种文化,不仅具有知识意义,还具有人类学意义。"(Snow, 1993: 9)

科学、科学方法和文化

斯诺演讲之后进行的学术辩论几乎质疑了他论点的所有基础,但是他的结论——科学作为一种社会活动，科学家作为知识生成的代理人，具有独特的文化——仍然是辩论的焦点（Leavis & Yudkin，1962）。

科学作为具有自身文化的人类活动，形成了一套过滤器，不断地将科学从非科学中分离出来。通过过滤膜后的残留物被视为有效的科学知识。应当指出的是，随着科学的发展，过滤器也经历了改进的过程，旧的有效知识也在被重新过滤。在科学领域中，不同的科学家和学科使用不同的过滤器得出结论。这些结论在被专家接受之后构成了有效的科学知识。一组放在一起的过滤器大致可以被归类为"科学方法"。杜兰特认为，科学家在研究过程中会使用"各种各样的探索性策略"来得出一系列结果，这些结果首先会被专家群体接受，然后被允许进入"现有知识语料库"，并最终被纳入普通公民的世界观当中（Durant，1993）。

另外，"文化概念的模糊性一直饱受诟病"（Sardar and Loon，1997）。人类学家曾试图通过多种方式来定义文化，但没有一种被普遍接受。定义的一端充斥着"文化是一整个复杂综合体，它包含了人类作为社会成员所获得的知识、信仰、艺术、道德、法律、习俗以及其他能力和习惯"等陈述（Tylor，1924：1）；在另一端，文化人类学家将文化定义为一种心理建构，或者我们告诉自己的有关自己的故事的集合。格尔茨指出："这是一个本质上有争议的概念，就像民主、宗教、简朴或社会正义一样，是一个被多重定义、广泛使用、极其不精确的概念。"（Geertz，1999：45）

公众和公众理解科学

在过去的三个世纪里，"科学与公众之间的鸿沟"这一概念和"公众"的概念发生了根本性的变化（Bensaude-Vincent，2001：108）。在第一阶段，即 18 世纪，差距被定位为"论证的风格"；后来随着"科学的形式化和数学化，它变成了一种语言"；在 20 世纪中叶发展为"科学家和普通人生活在两个不同的世界中"。本索德-文森特（Bensaude-Vincent）指出，在前两个阶段的话语中，公众并没有被预设为科学的大众消费者；"无知的公众"这一概念是在 20 世纪中叶才出现的。

最近出现了用于评估科学素质水平的指标,并开展了大规模的调查,首先是在美国,然后是欧洲和其他地区(Miller, 2001: 116; Zhongliang, 1991: 314)。[3]虽然没有明确说明,但是这些调查表明有很大一部分人是"科学文盲"。[4]人们对该方法的目的和意图产生了深刻的怀疑,并最终导致了"缺失模型的终结",也许在其他开展大规模调查研究的学术圈情况并非如此,但至少在英国是这样(Raza, Singh & Dutt, 1995)。不过,史蒂夫·米勒指出,这"并不意味着外行中就不存在知识缺失"(Miller, 2001: 118)。这些批评对我们从更为现实的角度来看待问题至关重要,这一视角通常被称作"情境法"。

戈丁和金格拉斯在分析各种方法的演变轨迹时,指出科学知识的产生及其使用本质上是一种文化的社会组织形式(Godin & Gingras, 2000)。在这里必须指出的是,他们提出的情境模型需要进一步完善(Godin & Gingras, 2000: 53)。该模型将科学共同体置于广泛文化的中心。有必要认识到,人类文化的集大成者是由较小的子集组成的,每个子集都受边界保护。尽管这些膜是可渗透的,但它们对一个文化子集中产生的知识、态度和观念向另一个文化子集的转移甚至欣赏造成了各种阻力。同样重要的一点是,这些边界往往相互交叉,并且只能根据特定社会中普遍存在的各种多维的社会化过程来定义。例如,语言障碍(Lee, Fradd & Sutman, 1995)、种姓分化或两者的结合等社会决定因素可能会在很大程度上影响这些边界的渗透性。

定义文化距离

考虑到研究的目的,文化距离被定义为在一种文化背景下产生的世界观、态度、感知或观点在一段时间尺度上传播的距离,这种传播可以在其他文化群体的思想结构中实现大众化。现在,让我们试着检验以下假设:在科学的思想领域内产生的各种观点可能与一群普通公民的日常生活之间存在不同的文化距离。这里列出了一些关于文化膜渗透性的社会决定因素,但是它们并不是讨论的重点。

笔者在其他论述中提出,现象解释的复杂性、生命周期持续时间、个人

模型与方法 第三部分

或集体可行使的控制权,以及该现象对普通公民生活产生影响的强度等科学知识体系的固有因素,都是决定文化距离的重要因素。早期观察结果显示,随着解释现象所需的内在数学模糊性和概念扭曲程度的增强,其传播速度逐渐减慢(Raza,Singh & Dutt,1996)。

一个没有接触过高等数学和抽象科学思想的普通公民可能会用直觉、文化甚至是宗教来解释复杂的自然现象(Raza,Dutt,Singh & Wahid,1991)。但是,公众提供的这种解释不能作为测度他们是否为科学文盲或者是否非理性的手段(Durant & Bauer,1992)。正如在德里针对受瘟疫影响的公民进行的一项调查所示,非专家人士,包括社会中的文盲,在很大程度上都依赖科学的解释(Raza,Dutt & Singh,1997)。

大众化指数和文化距离的测度

在这一阶段,我们提出了一种可以确定文化距离的简单方法。为了解释这一点,我们纳入了一个二分的响应变量,其中第一类变量由有效的科学答案构成,第二类由所有科学上无效的回答构成(图1)。响应变量百分比根据受访者接受正规教育的年限量表绘制而成。为了方便起见,我们称其为教育变量,并将其绘制在 x 轴上。y 轴表示二分法响应变量百分比,用两条曲线表示,即受访者提供的科学上有效的回答和科学上无效的回答。[5] 由于响应变量是二分的,所以两条曲线始终相交于某一点,该点表示50%的受访者提供了有效的科学解释。[6] x 轴上过该点的垂线表明,该点上受到密切关注的概念、观点或信息已经成为50%被讨论人口的认知结构的一部分。换而言之,在垂线的右侧区域有超过50%的人相信科学的解释,在左侧区域有超过50%的人不相信科学解释。我们将该点定义为大众化指数(id),若超出该指数,X 值的递增将意味着超过50%的人会赞成有效的科学解释。

相反,我们可以说,一段科学信息或概念必须在 x 轴上经过一定的年限,以便在既定的经济和社会文化发展点达到大众化指数的阈值水平(Miller,Pardo & Niwa,1997)。[7]

这里的观点并不是说现代教育的社会化是影响普通公民世界观的唯一决定

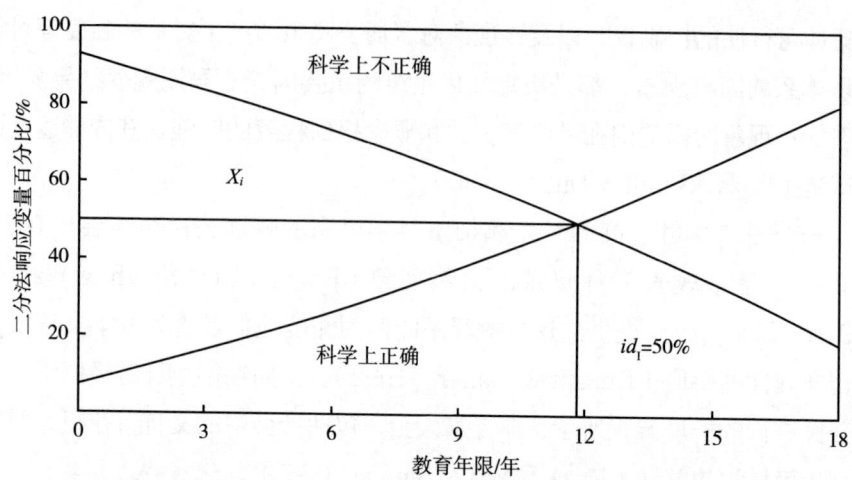

图1 测度文化距离：50%的人能正确回答问题时，他们的平均教育年限

因素，但在不考虑其他因素时，教育水平的变化会导致世界观的相应变化。[8] 科学信息本质之外的一系列因素，如性别、职业、获得非正式信息的渠道、经济地位、文化和宗教活动倾向、年龄，都对文化构成和子群体的世界观产生影响，这一点已被反复证实（Raza et al., 1991）。我们在此提出开发一个量表，在该量表上，我们可以绘制出各种科学概念与日常生活信息之间的相对文化距离。该方法有助于我们测度 x 轴上的大众化指数与原点之间的距离。除了其他因素，大多数调查研究还记录了受访者的受教育年限（NSF, 1998）。

使用曲线拟合技术，从该领域收集的任何经验数据集都可以用来确定向大众提出的每个问题的大众化指数（id_i）和距离（X_i）。现在我们可以将在二维图上绘制的曲线，即响应变量对于教育年限，在不丢失信息的情况下简化为一维图。在教育量表上，我们可以为每个概念在相应文化距离（X）处绘制大众化指数（id），也可以测度它们与受访民众日常生活之间的相对距离。对于第一象限中给定的自然现象或事件，距离 X_i 越大，该现象就越远离受访人群的日常生活。

所用数据集的广泛属性

出于验证的目的，我们使用了三个数据集。第一个和第二个数据集

（C_{G1} 和 C_{G2}）是在印度北部城市阿拉哈巴德开展的两次调查中收集的，大部分印度人会聚集在那里参加宗教文化活动（Bhattacharya，1983）。这些样本收集于 2001 年和 2007 年。[9] 第三个数据集是 2004 年进行的全国调查的一部分。[10]

于 2001 年和 2007 年收集的前两个数据集主要代表印度的中北部地区。尽管印度绝大多数的邦都在数据集中有所体现，但样本还是偏向于北方邦、中央邦和比哈尔邦[11]这三个邦。也可以说，在大壶节[12]期间去过阿拉哈巴德的人对于自然现象的看法倾向于受到宗教和文化结构的影响。

第三个数据集[13]（C_{G2}）代表全国人口。在全国农村和城市地区的广泛人群（不同年龄、教育程度和性别）中，我们采用了多阶段分层随机抽样设计，面向 10 岁以上的个体进行抽样。鉴于印度在语言和地域方面的多样性，样本量和抽样程序的设计服务于邦这一层级的估计值。样本覆盖了 152 个农村地区的 553 个村庄和 213 个城镇的 1,128 个城市街区，名单总计约 34.7 万人（115,000 农村人口和 232,000 城市人口）。我们从中进一步选取 30,000 多人，并通过面对面访谈的问卷调查形式收集了他们的详细信息。

为了方便起见，数据集将按时间顺序排列。C_{G2} 覆盖印度全国的 23 个邦。为执行统计操作，我们使用了具有代表性的加权数据。因此，可以肯定地得出结论，该数据集能够代表印度各邦之间存在的经济、社会和文化多样性以及不平衡性。

公众理解科学的文化模型的有效性

首先应指出，在向受访者提出的所有问题中，有 37 个问题用于这三项调查研究。其中，有 5 个问题用于检验建议方法的有效性（表 1）。这些问题与物理学和宇宙学领域有关。

表 1 向受访者提出的问题

观点代码	问题	概念	科学上有效的回答	科学上无效的回答
C1	地球是什么形状的？	地球是球状的	地球是圆的/球形的	平坦的、长方形的、美丽的

续表

观点代码	问题	概念	科学上有效的回答	科学上无效的回答
C2	昼夜是怎样形成的?	地球的自转	地球绕轴转动	太阳公转、晚上群山挡住了太阳、上帝的旨意
C3	日食是由什么导致的?	地球的公转	地球的影子或月亮/地球在太阳和地球/月亮之间	星星的影子、拉胡克图、上帝的旨意
C4	什么是银河?	银河系的形成	星星的汇集	雾、天上的河、巴格瓦提恒河、鬼魂之路、天神之路
C5	人类是如何进化成人的?	人类的进化	人类是从其他生命形式进化而来的	猴子、亚当和夏娃、梵天、造物主

这三个数据集都在统计上表现出了相当高的一致性（表2）。[14] 为了确定文化距离 X_{ci} 的精确值，我们创建了一个虚拟变量。并使用该虚拟变量，通过统计分析软件（SPSS）计算出 X_c 平均值的总和。2002年，我们在绘制了二分法响应图后，逐年计算 X_{ci} 的值，因此得出的是近似值。这就解释了现值和先前2001年数据中的 X_{ci} 值之间存在的差异。

表2 统计属性和文化距离

估计值	调查年份		
	2001（C_{G1}）	2004（C_{G2}）	2007（C_{G3}）
X_{c1} 地球形状	−1.0	−1.4	−2.0
X_{c2} 地球自转	8.5	5.2	7.1
X_{c3} 地球公转	9.1	8.5	9.1
X_{c4} 银河系的形成	12.0	11.5	11.5
X_{c5} 人类的进化	18.8	16.5	18.0
X_c 平均值	9.5	8	9.2
克龙巴赫 α 系数	0.721	0.805	0.749
标准差	5.47	5.47	5.15
偏度	−1.094	−0.816	0.755
峰度	2.188	1.746	2.10
标准误（平均）	0.094	0.032	0.084
标准误（偏度）	0.042	0.040	0.040
标准误（峰度）	0.084	0.079	0.080
变异系数	0.58	0.68	0.56

文化距离值清楚地表明，"地球是球状的"这个概念最接近所有三个文化群体的日常生活。2001年、2004年和2007年的值分别为 -1.0、-1.4 和 -2.0。数据分析还显示，进化论位于文化距离量表的最远端。在三个数据集中，C5 的文化距离（X_{c5}）分别为 18.8、16.5 和 18.0。其他四个概念都位于两端之间。从原点（X_{c3}，地球公转）测量，其与三个抽样群组的文化距离分别为 9.1、8.5 和 9.1。在印度，银河系的形成（C4）[①] 与神话、迷信和宗教习俗密切相关。因此，正如预期的那样，与前面的概念相比，C4 与三个抽样群体的日常生活之间存在的相对文化距离较大。C_{G1}，C_{G2} 和 C_{G3} 的计算值 X_{c4} 分别为 12.0、11.5 和 11.5。

表 2 中显示的 $X_{c\text{平均值}}$ 不是文化距离的简单平均值，而是根据数据库中记录的各个回答值计算得出的。

不同群体与科学概念之间的文化距离

我们之前也提出，对于给定的科学概念、想法、信息或原则，各个文化群体与它们之间的文化距离可能不同。表 2 还显示，与其他两组相比，C_{G2} 与所有科学概念之间的文化距离值始终较低。原因可能在于抽样人群性质的变化。前面已经指出，C_{G1} 和 C_{G3} 主要代表印度北部的三个邦。印度东部、西部和南部的邦在经济、教育和文化上均相对发达。其中一些邦的识字率达到 100%。因此，国家数据集 C_{G2} 代表了与 C_{G1} 和 C_{G3} 不同的总体情况。实际上，二者是 C_{G2} 的子集。几位学者将占到前两个文化群体的 90% 的三个邦界定为印度的落后邦（对作者的提问——有参考文献的话这一点可能会更有说服力）。[②] 这些样本来自时间维度上的两个不同的点，分别是 2001 年和 2007 年。该分析还证实了下列假设，科学现象的文化距离也由一系列外部因素决定，比如抽样人群的社会经济条件、文化程度、对媒体渠道的获取、

---

① 原文为"日食（C4）"，根据表 1，日食的形成应该是 C3，银河系的形成才是 C4。最后一句 X_{c4} 的值根据表 2 也是采用的 X_{c4} 银河系的值。故改为"银河系的形成（C4）"。——译者注

② 括号里可能是原著编辑对作者提出的修改建议，最后忘记删除了。——译者注

地理位置和种姓构成。

三个数据集算出的平均文化距离 X_{CG} 的幅度各异。平均文化距离 X_{CG1} 的值为 9.5，X_{CG3} 值为 9.2，X_{CG2} 则是最低的，仅有 8.0。这清楚地表明，在这三个数据集中，国家样本（C_{G2}）与五个选定的科学概念之间的文化距离最短。排第二位的是 2007 年在大壶节收集的样本，而 2001 年在同一地点的受访人群位于文化距离量表中的最远端。

该方法还表明，这些群体中没有一个可以被划分为具有科学素质，也没有一个可以被划分为科学文盲。相反，他们可能位于距离我们打算在调查研究中探究的一个或一组科学观点不同文化距离的地方。

各邦的文化距离

根据 2004 年收集的全国代表性数据，我们计算了印度 23 个邦的 $X_{ci=1-5}$ 的值。在当前的讨论中，我们从每个地理区域中选择了两个邦/市。喀拉拉邦和安得拉邦代表印度南部，北方邦和比哈尔邦位于印度北部，西孟加拉邦和阿萨姆邦位于东部，德里市和哈里亚纳邦位于中部，拉贾斯坦邦和马哈拉施特拉邦则代表西部[①]地理区域。我们计算了所有这些邦/市的平均 X_{ci} 值（表3），然后根据与五个选定的科学概念之间的文化距离对这十个邦进行排名。我们根据 X_{ci} 的平均值将它们按升序排列。值 1 表示平均文化距离最短，值 10 表示平均文化距离的最远端。

每个邦与所有概念之间的文化距离的相对位置是一致的。对于这十个邦而言，C1 的文化距离可能最短，而 C5 可能位于文化距离的最远端。在这两者之间，每个概念（即 C2、C3 和 C4）的文化距离值逐渐增加。例如，喀拉拉邦排名第一，平均值 X_{ci} = 4.5。对于喀拉拉邦而言，X_{c1}、X_{c2}、X_{c3}、X_{c4} 和 X_{c5} 的值分别为 -0.5、3.0、6.2、6.6 和 7.4。对于名列第十的西孟加拉邦而言，文化距离值分别为 1.2、6.3、8.9、15.5 和 17.1。这非常清楚地表明，科学概念的固有参数不仅对确定绝对值非常重要，在确定其在文化距离量表

---

① 原文中是"东部"（eastern），有误。——译者注

上的相对位置时也非常重要。

表3 选定印度邦/市的相对文化距离和排名

邦/市	地球形状 X_{c1}	地球自转 X_{c2}	地球公转 X_{c3}	银河的形成 X_{c4}	人类的进化 X_{c5}	文化距离平均值
喀拉拉邦	−0.5（4）	3.0（1）	6.2（4）	6.6（1）	7.4（1）	3.5（1）
拉贾斯坦邦	0.0（5）	5.0（4）	6.0（1）	7.2（2）	11.0（2）	5.8（2）
德里市	−2.0（1）	5.2（5）	8.2（6）	9.8（5）	14.2（4）	7.2（4）
比哈尔邦	2.4（9）	5.7（6）	6.8（3）	9.1（4）	16.1（6）	7.2（5）
哈里亚纳邦	0.5（6）	5.0（3）	6.2（2）	8.5（3）	21.0（10）	6.8（3）
安得拉邦	−0.5（3）	6.8（9）	9.3（8）	10.0（6）	16.9（7）	8.0（6）
北方邦	−0.9（2）	4.8（2）	8.0（5）	12.0（7）	19.0（9）	8.4（7）
马哈拉施特拉邦	2.8（10）	6.2（7）	9.9（9）	12.5（8）	15.9（5）	9.0（8）
阿萨姆邦	1.8（8）	8.5（10）	11.3（10）	13.5（9）	13.8（3）	9.8（9）
西孟加拉邦	1.2（7）	6.3（8）	8.9（7）	15.5（10）	17.1（8）	9.8（10）

但是，应注意的是，对于不同的物理概念，文化距离的绝对值在各邦之间差异很大。德里市在概念C1（地球形状）的文化距离量表中得分最低，X_{c1}的值是−2.0，而马哈拉施特拉邦在同一科学概念上的得分是2.8。在进化论的概念上，哈里亚纳邦的文化距离最大，X_{c5}的值是21.0，而喀拉拉邦的X_{c5}值很低，为7.4。显然，使用这一经验模型，如果以一个文化子群为参考点，我们就可以绘制出每种现象的文化距离，并设计出将每种科学概念的义化距离联系在一起的策略。

根据平均文化距离将各邦/市按升序排序，喀拉拉邦得分最低，其次是拉贾斯坦邦、德里市、比哈尔邦、哈里亚纳邦、安得拉邦、北方邦、马哈拉施特拉邦、阿萨姆邦和西孟加拉邦。不过，根据不同概念的个体排名反映了现实的具体情况。

喀拉拉邦在平均文化距离分布量表上排名第一，而在与C1和C4的文化距离排名中位列第四。相反，如果我们以一个科学概念为参考点，那么这里被视为文化子群的各邦文化距离可能会不同。例如，为了使地球公转（C3）的概念大众化，与拉贾斯坦邦（$R_{c3}=1$）、哈里亚纳邦（$R_{c3}=2$）和比哈尔邦（$R_{c3} = 3$）的人口相比，这里代表喀拉拉邦（$R_{c3} = 4$）的文化子群必须跨越更长的文化距离。

如果以进化论 C5 为参考点，那么各邦的相对位置会发生显著的变化。喀拉拉邦排名第一，文化距离最短；其次是拉贾斯坦邦。哈里亚纳邦和比哈尔邦分列第十和第六名。因此我们得出结论，让喀拉拉邦的人了解"地球公转"或"进化论"的策略在哈里亚纳邦和比哈尔邦可能不起作用。换而言之，如果要在文化子群中普及科学概念，我们就必须考虑他们各自文化认知结构的特殊性。

文化距离的相对变化

现在我们继续讨论六年来观察到的文化距离的变化。为此，我们使用了在两个不同时间点收集的样本，即 2001 年和 2007 年在大壶节收集的样本。

为了计算文化距离的变化，我们使用了以下方程。

$$\Delta x_{ci} = x_{cit_2} - x_{cit_1}$$

此处

Δx_{ci} 是文化距离的变化；

t_2 是时间尺度上的最新观测点；

t_1 是时间尺度上的最早观测点。

需要注意的是，ΔX_{ci} 的极性和幅度均很重要。幅度表示在 Δt 时间内发生的位移程度或范围，极性则表示变化的方向。

分析表明，在六年之内，所有被研究的科学概念的文化距离值都降低了。这六年内，"地球是球形的"这一概念的文化距离为 -1.0，更加接近印度中北部民众的文化认知结构；C_{G3} 的 X_{ci} 值为 -2.0。ΔX_{c1} 的幅度为 -1.0，变化显著。负极性表明，"地球是球形的"这一概念已更加接近抽样人群的文化认知结构（表 4）。ΔX_{c2}、ΔX_{c3}、ΔX_{c4} 和 ΔX_{c5} 的计算值分别为 -1.4、-0.0、-0.5 和 -0.8。所选科学概念的文化距离呈负向变化，这表明尽管变化幅度不同，但这些概念都离人们的文化思想结构越来越近了。

表4 文化距离变化的幅度和极性

概念	变化
ΔX_c 均值	−0.3
ΔX_{c1} 地球形状	−1.0
ΔX_{c2} 地球自转	−1.4
ΔX_{c3} 地球公转	0.0
ΔX_{c4} 银河系的形成	−0.5
ΔX_{c5} 人类的进化	−0.8

这里我们要提醒一下：如果从 ΔX_{ci} 的观测值为负，得出民众的科学意识水平已经上升这一结论，可能是错误的。即使我们已经基于文化距离变化的总和或平均值得出了结论（ΔX_c 均值为 −0.3），我们也要仔细检查每个 ΔX_{ci} 的绝对值和极性。

以上分析表明，对于本文研究的所有科学概念而言，ΔX_{ci} 的绝对值均发生了显著的变化，但从 C1 到 C5 文化距离变化的极性始终为负。换而言之，尽管我们对"科学认知水平"一词仍有疑虑，但还是可以得出结论，即过去六年中，在物理学和宇宙学领域，印度北部人口的科学认知水平有所提高。我们非常有信心地认为，在过去的六年中，我们观察到的印度的文化距离的确缩短了。

结　论

研究结果一再证明，可用于传播科学的空间稀少且狭窄（Cees，Mark & Ivar，2006）。因此，我们需要提高传播效率。本文介绍的方法是我们朝这个方向迈出的一步。它清楚地表明科学思想与日常生活之间的文化距离。绘制文化距离可以帮助我们制定有效的策略促进科学传播。

根据我们的分析，本文提出的公众理解科学的文化模型可以被认为是建立在一个概念框架之上的，该框架拒绝将"公众"划分为"有科学素质的人"和"科学文盲"。

为了穿越定义文化群体或文化子群边界的过滤膜，思想面临着不同程度的阻力。从经验来看，这种阻力可以用文化距离来测度。

在分析的基础上，我们认为政策制定者、教育工作者和科学传播者们必须牢记这些科学现象的固有参数性质，设计和实施有效的策略，从而让这些解释成为特定文化群体认知结构的一部分。

该方法适用于进行有意义的统计检验，并可用于确定"构成现实的科学结构"与"人们的文化世界观"之间的相对距离。

我们从对不同文化数据集的分析中发现，本文提出的文化模型可以有效地计算每个群体与给定科学概念集之间的文化距离。

如果给定文化群体的时间序列数据是可获取的，那么该方法还可用于观察一段时间内文化距离的变化。如果对公众的观察时间足够长，那么这些观察也许还可以预测未来的趋势。

这五个科学概念的文化距离均缩短，表明在过去的六年中，印度公众理解科学的程度显著提高。

注释

1. 绝大多数的调查研究都表明，在科学调查领域，对于明显相似问题给出正确解释的受访者比例相差很大（Lightman & Miller, 1989）。后来，经济合作与发展组织、美国、中国、日本、南非和印度进行的调查及相关报告也显示了相似的结果。
2. 拉扎等人在2002年发表了该论述的简要版。
3. 参见美国国家科学基金会调查（NSF，1993，1996，1998a，2000）。20世纪90年代，欧洲国家、日本、中国、加拿大、南非和韩国也开展了类似的调查。
4. 作者认为科学素质的概念很傲慢，因为它假定有一部分人不具备科学素质（科学文盲）。公众理解科学的文献，特别是有关"缺失模型"的研究，就直接使用了这个词语。参见美国国家科学基金会或米勒、帕尔多、尼瓦（Miller, Pardo & Niwa, 1996）的各类"科学和工程指标"报告。
5. 除了科学正确的回答，三类回答都被归为"科学上无效"类。

模型与方法 第三部分

6. 如果我们将所有四类回答分别绘制，那 id 的值将会小于 50%，而且对应每个概念的值也会有所不同。无效响应曲线与科学有效响应曲线相交的点将决定 id 的值。不过，这里提出的方法仍然有效，因为在相交点上，给出无效回答的受访者所占的百分比将等于给出科学正确解释的受访者所占的百分比。

7. 在本书中，米勒等人在讨论科学态度和知识指标的问题时，提出了一个有趣的问题——指标很快就会过时。他们没有详细说明淘汰速度如此之快的原因。在我们看来，随着文化距离的增加，这种现象对普通市民生活造成的可能影响会减小，因此，与该事件相关的指标对于分析公众理解科学的普遍标准方法就会失去效力。

8. 受教育程度的提高必然会导致给出科学有效回答的受访者比例增加。参阅《促进公众理解科学——经合组织关于促进公众理解科学的研讨会论文集》，东京，1996 年 11 月 5—6 日，OCDE / GD（97）52。它在关于建议的章节总结道：“初等教育是提高科学素质的基础。”这些建议是基于过去 20 多年定期对公众理解科学开展的调查得出的。

9. 2001 年和 2007 年开展的两项调查研究由印度国家科学技术和发展研究所的高哈·拉扎（Gauhar Raza）和苏尔吉特·辛格（Surjit Singh）负责。两项研究的部分资金由印度科技部国家科技传播委员会提供。

10. 这项研究是由印度国家应用经济研究委员会开展的。

11. 全国人口普查报告一再表明，这些邦的大多数人生活在极度贫困之中，而且文化素质水平很低，难以获取医疗照护（Census of India, 2001）。这里需要指出的是，这些邦的地理面积很大，而且人口稠密，约占印度总人口的 29%。

12. 大壶节是一个宗教文化集会，每 12 年在位于印度两条"圣河"交汇处的阿拉哈巴德举行一次。半壶节在两次大壶节之间举办，即每 6 年举办一次。

13. 详细调查方法请参阅《印度科学报告》的附录 3。

14. 这三次调查的克龙巴赫 α 系数均大于 0.72。表 2 给出了偏度、峰度及其标准误的估计值。这些估计表明人口特征的分布是不对称的。例如，2001 年、2004 年和 2007 年分布的偏度和标准误（SE）分别为（−1.09, 0.042）、（−0.82, 0.039）和（0.75, 0.040）。这表明 2001 年和 2007 年的数据分布不

281

对称。同样，正值表示正偏态分布（即分数集中在量表的低端）。2004年，偏度的标准误变成了两倍，即0.080（0.040×2=0.080），低于偏度统计量的绝对值（–0.82），这意味着该分布明显呈偏态。这三次调查偏度与标准误的比率分别为26.02、–20.64和18.84。在检验了数据集的统计特征之后，我们为这五个科学概念分别绘制了二分曲线。

第四部分 文化视角下的敏感话题

CULTURAL ASPECTS OF SENSITIVE TOPICS

欧洲对占星学的信仰

尼克·阿勒姆　保罗·斯通曼

正在读本篇的读者很可能在某个时刻读过自己的星座运势。占星学专栏在纸媒中广泛存在，而且在相当长的时间内一直是主要内容。第一位占星学专栏作家是17世纪的占星家威廉·莉莉（William Lily），她以提前14年预测了伦敦大火而闻名。《韦氏词典》将占星学定义为"根据恒星和行星的位置及方位预测其对人类事务和地球活动的可能影响"。有时，占星术被定义为"在特定时间（如某人出生时）行星和黄道十二宫星座的相对位置图，供占星家用来推断个人性格和性格特征，并预测一个人的生活事件"。更为常见的理解是，占星术就是占星学的预测，比如报纸上出现的那些。这也是本文使用的定义。十年前，偶尔读读自己星座运势的美国人有将近一半（National Science Board，2000），而且我们没有理由认为这个数字在那以后会有所下降。

本篇将探讨欧洲人占星学信仰和科学信仰之间的关系，以及两者怎样相互影响。在介绍了背景和前期研究后，本篇会聚焦于两个实证的分析视角。第一个研究视角对比了占星学信仰和科学信仰，并提出问题：欧洲公众区分科学和超科学的基础是什么？第二个视角考察了科学信仰和超科学信仰在心理上的对立程度，探讨的问题是：同时信仰科学和超科学的基础是什么？公众科学参与有怎样的影响？

占星学还是科学？

为了娱乐或消遣阅读占星学专栏是一回事，但是相信占星学对吉凶和性格的预言会成真，完全是另一回事。为评估占星学预言而开展的科学研究

科学与公众

数量惊人。不出意料的是，实际上没有证据能支持这些预言（Blackmore & Seebold, 2001; Carlson, 1985; Eysenck & Nias, 1982）。但是人们也许不太看重占星学的预测，健康预警其实也没什么必要。毕竟，人们不需要信以为真也能在阅读它时乐在其中。

即使人们对占星学、鬼神、外星人绑架深信不疑，这对人们理解科学、参与科学会有影响吗？证据再次证明，确实可能有影响。因为数量庞大的美国和欧洲公众不仅相信占星学的功用，而且坚信它是科学的。1988年以来，欧洲和美国追踪调查了公众对占星学和科学的信仰。美国的受访者会被提问占星学是"非常科学的、有点科学的，还是一点也不科学"。在1988—2001年的七次调查中，大约60%的人认为占星学一点也不科学，约30%的人认为有点科学。2004年，反对占星学的比例稍有上升，达到66%（National Science Board, 2006）。在欧洲，认为占星学是科学的人似乎比例更大。2001年，53%的人认为占星学"相当科学"（European Commission, 2001a）。

我们应该用什么去解释这些普遍存在的观点呢？本篇第一部分利用最近的一项调查，评估了关于欧洲公民对占星学作为科学的可信度变化的几种可能的解释。这一过程中，我们也调查了人们如何看待占星学及其他知识生成活动，是科学的还是其他的，以便理解占星学在欧洲公众的代表性领域中所占据的地位。接下来，在用实证分析数据和方法进行更详尽的描述之前，我们简要概括了我们认为可能造成公民信仰差别的假定因素。

"免疫"假说

从传统科学传播的角度来看，科学知识，特别是科学方法知识，有望让公众对伪科学的错误观念"免疫"。因此，那些更有科学素质的人，了解实验原则、综合经验证据与逻辑推理的人，应该更有可能认识到，占星学尽管有形式主义的呈现，但是它不符合科学方法的原则。调查证据广泛支持这一假设，尽管只有间接证据。在欧洲和美国，对于占星学

"科学性"的怀疑和较高的教育水平、较高的社会阶层、较高的收入有关，尽管调查结果之间稍有出入。1992年"欧洲晴雨表"调查显示，欧洲人受教育程度越高，越不可能认为占星学是科学的，而在2001年则不是如此（European Commission，2001a）。在美国，教育水平一直是稳定的预测指标。例如，美国国家科学基金会的最新数据显示，84%的大学毕业生认为占星学一点也不科学，而高中毕业生只有62%持同样的观点（National Science Board，2008）。教育水平当然不能与科学知识一概而论，但是二者紧密相关（Allum, Sturgis, Tabourazi & Brunton-Smith, 2008; Miller, 2004）。而收入和社会阶层本身总是和教育水平挂钩。在不考虑教育水平、收入和社会阶层影响的情况下，考察科学知识和相信"占星学是科学"之间的关系，是对"免疫"理论更强有力的检验。

名字里有什么？

目前的调查测量中一个比较成熟的发现是，受访者的回答可能对提问时使用的特定形式的词语非常敏感（Schuman & Presser，1996）。在之前回顾的欧洲调查中，英语版问卷中将"占星学"一词作为项目的刺激物："人们对于什么是科学的，什么不是科学的，可以有不同见解。下面我会读一份学科清单。请告诉我，对于每一个学科，你觉得它对应这张卡片上的等级在多大程度上是科学的……（其他学科）占星学。"人们对这个术语可能不太熟悉，他们更加熟稔的可能是"占星术""星座""太阳星座"等词汇，如果问这些词科学不科学，可能会得出不同结果。事实上，1992年"欧洲晴雨表"调查中已经提供了一些证据。调查对象随机分到两份不同版本的学科清单。一份只包含了上面提到的简单词汇，而另一份还包括每个词对应的简要解释。对占星学给出的解释是："研究恒星、行星等对人类事务的神秘影响的学科。"两份问卷得出的结果并没有显著差异（INRA，1993）。但是，在大多数欧洲语言中，"ology""ologie""ologia"等后缀都代表着一门学术研究领域。这可能足以诱导受访者认为占星学的确是一门科学，而使用其他术语可能让人想到不同的活动。另一种假设直觉上是合理的，但是此前没有得到验证，即很多人误把占星学当作天文学——这是一种简单的语义混淆。根据不同语言中两个术语的相似程度，这种情况在各个国家可能有所不同。

星星坠落人间

我们刚刚概述的对于占星学科学性的信仰或表面上的信仰都是基于理解和信息的各种不足。为什么有些人比其他人更相信占星术预测，可能还有其他原因。关于这个问题最有趣的一个社会心理学观点出现在特奥多尔·阿多诺（Theodor Adorno）的研究中。在1952—1953年，阿多诺对卡罗尔·莱特（Caroll Righter）在《洛杉矶时报》开设的占星专栏进行了研究。这一成果直到1974年以《星星坠落人间》（Adorno，1974）为题发表在《泰劳斯》期刊上，才出现在英文世界中。在这个被作者称为"内容分析"的研究中，阿多诺有些随意而有选择性地分析了几个月内这一专栏给读者的建议。他发现占星术解读的很多方面能够有效地令人信服，这已经被其他心理学研究证实（例如Forer，1949）：巴纳姆效应，即将笼统性叙述进行个人化的倾向等。他尖刻地批判了占星学，称其和其他神秘学一样，是"傻子的形而上学"，并暗示"似有知而实无知的状态为占星学提供了丰沃的繁衍土壤"（Adorno，1994：44）。这种说法是，占星学和其他"非理性信条"，如种族主义，十分相似，提供了一条实际上不需要花费心思和能力就能通往（错误）知识之路的捷径（Dutton，1995）。

然而，对于目前的研究而言，更有趣的是占星学（以及其他形式的流行神秘学）和威权主义、法西斯主义以及现代资本主义之间的联系。阿多诺认为占星学强调对某种更高权威的听命服从。内德曼和古尔丁将之更简明地概括为"既然无论如何都是命中注定的，那就接受现实吧"（Nederman & Goulding，1981）。阿多诺提出了一种"占星学意识形态"，他认为这种意识形态"在所有主要特点上都类似于威权人格'高分者'的心理"（Adorno，1994）。阿多诺及其同事对"威权人格"的研究自1950年问世以来就备受批判（Adorno, Frenkel-Brunswik, Levinson & Sanford, 1950; Kirscht & Dillehay, 1967），尤其是针对"法西斯倾向量表"（F-scale）中的测试项目（Hyman & Sheatsley, 1954）。尽管如此，我们还是有可能从《星星坠落人间》推导出合理、清晰的经验假设。"那些看重从众顺服、倾向于不加批判地接受群体道德权威的人更可能相信占星术的预言。"

阿多诺也探讨了有组织的宗教或宗教信仰与占星学信仰之间的关系。他认为占星学的部分吸引力来自，它将某些更高权威有效控制生活事件这一概念形式化，而不带有正式宗教信仰、去教堂等明确的限制性框架。阿多诺认为，这就是为什么占星学信仰和资本主义个人主义如此相配的部分原因。也就是说，宗教信仰和占星学信仰都符合人格的同一威权主义特质。如果这是真的，人们可能会预期占星学信仰同宗教或上帝信仰是相关的。

问题和假设

前面的讨论可以得出以下假设：

假设1（H1）："ology"这一后缀意味着人们应该会认为"占星学"（astrology）比"占星术"（horoscopes）更科学。

假设2a（H2a）：由于"天文学"和"占星学"两词之间存在潜在的含义混淆或省略，我们可以预期人们对两者科学性的评价存在正相关。

假设2b（H2b）：假设H2a正确，由于"占星术"和"天文学"两词之间存在语义混淆的可能性小很多，我们不应期望对两者的评价有同样的正相关性。

假设3（H3）：科学知识更广博的公民应该更不可能认为占星学是科学的。

假设4（H4）：根据阿多诺的理论，我们可以认为，在威权主义评价中得分更高的人更可能认为占星学是科学的：

除了对这些实证预期的评估，随后的分析中还涉及三个更普遍的问题：

科学与公众

问题1（Q1）：欧洲人怎么看待占星学与其他科学和非科学学科的关系？

问题2（Q2）：欧洲各国对占星学信仰的差异性和国别有多大关系？

问题3（Q3）：有没有学识渊博却轻信占星学的欧洲人？如果有，这对参与科学有什么影响？

数据和方法

本研究的数据来自"欧洲晴雨表"224和225号调查《欧洲人、科学和技术》以及《社会价值、科学和技术》（European Commission，2005a；2005b）。这两个调查模块都是2004年秋季对25个欧盟成员国的公民进行面对面访谈的一部分。每个国家约有1000名受访者接受了调查，调查采用了分阶段概率设计（关于调查方法的更多细节，见European Commission，2005a）。

为了检验占星术科学性的信仰这一关键因变量，研究人员询问了受访者他们觉得十个学科中每一个学科有多科学，然后从1到5进行打分，1表示"完全不科学"，5表示"非常科学"。在十个学科的清单上，随机抽取样本中的一半人询问"占星学"有多科学，另一半人回答"占星术"有多科学。其他九个学科是物理学、医学、天文学、经济学、历史学、顺势疗法、心理学、生物学和数学（英文问卷中所有测度的具体问题措辞和回答选项详见European Commission，2005a；2005b）。

威权主义价值观是用单一指标进行测量的。研究人员向受访者展示了可能鼓励孩子学习的品质列表。其中一个品质是"服从"。对这个问题的回答采用了4分制量表，从"完全不重要"到"非常重要"。与阿多诺对威权主义的研究同样相关的还有宗教信仰。为了了解这一点，我们设计了一个问题，询问受访者是否相信"上帝"或"神灵"或是两者都不信。从这个分类变量中衍生出了两个虚拟变量，分别表示受访者相信上帝或相信神灵（二者都对应不相信）。我们还用一个虚拟变量表明受访者是否天主教徒。大部分欧洲人都是某一类基督教徒，因此在没有任何关于占星学信仰存在教派差异的具体假说的情况下，区分天主教徒和所有其他教徒是在分析中简单控制宗教教派这一变量的合理方法。

科学知识在调查中是通过多种方式测量的，在分析中我们使用了三个独立指标。其中两个涉及受访者对科学过程和方法的理解。理解科学方法可以说是区分科学和伪科学主张的核心。受访者被询问"科学地研究某事物是什么意思"，所有答案都根据受访者的回答逐字逐句地编码为几个互斥的类别（也就是说，不是预先编码的）。通常，这个问题是对科学态度和信仰的一个很好的预测，因为假设检验和实验是关键的组成部分。这里我们用这一指标以及另一个基于回答问题时提及"测量"的指标一起，作为更好的科学理解的指标。第三个指标是对13个关于科学事实的教科书式判断题中正确回答的累加量表。出于分析的目的，"不知道"的回答选项编码为0，与判断正误题回答错误的情况一样。该量表具有合理的内在一致性，克龙巴赫 α 系数为0.72。

本次调查中还测度了一系列其他背景特征用于分析。受访者的年龄按照几段进行编码：16~24岁、25~39岁、40~54岁、55岁以上。职业地位是通过将白领阶层和管理阶层与其他职业进行对比的虚拟变量进行测量的。这必然是一个粗糙的指标，因为它是基于在整个欧洲具有可比性的标准化的"欧洲晴雨表"职业编码。但是，由于它在接下来的分析中仅用作控制变量，所以获取更详细的职业地位对占星学信仰影响的估计并不重要。教育水平也通过一个很直接的变量进行测量，即受访者是否在20岁之后结束了全日制教育。这大体上区分了大学毕业生群体，在之前研究中这被证明是对科学技术态度和信仰最有诊断力的差异（例如 Miller, Pardo & Niwa, 1997）。最后，我们用一个变量来了解受访者的居住区域类型，即居住在大型城镇还是其他类型的区域。一般来说，在不考虑教育和职业差异的情况下，相对于农村和偏远地区人口，人们可能会认为城市人口会有不同的文化和政治倾向，因此这个变量被用作控制变量。

分投选票实验

图1展示了两种实验条件下的响应分布情况。在一种条件下，受访者被问及他们认为占星学有多科学，在另一种条件下则是被问及他们认为占

科学与公众

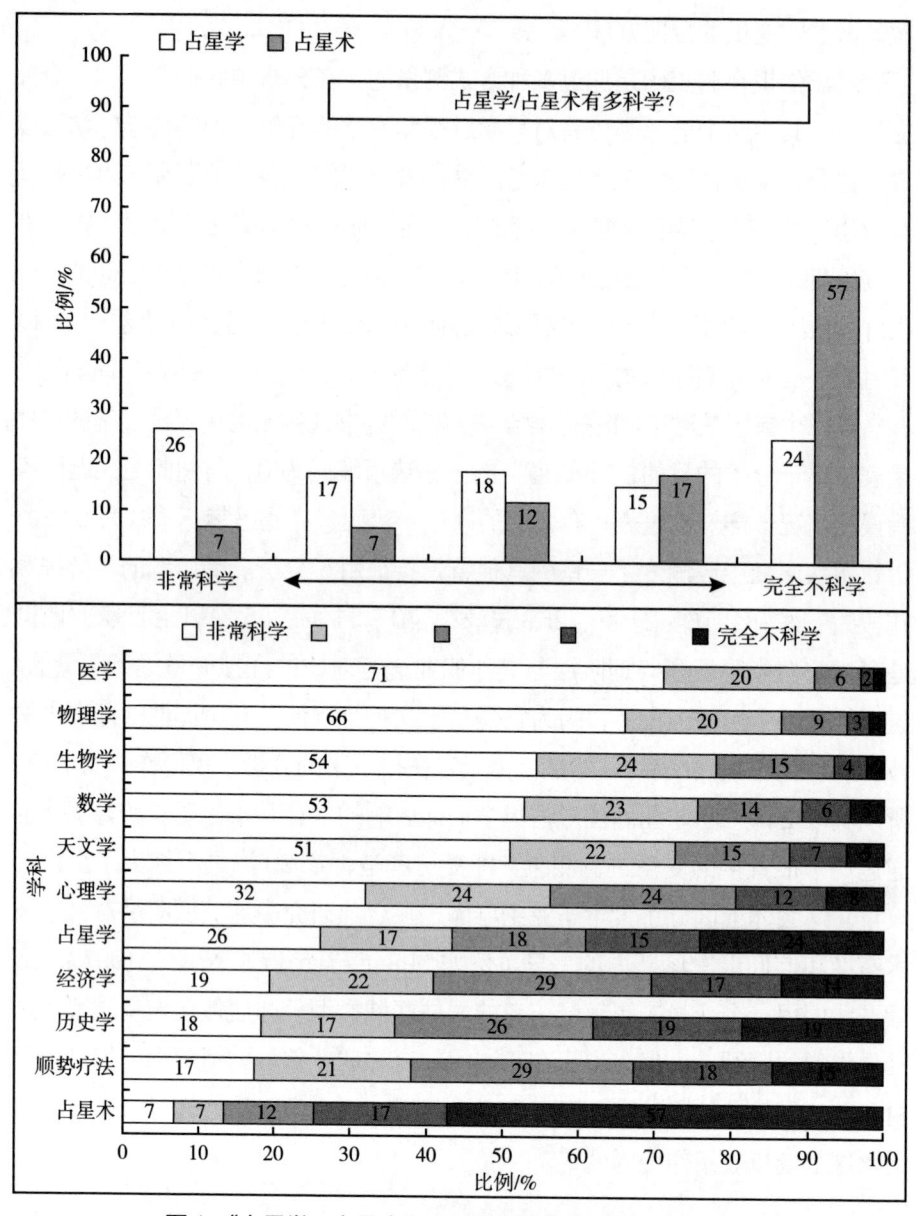

图1 "占星学、占星术以及其他学科有多科学"响应分布

星术有多科学。很明显，更多的欧洲人认为占星学比占星术更科学。57%的人认为占星术"完全不科学"，只有24%的人认为占星学"完全不科学"。约1/4的受访者认为占星学"非常科学"，而只有7%的人认为占星

术"非常科学"。答案的分布差异非常显著[Chi^2 3400（$4df$），$P<.001$. $n=23,473$]。占星学显然被认为远比占星术更具有科学可信度，这和 H1 的预期相符合。另一点需要注意的是，人们对占星学的信仰比对占星术的信仰更具异质性，"非常科学"和"完全不科学"两者各有约 1/4 的受访者选择。

占星学、占星术与其他学科之间的关系

图 1 中的下图展示了欧洲人对问卷中所有 11 个学科（包括占星术和占星学）科学性信仰的分布情况。这个图根据认为每个学科"非常科学"的受访者百分比进行降序排序。可以看到，这份学科清单包括一系列科学性或多或少的学科，其中包括占星术、占星学及顺势疗法等作为伪科学例子。

医学被认为是最科学的学科，其次是物理学，然后是生物学。占星术被认为"非常科学"的可能性最小，其次是顺势疗法、历史学和经济学（分别为 17%、18%、19%）。大体上来说，这并不是一个令人意外的结果。自然科学排名最靠前，社会和行为学科排名靠后。但令人有点意外的是，尽管与其他调查结果一致（European Commission，2001b），占星学被认为比经济学更科学，仅略微落后于心理学。图 1 表明，如果没有顺势疗法和占星术，占星学的科学地位存在矛盾之处。我们采用了因子分析进一步探索欧洲人对这些学科的科学性做出判断的基础。我们使用最大似然估计和斜交转轴法进行了两个独立的分析，每个分析分别使用了样本的一半。图 2 显示了基于碎石图和实质可解释性检验得出的三因子模型的因子载荷。由于我们假设在认同或不认同任一学科是科学的倾向方面具有个体差异，同时也考虑区分相似学科组的意向，所以斜交转轴法是首选。因此，假设这些因素是正相关的，斜交转轴法已经证明了这一点。

我们标记了三个因子，分别是"硬科学""软科学"，以及一个希望变得更好的词，"新时期科学"。"硬科学"的最高因子载荷是物理学，为 0.88；"软科学"包括经济学和历史学，主要是经济学，为 0.71。顺势疗法、占星学、心理学等组成了"新时期科学"，虽然心理学和"软科学"有微弱的交叉载荷。

科学与公众

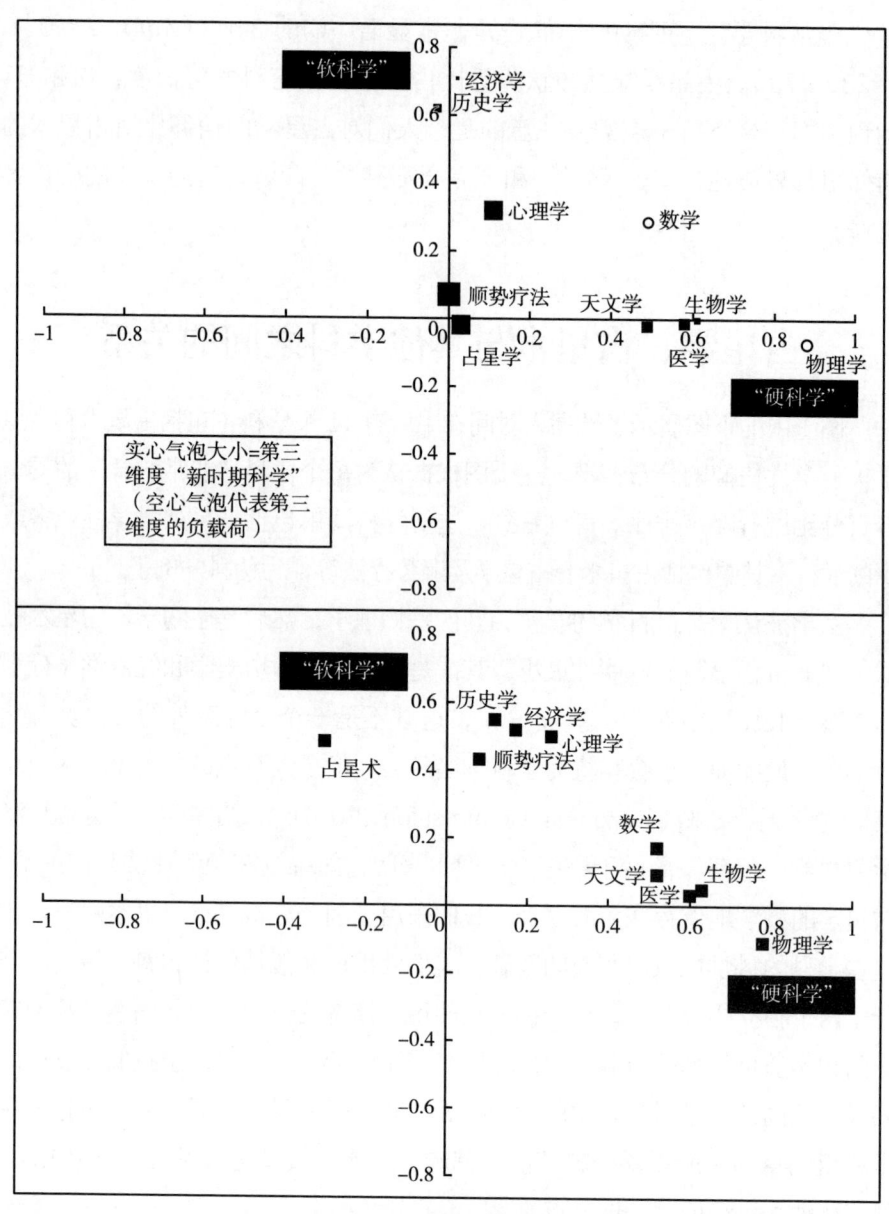

图2 占星术和占星学的因子负载图

图2展示了前两个维度的载荷，第三个维度"新时期科学"用圆圈的大小表示。之所以要贴上"新时期"的标签，是因为负载在这一因子上的三个学科都是人们期望在书店的自助类、大众心理学、新时代疗法等专区看到的

学科。对于欧洲公众而言，心理学的表象可能较少涉及认知神经科学，更多是对抗抑郁的自助类书籍。

图2给出了占星术相关问题样本的斜交转轴情况。主要的差别是，只需要两个因子来描绘对十大学科的响应进行组织的认知结构。

没有独立的"新时期科学"类别，占星术、顺势疗法、心理学与历史学、经济学共同组成了"软科学"类别。"硬科学"的学科保持不变，其中物理学以0.78的最高载荷再次成为主要因子。

图2中还展示了因子载荷情况，可以清楚地看出分为两组。还要注意的是，占星术是唯一一个对于"硬科学"载荷为负的"软科学"学科；但占星学却不同，进一步表明后者被认为是更像一门科学的学科。

目前为止我们看到的结果非常明确地说明，尽管占星术和占星学在所有意图和目的上是一回事，但至少就普通公众的随意接触而言，这两个术语有着截然不同的含义。

占星学可能"听起来"比占星术更科学，相应的评估结果也表明，相比占星术，人们对它的看法与心理学和顺势疗法更为贴近。在详细阐述了对占星学的认知之后，下文会探讨这些认知在公民以及欧洲各国之间的存在差异的背后原因。

公民的信仰差异

本次分析的最后部分是对社会和心理因子的多变量调查，这些因子可能影响个人相信占星学是科学学科的倾向。为此，我们引用了最小二乘法多元回归模型的一个变体。

这一分析主要是为了检验与占星学信仰相关的个人层面的因素。但是，即使考虑了个体特征，25个欧洲国家之间对占星学的信仰也可能具有异质性。对这种情况进行建模，需要将国家作为固定效应或随机效应纳入模型。可以说第一种方法本质上是给每个国家设定自己的虚拟变量，把每个国家当作独特的实体。第二种方法是把数据集中的国家当作可能会纳入其中的潜在国家的随机样本，并估计一个连续随机变量的单个均值和方差，以捕捉国家间的异质性（Raudenbusch & Bryk，2001）。然后可以用模型参数估计每个国家在这个变量分布中的位置。

如果个人层面的效应和国家的随机效应不相关，那么随机效应估计量是无偏的，而且优于固定效应估计量，因为它更加有效。如果不满足这一假设，那固定效应模型更合适。豪斯曼检验（Hausman，1978）检测了关联性是否存在，结果非常不显著（Chi^2 5.86, 17df, P=0.99），因此这里给出的最终模型使用了随机效应估计量。

表1给出了该模型预测的对占星学信仰的估计量。因变量的得分越高说明对"占星学是科学"的信仰越强。该模型包含的预测指标解释了占星学信仰17%的差异。首先是假设H2a，由于存在语义混淆，可以预期人们对天文学和占星学的信仰之间应该存在某种相关性。情况的确如此。天文学的系数是0.35，标准误非常小。除去模型中所有其他因子的影响，公民越是相信天文学是科学的，他们就越有可能认为占星学也是科学的。似乎在欧洲公众的观念里，这两个学科并不总是能够被清晰地区分。为了消解对本结论的可能异议，我们纳入了一个额外的变量（"所有学科都是科学的"），这个变量计算了受访者对除了占星术和顺势疗法以外的其他所有学科的科学性信仰分数的均值。如果没有这个控制变量，可能会有争议认为天文学和占星学之间存在相关性是因为万物都是科学的这一观点的倾向性存在个体差异。但是纳入这个变量并没有消除天文学的正系数。

表1 随机效应回归估计量（个体特征）

（n=11622）		回归系数	标准误	Z值	P值
年龄（参考范围15~24）	25~39	−0.12	0.04	−2.66	0.01
	40~54	−0.14	0.04	−3.34	<0.01
	55+	−0.22	0.04	−5.22	<0.01
女性		0.06	0.03	2.18	0.01
更高教育水平		−0.19	0.03	−5.75	<0.01
专业工作或管理工作		−0.08	0.04	−1.89	0.06
大城镇或城市居民		−0.10	0.03	−3.04	<0.01

续表

（n=11622）		回归系数	标准误	Z 值	P 值
宗教信仰	天主教	0.13	0.04	3.70	<0.01
	相信上帝	0.08	0.04	2.02	0.04
	相信神灵	0.12	0.04	3.21	<0.01
	右翼政治倾向	0.01	0.004	2.26	0.02
科学知识	测试得分	−0.09	0.01	−17.42	<0.01
	提到假设检验	−0.25	0.06	−4.55	<0.01
	提到测量方法	−0.21	0.05	−4.52	<0.01
威权主义		0.22	0.02	10.36	<0.01
天文学是科学的		0.32	0.01	26.80	<0.01
所有学科都是科学的		0.24	0.02	12.41	<0.01
截距		1.18	0.14	8.67	<0.01

如果假设 H2b 得到验证，它会进一步印证这一说法。我们不会期待在天文学和占星术之间看到同样的正相关，因为天文学和占星术听起来并不相似。为了检验这一点，我们用同样的模型拟合另一半调查样本，将占星术设定为因变量。结论的模式与表 1 非常相似，但是关键在于，相较于占星学模型的估计值，占星术模型的天文学系数非常小，只有 0.05（SE=0.01；Z=4.23；P<0.01）。

假设 H3 关注的是科学知识或素质与占星学认知的关系。预期是那些更有公民科学素质的人能更好地区分科学和伪科学。因此，我们期望知识测度的系数为负[1]。从表 1 可以看出，情况确实如此。所有三个知识变量的系数都为负且在统计上具有显著性，这意味着一个人越是知识渊博，越认为占星学没那么科学。为了理解影响的程度，如果我们选择一个测试得分为平均水平的公民，且他在开放式回答中既没有提到假设检验也没有提到测量方法，

---

[1] 原文为"正"系数，根据上下文应该为"负"。——译者注

那么在所有其他变量保持不变的情况下，相比于一个既提到假设检验也提到测量方法且在测试中得分最高的欧洲人，他在对于占星学的期望评分的5分制量表中将会高1分（在"更科学"的方向）。尤其有趣的是，即使控制了教育变量，科学知识还是会产生影响。

分析中验证的第四个假设是关于威权主义人格类型与占星学信仰之间的关系。威权主义问题的系数为正，数值为0.22，十分显著。据模型预测，在"顺从的重要性"这个问题上每增加1分，对于占星学科学性的评分将增加不到0.25分。于是，在控制所有其他协变量的情况下，那些认为顺从对于教育孩子完全没必要和非常重要的欧洲人在占星学信仰上的预测差异略高于1分。因此，阿多诺将威权主义与伪科学的开放性联系起来，在这里得到了实证支持。再次需要注意的是，这一关系在模型中对于所有其他控制都是稳健的，特别是年龄、教育程度和保守或右翼政治倾向。

那些声称相信上帝或"某种神灵"的人更有可能认为占星学是科学的。天主教教徒持这种观点的可能性也更大。这些结果再次印证了阿多诺关于占星学对那些倾向于服从包括宗教在内的不同种类更高权威的人存在吸引力的观点。对于为什么天主教教徒更容易轻信占星学，我们没有明确的解释，但应该记住，这一发现当然对国家和个体特征都有控制作用。这意味着此处的"宗教派别"不只是以天主教为主的国家和非天主教欧洲国家的公民各种各样信仰的一个代名词。

其他社会人口变量的系数也值得注意。和那些自称政治上偏右翼的人一样，女性比男性更倾向于认为占星学是科学的。那些生活在大城市、接受过更好的教育、拥有高地位职业的人更不可能认同占星学的科学可信性。一个非常有趣的发现是，年长的人不太相信占星学。调查中最年轻的15~24岁群体认为占星学是最科学的。这不禁引人猜测：我们发现的是不是一个生命周期效应或世代效应？人们会随着年龄的增长而更有怀疑精神吗？还是年轻一代普遍没有他们父母那么具有怀疑精神？这需要进一步研究来证实。

国家之间的信仰差异

表2展示了国家和个体层面的方差成分估计值。这可以看作个体之间和国家之间未解释的残差变异比例。表中的前两列展示了仅拟合截距的模型的方差估计和相应的百分比。也就是说，它简单地把总方差分成组内和组间（个体和国家）。只有13%的占星术信仰差异与国家系统性相关，其他则是源于个体间的差异。而在考虑所有自变量的全模型中，国家造成的比例下降了约1/3，降到8%。这表明，一些明显的系统性国家差异是源于纳入模型的个体特征在人口组成上的差异。总的来说，影响欧洲对科学和占星学信仰的社会心理因素似乎在所有国家的公民中普遍存在。

表2 截距模型和全模型的方差组成

项目	截距模型 方差（标准误）	总方差的百分比/%	全模型 方差（标准误）	总方差的百分比/%
个体层面残差	2.08（0.03）	87	1.80	92
国家残差	0.27（0.08）	13	0.14	8

然而，这并不是说国家之间完全没有系统性差异。探究这一点的方法之一是获得未被观测的国家层面随机效应变量的估计值，并进行国别比较。这些估计也称为"经验贝叶斯估计"（Raudenbusch & Bryk，2001）。这些可以被认为是在考虑了模型中所有个体层面的变量后，用均值（0）的标准差表示的无法解释的国家层面残差。这种变化有令人惊讶的清晰模式。在控制公民个人特征的情况下，所有前东欧国家都比模型预期的要更倾向于接受占星学是科学的，而大多数西欧国家的公民比给定的个人属性所预期的更具怀疑精神。图3展示了25个欧盟成员国标准化随机效应的估计值。

科学与公众

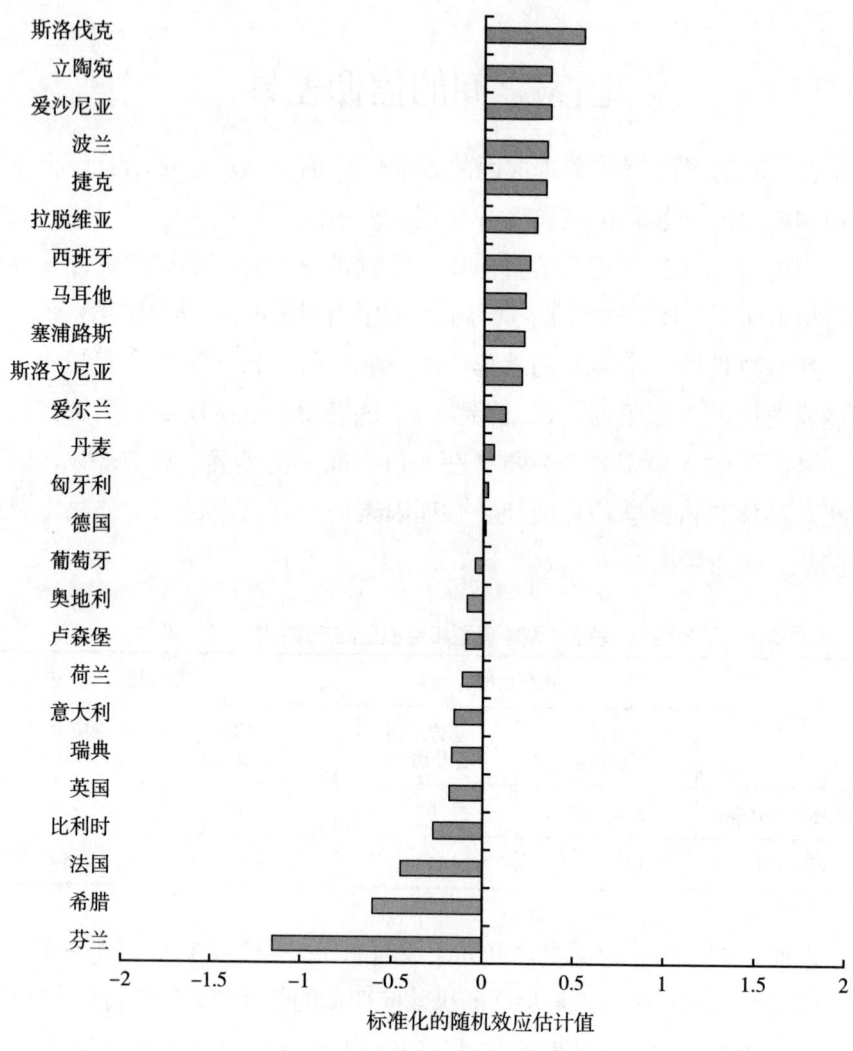

图3 25国标准化随机效应估计

占星学和科学？

在目前的分析中，有线索表明，对占星学的信仰，或者更广泛地说可能是对类科学的信仰，与对科学及科学方法的信仰并不是相互对立的。分析中识别的"硬科学"和"软科学"因子并不是正交的，有相当数量的科学知识渊博的欧洲人仍然相信占星学也是科学的。这是什么原因呢？一种可能性是，占星学和科学占据了公民个体思考和实践的不同领域。无论什么情况都全面坚持科学的世界观，这是空想，违背了人的实际思维和行为方式。这一观点体现在认知多相的概念中（Jovchelovitch, 2007; Jovchelovitch, 2008; Moscovici, 2008），它指出一个个体内部存在多个共存的知识系统，但不一定相互冲突。这是对这种看起来普遍的现象的一种有趣描述方法，严格的科学知识体系似乎不会取代以占星学为代表的其他知识体系。

根据此前的分析，首先要说明的是认知多相在各国存在的情况以及这和前文中展示的文化差异模式之间的关系。然后，看看是否存在一个或另一个知识体系在人们参与科学的过程中最有可能主导他们的行为。这会很有趣。哪种信仰会"胜出"，在什么条件下？是对数学和自然科学科学性的信仰还是对"新时期科学"科学性的信仰？

我们用一系列项目来测度人们认为不同学科有多科学（1=完全不科学；5=非常科学），产生了一个具有可操作性的认知多相变量。这里有趣的是，相信"硬科学"是科学，以及相信顺势疗法和占星学等"新时期科学"是科学，这两者的权衡（或者没有）。对于一些人来说，这将是一种明显的取舍；而对于另一些人来说，会觉得这两组学科都不科学或者都没有科学价值。鉴于鲜少有人觉得大多数或所有的硬科学是"不科学的"（仅占样本人数的 1.5%），而且更少有人觉得"新时期科学"是唯一科学的或者二者都不科学，这里令人感兴趣的群体是那些只相信"硬科学"而不相信"新时期科学"的人（占样本的 65%）和那些同时相信"硬科学"和"新时期科学"的人（35%）。这样，认知多相变量的参照组就是那些在"硬科学"科学性量表上打 4 分或 5 分而且在"新时期科学"的科学性量表上打分较低（<4）的人。编码为 1 的"实验"组是那些在"硬科学"科学性量表上打 4 分或 5 分但是在"新时期科学"的科学性量表上同样打 4 分或 5 分的人。

国别差异

在图 4 中，我们展示了每个国家中被归类为"多相"的受访者比例。即使在那些"新时期科学"不那么流行的西欧国家（除了芬兰）中，认知多相的水平依然比较高。至少 1/5 人口倾向于在相信"硬科学"的科学价值的同时也相信占星学和顺势疗法的科学价值。

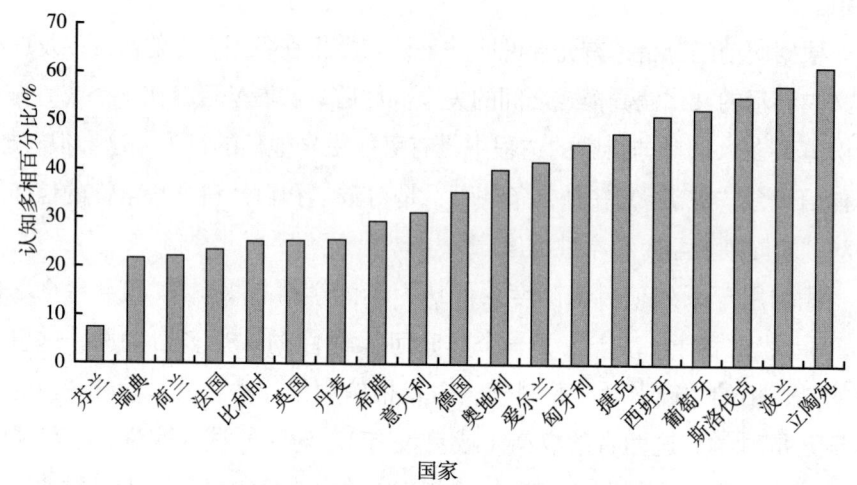

图 4　欧洲的认知多相水平（N=7982）

注：卢森堡、马耳他、爱沙尼亚、塞浦路斯、斯洛文尼亚、拉脱维亚由于样本数较少（<100），没有包含在内。

但是对于这样的个体我们还能说什么呢？他们是真诚地赞赏自然科学的科学价值，还是他们同时秉持的"新时期科学"信仰胜过了他们的科学世界观呢？找出答案的一种方法是将相信自然科学的科学价值的人与既相信自然科学又相信"新时期科学"的科学价值的人进行对比，比较二者的科学参与变量效应。通过关注行为变量，可以获得一些证据体现两个被认为是"科学的"信仰中哪种与实际行为最不相符，这在理论上对于认知多相的概念非常重要。这产生了以下假设：

如果"新时期科学"的科学价值高于自然科学，那么认知多相变量和科学参与变量之间存在负相关。

因变量

　　一般来说，行为变量给研究人员提供了一种检验个人信仰有多坚定的方法。比如，如果一个人说他注重环境保护，那么在其他条件相同的情况下我们可以预期这个人比其他人更可能经常性地参与垃圾回收等"绿色活动"。同样地，如果一个人重视自然科学，那我们也可以预期他更可能参与满足这一兴趣的活动，比如参观科学博物馆或者和朋友谈论科学问题。幸运的是，"欧洲晴雨表"询问了一系列关于人们积极参与科学技术的问题。我们由此得出了两个变量用于接下来的分析："非正式"科学参与变量来自阅读科学文章以及与朋友谈论科学的频率，"正式"科学参与变量来自造访科学博物馆、展览、图书馆的次数。

　　可以看出，所选样本中大多数（64%）至少有一项正式科学参与活动，阅读和/或谈论科学技术这一非正式参与变量的数字略高一点（75%）。由于这里关注的是认知多相对于参与科学本身的影响程度（而不是参与水平），上述的两个变量都被重新编码为二元结果，0=不参与任何活动，1=至少参与了一项活动。通过进行回归分析并控制参与的其他潜在原因，可以评估各种"科学"研究领域的认知多相性质。在这些模型中，和之前的分析一样，我们将国别指定为随机变量并进行控制。

　　图5和表3展示了两个模型的正式参与和非正式参与的非标准化系数、标准误以及 Z 值。关键参数是认知多相对参与情况的影响。在这两种情况下系数都为负。非正式参与的估计值在统计意义上和零相差无几，正式参与的系数是 −0.18，在 $P<0.05$ 时显著。这提供了一些线索，当人们使用双重知识框架时，尽管从定义上讲，这并没有阻止他们照旧参与科学和技术，但它确实能减少其频率。我们可以初步得出结论，认知多相在某种程度上存在于某些人身上，但是对占星学科学性的信仰和对真正科学知识体系的坚信并不是完全相容的盟友。

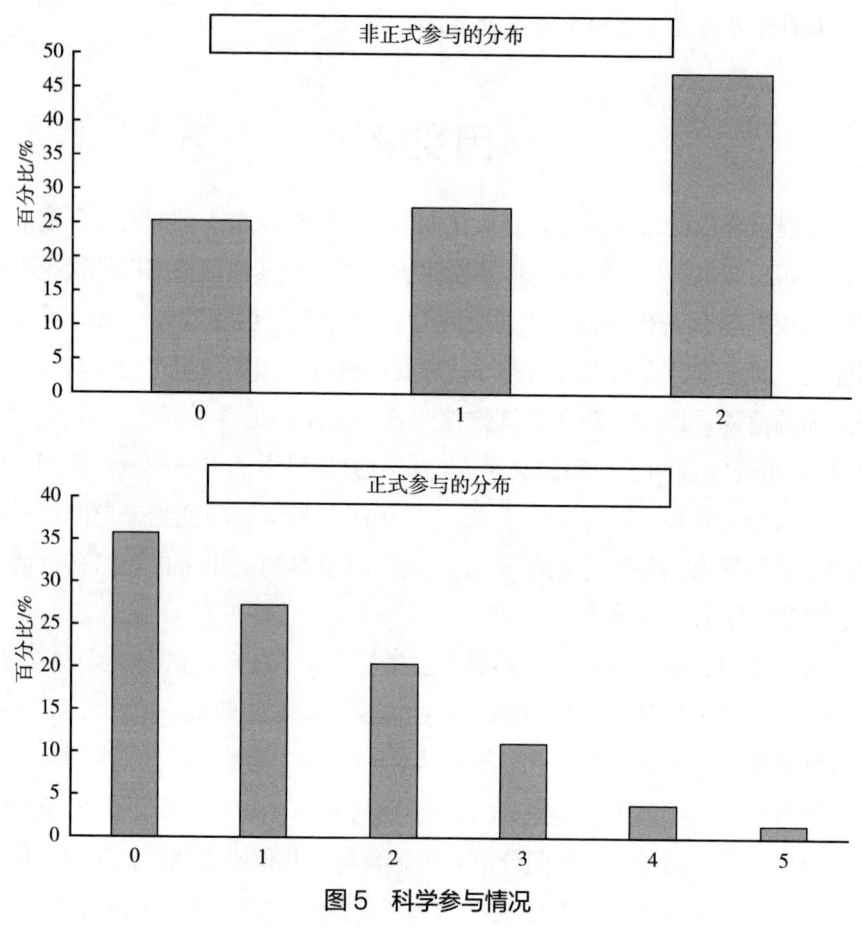

图 5　科学参与情况

表 3　正式和非正式科学参与情况（非标准系数）

变量	非正式参与			正式参与		
	回归系数	标准误	Z 值	回归系数	标准误	Z 值
年龄 25～39 岁	−0.31	1.16	−0.27	0.79	0.95	0.83
年龄 40～54 岁	−0.31	1.16	−0.27	0.12	0.95	0.13
年龄 55 岁以上	−0.52	1.16	−0.45	−0.15	0.95	−0.16
女性	−0.48**	0.08	−6.00	0.40**	0.07	5.71
更高教育水平	0.58**	0.09	6.44	0.66**	0.08	8.25
专业工作或管理工作	0.64**	0.16	4.00	0.90**	0.14	6.43
大城镇或城市居民	0.18	0.09	2.00	0.21*	0.08	2.63

续表

变量	非正式参与			正式参与		
	回归系数	标准误	Z值	回归系数	标准误	Z值
相信上帝	0.02	0.11	0.18	0.09	0.10	0.90
相信神灵	0.26**	0.12	2.17	0.42*	0.11	3.82
右翼政治倾向	−0.03*	0.01	−3.00	−0.02	0.01	−2.00
科学知识测验	0.19**	0.02	9.50	0.16**	0.02	8.00
假设检验	0.32	0.20	1.60	0.43**	0.18	2.39
测量方法	−0.02	0.16	−0.13	−0.05	0.14	−0.36
认知多相	−0.10	0.08	−1.25	−0.18*	0.08	−2.25
（截距）	0.07	1.18	0.06	−1.64	0.98	−1.67

结　　论

欧洲人对占星学及其作为科学或准科学学科的地位有一系列信念。实验和观测数据表明，这一术语的定义有诸多含混之处。占星学和天文学之间存在明显混淆。对占星术和占星学的看法也有广泛的不同意见，即使人们可能认为二者的大部分意图和目的在功能上是等价的。占星学被认为比占星术更科学。也许之前关于科学素质的研究已经衡量了公民对占星学的轻信程度，导致得出了比实际上证实的更悲观的结论。

但是，常规的科学素质显然会有影响。在不考虑一系列其他潜在的混杂影响的情况下，一个人对科学术语和概念以及事实性科学知识的理解越充分，他区分科学和伪科学的能力就越强。科学知识的这种免疫效应可能不是意料之外的发现，但它强调了这些调查指标在区分公民对科学的推理模式方面的效用，并证实了科学素质在帮助欧洲人对伪科学主张的有效性做出知情判断方面的重要性。虽然本研究不涉及健康和消费者选择，但是本研究中的模型很有可能适用于一系列公民需要做出选择的伪科学领域。

威权主义类型的价值观与更容易轻信占星学有关，这一结论极具吸引力，与阿多诺的预测相符。这是因为人们有服从任意一种威权的普遍倾向，这仍然与阿多诺假设的反理性文化有关，目前还是有待商榷的问题。进一步的研究有利于对本研究中所做的观察背后的机制进行更详尽的阐释。也许与这一发现有关的是系统性的国家差异。前东欧集团国家似乎更乐于接受占星学，更可能认为它是科学的。即使控制了科学素质、宗教、教育、政治取向及价值观等因素，这个结论也是成立的。这些国家的近代史上都有威权主义国家和公民社会的组织形式，这种文化规范可以投射出，除了个体性格特质的差异，东欧国家依然更容易接受占星学。

　　本研究探讨了对占星学不同信仰及其与科学关系的一些相关和假定原因。最后要提醒的是，对大多数人来说，看星座解读是一项休闲活动，并不是至关重要的大事。然而，通过了解欧洲人对占星学和占星术的不同看法，我们可能对公民如何评价科学和伪科学主张的基础有了一些更普遍的认识。

从跨文化角度看瑞士人与动物的界限

法比安·克雷 塔兹·冯·罗滕

过去 30 年来，对科学—社会关系的实证研究总结出了多种解释因素，如科学知识（Evans and Durant, 1995; Miller & Pardo, 2000）、信任（Priest et al., 2003; Crettaz von Roten et al., 2003），以及与自然相关的价值观（Gaskell et al., 2005; Peters et al., 2007）。鲍尔等人（Bauer et al., 2007: 88）在对该领域的回顾中建议将这些结果解释为"文化气候指标"，因此需要重新考虑分析单元。由于瑞士处于三种文化（法语、德语和意大利语文化）的交汇区，本篇旨在描绘出三种语言区对动物和自然认知的文化差异，以提高我们对科学和社会关系的理解。

在公众对科学的认知中，自然观是有意义的"工具"，因为科学与自然有着诸多联系。首先，科学和技术的发展补充了，有时甚至取代了"自然"的方法，如食物和繁殖方面，因而出现了对"扮演上帝"和"人类超越自然和道德界限的傲慢行为"的指责（Peters et al., 2007: 198）。其次，一些科学发现使用新的术语来提出人与动物界限的问题，例如，将人类物种作为一个特例，与自然领域的其他物种区分开来，当基因从一个物种转移到另一个物种时，就会受到质疑。再次，科学发展已经对环境产生了严重的影响，人们现在对干预自然所产生的不可预见的后果忧心忡忡，尤其不愿意容忍（生物）技术对自然界的支配日益严重（Wagner et al., 2001; Michael, 2001）。最后，动物在科学（医学、药理学和最近的生物技术）中发挥着至关重要的作用，因为它们不管过去还是现在都是人类病理研究的模型、器官或细胞的来源，并被用于动物实验、异种移植和克隆。关于实验研究中使用动物的争论部分聚焦于人与动物的界限及物种歧视[1]：在非人类的灵长类动物身上进行实验对科学来说至关重要吗？在狗身上进行的实验是否带来了医学上的突破？在科学中使用动物已经引发了欧洲和美国公众的关注和抗议（Einsiedel，2005；Crettaz von Roten，2008）。

先前的研究已经证实，自然的概念是由社会建构的，并随着文化和历史因素而变化（Michael，2000；Strauss，2005）。布尔格（Bourg，1997）描述了现代社会中自然／文化分裂的出现，它赋予了人类控制和支配自然的权利，还描述了技术如何造成对自然的三重阻碍（在我们周围、在我们之间和在我们内部）。富兰克林和怀特（Franklin and White，2001）报告了在后现代或现代晚期人类与动物关系模式正在越来越动物中心化和情绪化。根据富兰克林（Franklin，1999）的研究，人类与动物之间的界限已经被日益滋长的厌世情绪、本体论的不安全感以及风险自反性所打破。哲学家、历史学家和社会学家曾对有关自然的各种概念进行了广泛的研究，包括自然是否被认为是精神上的或神圣的，以及自然与人类社会的关系类型：分离，自然与人类之间的对立；连接，人类对自然的统治；或融合，自然与人类的和谐共处（Frank，1997；Strauss，2005）。

通过分析不同国家和地区背景下的公众认知，研究者确定了公众理解科学的文化模型。鲍尔等人（Bauer et al.，1994）引入了公众理解科学的后工业化模型，该模型解释了从工业社会向后工业社会的转型中，兴趣、知识和对科学的态度之间关系的变化模式。阿勒姆、布瓦和鲍尔（Allum, Boy & Bauer，2002）根据欧洲区域间工业发展的动力差异，在区域层面重新思考了后工业主义假说。加斯克尔等人（Gaskell et al.，1999：386）比较了欧洲和美国对转基因食品的接受程度，得出的结论是："不同的媒体报道和监管历史伴随着不同的公众认知模式，而这些模式反过来又反映出更深层次的文化敏感性。"

瑞士位于欧洲的中心，处于三种文化（法语、德语和意大利语文化）的交汇处。本篇中，我们提出了一种文化上的"语言定义"，即在一片连续的区域说同一种语言的人是同一文化的成员，拥有共同的价值观和表征，而说不同语言的人属于另一种文化。[2] 瑞士的多元文化曾被广泛地研究过。在政治方面，克里西等人（Kriesi et al.，1996）展示了人们在国家外交政策、对外国人的开放、强化联邦政府、限制个人自由等方面表现出的投票模式的差异。在人文学科中，一项关于社会融合的研究表明，说德语的瑞士人比他们意大利语区和法语区的邻居们的公民参与度更高（通过志愿工作）（Freitag and Stadelmann-Steffen, 2009）。事实上，这些地区更愿意以语言为边界。施泰克森等人（Steckeisen et al., 2002）探索了法语区和德语区高等教育机构中教授的两种不同学术文化。

彼得斯等人（Peters et al., 2007）的分析表明，对自然的喜爱程度可以部分解释美国和德国对食品生物技术态度存在的差异。在结论中，作者提出了一些问题："不同社会吸收创新的能力不同吗？文化在这个过程中扮演了什么角色？"从这些问题开始，我们首先假设瑞士在对科学、动物和自然方面的认知存在文化差异。更具体地来说，说法语的人对科学的态度更积极，说德语的人对自然和动物更乐意保护。事实上，这些文化差异可能是相互关联的：法语文化可能比德语文化更容易吸收技术创新，因为它更能容忍人类对自然的干预。即使这一假设可能是真的，我们还是提出了第二个假设，即一旦对科学的态度被包括在模型中，那么在批准科学研究中使用动物方面存在文化差异。

本文首先概述了瑞士三个语言区的公众对科学、动物和自然的认知，然后通过检验与我们的假设相关的解释因素，重点关注人们对科学中使用动物（即为医学研究克隆动物）的不同认知。

描绘瑞士的文化气候

本篇分析了现有的"欧洲晴雨表"（63.1）这一调查数据集。此调查选取了瑞士三个语言区 1,000 名 15 岁及以上的公民，进行了面对面采访。从国家层面来看，误差率为 3.1%，其中德语区误差率为 3.65%（$n = 719$），法语区误差率为 6.59%（$n = 221$），意大利语区误差率为 12.65%（$n = 60$）。

分析聚焦于两组变量：态度变量（对科学、技术、自然等）和社会人口统计变量（性别、年龄、教育水平和语言区）。

对科学的态度通过 13 道李克特 5 级量表题目（1 为"强烈反对"，5 为"强烈同意"，"不知道"被编码为"既不同意，也不反对"）来测度，如"科学会使生活更健康、更轻松、更舒适"或"公众充分参与了科技相关的决策"。同时，我们用另外两个问题调查了人们对科学治理的态度：在公众眼中，应该由谁做出对科学的决策（专家还是公民），以及应该用什么样的标准指导这样的决策（是从相关风险和利益分析，还是考虑道德和伦理方面）。

对待技术的态度被称为技术乐观主义。我们向受访者展示15种新技术（如太阳能、计算机和信息技术等），询问受访者认为未来20年这些技术中将对我们的生活方式产生积极影响的数量，以此来进行测度。

对自然的态度通过5道李克特4级量表题目来测度（1为"强烈反对"，4为"强烈同意"，"不知道"被编码为"既不同意，也不反对"），如"我们有责任保护大自然，即使这意味着会限制人类进步"或"无论成本多高，我们都有义务保护动物的权利"。对动物实验的态度通过1道李克特5级量表题目来测度（1为"强烈反对"，5为"强烈同意"，"不知道"被编码为"既不同意，也不反对"）："如果有助于解决人类健康问题，那么应该允许科学家在狗和猴子等动物身上做实验。"对动物克隆的态度通过1道4级量表题目来测度（1为"不同意"，2为"只在特殊的情况下同意"，3是"只在有高度监管和控制的前提下同意"，4为"在任何情况下都同意"，"不知道"被标记为"丢失数据"）："请告诉我你在多大程度上同意批准克隆动物（如猴子或猪）用于研究人类疾病？"

最后，除了性别变量（男性编码为1，女性编码为2），我们还使用了以下三个社会人口统计变量：年龄（以岁为单位）；教育程度［最高水平，并将其转化为两个虚拟变量：一个区分义务教育（编码1）和其他教育（编码0），另一个区分高中教育水平（编码1）和其他教育水平（编码0）］；以及语言区域［转换成两个虚拟变量：一个区分法语区（编码1）和其他区域（编码0），另一个区分德语区（编码1）和其他区域（编码0）］。

为了检验文化差异，我们对定量变量进行了方差分析，对分类变量进行了卡方检验。为了解释人们对在科学中使用动物（即为医学研究克隆动物）的态度，我们运行了一个多元回归模型。

对科学的态度

2005年瑞士公众对科学的态度总体上是积极的：87.8%的人认为"科技进步有助于治疗艾滋病、癌症等疾病"，82.2%的人认为"科学会使生活更健康、更轻松、更舒适",68.3%的人同意"即使短期内不能带来好处,政府也应支持增进知识的科学研究"。相对多数的人(43%)赞同"科学利大于弊"(Crettaz von Roten,2006)。然而,我们观察到很少有相信科学无所不能的幻想(只有7.1%的人认为"科学和技术可以解决任何问题",只有36.9%的人认为"终有一天,科学能够完整地揭示自然和宇宙是如何运行的")。在欧洲国家中,瑞士持有适度的技术乐观主义(瑞士平均值为9.6,欧盟国家平均值为11.1)。人们对科学家的态度很矛盾(64.2%的人同意"因为科学家有知识,所以他们有使自己变得危险的力量",43.4%的人认为"科学家要为别人滥用自己的发现而负责"),在公众参与科学方面也是如此(34.7%的人认为"公众充分参与到了科技决策中",但47.5%的人并不认同)。

瑞士公众对于科学的态度不仅结构复杂,我们对数据的第二次彻底检查表明,他们在某些特定的态度上存在着显著的文化差异(表1)。第一组题目中(第1—4题)测度了对科学的一般态度,整体来看没有文化差异,但其中与健康相关的题目是个例外,意大利语区的人这道题目的平均分高于法语区和德语区的人,这表明意大利语区的人更相信这类科技发展将有助于治疗疾病。

表1 科学相关题目认同度的语言区差异(均值、方差分析和显著性)

变量	德语区	法语区	意大利语区	F值	显著性
1.科学会使生活更健康、更轻松、更舒适	4.10(0.79)	3.89(1.04)	3.94(0.93)	2.51	0.083
2.科学技术的进步将有助于治疗艾滋病、癌症等疾病	4.21(0.85)	4.24(0.83)	3.69(1.25)	3.83	0.022
3.即使短期内不能带来好处,政府也应支持增进知识的科学研究	3.64(1.11)	3.85(1.09)	4.01(1.00)	2.31	0.100
4.科学利大于弊	3.30(1.01)	3.46(0.92)	3.26(0.99)	1.04	0.354
5.科学和技术可以解决任何问题	1.70(0.91)	2.05(1.26)	1.58(1.11)	5.30	0.005
6.终有一天,科学能够完整地揭示自然和宇宙如何运行	2.70(1.33)	3.13(1.20)	3.05(1.17)	4.81	0.009

续表

变量	德语区	法语区	意大利语区	F 值	显著性
7. 不应该限制科学研究的范围	2.26（1.27）	2.73（1.38）	2.44（1.22）	5.34	0.005
8. 技术乐观主义	9.45（2.84）	10.16（2.95）	9.06（3.35）	5.66	0.004
9. 因为科学家有知识，所以他们有使自己变得危险的力量	3.75（1.04）	3.26（1.25）	3.75（1.30）	8.51	0.000
10. 科学家要为别人滥用自己的发现而负责	3.11（1.29）	2.81（1.31）	2.38（1.34）	4.86	0.008
11. 公众充分参与到了科技决策中	2.87（1.16）	2.49（1.28）	2.89（1.25）	4.19	0.016

注：括号内为标准差。

第二组题目（第5—8题）的平均分用于测度科学和技术的乌托邦主义，我们观察到，平均来看，法语区受访者比其他人更相信科学无所不能：他们更可能相信科学可以解决任何问题，或相信科学能够完整地揭示自然和宇宙如何运行。因此他们更倾向于认为，不应该限制科学这一雄心勃勃的项目。总之，法语区的受访者更具技术乐观主义。

此外，德语区受访者第9—10题的平均分显示出他们对科学家的态度不那么积极：他们更相信科学家拥有变得危险的力量，他们也比其他人更加认为科学家要为别人滥用自己的发现而负责。

法语区受访者不太相信公众充分参与到了科学决策中（第11题）：他们希望能通过更多的公众参与促使政府变得更加民主。为了进一步探究最后一点，我们调查了不同地区在科学治理方面的差异（表2）。

表2 治理类型方面的语言区差异（按标准的百分比、卡方检验统计量和显著性）

变量	德语区/%（n=747）	法国区（n=210）	意大利语区（n=43）	T 值（自由度为4）	显著性
专家的建议—公众的意见	54.2 ~ 30.4	52.1 ~ 28.0	55.8 ~ 18.6	6.33	0.176
风险和利益标准—道德标准	21.0 ~ 65.9	31.4 ~ 45.2	39.5 ~ 37.2	39.99	0.000

科学治理方面的文化差异不在于谁在决策（没有差异，因为显著性达到0.176），而在于采用什么标准（显著性为0.000）。在德语区，支持"道

德和伦理标准"的比例（65.9%）高于其他地区（分别为45.2%和37.2%），而且受访者的回答更为明确［选择"不知道"的比例（13.1%）低于其他地区（分别为23.4%和23.3%）］。

对自然和动物的态度

总的来说，瑞士人保护自然和动物的意识较强：93.1%的人认为，保护自然是义务，即使要付出限制进步的代价；73.7%不同意为了人类福祉而去开发自然；78.9%的人认为保护动物权利是人类的义务，无论付出多大代价。在为了人类自身开发自然的必要性问题上，调查结果更为复杂：48.8%的人赞成开发自然，而有46.3%的人反对。这种矛盾心理也体现在人类对自然的影响上：52.6%的人相信人类行动不会造成自然毁灭，但46.3%的人反对这种观点。

这种对自然的总体态度掩盖了意见的差异。尤其是在不同语言区之间，人们对自然的态度显示出显著的文化差异，除了保护动物的情况（表3）。德语区受访者对自然更有保护意识，对自然也更乐观。平均来说，他们更愿意保护自然，不太同意对自然的过度开发，但更有可能认为人类行为不会招致自然毁灭。

表3 对自然和动物的态度方面的语言区差异（均值、方差分析和显著性）

变量	德语区 ($n=747$)	法语区 ($n=210$)	意大利语区 ($n=43$)	F值	显著性
1. 我们有义务保护自然，即使付出限制进步的代价	4.54（0.72）	4.28（0.92）	4.42（0.93）	8.96	0.000
2. 我们有权利为了人类福祉而去开发自然	1.66（1.04）	3.24（1.35）	3.83（1.38）	214.44	0.000
3. 人类行动不会造成自然毁灭	3.39（1.49）	2.66（1.42）	2.69（1.44）	22.53	0.000
4. 人类要追求进步，开发自然不可避免	2.96（1.39）	3.04（1.38）	2.29（1.43）	5.37	0.005
5. 我们有义务保护动物权利，无论付出多大代价	4.04（1.10）	3.87（1.21）	3.89（1.36）	2.00	0.136

注：括号内为标准差。

地区间有一个很重要的相似之处是，法语区——德语区也一样——的人比意大利语区的人在开发自然方面态度更加现实，或更信宿命论。在法语地区，人们认为我们开发自然，并有权这样做。而在德国区，人们认为我们开发自然，但是我们没有权利这么做。

最后，可以用动物实验的例子来研究受访者对动物的态度。瑞士相对多数的人反对在狗和猴子身上做实验以进行人类健康研究：49.6%的人反对，而只有34.7%的人赞成（Crettaz von Roten，2008），在动物研究方面没有显示出明显的文化差异。从2001年到2005年，每个语言区反对动物研究的受访者比例都有所增加，尤其是在法语区，这个比例上升了近一半（从2001年的32.4%上升到2005年的48.5%）。

对用于医学研究的动物克隆的态度

生物技术为动物在科学研究中的其他用途提供了广泛的空间——动物体产药（Pardo，2009）、用于研究或食品生产的动物克隆等——并从根本上挑战了人与动物的界限（Hobson-West，2007）。瑞士人对于为医学研究而克隆猴子或猪等动物的态度是矛盾的：49.6%的人不赞成克隆动物，22.5%的人只在特殊情况下才同意，23.1%的人只在有严格管控的前提下才同意，3.5%的人在任何情况下都支持。总的来说，法语区的人比德语区和意大利语区的人更赞成动物克隆。[3]

如何解释人们对动物克隆的不同态度？根据现有的文献和我们的假设，我们检验了一个包含三个解释因子家族的模型：社会人口统计（其中包括语言区）、与科学相关的因子、与自然和动物相关的因子。回归模型包含了多个因子，包括所有解释因子家族（表4），它解释了支持动物克隆29%的差异。在该表中，正的贝塔相关系数表明，在控制其他独立因子的情况下，该因子的增加意味着动物克隆被更广泛地接受了，而负的贝塔相关系数表明，该因子的增加意味着对动物克隆会有更严格的限制。

表4 对用于医学研究的动物克隆支持态度的建模

解释因子	贝塔相关系数	显著性
义务教育水平	−0.105	0.021
高中水平	−0.021	n.s.

续表

解释因子	贝塔相关系数	显著性
性别（1＝男，2＝女）	−0.050	n.s.
年龄	−0.050	n.s.
法语区	0.244	0.005
德语区	0.157	n.s.
科学会使生活更健康、更轻松、更舒适	0.123	0.004
即使短期内不能带来好处，政府也应支持增进知识的科学研究	0.084	0.049
技术乐观主义	0.138	0.001
科学技术决策应该主要基于：①风险和利益分析；②道德伦理	−0.118	0.004
关于科学的决策应该主要基于：①专家对风险和利益的建议；②公众对风险和利益的观点	−0.097	0.019
公众充分参与到了关于科学的决策中	0.083	0.038
我们有权利为了人类福祉而去开发自然	0.103	0.043
如果可以帮助解决人类健康问题，那么可以允许科学家进行动物实验（如对狗和猴子）	0.204	0.000

注：$N=485$；$F_{14, 471} = 13.39$；$sig = 0.000$；$R^2 = 0.29$。

教育程度更高的人和法语区的人更有可能对动物克隆表示广泛支持。对动物克隆的广泛赞成还与以下因素有关：对科技的积极态度，认为科学治理应重视科学证据而不是道德伦理考虑，认为专家的建议比公众的意见更为重要，不太关注公众参与决策过程，对开发自然和动物实验接受度更高。一旦把这10个变量都纳入模型，性别和年龄就不显著了。

讨论与总结

在过去20年里，公众越来越关注动物和自然，特别是人与动物界限的模糊、与动物有关的流行病，以及野生危险动物相关的风险。因此，社会科学家致力于研究公众如何看待动物和自然。与此同时，议会和公共机构设计了一个监管框架，以应对与科学相关的公众态度和道德关切，但它也试图不给科学和技术的发展施加太多限制（例如植物和动物的基因改造研究）。在这一背景下，文化在其中扮演着什么角色？

本研究确立了瑞士人对科学、动物和自然态度的基本框架，其特征是对科学持积极态度，对动物和自然持保护态度。此外，这项研究的结果显示，在瑞士的三个语言区，人们对科学、自然和在科学研究中使用动物的态度各有不同，这一结果也支持了我们的假设。

在对科学的态度方面，文化差异并未体现在对科学的一般态度上，而表现在科技乌托邦主义、科学家和科学治理上。法语区的公众更相信科技乌托邦主义，对科学家的态度更为正面，公众参与更加积极；而德语区的公众则更强调科学治理的"道德和伦理标准"。这些综合结果描绘出德语区的图景，即对科学和科学家更具有批判性，因此希望考虑伦理和道德标准，对科学进行全面治理。这些结果符合公众理解科学的后工业化模型：欠发达国家对科学持更乐观的态度，而越发达的国家对科学就越持批判的态度（Bauer et al., 1994）。我们也可以从经济层面来描述瑞士语言区的特征：历史上德语区的经济更发达，这里有最大的制药产业和银行中心，而法语区和意大利语区的失业率更高。[4] 后来法语区和意大利语区通过科学创新取得了一些成功，例如，许多生物技术产业现在已在法语区建立起来。

在对待自然和动物的态度上，不同地区存在着强烈的文化差异：德语区的公众更倾向于保护自然，对自然的态度也更加乐观，而法语区公众对于用于医学研究的动物克隆的态度则更加积极。我们的结果与迪克曼等人（Diekmann et al., 2009）的研究一致，他们的研究得出，法语区的公众认为"动物和人类享有同等道德权利"的比例较低，同时对应用于医学和研究的生物技术的风险认知较低。而几十年来所记录的德语区公众关于环境保护态度的总框架中体现的态度是：对环境更多的关注、更高水平的环境认知和环境友好行为（Diekmann & Franzel, 1997; Diekmann et al., 2009）。[5] 伯顿-让格罗等人（Burton-Jeangros et al., 2009）关于动物在媒体中表现的研究发现，1978—2008年，动物在媒体中的出现次数有所增加，并体现出个体文化差异：法语区公众更常提及人与动物的界限，意大利语区和法语区公众会强调人与动物领地的管理问题。

最后，我们与以往研究者一样（Einsiedel, 2000; Pardo, 2009），通过受访者对科学、自然、动物的认知及其教育水平、所属语言区来解释公众对批准在医学研究中使用动物克隆的态度。因此，一旦把对科学、技术、自然和动物的态度包括在模型中，属于一个语言区（将法语区与其他区分开）就非常重要了。这一结果证明了瑞士语言区分析的相关性，更广泛地提出了公众理解科学研究（国家、地区等）中分析层级的问题。我们应该进行更多跨文化视角的公众理解科学研究，但如果可能，要避免本研究中发现的方法论问题。

事实上，一些不显著的文化差异可能是由研究方法造成的。首先，由于分投选票变量[6]的存在，用于分析对科学项目态度的样本量只有500份，不足以分析跨文化效应[文化效应较小或中等，并不大，因此需要更大的样本量（Cohen, 1992）]。[7]其次，对自然和动物态度的指标可信度较低，措辞也比较复杂。与动物、自然相关的5道题目间的信度较差（克龙巴赫 α 系数 = 0.31）。最后，在测度对动物实验接受程度的不同问题中（Hagelin et al., 2003），"欧洲晴雨表"调查（EB, 2005）使用了一道与最受争议的物种相关的题目，涉及处于人类和动物边界的猴子，以及人类最好的朋友狗。众所周知，动物的种类和进行动物实验的目标（用于医学、化妆品等）决定了人们的态度是接受还是拒绝。未来使用动物的研究应采用一套将物种和研究目的结合起来的指标。

依据上述要素，描绘瑞士的科学、自然和文化之间的关系是非常有趣的。直接民主的政治制度允许公众发起一场为任何议题的所谓倡议征集签名的活动。这些倡议的目标包括自然、动物保护、动物实验、转基因生物等。对投票结果的分析经常显示出语言的差异（Kriesi, 1996）。这就提出了一个关键的问题：若详细解释科学和环境政策，这些政策可以在这三个语言区以同样的方式被理解、解释和接受的可能性有多大？因此，我们需要进行更多的研究，以提升我们对科学、自然和文化态度的复杂结构的理解。

注释

1. 也就是指基于物种所属种类的恣意歧视。之前研究已经表明，与其他物种，如小型啮齿类动物相比，支持使用狗和猴子进行实验的比例较低（Hagelin et al., 2003）。
2. 瑞士联邦统计局根据各地区人口主要使用的语言划分了语言区。2000年瑞士人口普查的结果表明，63.7%的人口主要讲德语，20.4%的人口讲法语，6.5%的人讲意大利语，0.5%的人讲罗曼语（在本研究中，最后一组被纳入德语区中重新编码）。
3. 法语区的平均值是2.12，德语区的平均值是1.72，意大利语区的平均值是1.64；方差分析检验具有显著性：$F = 7.97$，显著性 <0.001。
4. 2005年12月，意大利语区失业率为5.7%；在法语区，失业率为4.2%～7.3%；但在德语区，这一比例仅为1.2%～3.9%（SECO, 2005）。
5. 人与动物界限的细微之处似乎揭示了人类对环境的各种态度（Burton-Jeangros et al., 2009）。
6. 分投选票技术是指对一个或多个问题的给定样本的每一半进行投票，以便覆盖更多项目。在我们的案例中，我们通过分投选票来得到人们对科学和一些科学发展成果的态度。
7. 例如，这可能解释了为什么在我们的研究中，在动物研究方式的认知方面没有显著的文化差异，而在迪克曼等人（Diekmann et al., 2009）的研究中却有显著的文化差异。

美国人的宗教信仰和对科学的态度

斯科特·基特　格雷戈里·史密斯　大卫·马希[1]

宗教和科学长期以来一直处于不稳定的共存状态，至少大众认为如此。这种看法在一定程度上是由历史上一些科学家，如伽利略和达尔文，与当时主流宗教机构对抗的著名事件所助长的。

美国也对此贡献了一己之力。例如，1925年田纳西州戴顿小镇有位害羞的科学老师叫约翰·托马斯·斯科普斯（John Thomas Scopes），他因向高中生教授进化论而被审判获罪，当时上了新闻头条，载入历史。时至今日，许多人仍然认为"斯科普斯猴子案"是信仰与科学之间固有冲突的有力象征（Larson，1997）。但是，这种冲突在多大程度上真实存在？今天在美国公众舆论中有明确的证据吗？

美国也许是先进工业化民主国家中宗教性最强的。同时，美国科学家在许多科学研究和应用领域都是公认的领军人物。宗教的普遍信仰与科学技术领导地位的碰撞，使美国发生冲突的可能性非常大。确实，鉴于美国公众及其许多政治领导层对宗教的高度虔诚，这种重大冲突可能对科学一展身手产生显著的潜在影响。

下文的分析将表明，尽管美国人尊重科学和科学家，但他们并不总是愿意接受与他们宗教信仰相悖的科学发现。不过这种冲突在当今的美国并不常见（Numbers，2009）。的确，在"斯科普斯猴子案"的80多年之后，进化的主题给这种冲突提供了一个切实的（正在进行的）例子。信仰在塑造对同性恋本质的看法时发挥着似乎不那么明显但仍然很重要的作用。但是在其他问题上，宗教对科学态度的预测能力较弱。例如，与人们对进化和同性恋的观点相比，对全球变暖的看法与宗教变量的相关性并不高。

此外，没有其他明显的例子表明科学家和宗教信徒在关键事实上存在分歧。有些领域某天可能成为科学家与一些美国宗教信徒之间发生事实争议的根源。例如，一些科学家公开声称，对人类大脑的最新研究表明，只有大脑才是意识和人格的所在地，这一证据驳斥了灵魂或精神的存在。如果这个想法受到广泛认可和宣传，它可能而且很可能被证明是宗教与科学产生冲突的另一个领域。但目前，关于"灵魂之死"的争论并未激起宗教人士和宗教团体的强烈反对，主要是因为在这个问题上没有科学共识（与进化一样），也没有真正的选民来增加公众对这一争论的了解（正如关于同性恋本质的问题一样）。

最后，宗教分歧存在于某些科学研究及其应用的伦理问题方面。在生物伦理学领域，公众对克隆、胚胎干细胞研究、生命终结和基因检测等问题存在不同见解。但在这里，这些争议并不像关于进化和同性恋的争论那样涉及事实问题。生物伦理学的争论只涉及单纯的道德和伦理问题，这些问题在现有文献中已有详细的记录，因此本文将不再详细讨论。

进 化

20世纪，美国宗教与科学之间最持久、最尖锐的冲突集中在进化问题上。民意调查发现，在过去的几十年中，美国公众拒绝接受自然进化这一观点的比例几乎没有变化，始终保持在40%~50%，主要是由于它与《圣经》创世纪的记载相冲突。

皮尤研究中心提出了一系列问题来评估人们对进化的看法。考虑到有的受访者可能需要通过支持神创论的说法以表达对上帝的信仰，因此在最初版本中提问的顺序是，首先询问一半的受访者对上帝或更高力量的信仰，然后询问信徒（占被询问者的95%）是否上帝（或更高力量）创造了地球上的生命。而另一组受访者没有被问到这些信仰相关的引导性问题。然后，所有受访者都被问到人类和其他生命发展的两部分问题。将实验组和对照组进行比较发现，相信进化的人数占比没有差异。先问及对上帝的信仰问题既没有增加也没有减少信仰神创论者的比例。因此，皮尤研究中心的后续调查已忽略了信念引导问题。

这份由两部分组成的进化问题还试图衡量对以下观点的支持情况：一种至高无上的存在以创造目前形式的生命为目的指引进化。这个观点类似于"智能设计"的概念，迎合了许多声称相信生命已经进化了的人。问题措词如下：

> 有人认为，人类和其他生物（随着时间推移而进化／从一开始就以目前的形式存在）。哪一个最接近您的观点？您认为（人类和其他生物的进化是源于自然过程，如自然选择／一个至高无上的存在以将人类塑造成如今的模样为目的指引了生物的进化）吗？（括号中的选项随机交替）

总体而言，在2009年5月皮尤研究中心进行的一项民意调查中，有31%的受访者反对进化，他们选择了人类和其他生物自创世以来就以其当前形式存在的这一选项（表1）。约六成（61%）人认为进化已经发生，但许多人认为进化是由至高无上的存在或更高力量（22%）主导的。只有32%的人相信通过自然选择进行进化。

最反对进化观点的是福音派基督徒，他们中的大多数人相信《圣经》的文字是真实的，并看到了《圣经》的神创论与科学的进化论之间的直接冲突。大多数白人福音派信徒（57%）和近一半的黑人福音派信徒（46%）认为生命没有进化。只有34%的白人福音派信徒和45%的黑人福音派信徒相信进化，而认为进化是通过自然选择发生的就更少了。

表1 宗教信仰者对进化和气候变暖的看法

问题		总体	白人福音派教徒	白人主流新教徒	天主教徒	不信教者
人类和其他生物……	只以现在的形式存在 /%	31	57	23	27	11
	随时间而进化 /%	61	34	69	65	85
	由至高无上的存在主导 /%	22	20	25	25	15
	通过自然选择进行 /%	32	9	38	33	60
	不知道怎么进化 /%	7	4	6	7	10
	不知道 /%	8	7	8	8	4
	总计 /%	100	100	100	100	100

续表

问题		总体	白人 福音派教徒	白人 主流新教徒	天主教徒	不信教者
科学家赞同进化吗	赞同 /%	60	43	64	63	79
	不赞同 /%	28	45	22	27	15
	不知道 /%	11	12	14	10	5
	总计 /%	100	100	100	100	100
地球在变暖吗	是的 /%	85	75	87	87	89
	由于人类活动 /%	49	38	54	52	53
	由于自然原因 /%	36	37	33	35	36
	不，没有变暖 /%	11	19	8	10	7
	不知道 /%	4	6	4	3	4
	总计 /%	100	100	100	100	100
全球变暖问题严重吗	严重 /%	73	61	74	73	79
	非常严重 /%	47	35	43	51	49
	有点严重 /%	26	26	31	22	30
	不太严重 /%	11	15	11	14	9
	算不上是问题 /%	13	21	14	12	9
	不知道 /%	2	2	1	1	3
	总计 /%	100	100	100	100	100
科学家赞同全球气候变暖吗	赞同 /%	56	48	58	59	59
	不赞同 /%	35	41	32	35	34
	不知道 /%	9	11	9	6	6
	总计 /%	100	100	100	100	100
	样本数量 / 份	2001	417	356	477	321

资料来源：皮尤研究中心，2009年5月。

在其他宗教团体中，多数人相信进化，包括65%的天主教徒、69%的白人主流新教徒和85%的不信教者。但是，对于进化到底是通过自然选择发生还是由至高无上的存在以创造现有形式的人类生命为目的而进行指引的这一问题，信仰进化的主流新教徒和天主教徒们却存在意见分歧。总体而言，主流新教徒中有38%相信自然选择，25%认为是至高无上存在的主导。在天主教徒中，有33%赞成自然选择的观点，25%认为进化由神主导。只有在无宗教信仰者中，相信自然选择的才是大多数：60%的无宗教信仰受访者认为生命是通过自然选择而进化的。

在美国，神创论的影响力之所以如此之大，部分原因是，与那些相信进化的人相比，那些否认进化的人对人类生命起源和发展的信念更加坚定（Pew Research Center, 2005）。在接受神创论的人中，超六成（63%）的人表示对自己的观点"非常确定"，而那些相信进化发生了的人则没有那么确定（32%表示非常确定）。那些相信通过自然选择进化的人是最不确定的（28%）。与此相关的是，69%的《圣经》字面主义者非常确定他们对生命发展的看法，相比之下，在那些不从字面上理解《圣经》的人中，只有大约1/3的人这么认为。

拒绝接受进化并不完全是由于缺乏对这一主题科学共识的认知。例如，43%的白人福音派信徒认为科学家赞同进化，尽管只有34%的福音派信徒自己接受了进化（表1）。对进化的拒绝也不是政治或意识形态信仰导致的。共和党人和保守派比民主党人和自由派更倾向于否认进化的发生，但是这种相关性主要是由于共和党和保守派中有大量持神创论观点的福音派信徒。

的确，二元逻辑回归模型表明，即使在控制了教育、政治党派、意识形态、对进化科学共识的意识以及许多其他人口统计学变量之后，宗教仍然是对进化态度高度显著的预测因素（回归模型的详细信息参见附录）。例如，在所有其他宗教变量都为0，且所有其他变量都保持其均值的情况下，该模型预测，虔诚的福音派新教徒（定期去教堂的信徒）相信人类随着时间推移而进化的可能性只有0.35，与不信教的人相比，使该组相信进化的可能性降低了0.53（表2）。其他宗教团体也明显比不信教的团体更不可能相信进化，尽管程度较小。该模型证实，对进化科学共识的认知也与坚信进化已经发生的信念密切相关，但是仅了解科学共识还不足以引导人们接受进化。政治党派关系也是对进化态度较弱的预测因素。

表2 通过宗教传统、党派和对科学共识的认知预测持有某些观念的可能性[*]

人口统计学变量	进化[1]	全球变暖是人为造成的[1]	同性恋是不可改变的[2]	同性恋是与生俱来的特质[2]
虔诚的福音派教徒	0.35	0.42	0.25	0.18
其他福音派教徒	0.63	0.48	0.53	0.32
虔诚的主流新教徒	0.64	0.62	0.62	0.53
其他主流新教徒	0.81	0.53	0.76	0.61
虔诚的天主教徒	0.71	0.45	0.63	0.49
其他天主教徒	0.79	0.54	0.77	0.62
不信教者	0.88	0.51	0.71	0.61
共和党人	0.73	0.34	0.57	0.36
民主党人	0.70	0.63	0.64	0.52
无党派者	0.70	0.48	0.53	0.41
科学家不赞同这个观点	0.60	0.30	无回答	无回答
科学家赞同这个观点	0.77	0.67	无回答	无回答
回归分析样本数量/份	1850	1917	865	852

注：* 在控制性别、种族、民族、年龄、教育程度、收入、党派、意识形态和宗教信仰的条件下，持有特定观点的预测概率。

资料来源：皮尤研究中心，标有"1"的数据列来自2009年5月的调查，标有"2"的数据列来自2006年7月的调查。

对同性恋相关问题的观点

与进化不同，关于同性恋的成因，科学界没有达成共识。因此，对于同性恋是否属于一种个人偏好几乎没有一致看法。不过，仍有越来越多的美国人，特别是受过良好教育的美国人，认为同性恋是与生俱来的。同时，即使科学研究表明同性恋可能与某些基因特征或妊娠期激素影响有关，保守派和宗教团体也依然强烈反对这一观点。此外，他们也反对同性恋者不能改变其性取向或被"治愈"的观点（Pew Research Center，2006）。

自20世纪80年代以来，关于同性恋本质的观点有所变化（表3）。在2006年皮尤研究中心的一项民意调查中，有36%的人认为同性恋是与生俱来的（1985年为20%，2003年为30%）。与2003年相比，2006年有更多人认为同性恋是无法改变的（从42%上升为49%）。但是大多数公众仍然不同意同性恋是人们与生俱来的，他们将同性恋视为成长方式的产物（13%）或"只是一些人偏爱的生活方式"（38%）。

表3 从教育、意识形态、宗教信仰和去教堂频率看对于同性恋的观点

单位：%

样本及人口统计学变量		对同性恋的认识				同性恋能否改变		
		与生俱来的	与成长方式有关的	部分人选择的生活方式	不知道	可以改变	不能改变	不知道
总样本，2006年7月		36	13	38	13	39	49	12
2003年10月样本		30	14	42	14	42	42	16
1985年12月样本		20	22	42	16	无	无	无
大学毕业生		51	9	28	12	30	58	11
大学生		39	15	32	14	40	52	8
高中生及以下		26	14	46	14	43	42	15
保守派		21	20	46	13	52	36	12
中间人士		38	9	37	16	37	49	14
自由派		57	7	27	9	21	71	8
新教徒总样本		29	15	41	15	45	42	13
白人福音派教徒		17	15	51	17	56	29	15
白人主流新教徒		52	13	22	13	22	67	11
黑人新教徒		20	19	52	9	60	30	10
天主教徒总样本		44	10	33	13	31	56	13
白人非西班牙裔天主教徒		48	10	29	13	26	61	13
不信教者		48	7	29	16	27	59	14
去教堂频率	每周或每年	25	17	44	14	54	34	12
	每月或更少	36	18	43	13	34	52	14
	很少去或从不去	52	13	23	12	22	68	10

资料来源：皮尤研究中心，2006年7月。

尽管自2003年以来，将同性恋视为与生俱来的美国人数量仅略有增加，但与三年前相比，现在这一观点在某些人群中受到更广泛的认可。例如，在大学毕业生中，自2003年以来相信同性恋是天生的人数呈两位数增长（从39%增至51%）。自由派（从46%增至57%）、主流新教徒（从37%增至52%）以及很少或从未去过教堂的人（从36%增至52%）也呈

325

现了类似的涨幅。

与这些群体不同的是，大多数白人福音派信徒（51%）和黑人新教徒（52%）仍将同性恋视为一种选择。特别是白人福音派信徒，在过去的三年中他们对该问题的看法几乎没有改变。

尽管大多数美国人拒绝接受同性恋是一种与生俱来的特质，但仍有许多人（49%）认为性取向是无法改变的特征，持这一观点的人数自2003年以来增加了7个百分点。

同性恋是否可以改变这个观点的持有者比例既有政治因素也有宗教因素。略微多数的保守派（52%）认为同性恋可以改变，而绝大多数自由派（71%）不这样认为。同样，绝大多数白人福音派信徒（56%）和黑人新教徒（60%）相信同性恋可以改变，而大多数白人主流新教徒（67%）、天主教徒（56%）和不信教人士（59%）认为同性恋不能改变。

与对进化的态度一样，多变量分析表明，即使在控制了教育、党派和一些人口统计学变量之后，宗教变量仍是对同性恋本质观点的有力预测因素（表2）。尤其值得注意的是，福音派教徒比其他群体更不可能接受同性恋是一种先天的特征或永恒不变的特质这两种观念。但这也显示出，相较于对进化的态度，受访者的宗教信仰对于同性恋观点的预测没有那么重要。与进化不同，非福音派对于同性恋的观念只有很小的差异；尽管高度虔诚的天主教徒、高度虔诚的和不虔诚的主流新教徒都明显比不信奉宗教的人更不可能相信进化，但这些群体对于同性恋本质的看法与不信奉宗教的人没有显著差异。相较于对进化态度的预测，政治党派关系是同性恋观点更强有力的预测因素；民主党人明显比无党派人士和共和党人更倾向于认为同性恋是与生俱来且不可改变的。（该调查并未询问受访者对同性恋本质的科学共识程度的看法。）

全球变暖

另一个有争议的问题是全球变暖，在这方面宗教分歧要小一些。在皮尤研究中心2009年5月的调查中，绝大多数（85%）受访者认为地球正在变暖。只有11%的人说地球没有变暖（表1）。每个大的宗教团体中都有绝大多数人同意这一观点：75%的福音派新教徒，87%的天主教徒和87%的主流新教徒，89%的无宗教信仰人士（Pew Research Center，2009）。

大多数相信地球正在变暖的人也认为人类活动，如燃烧化石燃料，是罪魁祸首。总样本中有49%的人认同这一点，有36%的人认为这主要是地球环境自然模式的结果。但是，在这个问题上，各宗教团体之间的差异更大：52%的天主教徒、53%的无宗教信仰人士和54%的白人主流新教徒认为地球正在变暖，并认为这是人类活动造成的，而赞同这一点的福音派信徒较少（38%）。

尽管所有宗教团体的大多数人（包括白人福音派中的61%和不信教人士中的79%）都将全球变暖视为一个严重问题，但很少有人将其视为一个非常严峻的问题：总体而言只有47%，其中福音派只有35%这样认为（表1）。当问及一长串问题时，全球变暖也差不多排在公众政策优先级的最后。

对于全球变暖问题上的科学共识，人们的看法也存在差异，但即使在福音派中，也有近一半（48%）的人认为存在科学共识。这一发现可能有助于解释为什么有些福音派领袖已开始更加关注环境问题（表1）。总体而言，有56%的公众表示，科学家们赞同全球变暖正在发生，并且是由人类活动造成的；35%的人认为在全球变暖方面没有科学共识。在其他宗教团体中，更多人赞同存在科学共识：主流新教徒中有58%，天主教徒和无宗教信仰人士中分别有59%。

对全球变暖态度相关性的多变量分析显示，在控制了人口和政治变量之后，尤其是控制了对全球变暖科学共识的认知变量之后，宗教与全球变暖观点之间并不密切相关（表2）。特别是福音派与无宗教信仰人士之间对于全球变暖观点的差异程度远小于他们在进化与同性恋观点上的差异。在这一方面，与高度虔诚的福音派新教徒相比，无宗教信仰人士相信全球变暖是人为的预测可能性要高0.09；相比之下，无宗教信仰者比起高度虔诚的福音派信徒，在进化问题上同意科学主流观点的预测概率要高0.53，在同性恋是否与生俱来的问题上要高出0.43，在同性恋是否可以改变这个问题上要高出0.46。[2]

同时，相较于进化问题，对于该领域科学共识的认知在全球变暖问题上是更强的预测因子。相比于认为进化方面没有科学共识的人，认为进化方面存在科学共识的人相信进化的可能性要高 0.17，而他们认为人为造成的全球变暖正在发生的可能性比认为全球变暖有科学共识的人要高 0.47。政治变量也是全球变暖观点的有力预测因素，共和党和政治保守派不太可能相信人为造成的全球变暖正在发生。

对于另一个环境问题——环境法规是否弊大于利，受访者对此问题相关的各种因素的重要性进行了自我报告，证实了宗教在塑造全球变暖观点方面的相关性明显偏低。将宗教信仰作为一种影响因素与其他五个可能的因素进行比较时，只有不到 1/10 的人认为其宗教信仰是影响他们对环境法规看法的最大因素。

美国存在宗教与科学的冲突吗？

宗教显然是我们探讨过的一些科学分歧的核心。许多公众都察觉到宗教与科学之间的冲突。确实，2009 年皮尤研究中心的一项调查发现，有 55% 的公众认为科学与宗教经常存在冲突（Pew Research Center, 2009）。但是，值得注意的是，更世俗且不那么传统的宗教——而不是非常严正的宗教——最有可能持这种观点。

科学家们自身的确往往不信奉宗教。皮尤研究中心在 2009 年对美国科学促进会这一庞大而多元的科学社团中的美国会员进行了调查，其中只有 33% 的人说他们信仰上帝。另有 18% 的人说他们相信更高的力量或"宇宙圣灵"。因此，近一半的美国科学家既不信神灵，也不信传统宗教。只有 3% 的人和弗朗西斯·S. 科林斯（Francis S. Collins）有同样的宗教信仰，他是福音派基督教徒，是奥巴马总统任命的美国国家卫生研究院院长。相比之下，在美国公众中，大约 1/4 是福音派基督徒，绝大多数美国人信奉上帝。因此，在信仰方面产生冲突的可能性是存在的。

要对宗教与科学存在公共冲突进行更好的检验，可能要询问人们是否认为科学与他们自己的宗教信仰相抵触。2009 年皮尤研究中心的调查显示，有36%的受访者表示，科学有时会与自己的宗教信仰相冲突。毫不奇怪，对宗教更虔诚的人更有可能发现这样的冲突。但是，即使在福音派教徒——美国最传统的宗教派系，其中许多人认可《圣经》的字面解经——中，也只有大约一半的人认为科学有时会与他们的宗教信仰相冲突。

但是，对于宗教和科学之间冲突的后果，一个更精确的衡量标准是，那些不接受某些科学观点的人，或者认为科学与自己的信仰相冲突的人，是否高度重视科学。实际上，绝大多数信奉传统宗教的美国人对科学和科学家持非常积极的看法。即使是那些对生命起源持严格神创论观点的人，也大多支持科学。那些声称科学有时与其宗教信仰相冲突的人，与那些认为科学与自己的宗教观点没有冲突的人一样，都可能认为科学对社会的主要影响是积极的。

在更普遍的意义上，应该注意的是，科学在美国的公众形象是非常正面的。在过去的30年中，这种看法几乎没有改变。根据美国国家科学基金会的资料，尽管宗教虔诚度在不同文化之间存在很大差异，但美国公众比欧洲、俄罗斯或日本公众要更青睐科学（National Science Foundation，2008）。

当然，一些公众确实对科学持保留态度。在2006年美国国家科学基金会的一项调查中，占56%的略微多数赞同"科学研究对社会的道德价值观没有给予足够的关注"。而在2001年，有一半人（50%）赞同"我们过于依赖科学而不够依赖信仰"。宗教信徒比其他人更有可能持这种态度。类似比例（51%）的人认为，"科学研究给社会带来的问题和解决的问题一样多"，尽管2009年皮尤研究中心对核能、人类遗传学、太空探索研究的利弊提出的问题与这一发现相矛盾。对于每类研究，认为利大于弊的比例至少是认为弊大于利的比例的两倍。

讨　论

我们对美国公共政策议程上的三个重要问题的研究表明，尽管在科学问题方面基于宗教的冲突可能广泛存在，但这种冲突的范围非常有限。大部分公众仅在进化这一个问题上出于宗教原因而否认强有力的科学共识。这种分歧的重要性不应被低估，但这显然不代表存在更广泛的科学争议和问题。

如前所述，很难找到许多其他重大政策问题能够体现宗教对科学研究的强烈反对。在生命科学研究的许多领域中确实出现了宗教方面的担忧，例如利用胚胎干细胞开发医药疗法的研究。但是，这些问题并非源于对科学研究真相的争议，而是贯穿于各种宗教情绪图谱中。虔诚的天主教徒与福音派新教徒都反对干细胞研究，尽管他们在许多其他问题上可能存在分歧。而与这些宗教传统截然不同的其他宗教传统的成员，以及一些世俗人士，可能会反对在动物身上进行医学研究。

另外，本文描述的三种情况之间存在显著差异。对于进化，接受对《圣经》字面解经的人对科学共识持有直白而强烈的反对意见。其他宗教团体中的很多人认为进化确实发生了，但是由神灵引导的。后一种观点可能会对科学事业造成问题，也可能不会，因为它在很大程度上并未明确质疑进化发生了这一科学事实。

相反，对全球变暖的看法似乎仅与宗教信仰存在微弱关联。在同性恋问题上，尚未形成明确的科学共识，而重要的文化传统可能继续对个人态度产生影响。宗教信仰与对同性恋的观点密切相关，但即使是无宗教信仰人士，对此也意见不一。

同样值得记住的是，宗教对于那些与明确证实过的事实证据背道而驰的观点并没有特别的主张。心理学研究发现，无论出于什么原因，无论是否出于宗教信仰，当人们想相信的东西令人信服时，人们有时会相信自己想相信的东西。从这一点看，宗教信仰战胜科学真理的例子并不构成否定真理有力证据的特例。确实，民意调查也经常显示，大量美国人相信占星术和超感官知觉之类的类宗教现象，尽管科学家通常声称没有证据支持上述任何说法的有效性。人们还可以举出许多在形而上学或超自然领域之外激烈冲突的例子，即使面对强有力的反证，错误的观念仍然存在。

结　论

已故的古生物学家斯蒂芬·杰·古尔德（Stephen Jay Gould）曾说，科学和宗教原则截然不同，它们在不同的领域中发挥作用，回答不同的问题。他将这种互补关系描述为"互不重叠的权威"或"NOMA"。古尔德写过关于宗教与科学的文章，他希望"NOMA"的概念可以提供一种方法来避免他认为不必要的冲突：

> 我全心全意地相信，在我们的权威领域之间，NOMA 解决方案会促成充满尊敬甚至爱的和谐。NOMA 代表着基于道德和理智的原则性立场，而不仅仅是外交立场。NOMA 也能双管齐下。如果宗教在科学的权威下不再能够适当地决定事实结论的性质，那么科学家就不能在有关世界经验构成的任何高级知识中提出对道德真理更高明的洞见。在拥有如此多元激情的世界中，这种相互谦恭具有重要的实际影响（Gould, 1997: 21）。

尽管存在众所周知的反例，包括 1633 年伽利略被迫改变自己的观点、在公立学校关于进化论教学的争论，以及最近出版的书如理查德·道金斯（Richard Dawkins）的《上帝的错觉》(*The God Delusion*) 和克里斯托弗·希钦斯（Christopher Hitchens）的《上帝并不伟大》(*God Is Not Great*)，但宗教和科学最近趋于避开对方的领域。正如《纽约时报》的科学作家威廉·J. 布罗德（William J. Broad）所写的那样："就其本身而言，几个世纪以来，有组织的宗教已经找到了适应、认可甚至支持科学的方法，来缓和其有时的抵抗。早期的罗马天主教会将欧洲各地的大教堂改造成太阳观测站。中世纪的穆斯林开创了光学和代数的先河。"（Broad, 2006）这里描述的调查证据表明，即使不是以如此雄辩的方式表达，公众也能本能地理解非重叠权威的概念。

无论公众看法如何，公众对科学的了解和认知都应该引起政策制定者的兴趣，因为调查表明，公众对科学发现的认可或反对与公众的政策偏好密切相关。与那些接受进化论的人相比，那些拒绝相信进化论的人更倾向于支持在公立学校中将进化论与神创论一起教授。那些认为同性恋是与生俱来特质的人比其他人更倾向于赞成同性恋婚姻和民事结合，以及允许同性恋伴侣收养子女。而且毫不奇怪，那些认为人类活动导致全球变暖的人比其他人更可能将全球变暖视为需要政府立即关注并采取行动的问题。

附 录

为了研究宗教与人们对科学的观点之间的关系，我们估算了四个二元逻辑回归模型，其结果体现在表 4 中。

表 4 对进化、同性恋、气候变化的态度进行预测的逻辑回归模型

预测因素		相信进化[1]	相信同性恋是与生俱来的特征[2]	相信同性恋是不可改变的[2]	相信全球气候变暖是人为的[1]
人口预测因素	男性	0.391***	−0.594***	−0.791***	−0.284***
	黑人	0.090	−0.413	−0.220	−0.290
	其他非白人	−0.600**	0.245	−0.073	0.451*
	西班牙裔	−0.319	−0.506	−1.038***	0.404**
	年龄	0.001	0.017***	−0.003	−0.003
	教育	0.269***	0.262***	0.074	0.139***
	收入	−0.027	0.140***	0.088**	−0.018
政治预测因素	共和党	0.024	−0.209	0.167	−0.595***
	民主党	0.144	0.408**	0.431**	0.618***
	保守派	−0.326***	−0.588***	−0.535***	−0.335***
	科学共识	0.819***	—	—	1.566***
宗教预测因素	福音派教徒，不太虔诚	−1.481***	−1.174***	−0.805**	−0.093
	福音派教徒，非常虔诚	−2.624***	−1.917***	−2.015***	−0.316*
	主流新教徒，不太虔诚	−0.580**	0.013	0.240	0.107
	主流新教徒，非常虔诚	−1.434***	−0.307	−0.417	0.465*
	天主教徒，不太虔诚	−0.663	0.048	0.276	0.148
	天主教徒，非常虔诚	−1.100***	−0.466	−0.407	−0.247
	其他宗教信仰	−1.064***	−0.866**	−0.521	0.255

续表

预测因素	相信进化[1]	相信同性恋是与生俱来的特征[2]	相信同性恋是不可改变的[2]	相信全球气候变暖是人为的[1]
常数	1.084	−0.442	1.869	−0.344
纳格尔克 R^2	0.333	0.360	0.322	0.340
样本数量	1,850	852	865	1,917

注：$*P<0.1$，$**P<0.05$，$***P<0.01$。

资料来源：皮尤研究中心，标有1的数据列来自2009年5月的调查，样本量2,001份；标有2的数据列来自2006年7月的调查，样本量996份。

因变量编码如下：

相信进化：那些相信人类随着时间而进化的人，编码为1；那些认为人类和其他生物从最开始就以现有形式存在的人，编码为0。

相信同性恋是与生俱来的特质：相信同性恋是与生俱来的人，编码为1；认为同性恋是由人的成长方式或有些人所偏爱的生活方式发展而来的人，编码为0。

相信同性恋是不会改变的：那些认为同性恋不能改变的人，编码为1；那些认为同性恋可以改变的人，编码为0。

相信全球变暖是人为造成的：那些认为地球正在变暖并且这是由人类活动导致的人，编码为1；那些不相信地球在变暖或者认为地球变暖是自然过程导致的人，编码为0。

自变量编码如下：

男性是一个虚拟变量，男性编码为1，女性编码为0。黑人是一个衡量种族的虚拟变量，黑人编码为1，其他种族编码为0。其他非白人也是衡量种族的虚拟变量，白人以外的种族中非黑人编码为1，所有其他非白人编码为0。[3]西班牙裔是一个虚拟变量，西班牙裔编码为1，其他编码为0。年龄是一个连续变量，以岁为单位衡量受访者的年龄，范围是18~97岁。教育是一个7级变量，范围为从0（八年级以下）到6（获得高等学位）。收入是一个9级变量，对于年收入少于10,000美元的人，编码为0；对于年收入15万美元及以上的人，编码为8。

在进化模型中，科学共识是为了衡量对于"科学家们一致认为，人类随着时间的推移而进化"这一说法的认可度，同意该说法的人编码为1，所有其他人则编码为0。在全球变暖模型中，科学共识是衡量对于"科学家们同意，由于人类活动，地球正在变暖"这一说法的认可度，同意该说法的人编码为1，所有其他人编码为0。

一系列虚拟变量将衡量宗教身份（例如，福音派新教徒、主流新教徒和天主教徒）与衡量宗教信仰结合在一起。在进化模型和全球变暖模型中，每周去教堂的人被认为是高度虔诚的，而很少去教堂的人被认定为不太虔诚的。在同性恋模型中，宗教信仰变量是对于去教堂频率和宗教重要性的综合测度。我们认为那些经常去教堂并认为宗教在他们的生活中很重要的人是高度虔诚的，那些不经常去教堂或认为宗教不是很重要的人是不太虔诚的。

文中所有预测概率都是允许所讨论的变量从其最小值到最大值变化而所有其他变量保持平均值来生成的。

注释

1. 斯科特·基特（Scott Keeter）是皮尤研究中心调查研究部主任，格雷戈里·史密斯（Gregory Smith）和大卫·马希（David Masci）是皮尤研究中心宗教与公共生活论坛的高级研究员。
2. 唯一比无宗教信仰人士更不可能相信人为造成全球变暖的宗教团体是高度虔诚的福音派，但从绝对意义上讲，这一派别与其他宗教团体非常相似。高度虔诚的主流新教徒确实因他们相信地球因人类活动变暖而引人注目，但这一群体的规模很小，仅占美国人口的6%，仅占该模型使用的1,917个样本中的119个。因此，我们不能非常笃定地说，主流新教徒比其他宗教团体更有可能接受有关全球变暖的科学主张。
3. 在进化和全球变暖模型中，"黑人"和"其他非白人"类别中不包括拉丁裔。

欧洲对干细胞的世界观、框架、信念及认知

拉斐尔·帕尔多

科学素质与科学的文化占有

科学界中走到媒体和公众认知前沿的领域屈指可数。一旦置身其中，就会发现自己受到持续不断的关注。在大多数社会的大多数时候，人们往往只是偶尔将注意力投向科学，给予不明确的、普适的赞许，而明确的态度只有通过专门面向公众科学态度的调查才能呈现。科学长期默默无闻、不受重视，是一种默许的社会组成部分，但时不时会有某种科学或技术异军突起，可能引发人们的争议。公众对于不常出现的科学研究，普遍态度明显呈现积极正面的迹象或效价，也混杂着对新科学技术发展的批判意见（从持保留意见到以矛盾心态强烈反对）。

自20世纪后期以来，生命科学，尤其是生物技术，一直是受到高度关注和热烈争议的领域。在生物技术的分支领域中，干细胞研究最为凸显，在离开实验室之前就已吸引了媒体、众多有影响力的利益集团和公众的关注。人们对干细胞研究的目标（为发达社会中流行的主要疾病寻找有效的治疗方法）寄予了高度期待，但也围绕它所采用的手段展开了激烈的争论。这种手段即对人类早期胚胎的创造和使用，这是生命的最有力的象征之一，也是科学干预塑造或改变自然进程的极限。

如果"科学素质"变量最多只能直接解释一小部分的公众对科学的观点和倾向（Sturgis, 2004; Pardo and Calvo, 2002, 2004, 2006a），我们

可以预测它对最具争议科学领域——那些包括或涉及特定时期文化一系列中心维度的领域——独立影响更弱，甚至是不存在的。在这些情况下，公众理解科学领域的经典模型对科学认知内容熟悉度的核心解释作用被本质上是文化、符号和社会心理性质的变量所占据。其中包括世界观，涉及我们在世界上如何看待和行动的主要维度，对关键行为者的信任，以及在语义上接近态度目标的高度具体的框架。

尽管宗教道德信条退出大部分科学研究的概念空间已有一百余年，但近十年宗教与科学仍然对人类到底是从早期动物物种进化而来还是造物主或"智能设计"的产物这一问题，以及人类胚胎的意象和管理其创造、使用的伦理标准等问题争论不休。这里我们所关注的是，科学界不仅经常发布胚胎干细胞研究的动态和可能取得的治疗进展，还将只有几天大的人类胚胎视为生物实体（"只是一簇细胞"），认为它不具备进一步发育的生命阶段的任何关键特征，因此不享有同等的保护。同时，宗教组织，尤其是天主教会，赋予了只有几天大的人类胚胎与人类相当的道德地位，不仅坚决反对生产它，而且坚决反对使用人工授精遗留下来的胚胎（Waters & Cole-Turner, 2003）。

生物学领域的"科学素质"变量可以理解为公众对胚胎及其使用的认知，类似于科学界的观点，即不赋予胚胎在科研中不存在和不需要的特性。相反，"宗教信仰"变量（宗教信仰及其通过经常性仪式和活动被激活）倾向于把胚胎从极简的、中立的科学框架中脱离出来，植入一个充满文化象征主义和道德判断的框架中。

坚持主要通过"科学素质"变量——如果不是完全通过"科学素质"变量——来解释公众对科学的态度，其根源在于一种启蒙假设（社会对新事物和进步的抵制是由于愚昧无知），没有得到充分分析［哪些具体机制将一种抽象的认知维度（比如科学知识）与评价维度（比如对科学及其效果的态度）联系起来］，且缺乏实证支撑。另一个极端是，关于这两方面没有联系的论调近年来流行甚广，但其依据要么很肤浅，要么在统计学意义上存在误解（Miller, 2001; Bauer, Allum & Miller, 2007; Pardo & Calvo, 2008）。这两种观点都基于一个分析轴，它阻碍了公众理解科学领域的视野和理论发展——经过30年的密集研究，仍然停留于概念建构。为了给该研究领域提供更坚实的基础，我们需要专注于构建"中程理论"（Merton，1968）。这些中程理论必须融合多种变量，这些变量要反映更普遍的社会文化的多种维度，科学在其中嵌入和运行，与社会科学文献其他部分记载的社会心理结构（恐惧、耻辱、期望、信任）一起，塑造了对广义上正式对象的态度。这些变量中部分具有一般性，例如世界观和价值观，与态度对象之间的语义或概念的差别较大，而其他变量则非常具体，包括相近的或相似的语义框架。

本篇将在有限范围内探索可能有助于构建胚胎干细胞研究态度解释模型的变量，主要包括四类变量：①"世界观"（宗教信仰以及对科学两个方面的观点）；②一个与宗教和科学相关的特定伦理框架（胚胎的道德地位）；③一种社会心理建构（对科学界的信任）；④生物学素质。我们通过一项关于胚胎研究和生物技术的态度的跨国研究收集数据，检验这些变量的解释作用。[1]

公众对复杂问题的态度是否能成为正式的研究对象？

尽管媒体、教会、某些利益集团和政策制定者们对于干细胞有着超乎寻常的关注，但是干细胞研究仍旧是一个非常复杂的问题，对于大多数没有接受过生物科学专门训练人来说难以掌握。因此，一些评论家们利用最早的干细胞研究民意调查来佐证民意研究的肤浅本质（Clymer，2001），认为对于超出公众最基本认知的问题，民意调查的结果只能提供最弱的证据，没有什么实际参考意义。政治科学家乔治·毕晓普（George F. Bishop）认为，美国的干细胞民意调查真正反映的是"幻影公众"这一形象（Bishop，2005：39ss）。之所以有如此悲观的论断，主要是因为这个问题确实有距离感且复杂，相对新颖，以及民调机构所采取的措施简单无力。

但是与此同时，为获取干细胞而进行的胚胎研究引发了许多人对其医疗利益的高度期待，触及了社会"道德图景"的核心。对于那些直接或间接涉及或使人联想到人类胚胎的问题，几乎没有人是毫无想法的，尽管他们对于实验室里人类胚胎的创造和使用知之甚少，甚至一无所知。

对大多数人来说，具有评价性质的问题和困境既不是抽象或孤立存在的，也不是以单个标准或原则（胚胎权利、医疗利益）来评判的。在社会层面上，只有单一问题群体，或者在个人层面，只有那些具有强烈意识形态观点的人，才会站在某个特殊的角度思考问题，而且这只出现在问题足够重要并涉及他们核心利益的情况下。对于其他大多数人来说，伦理问题产生于多个重叠领域组成或整合而成的特定环境中，多元的价值观和伦理原则在其中并行，导致在下定决心和选择特定立场时存在一定程度上的不一致，至少也是有一系列松散耦合的标准。

对于严格科研领域中的胚胎研究，只有专业的科学家以及受过大量训练或具有接近科学家的认知和评价能力的极小部分人（知识专家、科学业余爱好者）才能对自己的态度进行概述。在紧要关头，其他大部分人在判断时会对利益攸关的问题进行非正式的成本收益分析，并将具体的分析联系到或嵌入一个更普遍的评估框架，与一般文化领域的相关方面联系起来，科学只是其中的一部分，即使是非常重要的一部分。这是在语义上与态度目标相关联的一般架构或世界观以及特定框架（例如对胚胎的看法）的领域。

对胚胎干细胞研究的态度量表

关于使用人类胚胎作为人类干细胞来源的可接受性问题，在大多数辩论中，以胚胎的地位和权利为代价，为的不是纯粹的知识进步，而是为影响许多人的毁灭性疾病找到有效治疗方法。

在公众对于人类胚胎研究的结果（期待的利益、不想要的影响）以及要求（毁坏胚胎、以科学实现为目的来创造生命）的态度方面，我们通过一个十项求和量表构建了一个稳健的因变量测量方法，涵盖在公众辩论中具有代表性的广泛立场或态度。[2]

这个量表对九个国家均具有较高的信度，$\alpha=0.88$，对于单个国家，取值范围从英国 $\alpha=0.86$ 到德国 $\alpha=0.90$。目前关于干细胞研究的几个分析依赖于一个单一的直接问题，即受访者在多大程度上同意或不同意使用胚胎获取干细胞。相较于此，这个总计测度标志着巨大的进步。

从科学素质到世界观和框架

对胚胎使用和创造的态度嵌在一个特定社会和一段特定时期的文化中，属于一个由具体和一般的评价载体横切的领域。在这种情况下，我们很难期望一个主要的认知变量——生物素质——作为态度的直接解释因素，与主要的价值变量相较量。这些价值变量既包括文化变量（框架，世界观）也包括社会心理变量（信任），尽管认知变量也许和这些变量相关，正因为如此具有间接的解释作用。

胚胎框架的道德地位。认知科学把框架或架构作为中心建构，代表着个人整合他们关于世界的信息的方式。框架把一个事物视为多种属性的集合，当回忆某个具体事物的时候，人们马上就会记起其最具代表性的一组特征（Minsky，1975；Ringland，1988）。识别相关框架已被证实是解释人们对某些事物态度的有力来源。这些框架或多或少在语义上接近态度目标，可能包括认知要素和评价要素。

在与我们相关的情况中，与因变量语义最接近的变量无疑是一个生物伦理框架，在文献中被称为"胚胎的道德地位"：这一建构表示胚胎与其他道德主体的关系，以及这些道德主体对胚胎的义务（Warren，2000）。

我们研究中使用的调查问卷针对胚胎的地位提供了四个选项，包括目前更知情群体和利益相关者之间的辩论中以不同形式出现的论点：一个几天大的人类胚胎：①"只是一簇细胞，讨论其道德地位没有任何意义"；②"其道德地位介于一簇细胞和人之间"；③"在道德地位上更接近人，而不是一簇细胞"；④"具有与人相同的道德地位"。

由于这一变量是我们分析对胚胎研究态度的中心，在引入多变量模型之前，有必要探究其与建模中两个主要文化力量相关变量的联系，即宗教与生物学、医学的进步。

宗教与胚胎框架的道德地位。显然，主要的分歧存在于信仰一种主流宗教的人和声称自己是"无信仰者"的人之间（表1）。如果关注与我们相关的概念框架的两个极端立场，我们会发现在我们研究涉及的所有欧洲国家，有一个共同模式（只有英国除外，因为差别不明显）：有宗教信仰的人（罗马天主教徒和路德新教徒相对不太在意）更加倾向于认为"几天大的人类胚胎具有与人相同的道德地位"。整体而言，无信仰者坚持更贴近科学事实和胚胎形象本质的立场，他们不赞同信徒们对于存在生命开始的精确时刻的假设。

表1 宗教信徒们对胚胎道德地位的观点

国家	信仰	一簇细胞/%	介于一簇细胞和人之间/%	更接近人/%	与人有相同的道德地位/%	不知道	"同等道德地位""一簇细胞"的差异
丹麦	新教徒	36.3	23.0	12.5	22.7	5.5	−13.6
	无信仰者	45.4	24.9	8.8	14.7	6.1	−30.7
意大利	天主教徒	17.7	15.6	14.5	40.2	11.9	22.5
	无信仰者	36.9	19.8	7.3	23.0	13.0	−13.9
西班牙	天主教徒	16.8	18.6	11.8	33.5	19.3	16.7
	无信仰者	35.9	18.9	14.2	20.1	10.9	−15.8
法国	天主教徒	14.6	20.7	18.8	35.6	10.3	21.0
	无信仰者	34.3	24.6	15.4	19.8	5.9	−14.5
波兰	天主教徒	13.4	14.2	9.9	39.5	22.9	26.1
	无信仰者	30.2	33.1	8.6	22.1	6.0	−8.1
英国	英国国教徒	28.0	14.9	16.2	25.3	15.5	−2.7
	福音派信徒	20.6	23.5	13.3	22.7	19.9	2.1
	无信仰者	28.6	16.5	9.2	20.4	25.3	−8.2
荷兰	天主教徒	19.3	29.0	19.0	24.3	8.4	5.0
	新教徒	9.4	25.4	21.6	35.1	8.5	25.7
	无信仰者	26.3	36.7	11.8	16.5	8.8	−9.8
德国	天主教徒	9.6	21.6	25.2	34.9	8.7	25.3
	新教徒	6.2	20.4	23.7	32.0	17.7	25.8
	无信仰者	9.9	25.1	24.7	24.9	15.3	15.0
奥地利	天主教徒	4.9	21.1	23.4	33.8	16.8	28.9
	无信仰者	9.0	24.7	22.3	28.6	15.4	19.6

将"宗教"变量替换为"宗教虔诚度"(把对一种宗教的信仰与对相应的仪式和敬拜实践相结合,即结合宗教视角的不同活跃程度)会进一步扩大对"胚胎地位"看法的差异。[3] 每日做祷告(或参加宗教活动)的信徒最可能认为胚胎具有和人一样的道德地位,53.9%的受访者选择这一选项。另一个极端是,无信仰者和不参与宗教活动的信徒在"一簇细胞"选项中占最大比例(30%),其次是"介于一簇细胞和人之间"的选项(28%,表2)。这个变量比宗教信仰更有辨识度,将用于解释模型中。

表2 基于宗教虔诚度的对胚胎道德地位的看法

宗教虔诚度	一簇细胞 /%	介于一簇细胞和人之间 /%	更接近人 /%	与人有相同的道德地位 /%
从不祈祷或践行宗教活动 + 无信仰者	30.0	28.2	17.0	24.7
有时参与践行宗教活动	21.6	26.5	19.6	32.4
每周践行宗教活动	15.0	22.5	19.5	43.0
每天践行宗教活动	14.0	15.9	16.3	53.9

注:$\chi^2 = 728.3$, $df = 9$, $Signif. = 0.000$。

生物素质和胚胎框架的道德地位。生物学的进步是除宗教道德信仰以外塑造人类胚胎形象和地位的另一个主要因素。因此,研究对胚胎的看法(更多的是生物学,还是更多基于宗教—道德标准)与我们称之为生物素质的科学理解的子集之间的潜在联系是很有意义的。

为了评估公众对生物学基本要素的熟悉度,更具体地说,对生物技术的熟悉度(以及与环境问题相关的知识),我们构建了一套包含22个项目的问卷。[4] 我们把所有回答分为正确/不正确,得出来一个累加量表,九个国家总体的克龙巴赫 α 系数 = 0.81,每个国家的值相似(西班牙的信度最高,为0.83;意大利最低,为0.73)。把九个国家的分数分为以下三类:高生物素质(16~22分),占总样本的23.3%;中等素质(9~15分),占54.2%;低素质(0~8分),占22.4%。

与预期一致,素质水平与对胚胎地位的看法之间存在显著关联,例如,一个人的科学知识越丰富,越倾向于将几天大的胚胎视为"一簇细胞"(表3)。

表3 基于生物素质的对胚胎道德地位的看法

国家	生物素质	一簇细胞 /%	介于一簇细胞和人之间 /%	更接近人 /%	与人有相同的道德地位 /%	不知道 /%	"同等道德地位""一簇细胞"的差异
丹麦	低生物素质	22.4	12.2	7.3	27.8	30.3	5.4
	高生物素质	42.2	28.0	10.5	17.8	1.5	-24.4
英国	低生物素质	13.9	10.8	9.1	28.3	37.8	14.4
	高生物素质	38.8	16.9	15.4	18.6	10.2	-20.2
西班牙	低生物素质	15.3	13.8	10.9	32.3	27.7	17.0
	高生物素质	31.8	21.2	8.9	32.4	5.6	0.6
法国	低生物素质	14.4	15.1	7.3	33.0	30.2	18.6
	高生物素质	30.8	27.9	19.1	19.7	2.6	-11.1
意大利	低生物素质	19.7	13.0	10.6	31.3	25.4	11.6
	高生物素质	22.5	15.4	18.3	38.8	4.9	16.3
荷兰	低生物素质	17.3	12.5	11.5	26.3	32.4	9.0
	高生物素质	22.0	43.5	17.8	14.2	2.4	-7.8
波兰	低生物素质	10.2	9.5	7.5	36.5	36.3	26.3
	高生物素质	18.0	26.9	14.9	35.1	5.1	17.1
德国	低生物素质	7.3	7.7	24.9	33.8	27.0	26.5
	高生物素质	9.7	26.0	25.4	28.3	10.6	18.6
奥地利	低生物素质	5.6	14.7	20.3	33.8	25.6	28.2
	高生物素质	7.8	32.2	28.3	26.1	5.7	18.3

除了这个一般模式，还有其他更加具体的特征值得注意。首先，对于胚胎及其在研究中的使用，德国和奥地利与其他国家不同，高素质和低素质群体之间的差异被削弱了，这也许是因为纳粹政权实行的不人道的优生学产生了所谓的"涟漪效应"（Kasperson et al., 2000）。其次，荷兰受访者的回答集中在"中间"选项，高素质和低素质群体之间区别明显（分别是43.5%和12.5%）。最后，意大利和波兰的答案分布较为特殊，这两个国家大部分人的观点和天主教会相似，证明了教会信条即使对于具有较多生物学知识的人也有强大影响力。

科学进步的世界观和对干细胞研究的态度

一般的态度和世界观确实具有"定向配置"的重要功能,且与解释对某些特定事物的评价立场有关(Slovic, 2000; Pardo, Midden & Miller, 2002; Sjøberg, 2004)。原则上,在其他条件等同的情况下,在内容或意义上更接近作为态度目标的正式对象 x 的框架或突出信念,比那些更有距离感且抽象的世界观具有更强的影响或辨识力。

文献中将世界观定义如下:宿命论、等级制度、个人主义、平均主义和技术热情(Slovic, 2000)。斯洛维奇(Slovic)所说的"技术热情"事实上就是霍尔顿(Holton)用优雅的措辞表达的世界观,即"科学在我们文化中的应有地位","人们是这样看待和利用科学的——作为知识体系、作为技术应用的来源、作为思维模式和行为模式的生成器"(Holton, 1996)——反之,这个世界观为人们评价特定的科学分支或技术发展提供了评价角度。

就使用胚胎进行研究的态度而言,关于一般意义上的科学及其社会作用的世界观在两个方面尤其相关。在这里使用"方面"的复数形式是有意义的,我们想要表达的是,对科学的看法可能至少会包含两个价值轴:对有利影响的认知(科学承诺)和对不期望的后果的认知(保留态度)(Miller & Pardo, 2000; Pardo & Calvo, 2006a, 2008)。

"对科学的保留态度"包含七个项目,形成一个有很强信度的累加量表,无论是对于九个国家总体(α=0.81)还是对每个国家个体(从德国的 α=0.75 到英国和奥地利的 α=0.85)而言。[5] 在这里的分析中,我们采用"保留态度"指标,加上另一个代表积极的科学态度的指标,从一个更精确的角度偏离传统的"科学承诺"指标。这个指标可以被称为"对科技进步的预期",衡量人们对最近科技发展的未来影响的看法,由十个项目组成。[6] 这一量表对于大部分国家和整合样本都具有较高的信度(α=0.77),但在其中两个国家信度明显下降(西班牙 α=0.85,波兰 α=0.81,英国 α=0.80,奥地利 α=0.80,意大利 α=0.79,丹麦 α=0.72,荷兰 α=0.71,法国 α=0.69,德国 α=0.66)。

科学与公众

我们假定，对科技进步保持普遍或持续乐观态度的人（预期分数高，保留态度分数低）也会对干细胞等特殊的、新出现的科学领域持更积极的态度，即使这一领域具有争议性。

对胚胎干细胞研究的信任和看法

关于社会资本的多学科文献已经阐述了信任在人际关系、社会制度运行甚至经济增长中所扮演的关键性角色。从社会学角度来说，在高度复杂的情况下，信任作为社会行为的核心组成部分发挥了重要作用。在涉及科学技术的时候，信任可以通过减少信息需求发挥认知捷径或决策线索的作用。信任的基本功能是降低认知的复杂性（Earle & Cvetkovich, 1999）。因此，在评价新兴的研究领域时，对科学界的高度信任也许可以为适度的科学素质水平提供替代或补偿。

信任（$Trust_1$, Vertrauen）一方面可以理解为承认并尊重他人利益的个人、社会团体和组织对"公平行事"的期待。为了获取信任的规范维度，受访者需要回答以下问题："你能告诉我你对以下几组专业人士的言论或行为的信任程度吗？请在0—10的范围打分，0表示你完全不信任他们，10表示你非常信任他们。"

信任的另一方面（$Trust_2$, Zutrauen），指相信专业人士或专业团体执行职能或任务的胜任力或能力符合后工业社会所要求的高性能标准，这从根本上是知识驱动的（US Department of Energy, 1993; Earle & Cvetkovich, 1995）。对信任的第二个方面的直接衡量是通过一个特定项目获得的，该项目以7分制语义差异量表的形式测度了对科学家的看法。[7]此外，对于人们如何看待包括科学界在内的不同专业团体为改善生活条件和促进人类进步所做的贡献，这一问题也为信任的第二方面提供了指标。[8]

我们的假设是"对科学家言行"的信任与对生物医学研究中胚胎创造的态度之间存在正相关。在与我们相关的情况中，信心维度——公众对科研人员能力的信任——明显更加偏向支持胚胎研究。不那么明显的假设是，在涉及我们的研究——公众对科学研究人员能力的信任时，从信心维度来看显然更倾向于对胚胎研究的积极态度。从文学和电影中所反映的恐惧，到科学家对大众文化中越轨行为的社会表征，准确地说，对于科学家尤其是生物医学研究人员的某些最深层次的恐惧，都是关于能力（做某些事情的能力）以及冒险进入本应属于上帝旨意或自然法则（取决于是以宗教角度还是世俗角度解释这种不干预原则）决定的领域的狂妄自大（Haynes，1994；Turney，1998）。

对胚胎干细胞研究的态度的解释性模型

为评估每个独立变量的解释作用，我们根据进入法进行了多元回归分析。y-变量反映了对胚胎干细胞研究的态度的累加量表，解释变量集x_1，x_2，…，x_q，由八个变量组成："胚胎的地位""对科学的保留态度""对科技进步的预期""对科学界的信任""对科学界信心的代表""宗教信仰""生物素质""性别"（关于最后一个变量，既然女性和男性在胚胎的个人和生物学"有关"程度上强度甚至性质有所不同，在这一假设下，我们可以预期女性对胚胎的看法不纯粹是生物学的，而且更反对将胚胎用于除了自身发展和福祉以外的其他目的）。所有变量都满足非共线性条件。[9]

对胚胎研究的态度量表包含八个解释变量，他们在九个国家样本中的多元相关系数$R=0.62$。参考各国的多元相关系数从荷兰的0.68到意大利的0.52，这个值可被看作对科学框架感知的解释模型的中间水平（表4）。对于所有的9个国家，其中七个变量具有统计学上的显著性$P<0.01$（唯一不显著的是"生物素质"），但"信心"和"性别"这两个系数非常低，证明现有的剩余变量对因变量的预测能力较低。

表4 对生物医学胚胎研究态度的解释模型

国家	R（相关系数）	β系数							
		道德地位	保留态度	预期	信任	信徒	信心	性别	生物素质
所有9个国家	0.62	0.39(*)	−0.18(*)	0.17(*)	0.14(*)	−0.12(*)	0.03(*)	−0.03(*)	0.002
英国	0.61	0.42(*)	−0.18(*)	0.04	0.12(*)	−0.11(*)	0.11(*)	−0.05	−0.003

续表

国家	R（相关系数）	β 系数							
		道德地位	保留态度	预期	信任	信徒	信心	性别	生物素质
意大利	0.52	0.32（*）	–0.13(*)	0.17（*）	0.15（*）	–0.12(*)	0.01	–0.04	–0.003
法国	0.64	0.39（*）	–0.14(*)	0.20（*）	0.19（*）	–0.15(*)	0.03	0.02	–0.017
德国	0.61	0.32（*）	–0.16(*)	0.26（*）	0.14（*）	–0.10(*)	0.05	–0.01	–0.021
丹麦	0.63	0.34（*）	–0.23(*)	0.21（*）	0.14（*）	–0.05	0.03	–0.04	–0.032
荷兰	0.68	0.42（*）	–0.17(*)	0.17（*）	0.18（*）	–0.12(*)	0.01	0.01	0.004
波兰	0.57	0.39（*）	–0.21(*)	0.15（*）	0.07	–0.09	–0.02	–0.11(*)	–0.070
奥地利	0.63	0.45（*）	–0.17(*)	0.10（*）	0.12（*）	–0.10(*)	0.02	–0.05	0.038
西班牙	0.60	0.30（*）	–0.26(*)	0.09（*）	0.20（*）	–0.13(*)	0.05	–0.01	0.032

注：系数标记 * 意味着在 $P<0.01$ 水平上显著。

如果从社会人口学特征的"年龄""教育情况""主观社会阶层"以及"政治/意识形态倾向"中选择第九个变量加入多元回归方程，多重相关性没有产生变化，第九个变量的系数也在任何情况下都不显著（九个国家总体情况下不包括"年龄"变量，不过对个体来说，除了法国其他国家也是不显著的）。

对胚胎实验的积极态度最直接取决于将胚胎视为"一簇细胞"，其次是"对科学和技术不持保留态度"，保持"对科技进步的高度期待"和"信任科学家"，"不是宗教信徒"或者是信徒但"不进行祈祷行为"，"高度赞赏科学界对促进社会进步所做的贡献"（信心的代表）则最弱。另一个极端是反对态度，按照"具有与人类同等的道德地位""对科学持保留态度""对科技进步的低期待""不信任科学家""虔诚地信教并勤奋践行宗教活动""不看好科学家的作用"依次递减。

可以看出，生物素质，还有宗教信仰程度，都与人们对胚胎道德地位的观点息息相关。科学和宗教都是文化的组成部分，承载着大部分社会中的主流世界观。关于几天大的胚胎的观点框架，在宗教道德信条下不是基于可观察的属性，而是基于先验的信仰；在科学的情况下则是采用一种极简的、过度含蓄的观点。这种框架遍布于社会中，影响人们对于通过胚胎获取干细胞的研究的态度。也许，就像它之前出现的其他问题和对象一样，早期胚胎会脱去宗教的文化外衣，只有它在每个生长阶段的生物特征会被审视。但是变化不会自动发生。这就要求现在没有被听到的"其他声音"高声疾呼，比如患者及其协会的声音。科学界也需要采取一种更加精细化的方式与公众交流，要考虑到人们理解复杂事物的心理模型，并考虑其研究中的价值观内容和文化内容，而不仅仅是认知方面。

总　　结

在过去的 15 年里，研究公众对科学看法的社会科学家主要关注点集中在对动植物基因改造的观点和态度上。议会和公共机构也是如此，它们的任务是制定一个监管框架，既要确保这些制度不会限制在这一世纪之交最具活力和前景的科技领域的发展，又要考虑到公众对生物科技可能改变自然进程和物种间壁垒的恐惧和文化担忧。

众所周知，发达社会中公众对生物技术的基本态度有以下特征：人们对遗传知之甚少甚至一无所知，拒绝或未能意识到这类研究声称最终可能带来的绝大多数益处，而且极度不信任所采用的手段即绘制动植物生命蓝图的基因工程。一般来说，属于生物医学的所谓"红色"生物科技比较容易被接受，至少不存在很大的保留意见，而"绿色"生物技术，关注植物基因改造以促进农业和食品生产的发展（不用作药物），却受到人们的批评（Gaskell et al., 1997；Priest, 2001；Pardo, Midden & Miller, 2002；Bauer & Gaskell, 2002；Sturgis, Cooper, Fife-Schaw & Shepherd, 2004；Sturgis, Cooper & Fife-Schaw, 2005；Gaskell & Bauer, 2006；Pardo & Calvo, 2006b；Pardoet et al., 2009）。20 世纪 90 年代前期或多或少活跃的抵制，到了世纪之交已经转为对一些应用的适度反对甚至积极评价，以及无论如何都更加灵活的观点，人们会根据研究的目标和使用的具体手段区别对待。

在这一背景下，胚胎干细胞研究一直被公众和监管机构视为独立的案例，不会自动与其他"红色"生物技术发展相提并论。在短时间内，干细胞就从实验室一跃到大众媒体面前,备受瞩目。生物医学科学政策通常在公众辩论的领域之外,现在也已经打破专家和监管者的通常圈子,引起了公众领域的诸多部门和众多组织的注意。这个领域的科学界发现他们的研究活动受到不同程度的制约,并做出了相应的反应。因此,研究公众对胚胎研究的认知图谱具有特殊的价值,尽管至今为止直接探索这一问题的社会科学研究少之又少,尤其是缺乏具有实证基础的跨国研究(Pardo, 2003; Nisbet, Brossard & Kroepsch, 2003; Nisbet, 2005; Pardo & Calvo, 2008; Liu & Priest, 2009; Einsiedel, Premji, Geransar et al., 2009; Caulfield et al., 2009a, 2009b)。

人类胚胎是生命强有力的象征。使用胚胎这一想法本身,甚或为生物医疗创造胚胎这一做法,被嵌入一个复杂的环境,其中存在各种各样根深蒂固的评价体系和社会意向,由特定时期的文化,尤其是宗教道德信条所塑造,与当代生物和遗传学的独立视角相悖。女性运动和患者协会等其他行动者和组织也影响了对胚胎的观点,但是在这一问题上(不同于以前关于堕胎法的辩论),他们的影响力至今仍是微不足道。当代科学的其他领域以相似的方式被应用于文化体系中,在发达社会之间不存在明显的差别。与之相反的是,胚胎干细胞研究激起人们迥异的反应,使得这项研究在21世纪欧洲这样多元化社会中的监管变得复杂起来。此外,德国在"优生"方面的独特历史经历显然在如今产生了涟漪效应,体现为人们对不同的基因研究的谨慎和克制态度。

支持使用人类胚胎干细胞研究的态度往往不是取决于所追求的目标,而是与宗教和科学相关的一般世界观,其中最重要的是与他们自身相关的并接近态度对象的特定框架,这在生物伦理学文献中被称为"胚胎的道德地位"。那些对几天大的胚胎持严谨态度的人群("一簇细胞")倾向于认同胚胎在生物医学研究中的使用,然而那些信奉某种宗教的人(将胚胎看作人,或至少具有成长为人的全部潜力)则持反对态度。换句话说,只要了解一个人在这一生物伦理构架中的立场,就可以对他或她对于胚胎干细胞研究的态度进行初步预测或归类。将其他在理论上和统计上具有显著影响的因素加入解释模型,可以得到更为优化的预测(误差更小)。

与胚胎框架的主要影响平行的是，人们的宗教信仰和对科学的一般看法与对胚胎研究的态度之间有直接联系。然而无论这个研究领域多么特别和多么具有争议性，它仍然是科学的一个分支，因此，对于科学作用的世界观很大程度上影响了赞同或反对意见的形成。特别是这种世界观包含的两个方面，对科学的保留态度和对目前科技进步的期待，都与对获取干细胞的胚胎研究的态度直接相关。对科学界的信任这一变量也在态度的解释模式中占有一席之地。生物素质，尽管对胚胎的形象具有重要影响力，但是对于人们对胚胎研究的态度并没有产生直接或独立的影响。最后的结果显示，文献中有时未能找到公众科学知识和他们对科学的态度之间的联系，尤其是在评价有争议的科学分支领域时。其原因可能是分析人员把关注点局限于两个变量的直接关系，而不是把胚胎地位这样的框架或图式作为中间媒介，探索潜在发生作用的关系。把这些特定的建构与世纪之交的文化中流行的一些主要世界观，以及对"科学兴趣""科学知识"和"科学态度"等规范变量更为有力的测量方法，引入公众对科学认知的模型，能显著促进该领域的理论发展，加深与其他学科前沿研究的关系。

注释

1. 作者指导了由西班牙对外银行基金会（BBVA Foundation）社会研究部完成的"西班牙对外银行基金会第一批研究：欧洲和美国对生物技术的态度"项目的理论和方法设计。作者也在由欧洲科学和技术发展研究和评估学院（德国）组织的跨学科小组的帮助下编写了问卷调查的胚胎研究模块。卡尔沃与作者合作对数据进行了研究。西班牙对外银行基金会资助了此次研究。本次研究中的田野调查于 2002 年 10 月至 2003 年 2 月由索福瑞集团组织实施。每个国家的样本量是 1,500 人。总样本量是 13,500 人。问卷调查的形式是对每个国家的随机代表性样本进行面对面的访谈。置信水平为 95.5% 的样本误差在最差的情况下（$p=q=0，5$）等于 ±2.58%。
2. 问题和项目的具体表述如下：请针对以下有关干细胞的陈述打分，以从 0 到 10 的分数来表示您同意或不同意的程度，其中 0 表示您完全不同意，10 表示您完全同意。当然，您可以给出 0 到 10 之间的任何分数。①用几天大的人类胚胎进行研究是对自然生命过程的不可接受的干扰。②限制用几天大的胚胎开展研究意味着反对进步和福利。③损害人类最为初级的生命形式，例如几天大的胚胎，是完全错误的。④用几天大的胚胎进行研究，可能会在未来为许多人带来医疗利益，这远比胚胎的权利更重要。⑤我们在操纵生命方面已经走得太远了，我们不应该沿着这条路继续前进。⑥我完全相信，科学家将以负责任的方式对几天大的胚胎进行研究。⑦允许对几天大的胚胎进行研究以获得用于医学的干细胞，这将为其他在道德上应受谴责的用途敞开大门。⑧应该支持使用从几天大的胚胎中获得的干细胞进行研究，以尽快找到有效治愈帕金森病、阿尔茨海默病或糖尿病等疾病的方法。⑨如果允许用从几天大的胚胎中获得的干细胞开展研究，我们最终将创造出怪物。⑩如果几天大的胚胎能为许多人带来医学上的益处，那么相关研究在道德上是可以接受的。

3. 将变量"信奉某一宗教"和"参与祈祷实践"相结合，得出四个宗教信仰类别，分别为：①非信徒＋不参与宗教实践的信徒；②偶尔祈祷的信徒；③每周祈祷的信徒；④每天祈祷的信徒。

4. 对于以下每个项目，要求受访者根据量表定义"您认为它们正确或错误的程度"，即"绝对正确""可能正确""可能错误"和"绝对错误"。这些项目是：①所有动植物都有 DNA。②人类的 DNA 与黑猩猩的相似之处不到一半。③所有人类有着完全相同的 DNA。④父亲的基因决定了新生儿是男孩还是女孩。⑤人类是从早期动物物种进化而来的。⑥我们通常吃的普通西红柿没有基因，而转基因西红柿有基因。⑦目前不可能将基因从动物转移到植物中。⑧目前不可能将基因从人转移到动物身上。⑨转基因动物总是比普通动物大得多。⑩如果有人吃了转基因水果，这个人的基因也有被修改的风险。⑪在怀孕的头几个月中，可以通过基因检测来确定婴儿是否患有唐氏综合征。⑫克隆是卵子和精子结合产生后代的一种生殖方式。⑬绝大多数细菌对人类有害。⑭从人类胚胎中提取干细胞而不破坏胚胎是可能的。⑮器官移植的几个月后，受体的机体能毫无问题地适应新器官。⑯温室效应导致地球温度升高。⑰核电厂破坏了臭氧层。⑱使用喷雾剂会在臭氧层上形成一个洞。⑲温室效应是由于使用碳燃料和汽油引起的。⑳所有的放射现象都是由人类造成的。㉑暴露于任何放射性物质下都会导致死亡。㉒所有农业中使用的农药和化学产品均会导致人类患癌症。

5. 构成"对科学持保留态度"量表的七个项目是：①科学技术使我们的生活方式变化过快。②科学家不应干扰或改变自然的运行。③如果人们过着没有那么多科学技术的简单生活，会生活得更好。④科学技术为人类创造了一个充满风险的世界。⑤技术进步创造了一种完全人为和不人道的生活方式。⑥科学技术破坏了人们的道德价值观。⑦技术进步是当前高失业率的主要原因之一。

6. 对科学期望的问题取自"欧洲晴雨表"系列调查中关于对生物技术的看法的一个问题，表述如下："我将给您列举一系列新技术。对于每项技术，请告诉我，您认为该技术未来 25 年内是能改善我们的生活质量，没有效果，还是会降低生活质量。①太阳能；②计算机；③生物技术；④电信；⑤新材料；⑥基因工程；⑦太空探索；⑧动物克隆；⑨互联网；⑩核能。"

7. 关于科学家能力的项目，采用了具有语义差异格式的措辞："人们对科学家有不同看法。在这张卡片上有一个可以用来描述科学家的反义词的列表。对于每对词语，我希望您告诉我哪一方最接近您的观点。您可以使用这张卡片指出最符合您的观点的位置。"

| 有能力 | 1 2 3 4 5 6 7 | 无能力 |

8. 表示科学家能力的替代变量表述如下："我将为您读一组专业人员的名单。请根据每个群体对改善生活条件和人类进步所做的贡献，从 0 到 10 进行评分，其中 0 表示该群体对改善人类生活没有任何贡献，10 表示做出了巨大贡献。"

9. 方程没有产生共线性或多重共线性，其中各个变量的容许度为 $Ti > 0.1$，方差膨胀系数 $VIF < 10$。

第五部分 互补的数据流

Complementary Data Streams

公众参与科学问题／议题测度——
一种检测科学传播有效性的新模型

金学洙

自 20 世纪中叶以来，研究生课程培养了大批科学家。这些科学家又产出了大量的科学知识。这些知识尽管很有用，但也遭到了严重的忽视和滥用。

科学知识是大量研发投入的产物，因此对科学知识的忽视和滥用就是对我们智力资源和财政资源的可悲的浪费。为了在这个充满不确定性和风险的世界当中生存，我们需要科学知识，它可以帮助我们解决许多由来已久或刚出现的问题。

传统的学习理论认为，对周围事物感兴趣的人将获得相关知识，然后自然而然会想去应用这些知识（例如，McGuire，1985）。因此，更强的兴趣会带来更多的知识，进而带来积极的态度，这被认为是促进公众理解科学的关键。这种学习范式已经应用于教育的所有主题当中。但是在这里我们担心的是，科学被当成了素质或公共关系中的一个问题，而非解决问题的重要资源。

通常来说，我们认为这种连续的线性作用与简单接触的作用是相同的。也就是说，如果使某人接触到某事物，他将对它产生兴趣，进而了解它，保持积极的态度，并参与其中。因此，例如，我们希望通过增加科学课程（物理、化学、数学等）来增强青少年的兴趣，让他们了解更多的知识，保持积极的态度，将来从事该领域的学术研究或相关职业（Miller，2004）。

但是，您是否对此有所怀疑呢？在英国、美国或韩国，年轻人是否更加热爱科学？公众理解科学这一概念已将接触效应的目标推向了大众，而不仅仅是年轻人。规范意义上，现代社会（富有科学的社会）应该通过科学决策来制定公共政策。所以，有人认为公众理解科学将使公众能够民主参与决策。英国和欧盟一直是公众理解科学运动的拥护者。通过动员，科学家们成为公众理解科学运动中传播科学知识的直接行动者（Edwards, 2004）。更多的科学知识被提供给公众。不过，你认为普通民众对科学会更了解或者持更积极的态度吗？

美国科学与工程指标系列调查似乎为接触效应目标的"失败"提供了最佳证据。调查发现，随着时间的推移，知识和态度指标始终如一，没有任何改善。我们需要质疑的是指标所依据的理论和方法。就是现在！因为英国、韩国、其他发达国家和发展中国家以及欧盟都采用了美国的指标调查工具（Bauer, Durant & Evans 1994；韩国科学基金会，2006；Einsiedel, 1994），并产生了大量的数据集，都表明科学传播的接触效应目标接连遭遇失败。

毋庸置疑，负责制定这些指标的研究人员将争辩说科学传播的接触效应目标是成功的，而非失败了。事实上，他们在努力寻找成功的合理证据，并动用了先进的统计技术和控制变量（无论关系多么微弱）（Miller & Pardo, 2000; Pardo & Calvo, 2002; Sturgis & Allum, 2004; Sjøberg, 2007）。

本文对传统学习理论和公众理解科学视角下的科学传播提出了质疑，简要介绍了金关于科学传播有效性的公众参与科学问题/议题（PEP/IS）模型（Kim, 2007a）。金最近发表的文章（Kim, 2007b）介绍了一种潜在的PEP/IS测度方法。

PEP/IS

金的新模型PEP/IS基于两个原则，一个是行为原则，另一个是传播原则。行为原则源于卡特的行为理论（Carter, 2003, 2010; Kim, 2003）。它认为身体和行为本质上是独立的，但在功能上是相互依存的，并且行为（作为过程）具有自身的独特结构，与身体结构完全不同。行为的简单过程式结构是四个顺序相关模式：接触、集中注意力、认知和行动。例如，兴趣、知识和态度都是行为过程的可能（也许是希望的）产物（效应），而不是行为过程的一部分。这就是我们有时（但不是经常）能成功产生兴趣、获得知识或改变态度的原因。

传播原则指传播的基本功能为信息交换，而非说服。无论是否达成协议，我们都会交流（Carter, 1965; Kim, 1986）。传播的这一信息功能必须促进接触，集中注意力和认知，而这些反过来又激发了行动。例如，作为媒体的"接收者"，我们可以接触、关注和认知其中的科学内容。但是，我们会就此支持科学吗？

不幸的是，无论"发送者"进行多少交流传播，完成行为过程都并不容易。只有强有力的参与引导我们完成行为过程。这里便体现了问题情境这一概念的重要性。当我们面对问题时，我们开始融入它，并将其转变为一个有问题的情况。然后，为了解决问题，我们尝试完成行为过程。否则，最终我们可能只会陷入问题当中。

从行为人的角度，参与行为始于一个问题情境的概念。但是，有问题的情境可能已经作为一个议题提出了。问题与议题之间的区别很重要。议题假定已有可行的解决方案，希望得到我们的支持，而问题则留有构建新的解决方案的可能性（Carter, Stamm & Heintz-Knowles, 1992; Kim, Carter & Stamm, 1995）。因此，议题与投票一样，会加快决策的进程。这就说明了为什么一个议题可能会引发更强烈的参与，加剧党派之间的对抗。

即使决策可能让我们远离解决问题的创新方案，一个有分歧的议题可以让我们以"第三种方式"来复盘问题，在这个过程中信息交流和建构性认知就有用武之地了。

当我们遇到问题时，我们会尝试处理它。当我们遇到议题时，我们尝试解决它。处理问题和解决议题似乎是生存所必需的。然而，这二者都并非易事，在集中注意力之余，它们还很需要（努力）认知。认知不仅让我们可以推敲问题或议题可能是什么，而且还可以确定问题或议题与科学的相关性。

在谈论问题和议题而非科学传播本身时，科学传播会更加成功。我们需要参与公众的融入。如果公众要理解科学，那么科学也需要理解公众。PEP/IS 应运而生。

参与问题或议题，以及随后的科学活动，也可能带来另一种行为结果，即对科学的印象。印象是一种概念产物。问题像其他事情一样可能会唤起印象。人们可能会根据自己的印象采取行动，而不仅仅是根据事实和/或价值观。(这种机制似乎有助于解释为什么伪科学可以吸引绝望的人。)印象可能也是我们寻求知识，甚至选择科学专业或从事科学职业的先决条件。

现在，我们需要检验问题或议题参与程度和科学参与程度之间的关系有多密切。用于这些变量的测度被认为是通过传播得出的PEP/IS指数本身。

PEP/IS 测度

基于之前的两次全国性调查（Kim, Lee & Hong, 2002；Kim, Park, Park & Hong, 2003），我们选取了公众认为比较严重的10个社会问题（这次不包括议题），分别是通货膨胀、养老、腐败、水污染、贫富差距、能源短缺、全球变暖、失业、劳资冲突和战争。我们向年龄在30岁及以上的603位不是科学家的成年人和610位专业科学家提出这些问题。我们用区域分层抽样法在首尔附近的首都圈进行了抽样，并于2005年10月进行了面对面访谈。非科学家或科学家对每个问题的参与度（即接触、关注或认知水平）会通过以下四个选项中的一个进行测度：①没有听说过；②听说过但未关注；③很感兴趣并关注了相关信息；④兴趣浓厚，寻求相关信息，并努力解决问题。量表数字反映了受访者对问题的参与程度（P-engagement）。

我们认为，科学家们经济稳定且知识渊博，因此更加同质化，可能会比非科学家更关注社会或集体性问题（更少关注个人问题）。当然，他们会更加关心科学。因此，将非科学家与科学家的回答进行对比，可以更好地证明PEP/IS模型的有效性。

我们还询问了非科学家和科学家这两组人：科学对解决每个问题有多大帮助。在解决问题方面，他们的科学参与度（即最终认知）将通过以下四个选项中的一个来测度：①科学永远无法帮助解决这一问题；②科学很少能帮助解决问题；③科学对解决问题的作用很大；④科学对解决问题的作用极大。量表数字反映了受访者对科学作为问题解决方案的参与度（SPS参与度）。这种与科学相关的认知水平可能会反映受访者对科学的总体看法，但在这里应该是由特定问题以及解决此问题的相关特定科学和/或科学内容引发的。但是，在这项研究中，我们没有探究具体的科学或科学内容。

表1体现了非科学家和科学家的问题参与度和科学参与度，以及非科学家和科学家在参与水平方面的差异（t检验）。

表1 非科学家和科学家对于不同问题的问题参与度和科学参与度

参与度	问题	总均值	非科学家 样本数	非科学家 均值	非科学家 标准差	科学家 样本数	科学家 均值	科学家 标准差	t值
问题参与度（P-Eng.）	通货膨胀	2.79	603	2.88	0.643	609	2.71	0.616	4.55**
	养老	2.71	601	2.78	0.716	609	2.65	0.648	3.40**
	腐败	2.60	603	2.58	0.696	609	2.62	0.655	−1.25
	水污染	2.65	601	2.51	0.666	610	2.80	0.680	−7.48**
	贫富差距	2.70	602	2.73	0.697	608	2.68	0.605	1.20
	能源短缺	2.73	603	2.47	0.687	610	2.98	0.659	−13.26
	全球变暖	2.61	600	2.34	0.711	609	2.88	0.672	−13.46**
	失业	2.71	602	2.75	0.692	609	2.66	0.621	2.45*
	劳资冲突	2.36	599	2.33	0.708	607	2.40	0.605	−1.98*
	战争	2.54	603	2.49	0.754	606	2.59	0.628	−2.46*
科学参与度（SPS-Eng）	通货膨胀	2.74	602	2.60	0.766	609	2.89	0.693	−6.92**
	养老	2.70	610	2.62	0.793	609	2.77	0.682	−3.59**
	腐败	1.97	602	1.91	0.724	608	2.02	0.696	−2.84**
	水污染	3.33	600	3.29	0.694	609	3.37	0.617	−2.15*
	贫富差距	2.17	600	2.07	0.762	608	2.26	0.705	−4.61**
	能源短缺	3.44	602	3.32	0.692	610	3.55	0.580	−6.14**
	全球变暖	3.21	598	3.12	0.788	609	3.30	0.645	−4.39**
	失业	2.53	601	2.36	0.833	608	2.71	0.735	−7.62**
	劳资冲突	1.89	597	1.87	0.692	606	1.91	0.589	−0.94
	战争	2.46	603	2.54	0.976	605	2.37	0.863	3.12**

注：*$P<0.05$（双侧）；**$P<0.01$（双侧）。

首先，我们发现这两个群体在通货膨胀、能源短缺、养老、失业和贫富差距等问题上参与度要高于其他（见"总均值"）。在解决能源短缺、水污染和全球变暖方面，他们的科学参与度更高（见"总均值"）。

其次，我们发现，在统计学意义上的显著水平上（"t值"列上半部分），非科学家在通货膨胀、养老和失业等问题上的参与度高于科学家，而科学家在全球变暖、能源短缺、水污染、腐败、战争和劳资冲突等问题上的参与度高于非科学家（见阴影区域）。这表明非科学家在经济问题上的参与度更高，而科学家在集体性问题上的参与度更高，这可能是由于科学家具有更为稳定的经济条件。

而且，在统计学意义上的显著水平上（"t值"列下半部分），科学家比非科学家更加认同科学会有助于解决除战争和劳资冲突之外的所有问题。但是，无论是非科学家还是科学家，都认为科学对解决劳资冲突问题的帮助最小。总而言之，结果不出所料，在与解决问题相关的科学参与方面，科学家的参与程度远高于非科学家。

接下来，表2表明，无论是非科学家还是科学家，问题参与度和科学参与度都是正相关。除了非科学家对腐败的看法，这种相关性在统计学意义上是显著的。不过，科学家认为科学可以帮助解决腐败问题。

该表显示，非科学家或科学家对问题的参与度越高，他们对解决问题相关的科学的参与度也就越高。对于非科学家而言，这在全球变暖问题方面最为明显。但对于科学家来说，在养老问题方面表现得最为明显，而且与非科学家的观点形成鲜明对比。

表2 非科学家和科学家问题参与度和科学参与度之间的相关性（按问题划分）

问题	非科学家 皮尔逊相关系数	非科学家 样本数	科学家 皮尔逊相关系数	科学家 样本数	总计 皮尔逊相关系数	总计 样本数
全球变暖	0.253*	598	0.291*	608	0.294*	1206
贫富差距	0.237*	600	0.193*	608	0.211*	1208
失业	0.209*	601	0.261*	608	0.211*	1209
能源短缺	0.197*	602	0.215*	610	0.250*	1212

续表

问题	非科学家 皮尔逊相关系数	非科学家 样本数	科学家 皮尔逊相关系数	科学家 样本数	总计 皮尔逊相关系数	总计 样本数
战争	0.187*	603	0.185*	604	0.178*	1207
养老	0.174*	599	0.321*	608	0.226*	1207
劳资冲突	0.171*	597	0.135*	605	0.157*	1202
通货膨胀	0.143*	602	0.219*	608	0.148*	1210
水污染	0.125*	600	0.269*	609	0.202*	1209
腐败	0.074	602	0.109*	608	0.093*	1210

注：*$P<0.01$（双侧）。

最后，我们将这些PEP/IS指数（即表2中的相关性）转换为Z值，并检验了非科学家和科学家之间的差异（Garson，2006）。结果如表3所示。除了养老和水污染问题，非科学家和科学家的PEP/IS指数没有显著差异。科学家在这两个问题上的PEP/IS正向指数明显高于非科学家。也就是说，与非科学家相比，科学家们在养老和水污染问题上的参与程度越高，他们对解决这些问题相关的科学的参与度也就可能越高。

表3　非科学家和科学家PEP/IS指数相关性差异的检验（按问题划分）

问题	非科学家 Z值	非科学家 样本数	科学家 Z值	科学家样本数	标准差（SE）*	差异检验Z分值**
全球变暖	0.26	598	0.30	608	0.057737	−0.69
贫富差距	0.24	600	0.19	608	0.07688	0.87
失业	0.21	601	0.27	608	0.057664	−1.04
能源短缺	0.20	602	0.22	610	0.057592	−0.35
战争	0.19	603	0.19	604	0.057711	0.00
养老	0.17	599	0.33	608	0.057713	−2.77***
劳资冲突	0.17	597	0.14	605	0.057833	0.52
通货膨胀	0.14	602	0.22	608	0.05764	−1.39
水污染	0.13	600	0.28	609	0.057665	−2.60***
腐败	0.10	602	0.11	608	0.05764	−0.17

注：*$SE = \mathrm{SQRT}[(1/(n_1-3))+(1/(n_2-3))]$（$n_1$，$n_2$：每组样本的数字）。** 不同检测的Z值 =（非科学家的Z值 − 科学家的Z值）/SE。***$P<0.01$（双侧）。

在对以上所有问题进行差异性检验时，我们发现非科学家和科学家的两个PEP/IS指数并没有显著差异（Z值 = -1.55）。在进一步分析中，我们还发现除水污染问题之外，男性和女性之间不存在显著差异。在水污染问题上，女性的问题参与度和科学参与度明显高于男性（差异检验Z值 = -2.28）。

此外，在非科学家中，受教育程度较低和年龄较大者的问题参与度和科学参与度明显高于受教育程度较高（差异检验Z值 = 2.54）和年龄较小的人（30~50岁的差异检验Z值 =3.60，40~50岁的Z值 = 3.08）。他们似乎对科学能够解决能源短缺问题有着更大的期待。该检验不适用于科学家，因为科学家的社会人口学背景更为同质化。

结论与讨论

大部分基于学习理论的现有公众理解科学和科学素质研究都从信息提供者的观点出发，并没有涉及兴趣、知识和/或态度等传播效果。实际上，这忽略了信息消费者的整个行为过程，用（获取的）知识和/或态度来鉴定信息的接触程度，然后想尽办法使用先进的统计方法来获取这些影响的一些痕迹，却从未质疑其理论的有效性。这种简单的"接触效应"测度模型已经遭到了研究记录的否定。

金的新模型PEP/IS立足于三个关键点：①行为是一个过程，由基本的行为动作组成：接触、关注、认知、行动；②这些行为的完成始于正在面临的问题，通过传播的信息贡献成为可能；③传播的功能主要是信息的传递或交换，而不是说服（例如改变态度）。

因此，新模型是从信息消费者的角度来考虑传播的有效性，而不是从信息提供者的角度来考虑传播效果。

综上所述，PEP/IS源自两个顺序的参与：一是参与一个问题，即问题参与；二是参与解决问题的科学潜在方案，即科学参与。在公众通常认为科学有助于解决问题的情况下，问题参与就必须发生在科学参与之前。通过该问题相关信息的传播和科学解决该问题的潜力，这两种参与都很有可能实现。

科学可以通过展示自己能帮助解决其他吸引公众参与的问题来解决科学传播问题。当然，更高的参与度一定源自过去、现在以及零星的传播。(这可以在今后的研究中证明。)因此，我们可以将这两种参与之间的密切相互关系视为PEP/IS的综合指标(针对特定问题)，以及此前科学传播有效性的证据，或者科学推动传播有效性的证据。

本文介绍了一种PEP/IS的新测度技术，得出了两种相关的参与度测度方法。但是，这些指数并未表明科学能为问题解决提供何种帮助。如果知道科学如何发挥作用，我们就能具体确定在面对各种问题时哪些传播点可以提高PEP/IS水平。另一个疑问是，与政府、教育、公民运动等其他功能等价对象相比，这种科学在解决问题时会有什么不同。对这些问题我们将在未来的研究中进一步探究。

如前所述，作为行为过程的结果，该PEP/IS模型希望公众建立对科学的印象。印象可以是多样的、自发的和有力的，不仅限于知识或态度(Kim，2007a)。我们相信，这些印象可能会引导人们投身科学，无论是科学学习还是从事科学职业。这种PEP/IS模型还可以指导我们创新传播实践，而不仅仅是向公众展示科学知识。例如，科学新闻无须将受众局限于科学家群体，也无须将新闻报道限于科学界的新发现或活动。

另一个实践案例是跨国公司拜耳。在得到了德国总部的认可后，拜耳韩国最近采用了我们的PEP/IS概念，将其作为针对韩国青年的社会贡献项目的基础，并开始赞助我们的TOPS"思考我们与科学相关的问题"圆桌会议，该会议面向大学生群体每月举办一次。这一跨学科公开会议会讨论一个集体或社区性问题，并使用科学去解决问题，每次邀请一位科学家参加。我们发现年轻人很容易密切参与社区问题以及科学。我们将通过未来的研究和观察，关注其后续进展。

科学展览中体现的文化指标

伯纳德·席勒

博物馆传播合约

我写作这篇文章最初的想法很简单：我想尽可能简洁地描述知识在研究领域的传播方式，然后将其与学校教育（即"正式传播"）进行比较，最后与科普展览的方法（即"非正式传播"）进行比较。[1]为什么要进行这样的比较？一方面是区分这三种传播方式各自的性质，另一方面，引发对非正式传播方式的反思。从科学话语到展览话语的转换有两种情况：博物馆和展览本身。博物馆的任务是重建科技的逻辑和历史一致性，而展览是为这一任务提供一种形式。展览内容取材于博物馆的工作。设计师对内容的塑造，犹如参观者采用的信息占有策略，是在以下两种制度背景下产生的：具备制度性和组织性框架的博物馆，以及有一定自我约束的具体展览。因此，当我们将展览视为研究对象，我们需要两种视角，每种视角的观察都有自己的连贯性。

一个视角是，将科普展览作为媒体形式进行分析需要根据其内部机制来理解，即将其界定为媒体的特征和能够立即与其他媒体（广播、多媒体、报纸等）直接区分的特征。假定它组合并创建了特定传播情境的条件，如不同于看电视的传播情境，而且其内容及形式（展览布局）取决于博物馆特定的生产条件。因此，展览的构成规则及这些规则发挥作用的背景决定了展览的传播合约，这也就是参观者赋予展览的意义来源。当我们提到展览的符号性可操作性，即"源于展览布局特征的社会功能"（Davallon，1986：270）时，既指它的传播中介作用，也指参观者对于赋予展览作品意义所做的努力。

"传播合约"一词是指:"语言'外部'和'内部'的现实。它是'外部'的,因为它依赖于物质环境和社会心理的约束,这些约束与既定情境下的行动目的相关……它是'内部'的,因为它通过言语行为来实现交流,而言语行为在很大程度上取决于所处情境。"(Charaudeau,1991:15)传播关系中的合作伙伴之间的"相互理解"源于遵守"合约条件"。在展览中,权威(设计师)提出想法并设定对象,将其与视听和文本信息相关联,通过这种方式吸引目标受众群体,投其所好。

另一个视角是,根据展览对参观者的用途进行分析。该分析侧重于参观者行为,旨在确定其维度。此分析还试图识别展览的传播效果,即参观者保留的信息以及他们在参观过程中所理解的信息。这些传播效果是参观策略与展览设备的内容和形式之间互相关联的结果。对展览教学作用的理解——就我们而言,是传播中介设施引发的知识关系——发生在这两个维度的交汇点,即在传播中介形式与信息获取之间。

从实验室到展览

显而易见,尽管科学展览声称以自己的方式来提高科学素质,但不能将其与研究开发科学知识的实验室或正式传播科学知识的教室混为一谈。展览是对科学知识的再现:它将科学话语(源话语)重新表述为展览话语(目标话语)。但这不是简单的翻译:任何想要通过非正式方式传播科学知识的尝试都有其固有的传播限制,这些限制会调节展览对科学知识的重新表述。此外,由于它是大众媒体领域的组成部分,媒体提供了一个选择和处理科学主题及内容的框架。这就解释了为什么我们将展览定义为科学话语重新表述的一种特殊形式,从属于大众媒体。[2]

科学场域的主要目标是生产新知识(表1)。这是实验室、研究中心及哈佛大学、斯坦福大学、普林斯顿大学等大学的宗旨。从广义上讲(从小学到大学),学校旨在促使学习者[3]正式吸收和掌握知识,媒体则是向大众传播科学技术知识。每个场域(科学、学校、媒体)都具有规则、特定约束和相对自治的特征。"场域"概念由布尔迪厄（Bourdieu, 1997）提出。他将其定义为：

> 一个生产、再生产或传播艺术、文学或科学的主体和机构的领域。这个领域与其他的领域一样，是一种社会性行业，或多或少地遵循特定的社会规范。"场域"的概念是指这个相对自治的空间，这个有自己规律的微观世界。尽管它像宏观世界一样受制于社会规范，但它们不尽相同。它虽然永远无法完全摆脱宏观世界的束缚，却或多或少地享有部分自主权。关于科学场域（或子场域）的一大主要问题就是各场域的自主程度。在被称为"学科"的不同科学场域之间，自主程度是相对简单的一种差异，但是衡量或量化这一差异并非易事。（Bourdieu, 1997: 14-15）

表1 科学场域、教学场域和媒体场域

分类	科学场域（实验室）	教学场域（学校）	媒体场域（博物馆展览）
目标	产生知识	教学	传播普及
主导者	研究者、专家	教师、教育家	媒体从业者
	实验室（以及所有生产知识的地方）	学校（广义：教育界）	博物馆及类似的机构
	源话语的陈述	源话语转化为目标语（教授法）	源话语重述为目标语（媒体）
受众	研究者、专家	学生	大众（专家、业余爱好者、初学者）
信息（话语类别）	源话语：面向其他研究者交流的话语（科学领域使用的正规知识叙述）	教学导向话语：面向学习者的交流（文本、科学手册）	非正规教育导向话语：面向大众或部分大众的交流（大众媒体）
	结构优先于知识内容	结构从属于受教育主体	结构从属于普及主体
	学习目标	教育目标	普及目标
传播方式	使用特定语言正规地传递知识（术语）	通过教学正规地传播知识	通过媒体重述非正规地传播知识
词汇	对应性（单义词）	对应性（多义词）	多义词
实践	理论与实证相联系	叙述与实践相结合	没有实证：自主叙述

在该科学场域，研究人员和专家为其他科学家提供信息。在学校和媒体场域，这些信息的受众分别是学生和公众，也就是非专业人士。因此，这些信息，即目标话语，其特征与基本话语（源话语）不同。例如，研究成果在研究者间的展示（出版或演讲）遵循规范的展示流程：引言、方法和材料、结果、讨论和结论。此外，作者态度审慎，所用方法和所得结果经过了严谨的论证，对研究结论的推广和一般化（如果有的话）仍限于调查领域。

还要注意的是，科学文本必须使用专业领域的语言（Bally, 1951; Guilbert, 1973; Jacobi & Schiele, 1990; Kocourek, 1991）。所用词汇符合相应规则：专门术语是单义词（或单指称词），因此不同于日常对话所用的多义词。科学术语还有日常用语不具备的另一种特性。在日常用语中，词的"含义"取决于上下文（关键术语前后的一系列词汇）和语境（交流情况、话语类型、交流者之间的关系等）。读者或听众会将单词的"含义"与整体保持一致。科学用语则非如此，它的术语是自定义的（或根据领域的正式化程度倾向于自定义）。它们的含义不受上下文或语境限制（Jacobi, 1999）。这就是学习一门学科总是要学习其词汇的原因。术语和形式体系构成了科学话语，学习科学知识就要学习其相关的术语和形式体系（Roqueplo, 1974）。因此，对研究人员而言，技术术语高效且实用。对于该领域的其他专家而言，能够立即理解术语含义，清晰明了，完整无误。只有非专业人士才将其称为"行话"！

但是学习知识不仅仅是掌握语言这么简单。一方面，语言必须符合经验，经得起检验，正确使用术语和概念必不可少。但这远远不够。"科学知识的根本问题既不在于语言的发展，也不在于经验的变化……而在于语言表达和使用的协同"（Granger, 1967：32）。因为，只有将经验付诸实践，将概念进行操作性的界定，人们才能理解这些现实。操作性定义是"一种对定义概念所需常规程序的描述，包括识别、测量，以及更一般性地获取和识别所定义的概念"（Ullmo, 1969：24）。"科学寻找它的目标，构建并发展这些目标。它没有发现这些目标是'现成的'、可感知的，还是即时经验中给定的。科学世界是一个建构的过程。建构是科学的第一步，但不是最容易的一步"（Ullmo, 1969：23）。换句话说："所有的科学定义都是一种经验。"

(Bachelard, 1963: 65)

另一方面，实验揭示的现实特性必须来自可重复的关系。正是通过这些关系，我们才能获得并指定"构成目标的科学事务"（Ullmo, 1969: 27）。因此科学交流必须展示实验条件，即形成相同关系的过程。研究人员已经具备了加入实验协议的能力，实验前要细读该协议，因为它是指导手册。"从研究人员着手研究一门学科起，他们就在该领域中获得了这种'真理结构'，以便他们通过实验来解释任一经验和经验表述。正因如此，科学理论和话语构成了实验证明的具体事实。"（Roqueplo, 1974: 95）现在，对于非科学领域的人而言，所有难点在于"严格遵循科学话语的实践令人难以理解"（Roqueplo, 1974: 95）。换言之，研究人员可以理解的经验，在外行人看来只是一个陈述性话语。学校作业就是将话语和实践以相互涉及和相互理解的方式恰到好处地联系在一起。[4]

传播方式

参与到科学研究领域的人们，除了证明能力，还须赞同并尊重科学规则，视其为独一无二的特定场域。而且，只有严格掌握这些规则，才能开始科学研究生涯。学习和社会化的双重工作主要发生在学校（拓展到大学和实验室）。为了建立连贯的知识体系，学校引入了关联信息循序渐进的持续学习过程（表2）。每条信息都是知识体系不可或缺的一部分。在学校领域，知识呈现的首选方法是教学式转换（Astolfiet et al., 1978; Chevallard, 1985; Astolfiet et al., 1998）。也就是说，将实验室和研究中心发现的课外参考科学知识与学校教授的知识相联系，但只是为了学校的特定目的。教学活动按规范程序一步一步开展。此外，学校教育的对象须有同质性（年龄和能力相同）并能够被吸引。学校教育方法有强制性：要求所有学生都参加他们注册的课程，至少，在理想状态下，学生们能做好准备，面对问题。一旦注册，（理论上）他们不能违反或放弃学习"契约"。

表2　正规教育与非正规教育

类别	正规教育（学校）	非正规教育（展览）	指标（博物馆—展览）*
教学式传播和展览式传播			
目标	培养专家（至少能使用连贯的知识体系，使学习者具备某一领域的资质）	提升知识素质，无须培养专家	
主题选择	详细的官方教学体系（课程、教学大纲、课程大纲）	自由传播，不受限制	前期评估
公众（对象）	同质化的群体	多样化的用户（异质化的兴趣和教育背景）	面向受众的调查 面向博物馆访客的调查
条件	特定：学生明白教师的职责是讲授。参与学习过程的人们（学生、成人）必须接受这些知识点	非特定：爱好科学的，自学的，好奇的人等。公众自愿学习这些知识	博物馆/展览访客调查 休闲活动调查 追踪研究 访客行为调查
评估	验证体系：教学效果控制（考试）	无验证体系：缺乏信息有效性的控制（没有测验、考试或自愿参与的评估）	语境学习分析/调查** 形成性评估
时间	上学时间	课余时间	休闲活动调查
挑战	成功习得知识	娱乐和文化体验	总结性评估
与知识的关联			
目标	培养思维模式，并循序渐进运用，知道如何运用知识，即为了"实践"的知识	了解各领域知识（或某些方面，或含意），了解知识本身，即为了表达的知识（文化知识）	
传播关系的内容	处理实际操作	处理一般性的具体的碎片化的要素	
所用传播策略	培养批判精神	知识的记忆（百科全书式）	
作用	知识在具象化，即主题为"中介"（桥梁作用）	知识被物化，即知识被转换为文化对象，表征体系细化	
非正规传播实践			
与学科之间的关系	注重学科内在的组织结构	关注该学科涉及的公众现实及预期的兴趣或期待	
支持	常规规定	可自由选择	展品评价 话语分析 符号学分析 语义分析 交际模式分析
传播空间	闭合的真实空间	开放的、非指定的社会空间	
教学时间	无限时间	有限的空闲时间	

注：* 目前，博物馆研究中，还没有一种工具可以将非正规学习中发生的所有变量纳入一个综合量表。因此，该领域的研究仍须结合多种方法，每种方法都与一系列指标有关，这些指标的相互关系反映了对所研究情况的整体理解。由于篇幅有限，在此甚至无法只对当前使用的少数方法进行详述。本着对非正规学习情境（展览）特征努力认真研究的精神，这里向大家展示研究人员用来确定各种指标的主要策略。** 参见文献（Falk & Dierking, 2000）。

展览中的呈现有所不同,因为无论是学校认可的正规能力,还是通过从事职业或与文化直接接触而获得的能力,都不足以区分社会各色参与者。这些人虽在同一空间中,但是他们并没有为一个共同的项目进行实际合作。这就说明了为什么展览是文化和品位的荟萃之地。此外,非正规科学传播的愿景囊括寻求培养但不说教,这一点毋庸置疑。我们所说的非正规传播来自勒·利奥内（Le Lionnais）的经典定义:

> 所有解释和传播知识、文化、科学技术思想的活动,要满足两个条件,服从两个保留。一是对科学技术思想的解释和传播必须在正规教育或是同等教育之外进行……二是这种课外的解释既无意于培养专家,也无意于提升他们的专业水平,与此相反,我们旨在完善专业领域之外的文化。(Le Lionnais, 1958: 7)

教学式传播与科学式传播不同,知识的获取是分级的、可衡量的和可认定的。即使知识点的讲授方案设计得非常差,这也只是学习科学知识众多步骤中的一步。连续递进的概念支配着这些信息的发展。任何一个知识点都是根据它寻求超越和整合的先前知识点而定义的。讲授信息暗示了（已经获得的）知识,更重要的是,在模拟学生自己发现知识的过程中,将学生置身于"研究者"的位置,因为学生必须重新"发现"这些早已为人所知的知识点。标准化知识的获取将指导教学过程,并对其进行评估。不过,教学式传播会使用科学中"已知"的知识来减少学习者的"未知",研究者之间的科学交流预设了先验知识,没有先验知识则交流无法开展:"已知"打开了即将构成的知识的"未知"。

而展览则不同,其受众既不是同质的,也不是被指定的。这些信息的主要目的是唤醒、吸引并不断维持参观者们的兴趣,并在可能的情况下向受众传输知识或培养他们。对于设计师而言,展览的成功与否取决于参观人数,就像对电视节目制作人而言,观众人数是衡量节目好坏的标准一样。[5]在这种情况下,衡量所呈现的科学概念的保真度,这与展览的成败毫不相关。任何一个非正规传播项目,因为知识的存在而丰富多彩,在此我们要做的是为知识和展览建立联系,实现根本性扭转。正规学习发生在上学期间，成功通过考试是任务和挑战。娱乐和文化（Guichard，2000），相比之下是休闲时间的事（Falk & Dierking，2000）。

与知识的关系

在研究人员之间的交流或在教学关系中，交流关系使受众通过一系列互动逐渐进入传播者的话语框架，其形式由调节交流活动的制度和人际背景决定。因此，产生"意义"的过程仍然是开放的，因为其目标是某一演说和实践的开始。即使是在"老掉牙的死板课堂上"，就像课堂上偶尔会发生的那样，听众进入传播者话语的可能性也被保留了下来，即使只是作为一个借口。因为学校寻求的是在最核心的科学"行动"方面的学习思维过程。这就是为什么即使以最扭曲的形式，知识传播也伴随着指导其创造的原则。如果实现这一目标需要掌握具体知识，这是因为思维和行动过程都基于知识并通过知识形成。思维和行动是知识的载体。教学关系的内容与操作相对应，因为"专家的知识首先只是知识，其语言表述只能通过相关的实践（实验或者其他方式）才能被理解，这种具体实践因其基本方法（执行操作的一系列顺序）而可复制。"（Jurdant，1973：57，passim）。

展览布局与知识的关系主要取决于有形的、零散的和具体的元素。参观者只能期待一种文化合集。换言之，我们要将从科学研究中获得的结果去语境化之后进行展示（Schiele，1984）。叙述的经验不是有效的经验，因为所呈现的"事实"仅是语言的效果（Roqueplo，1974：131）。所以，知识元素通过展览的媒介传播关系被物化并转化为文化对象，有助于表现方式的创新（Moscovici，1961，1976）。相对而言，学校推动知识和实践的结合，因为它提倡培养批判性思维，而批判性思维的获得正是知识进步的条件。"科学的创造性在于相信推翻理论的可能性，而非构建理论。"（Jurdant，1973：70）因此，从这个角度来说，知识可以被定义为"在概念出现、应用和转化时协调并依附于语言表述"（Foucault，1969：238）的领域。这样，将知识转化为可操作的对象时[6]，某一主体就掌握了知识，并可以将知识付诸实践。客体在物化过程中，主体是中介者。

科学与公众

非正规传播

为了实施展览计划,展览设计师采用了公众理解科学话语的基本论点和方式。在他们的论据中,他们主张将科学人文化来揭开科学的神秘面纱。由人类创造、为人类创造的科学曾经与人类相距甚远、艰深晦涩,但现在,设计师们想要人们走近科学,不用科学术语,而是用平实的话语向大众介绍科学。他们打算将科学翻译成所有人都能理解和使用的话语,这是为了所有人的共同利益。在实际操作中,必须指出的是,与学科的关系是教学关系中的核心,但这与非正规传播无关。非正规传播(展览)真正重要的是目标人群的期望,无论是现实的还是预期的。

信息的支持手段由设计师选择。与通常的教学关系(可视化脚本支持,包括手册、练习本、计算机课件等)不同,他们没有一定之规。重要的是,这些知识信息是面向公众,面向整个社会的。这赋予了它们特定的属性:电影、报纸、杂志、电视和博物馆划分了异质化的抽象空间,因为每一种传播媒介都毫无偏见地向所有人传播信息,无论你来自哪里。换句话说,它们针对所有人,实际上没有针对任何人。相对而言,学校是面向少数学生的,根据教育制度在指定的地方开展教育活动。而且,学校的教学时间非常充足,因为它指出:"学生需要的时间就是通过科学话语将自己锻炼出具备作为质疑主体的能力所需的时间。"而非正规教育仅限于闲暇时间(平日、周末、假期)。这段时间是封闭的、主观的,是由功能模式决定的(Jurdant,1973:70-71,passim)。

展览启动了一个复杂的接受过程,本质上是在"看"的动态过程中被理解的,由平面和空间的对比布局实现有意义的组合,推动受众对展览内容的理解。这种组合发挥了两种作用,一是向参观者问好,二是引导参观者按展览设计的结构进行参观。在内容层面,科学展览主要借鉴学术话语及其意象进行展示(Schiele & Boucher,1994;Schiele,2001)。它们最初是为了研究而创造的;伴随着来自"每个人的世界"的表征,它们成为名副其实的基准系统,将科学家们未知的知识与外行"已知"的知识,以及"课堂"中的

知识联系起来,这将引导外行人走进科学"已经形成的"体系(Jacquinot,1977)。

知识供求

考虑科学博物馆研究领域的发展动向,必须回顾它与其他领域的联系。科学博物馆是公众理解科学的一种变体,与公众理解科学一样,处理的是已经建构的知识并试图传播。作为知识披露计划的载体,科学博物馆与学校组织关联紧密。学校为其提供了一个稳定的、有兴趣的参观者群体。尽管如此,科学博物馆还是拒绝了学校的边界和策略,从而将自己与学校分离。另外,由于难以确保流动的公众群体保持忠诚度,科学博物馆必须巧妙运用媒体语言。因此,科学博物馆的文化贡献不能脱离媒介形式的具体约束。与其说媒体的目标是让科学更容易被理解,不如说是让特定的目标人群更容易了解科学知识。为了实现这一目标,信息应迎合人们的期望和兴趣,同时也适应其收听或参观习惯。博物馆赞成这一做法。

我们顺便说一下文化产业的作用(大众传媒也是文化产业的一部分)。我们可能倾向于认为非正规传播由于具有开放和不受限制的特点,缺乏连贯性。这是天大的误解。与学校类似,非正规教育是基于机构(协会、团体、俱乐部、博物馆),传播方式(书展、广播、电视、多媒体、动漫)和资金来源(政府支持、传播产业)而形成的网络。实际上,非正规传播在不同的特定场所进行。传统上分为两种:一种是将产品快速投入市场(图书产业、媒体等);另一种则将其分配给非市场路径(科学动画、志愿者网络、认知活动等)。显然,这两个"宇宙"会有交叉重叠。而且,这一活动领域的文化产业通过第一路径向第二路径的渗透而成长的。并且,只要市场路径包含非市场路径,非正规传播与学校或科学领域之间的联系就会进一步发展延伸。更确切地说,凡是符合符号交换体系的都被简化为市场交换。例如,作为非正规活动场所的学校转变为非正规传播(知识)产品和服务的市场。这改变了非正规传播行动者的知识提供形式。正是从这一视角,人们对科学博物馆研究当前的趋势提出了质疑。与其是想展示科学和技术知识,不如说是为了开拓一部分文化消费市场。

在这种情况下,学校的知识提供是社会再生产的一部分(Bourdieu & Passeron,1964,1970),展览的知识提供则沦为非市场路径的娱乐或文化活动,或是市场路径中的消费活动。我们必须考虑学校的知识提供与个人期望之间本质上的不平等。知识提供约束了人们对知识的需求。学校努力寻求交流的互惠,也是教学关系的最终形式——学生要达到老师的水平就是平等,这种互惠关系要求至少心照不宣地认同和服从师生关系最基本的不平等。认同学习意味着要接受"想要脱离中心、努力改变参考点"的想法。

> 学习阅读和写作时,孩子被引导去面对一个符号的"宇宙",这些符号在他之前就已经存在了,但他并不能直接理解这些符号。如果教学法否认偏离学习中心及其所需要的努力,暗示文化只是对年轻人的需求和愿望的简单回应,那就是在蛊惑人心。如果它让人相信它的方法可以使这些意义易于理解、明白易懂,那就是不切实际的。从这个意义上说,阅读和写作从一开始就必然包括"苦差事"的维度和"本我"至上的逻辑突破。教育学试图促成这一转变的实现,但不能使这一转变完全消失。(Le Goff,1999:64)

非正规传播的世界是一个相反的世界,受需求支配且不断调整。它是知识提供的主要监管者。最后一点:任何文化特质的转变都需要社会过程的动力,科学展览只有重新激活这一动力,才能实现创建科学传播关系的目标。科学展览提前设定了一系列程序,这些程序同时向不同社会群体的个体传播并将他们联系在一起,与不同的知识运用关系(期望、了解、指导等)绑定在一起。科学展览的设计者可能会设想参观者将遵循想象中的理想路径,从而理解该场科学展的意义。实际上,这条路径只有对于设计者是一目了然的。受众必须先阅读参观导览标记、指示符和路线,然后将其整合成一个模式,才能具有连贯性,也就是他所解读的意义。展览通过运用不同的策略,呈现知识远近不同的多重关系,提供各式各样的解读和意义。文化运用实践体现了科学博物馆的习惯和风俗(Bourdieu & Passeron,1964,1970)。至少在理想情况下,这正是学校活动试图解构的内容。这就是"实现机会平

等"[7]的含义。否则，人们怎么会不断地自我反思呢？

结　　论

本文试图描述科学知识在社会行动者之间流通的情况。我们认为，本文已经表明，当前用于测度公众科学素质的方法虽然有用，但不足以用来描述和理解科学信息传播的实际情况。我们还试图表明，近年来在这些问题上已经开展了丰富的研究，且所使用的理论和方法工具等是互相关联的。本章介绍和描述的指标仅是对首次构想的简单描述。尽管如此，我们仍希望这些能对科学素质测度的讨论做出一些贡献。

注释

1. 关于科学博物馆这一主题的分析拓展了人们使用非正规方式传播知识的思考。它们重新阐述和发展了先前两篇重要文章中的元素：Schiele, B.(1995). La médiation non formelle, *Perspectives*, XXV(1), pp. 95–107. 以及 Schiele B.(2001). Cinq remarques sur le rôle pédagogique de l'exposition scientifique et un commentaire sur la réforme de l'éducation. In L. Julien & L. Santerre(Ed.), *L'apport de la culture à l'éducation—Actes du colloque Recherche：culture et communication*, Montréal：Editions Nouvelles, pp. 135–157.
2. 对媒体中科学普及的批判性分析，请参见多南的研究（Dornan, 1990）。
3. 显然，学校的社会功能超出了严格规定的学习关系。"培训"一词用于强调学校延伸出的社会化工作。
4. 目前，博物馆研究中，还没有一种单一的工具可以将非正规学习中的所有变量纳入一个综合量表。因此，该领域的研究仍需使用多种方法，每种方法统计分析一系列指标，这些指标的相互关系反映了对所研究领域整体情况的理解。由于篇幅有限，在此甚至无法只对当前使用的少数部分方法进行详述。本着努力分析非正规学习情境（展览）特征的精神，这里展示研究人员用来确定各种指标的主要策略。

5. 但是请明确理解我们想要表达的意思：任何情况都有可能至少潜在地促使人们学习或者使人内心丰富，我们并不是想要否认这一点。关于这一点，请参见 Roqueplo（1974），p.131 及下文。
6. 恰恰相反，这并不是想要排除信息项目的等级以实现以下操作："特定信息的知识、使用特定信息的方法知识、抽象表示的知识"等（Bloom，1975）。
7. 当然，这并不排除追求社会地位、实现毕业要求与社会利益的趋同（Jurdant，1973：69，passim）。

建立一个媒体科学新闻晴雨表——科学新闻自动观察项目

卡洛斯·沃格特　尤里·卡斯特尔弗兰奇　萨比娜·莱特蒂
拉斐尔·埃万杰利斯塔　安娜·波拉·莫拉莱斯
弗蕾维亚·古维亚[1]

科学、技术和创新的重要性及其对当代社会转型过程的影响是不可否认的。科技创新的产出对经济、政治共同体、文化和价值观等社会各方面都产生了重要的影响。在这一前提下，需要建立与科技产出相关的指标，以某种方式衡量科技产出的影响。例如技术创新指标、科学产出指标、用于研究的人力和财力资源指标，以及最近的公众对科学认知的指标，这些指标都检验了科技创新以何种方式、在多大程度上成为人们日常生活的一部分。

具体而言，公众科学认知指标的发展对于一个自称民主的社会来说是基础，因为它有助于参与性的决策过程。今天，人们普遍认为，公众对科技和创新的意见十分重要，许多与科学家工作有关的决策现在是在不同行动者的参与下做出的，如政治家、官僚、商人、军事官员、宗教人士、社会运动、消费者和患者协会。

似乎是在两次世界大战之后，欧洲开始研究这个甚为烦琐却少有人涉足的现象，并且在20世纪90年代不断深化和拓展。在这种情况下，科学家们，虽然有时很不情愿，却也越来越多地意识到要离开实验室和大学，去与各种社会群体进行交流。在这种情况下，一场关于科学传播重要性（以及专门关于科学传播的指标）的讨论应运而生。今天，学术界内外普遍承认：没有在社会中的传播，就没有科学。

媒体中的科学

最近的科学发现所产生的信息洪流，已经通过专业的杂志和大众传媒逐步从学术界扩散到公众领域。与各科学领域进展有关的争议性话题在实验室内外被广泛讨论，人们越来越多地要求对研究的益处、风险、伦理、道德和社会影响进行反思和提供意见。因此，社会需要科学信息。

这是第一次，人们对科技传播展开了讨论，国家和地方政府都支持科学文化领域的创造和活动。

在过去的20年里，巴西的科学传播取得了显著的进步。原因之一是国家自身科学研究的发展、巩固。尽管它还没有进入一个理想的阶段，但与前些年相比毫无疑问已经有所进展（Capozzoli in Oliveira, 2002）。值得注意的是，如今的大众传媒不再害怕与科技打交道，而是切实利用科技来阐明当前现实的总体情况。

当我们开始深入研究科学传播时，首先有必要限定研究的范围。部分研究将媒体中的科技创新理解为致力于解释术语和科学概念，或是新的科学发现的材料。在这些资料中，科学被理解为一个宽泛的概念，一种科学文化，即一个由符号、思想、历史、事实和观念组成的庞大生态系统，它在社会中传播并呼风唤雨，因此，它具有极强的媒介自反性。

这意味着在媒体中，科学不仅出现在科学板块，而且还会出现在其他地方，例如读者来信中，这里不是为了传播或解释科学，而是在一个科学渗透到政治和社会生活的环境中，用于表达对某一重要事件的意见、价值观和信仰。科学也出现在表达观点的报纸版面、经济专栏或政治文章中，在这里科学与战略决策相关，例如技术创新领域的战略决策。

随着科学在大众传媒中占据了越来越多的空间，也日渐充斥在人们的日常生活中（对科技创新的兴趣增加），对于开发一套用于测度和分析这些内容的系统的需求日益强烈，即使是为了产出指标，如科学新闻自动观察项目（Scientific Automatic Press Observer, SAPO）。

科学新闻自动观察项目

2003年,坎皮纳斯州立大学新闻学高级研究实验室建立了SAPO项目,其目的是分析科学相关的主题是以何种方式、在多大程度上频繁地出现在媒体中,并影响社会的。

SAPO系统很简单:它由一个软件[2]组成,可以收集、筛选、组织和测度四个重要的在线和印刷(同时数字出版)[3]媒体的内容,它们是:纸质的《圣保罗页报》(*Folha de S. Paulo*)及它的网站、新闻网站Portal G1和Estadão.com.br。该系统还包含了第五家媒体,即纸媒《圣保罗州报》(*O Estado de S. Paulo*),该报纸的收集始于2009年初,当时改为可以获取的电子版本"flash"。决定在此系统中整合在线报纸样本,不仅代表着已经有了可以自动收集这些报纸的技术设备,也代表着让新的新闻形式融合了进来。这种新闻形式开始于1990年下半年,并越来越多地被人们,尤其是年轻人所使用。此前的报纸只有纸质印刷版,现在读者也可以在网上阅读数字版本;不仅如此,报纸还提供了网络专享的版本(其内容完全仅供网络)。

这种现象彻底改变了报纸消费关系。以前人们买报纸需要去报刊亭,或者让人送到家里,而现在信息可以直接通过电脑送达。以前,一份报纸的读者人数最多是发行量的五倍[4],而今天,由于互联网打破了物理和地理的限制,在线报纸的读者人数要多得多,几乎无法计算。

鉴于世界范围内纸质报纸的占有率普遍下降,研究在线报纸并将其纳入SAPO也将会很有趣。越来越多的信息读者/消费者正在迁移到数字平台。在巴西,对报纸发行量的分析表明,报纸的每日总发行量减少了约11%,从1995年的每天350万份下降到2005年的每天309万份(Righetti, 2008)。[5]有趣的是,在巴西,曾经看纸质报纸的同样"公众"如今也通过互联网获取信息。[6]换句话说:互联网上的"新读者"实际上就是曾经看纸质报纸的老读者。

如今,我们的样本主要集中于不断深入发展的网络媒体,但同时也包含了纸质媒体。可以认为SAPO的样本较为可靠,大约有700,000篇文章被

收集并存储在数据库的 85 个不同的部分中,而且这个数字每天都在增长。

SAPO 资料分类方法

SAPO 将收集的所有媒体发布的内容都存储在数据库中,并进行了适当的分类。分类依据是科学相关的关键词,根据这些关键词的总和计算出一个分值,这个分值会界定文章是包含科学内容、可能包含科学内容(这种情况下文章将需要人工验证[7]),还是不包含科学内容。[8]

为了分析软件编码的分类结果,我们基于工作初期的人工编码开展了测试,经过验证,系统具有高可靠性。[9]

媒体内容分类的关键字的开发是由有限数量的词语所界定的,这些词语可以动态更新和优化。其中包括了具有传播素材或科学、科学政策、环境等相关语言特征术语的最小组合,同时这些术语在其他主题的材料中较少出现。因此,显然 "DNA" 或 "转基因" 可能是重要的术语,但 "电生理学" 和 "反质子" 不一定是(因为它们不那么常见)。

如上所述,SAPO 编码人员从科学文化的角度来选择科学、技术和创新的新闻材料,他们基于的原则是科学存在于新闻材料的科学板块以及其他板块、文章和读者来信。因此,SAPO 的分类从中筛选出了例如相关的前沿科技进展研究(如纳米技术、分子生物学和航空航天技术),关于科技创新政策及影响的主流讨论(如污染、电磁、转基因和数字电视),卫生健康政策(在广泛的医学领域中)和环境政策(在环境报道中)等相关材料。

SAPO 指标

在第一阶段的工作中,我们开发了四个定量指标,其中前三个指标已经得到了媒体研究人员的肯定,第四个指标是由坎皮纳斯州立大学新闻学高级研究实验室开发的。

在指标的制定过程中,我们称某一天发表在某一媒体中所有材料的数量为 N_Tot,某一天某报纸中所有词语的数量为 P_Tot,某一天从某一媒体中筛

选出的材料数量为 $N\_selected$，而 $P\_selected$ 指这些材料中的词语数量。基于这些数值，我们定义了以下数值指标：

（1）媒体"总数"指标 M，表示在特定的一天或一段时间内，每个被分析的媒体刊登的关于科技创新内容的绝对数。

$$M = N\_selected$$

对这一指标进行时间分析，可以识别出科技创新报道出现的峰值，使它能用于进行有趣的案例研究。例如，从指标 M 的峰值可以很容易地识别出重现的主题、纪念日或小范围舆情热点。

（2）"频率"指标 f。它表示相对数量，即科技创新材料占媒体所刊登的总材料的百分比。

$$f = M / N\_Tot$$

它可以被认为是某一特定媒体对科技创新的"关注"指标。它能以比绝对值（M 指标）更好的方式，将同一媒体对科技创新的关注与对其他主题（如体育、经济、休闲等）的关注进行比较。该指标具有相对意义，是比较不同报纸行为的基础。

（3）媒体"密度"指标 d，它表示被分析的每种媒体中科技创新材料所占的相对空间，即该区域的字符百分比。

$$d = P\_selected / P\_Tot$$

此指标在处理线上媒体时特别重要，因为它可以不使用旧的度量和接触方法——之前用于分析媒体报道的"比较新闻学"方法（见 melo，1972 中的示例），而直接可以确定媒体中报道某一特定主题时所用的空间。d 指标充分实现了这一功能。

（4）媒体"深度"指标 A，表示相对于"平均"材料，该媒体给予科技创新事项的相对权重。

$$A = d / f$$

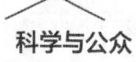

这是该报纸政治文化政策的一个典型指标。指标 A 的值越低,科技创新的项目越不"深入",越分散。

SAPO 的运行和功能

现在,我们可以利用 SAPO 进行一些研究。例如:①评价和衡量不同主题报道的总体趋势;②分析新媒体案例报道(近期案例如猪流感);③研究新闻故事如何随时间演变,对"经典"主题(癌症、太空、计算等)进行纵向报道;④研究公众的感知和反应(如读者来信部分);⑤特定主题的报道类型与其他变量之间的相关性。

我们通过互联网上使用的用户友好型界面来开发利用数据库材料,主要有两种方式:

(1)定量指标——前文所述的 SAPO 的四个定量指标,这些指标允许用户选择一个或多个媒体及其报道的情况("科学""非科学"和经过滤的内容——人工验证)以及预先确定的时间段(日、月、年)来生成图表并获取数据。定量指标,顾名思义,是最常用于定量研究的指标。

(2)内容搜索——SAPO 用户还可以通过输入特定术语(如"干细胞")、要查询的媒体、时间段等方式搜索 SAPO 数据库。由此,用户可以验证哪些科学主题是新闻报道最感兴趣的对象,这些主题经过了怎样的处理,以及它们最常出现在报纸的什么板块。进行搜索时,通过点击特定项目,用户有权访问该项目的元数据:标题、副标题、作者、所属版面、报道的媒体、出版日期、收集日期、总字数、总分值和筛选后的密度,以及新闻项目的全部内容(只有注册用户可用此功能)。搜索首先用于对特定主题的定性研究。

(3)数据交叉——用户还可以交叉使用定量指标和内容搜索这两种工具进行定性定量研究。

探索:如何使用 SAPO

为了阐述和说明 SAPO 系统的功能,我们提出了一种探索性的方法。因此，让我们来调查一下 2008 年发表在《圣保罗州报》中的科学报道材料的峰值。

首先，通过 SAPO 中上述媒体在 2008 年全部数据的媒体"总数"指标 M 可以观察到，这一年出现了五个科技创新项目的报道高峰，分别出现在 5 月 14 日、8 月 7 日、8 月 14 日、10 月 2 日和 11 月 6 日，第一个高峰发生在周三，其他的发生在周四。

科学文章在一周中（除了周日）出现的峰值存在一个有趣的相关性。在所有被分析的媒体中，可以观察到科学文章在周日都有所增加，这既是由于文章发表的总数增加了，也是由于更多科学相关主题的加入。

2008 年《圣保罗州报》平均每天发表 10.49 篇科学文章。单看星期日的话，平均每个星期日发表 15.82 篇科学相关文章，而在周一到周六平均每天与科学内容有关的文章发表数则降至 9.64 篇（表 1）。

表 1　2008 年全年平均和 2008 年 5 月发表的文章总数和科学文章数量平均值

单位：篇

项目	每天	每周日	周一到周六
2008 年全年平均发表文章数量	189.16	206.56	186.36
2008 年全年平均发表科学文章数量	10.49	15.82	9.64
2008 年 5 月平均发表文章数量	192.90	230.50	187.33
2008 年 5 月平均发表科学文章数量	13.35	18.75	12.55

资料来源：SAPO，我们的推断。

从表 1 也可以观察到，5 月平均每天科学相关文章的发表量（13.35 篇）比 2008 年全年科学相关文章的平均每天发表量（10.49 篇）高了 27%，这进一步激发了我们研究 5 月的兴趣。

通过指标分析峰值

让我们再进行一次探索。我们将研究 2008 年第一次高峰群，它于 5 月出现在《圣保罗州报》。

通过媒体"总数"指标 M，我们可以看到 2008 年 5 月出现了 5 次科学相关内容报道的高峰，即5月14日（星期三，28篇），5月11日（星期日，24篇），5月18日（星期日，23篇），5月29日（星期四，20篇）和5月28日（星期三，19篇）（图1）。

第一个高峰出现在5月14日，发表了28篇，比本月的第二个高峰（5月11日，周日，24篇）高出17%。

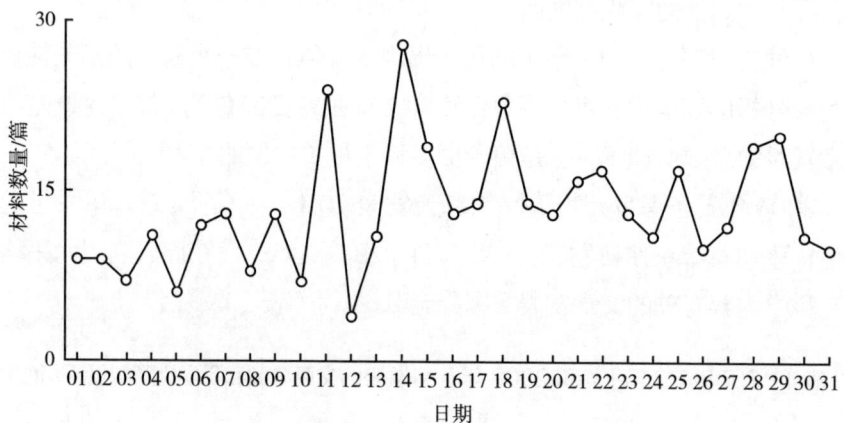

图1 《圣保罗州报》的媒体"总数"指标 M

M 指标的绝对值对这类分析有着十分有趣的意义。但是，我们也有必要关注在某一特定时间段内科技创新相关文章发表数量占总发表文章数量的百分比，即该时期发表的科技创新相关文章的相对数量。这种情况下，我们采用 SAPO 的第二个指标——"频率"指标 f（图2）。

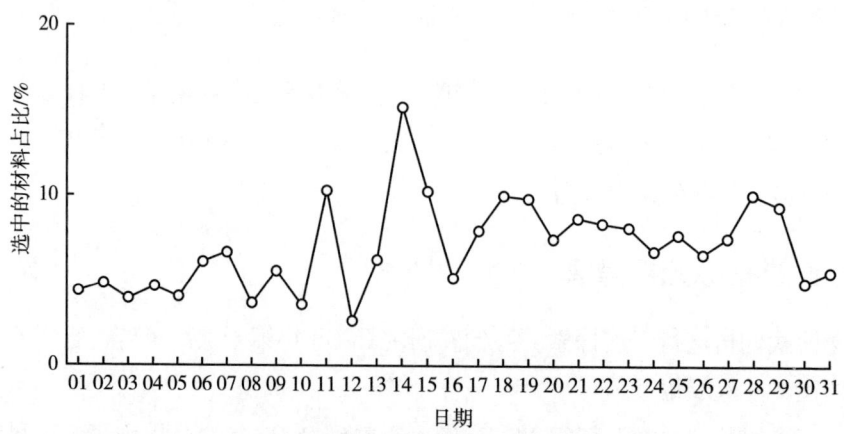

图2 《圣保罗州报》的"频率"指标 f

f指标强化了5月14日出现的峰值,这一天科学相关文章的数量占总数量的15.22%。在5月11日的第二次高峰中,这个比例是10%。与此同时,正如我们之前所看到的,周日往往会刊登更多(绝对数)与科学相关的文章(图2)。

让我们继续深入分析。尽管我们已经知道了报纸中刊登科技创新相关文章的总数量及所占百分比,但我们还可以进行更加有趣的分析,即研究这些材料在分析期间内占整个报纸的空间,也就是说,看看它们所占据的空间与非科学相关的文章相比,是更小、相似,还是更大。

这种情况下,为了分析所占空间,我们须使用媒体"密度"指标d,它可以显示出科技创新相关文章总字数的占比(图3)。

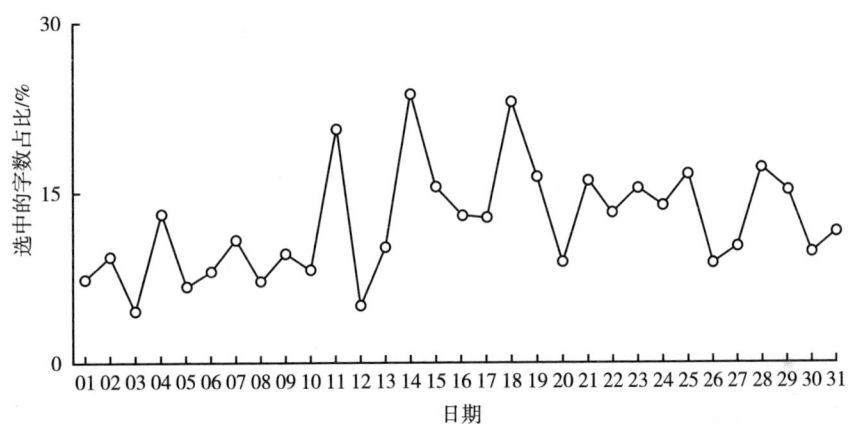

图3 《圣保罗州报》的"密度"指标d

为了拓展关于报纸分配给科技创新相关文章空间的分析,我们使用SAPO团队开发出的第四个指标——媒体"深度"指标A,得出了一些有趣的结果。它取决于两个指标($A=d/f$),通过与"一般"文章对比,分析报纸给予科技创新相关文章的相对比重。

5月14日达到峰值时,$A=1.56$。考虑到$A>1$(图4),我们注意到此媒体发表的科技创新相关文章平均而言比一般内容的篇幅长,因此这些报道可能更深入、更完整和更具分析性。[10]

然而,我们发现,尽管2008年5月14日在绝对数量(指标M)、频率

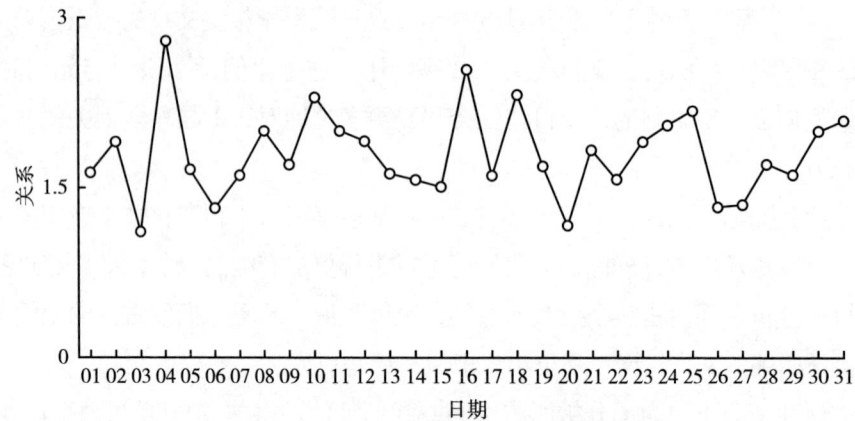

图4 《圣保罗州报》的"深度"指标A

(指标f)和密度(指标d)方面都达到了峰值,但在文章深度(指标A)方面显著性并不强,这表明当天发表的文章没有更为深入(更长)。

通过搜索系统进行峰值分析

我们将再次使用探索性的方式,继续分析2008年5月14日峰值时发表的28篇科学文章的数据。为此,我们要将它们列出来。使用SAPO搜索工具可以选择确切的日期(2008年5月14日)、媒体(《圣保罗州报》)和文章类型("科学相关"),并可以查看发表的内容。

根据这个列表,在全报的26个板块中,我们可以确认读者来信、报告和社论专栏的科学相关内容出现在了6个板块上:农业、副刊2(文化)、城市、政治、经济和生活(与科学)。[11]

从这些文章的标题可以看出,这其中许多报道与环境问题有关(表2)。通过对列出[12]的第一篇文章《部长"吵吵闹闹"的离职激怒了总统》的简要分析,很明显可以看到,该文本涉及当时的环境部部长玛丽娜·席尔瓦(Marina Silva)的辞职请求,这发生在2008年5月13日,也就是峰值出现的前一天。考虑到SAPO筛选机制的构成(如前文所提到的SAPO材料分类方法),这种类型的讨论和健康问题对SAPO筛选机制有着特殊的吸引力。

表2 《圣保罗州报》2008年5月14日的文章清单

内容	文章标题	文章数量/篇
与环境部部长辞职直接相关	《部长"吵吵闹闹"的离职激怒了总统》 《谁离开了政府是一个信号》 《部长在树敌》 《卢拉试探卡洛斯敏克,但劳工党更看好维亚纳》 《从亚马孙森林到权力中心》 《环保人士说,这是一场灾难》 《环境部长感到不受尊重》 《辞职信》全文 《森林砍伐在三年内减少了60%》	9
与环境部部长辞职不相关	《胚胎细胞研究两个半月前就停止了》 《新网站提供"虚拟望远镜"》 *《利用声音陷阱吸引蝉》 《等待巴西》 *《必须使用科技保护》 《圣保罗的城市已经过多了?》 *《绿色消费者被视为企业的风险》 《公共汽车票价取代第一要务》 《和平外交的历史》 《从起源说起》 《美国宇航局的探测器将于25日登陆火星》 *《在那里,牛和森林没有冲突》 《研究表明"伟哥"可以治疗营养不良》 *《印第安领地迎来了治安官》 《牧师说,相信外星人不会冒犯信仰》 《"国家违反生物安全条约"》 《巴西国家卫生监督局建立了胚胎控制系统》 《研究从脐带细胞中获取了毛细血管》	19

注：* 与环境问题相关的文章（环境研究、与环境和本土印第安人问题相关的农业科技），但与环境部部长辞职不相关。

通过分析SAPO所列出的其他文章,我们可以区分与玛丽娜·席尔瓦辞职相关和无关的文章（表2）。

根据SAPO的"搜索"系统所分析的文章,我们可以得出,玛丽娜·席尔瓦的辞职导致了《圣保罗州报》科学相关内容的激增。

然而,我们注意到,除了9篇与所涉政治事件直接相关的文章,剩余的科技创新相关文章（19篇）也已超过了5月的平均值,即每天13.35篇、星期日18.75篇（表1）。这意味着,即使该报纸没有发表任何关于部长辞职的文章,2008年5月14日发表的科技创新相关文章的平均数量也会高于平均水平（很可能是由于星期三农业增刊发表的文章）。然而,如果没有玛丽娜·席尔瓦辞职的消息,5月14日将不会是年度峰值,也不会比该月周日观测到的其他峰值更高。

比较分析

SAPO 的样本里有不同的媒体，其中有些甚至存在相互"竞争"的关系，如《圣保罗页报》和《圣保罗州报》，这尤其有趣，可以借此比较两者的数据。为了举例说明，我们将再次分析 2008 年 5 月这一时间段。这一次我们对比的是《圣保罗页报》和《圣保罗州报》的媒体"总数"指标——两者都是将印刷版以数字方式发布（图 5）。

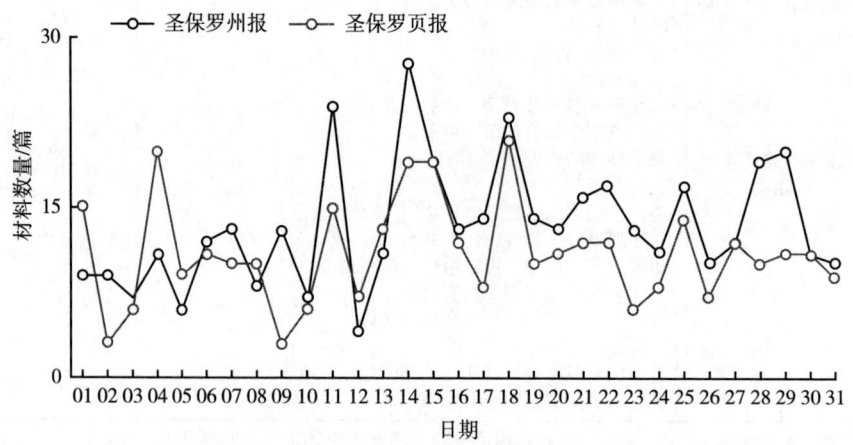

图 5 《圣保罗州报》和《圣保罗页报》的总数指标 M

我们注意到，除了 5 月 1 日、4 日和 12 日这三天以外，《圣保罗页报》刊登科学相关文章的绝对数量都要少于《圣保罗州报》。值得注意的是，在 5 月 14 日，即前文分析过的科学文章峰值日，可以看到《圣保罗州报》刊登科技创新相关文章的数量比《圣保罗页报》高 33%。这个比例是预期的 3 倍，因为《圣保罗州报》平均每天有 10.49 篇科技创新相关文章，而《圣保罗页报》在这一领域平均每天有 9.49 篇。[13]

此外，通过使用"搜索"工具进行分析，可以发现《圣保罗页报》只发表了 4 篇与部长辞职直接相关的文章（《地主庆祝玛丽娜辞职》《没有卢拉的支持，玛丽娜宣布离开政府》《非政府组织认为政府形象受损》和《自卢拉第一个任期以来，玛丽娜一直饱受抨击》），而《圣保罗州报》则有 9 篇相关的报道。

互补的数据流 第五部分

我们还可以使用 SAPO 进行一系列的比较分析,例如,比较同一媒体纸质和在线的内容,或比较在线报纸与新闻门户网站。

科学认知

利用 SAPO 对媒体中科技创新报道的分析属于公众科学认知的研究范围,这一研究始于战后社会运动。这类研究的目的是评估社会在科技与创新问题上的知识、兴趣和经费投入,以指导该领域的决策或公共政策的制定。媒体即使不是个人获取科技创新信息的主要来源,也是来源之一,因此媒体对科学的呈现是决定一个地区科学文化的因素之一。

伊比利亚美洲和邻近的国家最近对公众科学认知进行了全国性的研究。巴西在 1987 年(巴西国家科学技术发展研究理事会)、2007 年和 2011 年(科技部)开展了此类国家研究。2000 年以来,伊比利亚美洲地区的不同国家开展了"伊比利亚美洲关于科技的社会感知、科学文化和公民参与标准开发项目"研究,以在这个独特又类同的地区确立公众科学认知的研究方法。[14]

SAPO 方法倾向于对现有研究进行补充,更重要的是,它与公众认知科学领域中已经开展的研究活动,特别是通过调查(适用于不同人群的问卷)方式开展的研究,进行了对话。例如,坎皮纳斯州立大学新闻学高级研究实验室最近对整个圣保罗州的 1,825 人开展了一次关于科技创新认知的大规模调查[15],其中一些有趣的数据可以与 SAPO 系统的定性和定量分析同时处理。[16]

在公众的科技信息水平方面,54.1% 的受访者表示,他们对有关科技创新的问题几乎不了解或根本不了解。当被询问原因时,他们宣称自己主要是看不懂科学新闻文章(36.6% 的受访者),他们对这类信息不感兴趣(17.8%),此外,他们不知道如何以及从何处获取科技创新的信息(14.5%)。

在另一个分析中,我们可以看到,在圣保罗所有的受访者中,只有 7% 的人表示他们经常阅读报纸中的科学报道,26.3% 的人有时会阅读,66.5%

389

从未读过报纸上这种类型的文章。当被问及他们对科学杂志的消费情况时，调查结果甚至更差：79.8%的受访者声称他们从不阅读科学传播的杂志，16.4%的人有时阅读，只有3.6%的人经常阅读（表3）。

这就产生了一些问题：这些从来没有在报纸上读过科学新闻的受访者，他们实际上有没有读过报纸？如果他们也看其他新闻，那他们对科学文章缺乏兴趣的原因是什么？

表3 从不同媒介获取科学新闻的比例

单位：%

媒介	经常	有时	从未	不知道/未回答	总计
报纸	7.0	26.3	66.5	0.2	100.0
杂志	3.6	16.4	79.8	0.2	100.0
电视	16.1	55.9	27.7	0.3	100.0
广播	2.4	14.2	83.1	0.3	100.0

资料来源：坎皮纳斯州立大学新闻学高级研究实验室进行的公众科技认知调查。

电视媒体是巴西科学文化一个有力的组成部分（据估计，全国95%的家庭拥有电视机）。在提到电视时，27.7%的受访者表示，他们从未观看关于科技或自然的电视节目，55.9%的受访者声称他们"有时"会看这些题材的节目（表3）。电视上科学节目很少吗？如果真的很少，造成这一现象的原因究竟是观众缺乏兴趣，还是由于电视上缺乏科学节目？

研究公众的科学认知可以使用调查的方法，以及诸如SAPO之类的新方法，两者相辅相成，相得益彰。例如，圣保罗州调查中的数字，与SAPO可能提供的信息相交叉，可能会凸显一些现象，从而引发新的研究，并对公共政策提出建议。事实上，它们可能会反映我们选择什么媒介传播——以及为谁而传播。

未来研究方向及注意事项

正如这项研究所展示的，我们急需讨论科学、技术和创新对人类各种活动的影响，以及科技创新如何成为我们文化中鲜活的一部分。对这些问题的深入分析必须基于合适的工具。从这个意义上说，SAPO 给我们提供了一个创新的视角，并在公众对科学认知的研究方面，对科技创新文化指标的发展做出了贡献。

正如上文所展示的，通过 SAPO，我们可以生成一组非常有趣的统计信息，它能够识别与媒体中科技创新主题频率相关的"长期性"和"流行性"。

在接下来的工作中，应该在 SAPO 的样本中加入新的媒体以扩大比较的范围。此外，为了改进搜索和指数工具，系统已经进行了小的调整。在不久的将来，这些调整可以让系统在科技创新主题的范围内对大量文本进行分类。新的指标和展现数据的新方法已经能包含在研究中，也应列入 SAPO 下一阶段的发展计划中。

归根结底，SAPO 创建的指数并不假装准确反映科学在媒体中传播的程度。它只是在一些可争议但固定的标准下，提供了一个特定的"快照"。这些标准一旦被采用并测度历史，那它们就有了意义，并能成功地凸显有趣的波动和过程。

SAPO 已经被证明是一个相当有价值的工具，不仅可以反映信息，而且可以为各个领域的研究提供科技创新媒体报道的日常信息，使我们不仅可以看到这个科学主题有多少读者，也可以看到读者是怎么在报纸上发现它们的。

注释

1. 感谢吉奥瓦纳·马蒂内利（Giovana Martineli）和伊登·米基·苏德克（Eden Miki Suetake）提供的协助。
2. 该软件由索利斯公司开发，获得了圣保罗研究基金会的资助，并由该团队进行内部更新。
3. 根据巴西流通研究所（IVC，2008）的最新数据，巴西纸媒由以下出版物主导，按全国发行量依次是：《圣保罗页报》、《超级新闻》（*Super Notícia*）、《号外》（*Extra*）、《环球报》（*O Globo*）、《圣保罗州报》。
4. 计算纸质版报纸普及率的方法通常是将总发行量乘以 5，这是基于这样一种估计：平均而言，一份纸质版报纸会有五个人看。

5. 根据 SAPO 对《圣保罗页报》和《圣保罗州报》这两种报纸的发行量特征分析，可以看到读者数量在下降。《圣保罗页报》在十年间（1995—2005年）平均发行量下降了 49%，而《圣保罗州报》同期的发行量下降了 39%（Righetti, 2008）。

6. 这意味着，互联网不一定会促进信息在社会不同阶层的传播。根据巴西民调机构和互联网管理委员会的最新数据，社会上能够上网的人绝对数量仍然很少，只有大约 30%。而且毫无疑问，这些人多集中在上层阶级。

7. 这一类别是那些分值位于"灰色地带"的文本，即机器无法以足够的可靠性确定它们是否属于"关于科技创新"的类别。因此，这些文章（约占总数的5%）需要人工进行识别。同时，对这些材料进行人工识别分类通常也是比较困难的。

8. 最初，为了验证系统收集的材料与新闻报道材料的一致性，我们通过抽取"结构化的三周"的材料来比较报纸上的文章和它在数据库中版本的一致性：在六个月的时间段中随机抽取七天组成一周。在被搜集的媒体进行初步调整后（一些报纸改变了它们的产品，添加或取消了增刊等），我们检查了样本中报纸所有的增刊，发现数据库中的材料和报纸新闻上的材料具有很好的一致性（漫画、连环画、图片、广告、分类广告和简要说明除外）。

9. 需要指出的是，为了进一步提高 SAPO 系统的可靠性水平，我们正在对软件进行一些改进。例如，被归类为"科学内容"但得分较低的的文章，即那些处于"过渡区"的文章，非常接近"可能包含科学内容"分类，归类出错的概率增加了。根据对数据库进行的抽样研究，我们确认，由于"过渡区"文章的存在，有 10% 的文章被归类为"包含科学内容"的文章。就本文而言，其中的操作和数据事实上都是用来作为例证的，因此这一结果并不会改变关于系统如何运作的说明性特征。

10. 正如我们之前所见，$A > 1$ 表示该媒体报道的科技相关的文章平均来说比一般文章篇幅要长。

11. 《圣保罗州报》包含了 26 个板块：副刊 2、城市、经济、体育、国际、政治、开放空间、生活、旅游、农业、南方、北方、东方、西方、副刊指南 2、儿童、女性、别名、房屋、电视和休闲、汽车和配饰、建筑、机遇、笔记和信息、链接、美食。

12. 用户可以决定以下项目的排列方式：按字母顺序排列的标题、分数、密度、出版日期、收集日期、文章字数或筛选出的字数。本文中，我们选择以分数升序排列。

13. 数据来自 SAPO 数据库。

14. 在本世纪伊始，坎皮纳斯州立大学新闻学高级研究实验室加入了于 2001 年创建的伊比利亚美洲项目。该项目始于伊比利亚美洲国家组织（OEI）和伊比利亚美洲科技指标网络（RICYT）的合作。在 OEI-RICYT 网络出现之前，该地区并没有尝试寻找一种通用的方法，或构建能够进行国际比较的量化指标。要了解这些工作的更多信息，可以参考相关研究（Vogt & Polino，2003；Vogt et al.，2005）的文章。

15. 这篇论文在 2009 年底之前发表在圣保罗研究基金会的《圣保罗州科技与创新指标》的下一版本上。

16. 本文讨论中涉及的圣保罗州调查问卷中的问题为：第 11 题："你说你很少或从不获取科学和技术相关的信息。为什么？"第 12 题："下面我会读一些关于信息获取偏好的句子。请告诉我，在以下每个例子中，你获取此类信息的频率是经常、有时，还是从不？"该调查包括 39 个与伊比利亚美洲项目问卷相同的问题，也包括了圣保罗团队提出的五个其他问题。本研究中讨论的两个问题与伊比利亚美洲其他国家所采用的问卷问题相同。

科学公民的调查方法验证

尼尔斯·梅尔加德 萨利·斯戴尔

科学公民身份的双重维度[1]

科技及其风险和收益的传播与发展都是全球化的主要特征。随之而来的治理挑战也让公众和相关方在教育与参与机制方面展开了部署。有能力且积极的公民参与日益被认为是合法科学治理的关键。在本篇中,我们将使用调查数据来探索整个欧洲的公民能力和参与科学的模式,并根据潜在的类别分析,初步提出我们称之为"科学公民"的分类研究。为了评估结果的稳健性,我们通过检验选定的典型国家背景信息来进一步验证结果。

"科学公民"是指知识社会中(认知)充分且活跃的公民成员,这一概念最近已经成为科学和社会政策的目标,并且似乎包含了对科学传播领域的反思。最近摩耶·霍斯特(Maya Horst,2007:151)对新兴的科学公民的定义如下:

> 科学公民的概念(Irwin,2001)表明人们越来越意识到科学与社会之间的融合。这不仅意味着科学知识对于当代社会的公民很重要,而且还意味着公民可以对科学研究的责任提出合理要求。由此看来,在一个日益依赖科学知识的社会中,该概念可以被视为有关民主治理适当形式的典范。

霍斯特认为,科学公民是二维的,是我们所谓的能力角度与参与角度的结合。在现代社会中,科学能力是人类拥有有效能动性的前提。在一个日益复杂的世界中,科技广泛地塑造着公众的日常生活和社会实践,公民需要特定的能力、知识和技能来有效地把握和定义自己在该体系中所扮演的角色。我们可以说，按照"公民"的传统概念，为了不被社会制度边缘化，现代社会中的公民有权利通过适当的传播机制来了解科技的发展、潜力和风险。20世纪80年代中期，英国皇家学会发表了《公众理解科学》报告，引发了一系列让科学走近公民、并填补报告中指出的公众知识差距的行动。从那时起，能力维度就一直是公众理解科学运动及科学传播实践工作的主要关注点。

但是，正如霍斯特所言，知识或能力并不是科学责任的详尽参数。科学能力可以促进人类行动并培养文明开化的公民。但是，我们还需要建立机制以确保将公民的关切切实地纳入决策过程。如果现代社会被认定为合法的，公民就应该积极发挥自己的能力，提出对科学实践的看法，并参加有关科技发展的公开讨论。（共和制下）参与性公民权的固有标准概念强调在某些权利和特权方面充分享有公民权的重要性。一方面，这些权利和特权可以保护个人并赋予个人权力；另一方面，它们又是一种社会义务或责任的理想化设计，公民参与正是其中的核心。参与性公民权表明公民不仅仅享有进入决策领域的权利，更确切地来说是实际进入决策领域参与决策。这种参与维度是科学传播中所谓的公众参与科学路径的核心。公众参与科学是基于"科学传播应该是双向交流"的理念，活跃的公民也可以主动与科学"对话"（Gibbons，1999），让科学家和科学政策制定者听到自己的关切，并推动研究议程的设定。公众参与科学在很大程度上将自己定义为与公众理解科学和"缺失模型"相对立。

然后我们发现，"科学公民"的概念实际上结合了该领域内两个独立的甚至是相互竞争的范式。它强调公民能力的重要性（这一直是公众理解科学的重点），以及积极参与的需求（这是公众参与科学的目标）。在本文中，我们有两个目的。第一，我们希望根据调查材料提出科学能力和科学参与的测度方法，以此检验它们之间的实证关联性，并最终指出欧洲科学公民的主要类型或模式。第二，我们希望结合定性数据的背景对定量分析的结果进行分析，从而对定量分析的稳健性进行评估。

通过这种做法，我们希望本文可以帮助消除领域内存在的两条鸿沟：公众理解科学（侧重公民能力、素质或理解）和公众参与科学（侧重公民参与）之间的鸿沟，以及定性和定量方法之间的鸿沟。我们认为，三角验证法，尤其是定量和定性方法的结合，都值得在该研究领域进一步探索。本章的分析仅限于以调查为基础的公民能力测评，即公民在科技方面的客观与主观感知能力，以及参与情况，即与科技相关的公民表现或实践。我们使用这些结果开发了一个初步的科学公民分类。随后，我们会通过检验既定国家/地区的现有定性材料对这一分类进行事后验证。最后，我们对可使用补充或类似方法开展的相关研究进行了一些思考。

基于调查的参与和能力数据

我们使用了 2005 年在欧洲 32 个国家/地区开展的"欧洲人、科学和技术"调查["欧洲晴雨表"（63.1）]，样本总数为 31,390，关注重点为"参与度"和"能力"两组变量。表 1 列出了所有项频数的完整数据集，以及每个国家基于其人口规模加权对总数的影响。

表1 有关科学参与和科学能力的问题

调查问题	回答/%

参与问题
您参与以下活动的频率是怎样的？
对答案的重新编码：回答"是"表示定期/偶尔/几乎没有，回答"否"表示从不

问题	是	否	不知道
在报纸、杂志或互联网上阅读有关科学的文章	78.3	21.3	0.4
与朋友谈论科技	70.8	28.7	0.5
参加有关科学或技术的公开会议或讨论	28.4	71.0	0.6
签署请愿书或参加与核电、生物技术、环境有关的街头游行活动	24.3	74.8	0.9

能力问题
让我们来讨论新闻中您感兴趣的话题。我每念一个话题，请告诉我您对此是非常感兴趣、比较感兴趣，还是完全不感兴趣。

问题	非常感兴趣	比较感兴趣	完全不感兴趣	不知道
新发明和新技术	28.9	46.9	22.9	1.3

互补的数据流 第五部分

续表

调查问题	回答 /%			
问题	非常感兴趣	比较感兴趣	完全不感兴趣	不知道
科学新发现	28.7	46.6	23.1	1.6

请您告诉我对以下新闻话题的了解情况。您是非常了解、比较了解,还是完全不了解呢?

问题	非常了解	比较了解	完全不了解	不知道
新发明和新技术	10.9	50.3	36.4	2.4
科学新发现	9.7	48.8	39.1	2.4
知识	正确回答九个及以上问题的百分比		正确回答九个以下问题的百分比	
根据13个科技相关陈述回答情况的变量*	50.2		49.8	

注:* 这13个问题如下:①太阳绕着地球转;②地心非常热;③我们呼吸的氧气来自植物;④放射性牛奶可以通过煮沸来保证安全;⑤电子小于原子;⑥我们生活的大陆已经漂移了数百万年,未来还会继续漂移;⑦母亲的基因决定孩子是男孩还是女孩;⑧最早的人类与恐龙生活在同一时代;⑨抗生素可以杀灭病毒和细菌;⑩激光的工作原理是集中声波;⑪所有的放射现象都是人为的;⑫正如我们今天所知,人类是从早期的动物物种进化而来的;⑬地球绕太阳一周需要一个月的时间。

我们采用潜在类别模型(Lazarsfeld & Henry,1968)来构建能力和参与度的总体测度框架,并以统计学的方式检验其国别等效性。我们在人们对这些调查问题的回答之间发现了关联性,并推断该关联性可以通过一些表征参与度(第一组问题)和能力(第二组问题)的潜在通用变量来解释。这些通用变量是不能直接观察的变量,而是假设的潜在变量,我们从分析中推断出它们的存在。在潜在类别模型中,潜在变量按类别划分,每种变量都有自己的类别。我们观察到的问题通常也是按类别划分的。在本篇中,我们将潜在变量和观察变量视为名义变量,即无序分类变量。然后,我们使用逻辑连接函数对每个问题的条件响应概率进行建模。例如,若某人属于 j 组,那么他在类别 s 中对于问题 i 做出回答的概率。与此同时,我们还对每个类别的总体概率进行建模,由此可以体现在每个类别中目标人群所占的期望比例。

为了获得跨国模型,我们首先在每个国家 / 地区分别应用潜在类别模型,非正式地比较它们之间的异同。在这些初步探索的基础上,我们对所有数据集运行一个模型,将国家 / 地区作为协变量。这种情况下,属于每个类别的人的期望比例在各国之间可以不同,但至关重要的是,不同国家之间的条件响应概率是相同的。如果我们可以做到这一点而又不会过度损害模型拟合度², 那么我们认为潜在的参与（participation）和融入（engagement）[①]变量可以在不同国家用大致相同的方式表征，因此基于这一框架对不同国家进行对比是合理的。该分析仅提供统计意义上可比性的证据。本文的第二部分通过检验选定示例国家的背景信息，来解决与背景相关的、实质的可比性问题。

参　　与

对这些问题的潜在类别分析表明，前两类问题中的回答相互映射：说自己读过科学相关文章的受访者也可能说自己会与朋友谈论科学。这些问题可以被视作横向参与科学的指标，即通过"非政治"模式，参与那些可以强化科学文化和主体间学习的活动。这些问题具有综合性，主要体现了对科技问题的公民—公民视角。类似地，第三类和第四类问题的回答通常也会相互映射：说自己签署请愿书或参加街头示威游行的人也可能说他们会参加公开会议并讨论有关科技的问题。这些问题可被视为纵向参与科学的指标，其目的是影响政策议程，并体现更广泛的对科技问题的公民—系统视角。

尽管在许多国家，即便是参与度最高的群体也不太可能签署请愿书或参加街头游行，但是上述模式在不同国家是相当一致的。因此我们可以说参加请愿和游行活动是参与项目集的最高门槛。即便增加类别数量，各国在最后一项的差异也依然很大，无法在跨国模型中调和。但是，如果从项目集中去掉请愿这一项，那么三类模型刚好适用³，因此这是我们首选的关于参与的跨国测度方法。

如表 2 所示，该模型显示了在不同类别归属关系之下每个问题的响应概率。类别为列，对问题的回答为行，显著的高概率值以灰色突出显示。例如，假如是表中的第一类成员（请看第一列数字），受访者说自己读过科学

[①]　一般 public participation in science 和 public engagement with science 都被译为"公众参与科学"。相对来说，participation 多指代参加活动等具体行为，engagement 在具体行为的基础上还包括了思想上的融入，更加广泛，也更能体现主动性。——译者注

文章的概率是 0.98，讨论过科技的概率是 0.99，参加过科学会议或讨论的概率是 0.67。根据此类人的回答模式，我们可以将其归类为一种既横向参与也纵向参与的模式。这一建议标签显示在图表数值的顶部，旁边是其他两类的建议标签。表格最后一行则列出了属于各类的估计概率，并根据数据集中 32 个国家的相对人口规模进行了加权。例如，该模型估算 42% 的欧洲公众参与度高。[4]

表 2　科学参与联合跨国模型的条件概率和先验概率

问题/回答	在不同类别归属关系之下每个问题的回答概率		
	横向和纵向	仅横向	不参与
阅读科学文章			
是	0.98	0.97	0.20
否	0.02	0.03	0.80
与朋友讨论科技			
是	0.99	0.80	0.13
否	0.01	0.20	0.87
参加有关科学或技术的会议或讨论			
是	0.67	0.01	0.01
否	0.33	0.99	0.99
各类别的估算比例（基于人口加权）	0.42	0.33	0.25

能　　力

我们试图将"欧洲晴雨表"（63.1）中可能构成对能力进行综合测度的问题包含进来，不仅涉及"客观"的科学知识，还涉及"主观"能力，由受访者对科学的兴趣以及我们所谓的内部"技术科学功效"表示，即人们主观上认为自己对科技问题的了解程度有多高。在问卷调查中，受访者分别被问及自己在新发明、新技术、新科学发现方面的主观能力。我们分析得出的第一个惊人发现是，对于新发明和新科学发现，受访者表现出来的兴趣和了解程度非常相似。实际上，这些问题联系非常紧密，所以为了构建能力联合跨国模型，我们在此仅考虑与"科学发现"相关的问题。

表3体现了使用这两个项目的联合跨国模型，第三个项目表示实际知识水平。为了建立拟合良好的模型[5]，我们需要六个类别——这可能多于理想情况，但与问题可能产生的18种回答模式相比，这一解决方案还是简单一些。在统计学意义上，这些类别是无序的（潜在变量是名义变量），但是为了给出实质性的解释，我们可以按照常识将它们从高能力到低能力进行大致排序。我们可以根据自我认知的主观能力（高、中、低）以及客观知识水平的高低（+ 或 –）来对它们进行标记。

表3 科学能力联合跨国模型的条件概率和先验概率

问题/回答		设定类别下的各类问题的回答概率					
		高 +	高 –	中 +	中 –	低 ++	低 –
对新科学发现的兴趣程度	非常感兴趣	1.00	0.85	0.14	0.18	0.12	0.00
	有点感兴趣	0.00	0.14	0.80	0.82	0.60	0.07
	完全不感兴趣	0.00	0.01	0.06	0.00	0.28	0.93
对新科学发现的了解程度	非常了解	0.31	0.38	0.05	0.01	0.00	0.00
	了解程度一般	0.66	0.54	0.95	0.63	0.00	0.08
	完全不了解	0.02	0.08	0.00	0.37	1.00	0.92
知识	答对九个及以上问题	0.91	0.27	0.73	0.14	0.69	0.08
	答对八个及以下问题	0.10	0.73	0.27	0.86	0.31	0.92
	各类别的估算比例（基于人口加权）	0.14	0.08	0.27	0.15	0.17	0.19

在这六个类别中，人们对兴趣和了解程度的回答模式非常相似，但是了解程度的评级低于兴趣的评级——即便是对新科学发现非常感兴趣的人也很有可能说自己的了解程度一般，并不是非常了解（"高 +"组），而那些认为自己知之甚少的人可能有些兴趣或者完全不感兴趣（"低 ++"和"低 –"组）。正如知识变量所示，这些有关主观能力的问题与客观能力的问题之间存在弱相关。例如在"高 –"类别中，即便实际知识水平可能很低，但是感觉能力可能相当高，反之亦然。但是，这些问题的回答概率表明客观能力和主观能力之间存在正相关。在"高 +"组中，正确回答9个及以上知识性问题的概率为0.91，而在"低 ++"组中这一概率仅为0.69。同样，在"高 –"组中客观知识程度低的概率为0.73，在"低 –"组中这一概率为0.92。整体

上，欧洲人在各组之间的分布相当均匀，不过分布在"高－"组的很少。

能力和参与之间的相互关系

我们通过对应分析检验了公民能力与公民参与之间的关系。图 1 所示的双重信息图显示了类别之间关联的相对强度：与图中相隔较远的类别相比，相近的类别关联性相对较强。该图表明参与和能力之间存在正相关：属于横向和纵向参与类别的人更可能属于高能力类别，而非低能力类别；属于不参与类别的人更可能属于低能力类别，而非高能力类别。

我们尝试性的建议可以这样定义三种类型的科学公民：位于图 1 左上角的一组公民可能既具有高度参与性（纵向和横向）又具有较高的能力。我们可以将该群组标记为"参与型"公民。值得注意的是，"高＋"和"高－"群组都位于此处，这似乎表明能力的客观方面——教科书知识——不是采取行动的绝对前提，而纵向参与似乎与主观能力（或自信）相关。在上图右侧的另一组公民可能被标记为"超脱型"公民。这组公民既没有横向参与也没有

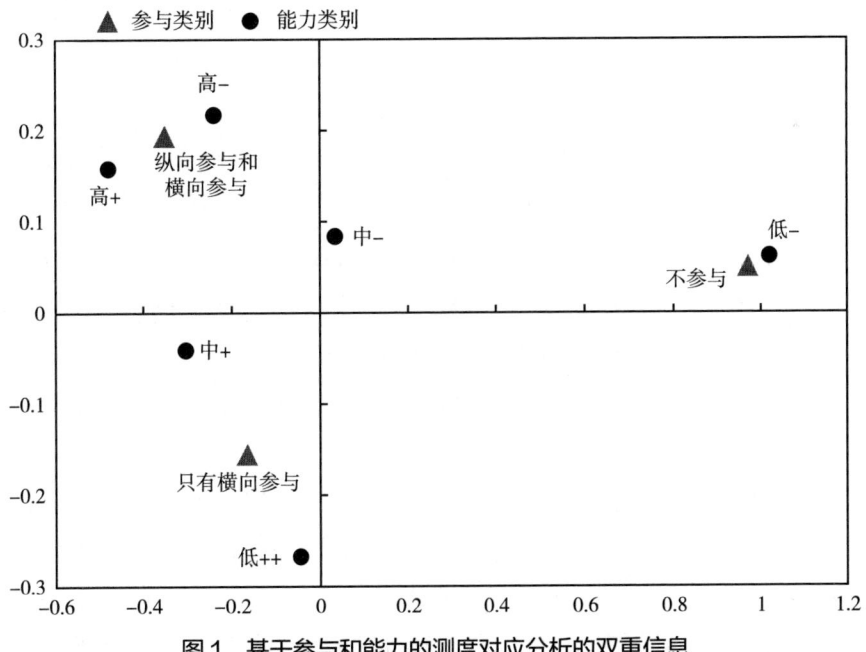

图 1　基于参与和能力的测度对应分析的双重信息

纵向参与，而且他们似乎既没有主观能力也没有客观能力。实际上，这些公民在知识社会中被边缘化了。对于那些在图中间部分的群体来说，尝试将他们命名和区分的难度更大。相对而言，"只有横向参与"的类别与"低++"能力类别的联系最为紧密。其特点在于自我感觉对科学的了解程度很低，即使他们对科学有些兴趣，而且拥有较高水平的教科书知识。在某种程度上，这些公民类似于米勒（Miller，1983）所说的对于科学"专注型"的公众，他们是拥有科学素质而且对科学很感兴趣的人，会采取横向参与，阅读与科学相关的文章，与朋友谈论科学，通过这类积极模式获取知识，而不一定受到政治因素影响。

科学公民类型的分布，以及事后定性验证的典型案例

表4显示了各国属于各参与类别和能力类别的预期人口百分比。该表左侧按照不参与水平排序，右侧按照"高+"能力水平排序。在开发指标的初步研究中，我们不会过分重视国家的排名。但有趣的是，我们注意到了一些普遍直观模式的出现，可以确认一些国家大多数人口都属于科学公民中的一类。

例如，在葡萄牙、土耳其、保加利亚和罗马尼亚等国家，不活跃且主观和客观能力都较低的公民估算比例很高。我们发现，葡萄牙不仅"不参与"类人口估算比例是欧洲所有国家中最高的，而且属于"低-"能力类别的人口——在科技方面主观能力和客观能力都低的人口——比例也非常高，因此，葡萄牙人就是所谓的"超脱型"公民的典型案例。

相比之下，英国、爱沙尼亚和挪威等国家的公民在更大程度上类似于（暂且称为）"专注型"的公民。这些国家中"只有横向参与"类别的人口估算比例最高，而且属于中等和"低++"能力类别的人口比例也很高。在冰岛和荷兰等其他国家，也有非常高比例的人属于"只有横向参与"类别，但是这些国家的公民能力水平一般更高一些。

最后，在瑞典、德国、瑞士和希腊等国家，据估计有很大比例的人口

表4 各国参与和能力类别的估算比例

国家	横向和纵向	仅横向	不参与	高+	高-	中+	中-	低++	低-
瑞典	46	49	4	36	0	29	0	35	0
芬兰	52	43	5	31	3	27	8	27	4
冰岛	30	63	7	26	4	28	9	25	7
斯洛文尼亚	40	53	8	24	0	37	5	30	4
挪威	38	54	8	23	1	30	2	37	7
荷兰	25	64	11	22	13	37	9	9	9
瑞士	60	29	11	22	12	35	9	18	5
卢森堡	38	50	13	21	9	38	8	15	8
爱沙尼亚	30	57	13	19	6	16	15	38	6
德国	55	31	14	19	7	26	20	14	15
丹麦	46	40	14	19	2	27	12	22	18
克罗地亚	47	37	16	19	7	36	6	23	9
斯洛伐克	51	31	18	17	0	30	2	47	4
拉脱维亚	34	48	19	15	8	34	8	22	14
比利时	36	46	19	14	27	23	20	0	16
希腊	68	13	19	13	0	24	13	34	16
奥地利	44	35	21	12	9	24	17	22	16
捷克	41	38	21	12	0	50	0	31	7
塞浦路斯	31	47	22	11	9	20	21	18	21
爱尔兰									

403

续表一

国家	横向和纵向	仅横向	不参与	国家	高+	高-	中+	中-	低++	低-
立陶宛	35	43	22	斯洛文尼亚	10	7	47	0	31	5
英国	33	43	24	西班牙	8	9	17	24	21	20
希腊	76	0	24	爱沙尼亚	8	4	20	18	33	18
匈牙利	50	24	26	意大利	7	3	45	13	14	18
波兰	26	47	27	波兰	7	4	23	20	19	26
爱尔兰	46	26	28	马耳他	7	24	2	35	5	28
意大利	54	17	29	拉脱维亚	6	4	7	46	9	28
罗马尼亚	28	39	33	保加利亚	5	8	10	30	8	39
西班牙	43	19	38	罗马尼亚	4	4	19	24	7	42
保加利亚	45	17	38	葡萄牙	3	4	16	37	1	39
土耳其	36	23	41	立陶宛	1	1	11	26	18	43
马耳他	26	31	43	塞浦路斯	0	51	3	34	0	12
葡萄牙	21	33	46	土耳其	0	21	4	30	0	46

属于"横向参与和纵向参与"类别,也有很大一部分人属于高能力类别。因此,这些国家的公民似乎接近于"参与型"科学公民。在希腊属于"横向参与和纵向参与"类别的人口所占比例非常高,据估计41%的希腊人有很高的能力,但是其中2/3的人客观能力较低。相比之下,瑞典受访者有36%估计属于高能力阶层,他们在科技方面既具备主观能力也具备客观能力。

我们如何解释"典型的科学公民"的这些国别差异?我们没有足够的空间来对每个国家进行完整统计。取而代之的是,我们会专注于三个国家:葡萄牙、英国和瑞典。这些国家显然各自代表了上述初步分类中的一种类型,而至关重要的是它们有足够的定性资料可供分析。一项重要的六国对比研究——优化公众理解科学(OPUS)——完成于2003年(Felt,2003),为我们提供了广泛而详尽的国家背景信息,包括选定国家的科学和公众理解科学政策,科学传播和媒体版图,州层面、大学层面和地方层面关于公众理解科学的措施,公众咨询和前瞻预演,等等。葡萄牙、英国和瑞典也参与了一项关于欧洲科学、技术和治理的八国比较研究(STAGE),该研究提供了29项关于公众参与科学和科技治理的案例研究。STAGE项目组于2005年开展调查,并于同年发布最终报告(Hagendijk et al.,2005)。

结合背景的分析

这三个国家在科学与社会的历史关系方面存在显著差异。在葡萄牙,政治和经济条件使科学与社会分离,直到最近科学知识的传播才受到鼓励(Goncalves & Castro,2003a)。几十年来,埃斯塔多·诺沃(Estado Novo)的政治威权政体(1926—1974年)对科学研究持怀疑态度(Castro,2009)。直到1974年革命之前,葡萄牙的科学还相对落后,用于自然科学和精密科学领域研究的投资和精力微乎其微。坚持社会科学研究的领域几乎不存在,根据努内斯和马蒂亚斯(Nunes & Matias,2004)的研究发现,只有与政权合法化及其社会工程直接相关的法律、历史和经济学等领域除外。

相比之下,英国和瑞典在科普方面则有着悠久的传统,而且科学在社会中占有重要地位。科学机构得到国家的支持,科学普及也在良好的教育和政治环境下得以发展。根据诺林等人的研究（Nolin et al.，2003），瑞典的现代公众理解科学活动源自 100 多年前，当时瑞典的民主运动通过当代科学知识和学术研究来实现合法化，一方面在合适的社会和政治过程中明确建立了联系，另一方面在科学建议和科学知识之间明确建立了联系。科学在福利国家社会民主主导的发展中发挥了重要作用，而且福利国家在发展早期就正式要求大学为社会进步做出贡献，例如通过 1977 年的《大学法案》，用法律的形式来督促大学履行"第三使命"，即推动科学传播活动。英国的科普传统可以追溯到几个世纪以前，重要机构包括成立于 1831 年的英国科学促进会和成立于 1660 年的英国皇家学会，它们从一开始就致力于科学传播以及在科学与社会之间建立中介机构（Healey，1999）。

在葡萄牙，科学在社会中的作用正在慢慢变化，"科学万岁"（Ciencia Viva）等倡议也在逐渐引入一种科学与公民互动的新的教育模式。即便如此，历史背景在理解当前的科学治理和公民角色方面仍发挥着重要作用。根据卡斯特罗（Castro，2009）的观点，葡萄牙的显著特点依然是公民社会不成熟，缺乏公众科学教育或公众参与的传统，有秘密机构以及秘密制度习惯。在 STAGE 项目中，葡萄牙被作为"自由裁量治理"的一个例子进行讨论，这是由于科技政策的制定实际上与公众几乎没有明确的互动。除了直接负责科技政策的政府机构，其他团体在决策过程中几乎没有任何意见能被采纳（Hagendijk & Kallerud，2003）。

根据这些有关葡萄牙科学政策的描述，潜在类别分析的结果似乎是合理的。我们认为在葡萄牙，很大一部分人口是"超脱型"的，也就是说人们的科学能力相对弱，而且很少积极参与科学。相关背景信息突出了科学教育和科学传播水平低，以及自由裁量的、秘密的治理实践，这完全与基于调查材料的观察和分析结果相吻合。

STAGE 项目得出的一个主要结论是必须将不同国家的治理风格视为不稳定的、处于周期性过渡的状态，而且尽管国家之间似乎存在相互影响的模式，但是显然历史上不同国家发展轨迹的差异性很大（Hagendijk et al.，2005）。这一观察结果可以帮助我们理解为什么针对英国和瑞典的潜在类别分析结果存在差异，虽然这两个国家似乎具有某些共同特征，比如它们历来都有认可和支持科学的传统,至少与葡萄牙相比之下是如此。

从广义上来讲,英国在过去的二三十年间的发展轨迹影响了欧盟国家及其他欧洲国家在科学传播和科学治理方面更广泛的讨论,提供了由公众理解科学向公众参与科学转变的策略和愿景,即从专注于知识的单向传播到更加重视积极的公众参与。上议院科技特别委员会关于"科学与社会"主题的报告(House of Lords Select Committee on Science and Technology,2000)着重关注公众参与科技,这标志着科学传播已经发生转变,开始变得不同于20世纪80年代和90年代的英国公众理解科技(PUST)运动(Irwin,2006;Bauer,2003)。自21世纪初以来,对话和协商一直是英国在该领域倡议和政策的核心。在英国,科学传播更倾向于使用对话的方式,上议院科技特别委员会将其称为新兴的"对话气氛"(House of Lords Select Committee on Science and Technology,2000)。当时的背景是,英国正面临着"疯牛病"危机,公民对专业知识更加不安,或者说"疯牛病"事件似乎反映出科学和公民之间出现了信任危机。正如冈萨尔维斯和卡斯特罗(Goncalves & Castro,2003b)明确指出的那样,这种"对话气氛"在瑞典有着更长的历史。20世纪70年代的核能辩论引发了公众参与技术辩论和决策过程的强烈需求。根据格里梅尔(Glimell,2004)的说法,瑞典制定了对社会负责的科学政策,且社会更广泛地关注协作治理模式,瑞典因此被誉为该领域的先驱。教育和参与实践的发展有两个背景,一是具体的核能争议(与丹麦的情况非常相似),二是更广泛的技术进步和自动化重塑了20世纪60年代和70年代工程行业的生产和工作条件。在集体协议实践和利益相关者至上的统合主义劳动力市场结构的基础上,瑞典出现了一系列具有包容性的处理技术社会冲突的新方法,如持续多年的电子监控和数字鸿沟等问题(Glimell,2004)。

在科学与社会关系的问题上,参与式文化或传统在瑞典的发展时间似乎比在英国长。这或许可以部分解释为什么我们的定量分析表明瑞典人可能倾向于"参与型",既有横向参与也有纵向参与,而且具有很高的能力。相比之下,英国公民可能更多的是"专注型",即适度活跃,主要是横向参与,而且能力较弱。有趣的是,世纪之交的瑞典科学政策似乎也在发生巨大变化。与英国参与式治理和技术评估的对话形式不同的是，瑞典倾向于重新强调学术自治的传统思想，较少关注对社会负责任的科学。用格里梅尔（Glimell，2004：2）的话来说，"瑞典似乎不再是工业民主的故乡，而是在政府中重新树立的技术科学权威：一个重新调整后的权威坐立不安地面对当前欧洲对科学的公共责任和专业知识民主化的担忧"。瑞典也正在转型，但它并没有强化公共问责程序，而是背道而驰。从长远来看，瑞典科学政策范式的变化将如何塑造瑞典的科学公民实践，将是一件有趣的事情。

瑞典和英国的相关背景定性数据与调查所识别出的不同类型的科学公民之间的联系并不十分明确。看起来合理的是，在瑞典公众当中，占主导地位的"参与型"科学公民模式似乎反映出了一个活跃公民社会的悠久传统，该社会中的公众积极参与因科技相关的政治进程。同样，英国的公众理解科学运动主要由专家领导，并且高度关注科学知识的转化和向被动的、作为旁观者的公众传播，这似乎增强了一种科学公民的模式。在该模式中，政策导向的参与是适度的，但也体现了公民对科学世界的普遍关注。不过，无论是在瑞典还是英国，趋势都在变化。英国最近倾向于积极参与。2005年基于调查的科学公民测度表明瑞典最近回归了可靠的科学正统观念和传统的学术自治价值观，很难评估这些变化的程度。对于公民社会程序、公共政策和公众理解科学倡议对观察到的科学公民实践产生的影响，我们预期会有怎样的时滞？

在本篇中，我们着重于能力和参与的测度，但值得强调的是，如果我们要呈现科学公民的全面图景，那其他维度或元素也同样值得关注。例如，对技术科学权利概念进行彻底审视，不仅需要个人的看法，还需要对国家和国际层面的监管框架进行广泛分析，而且，进行跨国比较甚至基准测试都需要对法律文件和支持此类权利的其他制度结构进行评分。同样，公民参与或成为科学公民，不是独立于制度安排和政治文化的，它们为公众参与提供了机会结构。系统性地开发数据库，纳入正式和非正式的国家公众参与过程，以及参与科技治理的行动者、科学在决策和活动中的使用、科学传播的趋势等可比信息，这些将为机会结构提供重要见解。即将开展的"监测欧洲社会中的科学政策和研究活动"项目（MASIS）试图为38个欧洲国家建立一个这样的数据库，并且会为基于调查的科学公民结果的背景和补充提供有价值的信息输入。

为了在跨国背景下寻找研究科学公民的更广泛的方法，我们迈出的第一步是将调查分析和定性背景的结果相结合，借此说明如何使用历史轨迹来阐明和激活原始统计数据。我们希望这篇文章可以展现这些维度是积极交互的，可以作为科学公民的综合维度，以此来弥合公众理解科学和公众参与科学关注点之间的鸿沟，并且有助于在科学与社会关系的研究中更多地将定量研究和定性研究结合。

注释

1. 本节是《科学公民指标》一文的编辑版本。我们于 2007 年 11 月 5—6 日在皇家学会的科学与公众国际指标研讨会上做了报告，随后文章以《作为科学公民跨国分析共同组成的参与和能力》为题发表在《公众理解科学》上。我们参考这一文章（Mejlgaard & Stares, 2009）以扩充论点，特别关注与潜在类别分析相关的技术细节。
2. 在对模型拟合的评估中，我们主要借助了双向边际残差，见巴塞洛缪（Bartholomew, 2002）、巴塞洛缪和诺特（Bartholomew & Knott, 1999）、约勒斯科格和穆斯塔基（Jöreskog & Moustaki, 2001）的作品。对于每对问题的回答，我们折叠了其他变量的回答，以此创建一个双向边际表。随后我们将 O（在此表的单个单元格中所观察到的频率）与 E（同一单元格的预期频率）进行比较。每个单元格的残差均按标准化进行计算，即 $(O-E)^2/E$。其中大于 4 的值表示拟合度低（Bartholomew et al., 2002）。残差的值越大，模型拟合度越差。我们根据总体情况，将每个模型的标准边际残差大于 4 的百分比作为拟合统计值，对于跨国模型，则是根据各国的具体情况。关于本章中模型更详细的拟合统计信息，请参照梅金吉奥德和斯泰尔斯（Mejlgaard & Stares, 2009）的文章。
3. 总体而言，4.4% 的标准边际残差大于 4。在不同的国家，取值范围从 0.0%（比利时、西班牙、法国、卢森堡、荷兰、立陶宛、马耳他、波兰和斯洛文尼亚）到 50.0%（希腊）不等，平均值为 13.5%。

4. 请注意，这远远高于根据该模型属于高参与类别的比例 26%，其中请愿也被列为高参与的标准。

5. 总体上，6.5% 的标准边际残差大于 4。在不同的国家，范围从 0.0%（比利时、丹麦、克罗地亚、瑞士和挪威）到 52.4%（希腊）不等，平均值为 13.4%。

欧洲科学传播与公众参与科学的指标基准

史蒂夫·米勒

如果一个人想买一辆新车或者一台新的超级计算机,他可以通过一系列标准来区分哪一种型号最好,哪一种性价比最高,哪一种公认是不能买的。这种相互比较的方式就属于"基准测试"。从字面上看,"基准"一词衍生自木工技术,木匠们在工作台中使用一系列的标记来测量比较一块木头和另一块木头。在汽车行业,一项基准测试可能是汽车从静止状态加速到时速100千米所需的时间。在计算机行业,一项基准测试可能是一系列程序,用来支持制造商所声称的处理器计算速度,并找出完成这些工作真正需要的时间——理论上讲很简单,然而在实际中却未必如此。

但你要如何为一个国家进行基准测试呢?你如何判断哪个欧洲国家在把科学发现转化为经济优势和现金、把研究人员留在科研岗位上(尤其是在学术界)等方面,最有能力、最富有成效、最高效?当谈到新的科学发现和技术带来的发展潜力和陷阱时,你如何确定哪个国家最能让它的公民"参与其中"?

这是欧盟在世纪之交面临的任务,因为它不仅要应对来自传统对手美国和日本的竞争,还要同中国和印度等新兴强国竞争。2000年在里斯本举行的峰会上,欧盟通过了一项战略目标,即到2010年使欧洲成为世界上最具活力的"知识型"社会。但首先,欧盟需要明确,若想让口号变成现实,需要做出多少努力。

为了回答这个问题,欧盟委员会组建了一系列工作组,用"基准测试"来衡量不同领域的绩效。在2000年设定最初的监测标准时,选定的领域包括"研究、技术与开发中的人力资源""公共及私人投资""竞争力和就业"以及"生产力"。但葡萄牙科技部部长若泽·马里亚诺·加戈（Jose Mariano Gago）利用葡萄牙担任欧盟轮值主席国的机会，增加了"促进研究、技术与开发的文化和公众理解科学"方面的标准。

因此，在2001年，来自科学传播，研究、技术与开发的文化，和公众理解科学等领域的六位专家组成工作组，与一些特定领域（如女性的角色研究）的顾问一起，针对这些还不是特别清晰的主题进行基准测试。欧盟在2002年年底以概要形式公布了五个工作组的研究结果，关于"促进研究、技术与开发的文化和公众理解科学"的研究结果，可以网上查阅。

基准"果冻"

有些工作组试图对欧盟在更为直接的经济领域的表现进行基准测试，欧盟委员会和经济合作与发展组织为他们提供了一些可靠的数据。对"促进研究、技术与开发的文化和公众理解科学"进行基准测试，就像是把果冻钉在墙上——非常滑。"促进研究、技术与开发的文化和公众理解科学"基准测试的数据来源于一项新的"欧洲晴雨表"调查，包括了公众对科学问题的知识和态度，以及应该由政府高层提供的信息。此外，工作组还使用了自己的信息来源、网上可获得的材料和一些受邀发言者的发言。

在工作组进行测试期间，欧盟委员会发布了一套新的"欧洲晴雨表"数据，其中包括公众对科学、技术和医学的知识和态度的问题，并对不同成员国的数据进行了一定程度的标准化。与此同时，欧盟委员会也相当独立地制订了自己的科学与社会行动计划。在某些方面，这为基准测试提供了背景；从其他方面来看，在工作组提出建议之前，它抢占了先机。

在一个简单的衡量经济绩效的"投入—产出"模型中，数字可以用来衡量投入了多少，获得了多少回报。然而，"促进在研究、技术与开发的文化和公众理解科学"领域，这远没有那么直接。"欧洲晴雨表"的数据简要描绘了提高一般科学教育水平的活动产出，以及将欧洲公民的注意力引向科学问题所做的努力，而不去假设这些努力的结果是积极还是消极的。在调查中，受访者回答了他们提出的问题。但公民不是实验室里的老鼠，他们不会在真空中回答有关科学、技术和医学的问题。

受访者的回答或多或少都受到了政府活动和媒体报道的长期和短期影响。基准测试工作组也认定了其他一些行动者，他们都发挥了各自的作用。这些都是"输入"的一部分，但是它们之间的相互作用形成了一个复杂的网络。为了进行某种分析而去解开这个网络必然会导致（过于）简化。此外，也不存在分离不同输入流的唯一方法，尽管一种方案可能比另一种更有吸引力，但结果是"你要为自己的选择买单"。最终，工作组建立了一个"行动者矩阵"，以评估这些行动者在相关领域——政府、科学界、教育系统、科学博物馆和科学中心、大众媒体，以及同样重要的产业界——的表现。这里进行细分的目的是获取针对欧洲公民进行的科学传播活动的活跃程度，以及了解此地区这些举措的发展动向。

与"输入"相关的现有数据在范围和质量上有较大的差别。此外，专家组至少已经明确了三种广泛实施的方法：英国的公众理解科学（PUS）；以德国和一些北欧国家为典型代表的公众对科学和人文的理解（PUSH），将社会科学纳入了科学范畴；以及在法国和南欧流行的"文化科学主义"的概念，它较少谈及知识，更多地将科学纳入一般意义上的文化。这些不同的方法使得确定哪些活动是旨在"促进"研究、技术与开发的文化和公众理解科学变得更加困难。

因此，进行严格的数字基准测试并不现实。相反，工作组必须使用更加宽松的比较方式，包括查看一些详细的案例研究。这种（从严格的比较视角来看）较为宽松的方法也有好处，它必须把注意力集中在一个或有限的一组国家的实践和倡议上，这些实践和倡议可能会在整个欧洲更广泛地发挥作用。

以"欧洲晴雨表"数据作为输出

2001年"欧洲晴雨表"的结果处理完毕之后就立即被提交给了工作组。工作组的任务是在国家层面进行基准测试，因此没有尝试对结果进一步细分，工作组也拒绝了试图使用数据（特别是关于公民科学知识的数据）作为绩效指标的诱惑。取而代之的是使用"欧洲晴雨表"来开发"氛围指标"，旨在感知对科学传播或科学素质行动的公众情绪。这些指标是根据当时欧盟15个成员国的平均水平计算出来的。

这些指标包括："知识"，基于已成为此类调查标准的12个测试问题的正确答案数量得出；"兴趣"，基于受访者自己声称的感兴趣与否；"活动"，指参观科学博物馆和科学中心的情况以及对科学家这一职业"尊重"的情况。

在这次和之前的"欧洲晴雨表"调查中，值得注意的是，公众对非科学主题（如体育）的兴趣水平与其自我评价的"信息了解程度"密切相关。而对科学、技术和医学主题并非如此。因此，我们提出了一个新的"指标"，即知识水平（以欧盟平均水平为单位表示）与兴趣水平（仍以欧盟平均水平为单位表示）之比——K/I。该指标旨在反映知识水平和兴趣之间的潜在差距，或与兴趣相比，知识的"过剩"程度。杜兰特（Durant）等人对1992年欧洲晴雨表的分析表明，在德国等一些高度工业化的国家，公民对科学有一种后工业时代的厌倦倾向。若$K/I > 1.0$，可能表明这个国家的公民会表现出杜兰特及其同事界定的某种程度的厌倦；相反，若$K/I<1.0$，可能表明需要进行更多的科学传播和科学参与，这与公民自我评价的兴趣和信息了解程度相符（表1）。

表1　根据2001年"欧洲晴雨表"所得出的科学"知识""兴趣""活动"和对科学家"尊重"的情况（以欧盟平均水平为表示单位）

国家	知识	兴趣	K/I*	活动	尊重
奥地利	1.00	0.83	1.20	1.04	0.86
比利时	0.92	0.93	0.99	0.86	1.07
丹麦	1.11	1.34	0.83	1.50	0.97
芬兰	1.12	1.17	0.95	0.91	1.02
法国	1.02	1.20	0.84	0.71	1.10
德国	0.98	0.66	1.48	1.09	0.93
希腊	0.85	1.34	0.64	0.45	1.07

续表

国家	知识	兴趣	K/I^*	活动	尊重
爱尔兰	0.84	0.70	1.20	0.36	0.75
意大利	1.05	1.13	0.93	0.77	0.99
卢森堡	1.01	1.15	0.88	1.23	1.11
荷兰	1.16	1.30	0.89	1.21	1.07
葡萄牙	0.81	0.84	0.96	0.79	0.93
西班牙	0.91	0.94	0.97	1.00	1.01
瑞典	1.25	1.42	0.88	1.72	1.13
英国	1.01	1.04	0.97	1.40	1.01

注：*K/I 的这一数值并没有根据欧盟平均水平标准化。K/I 的欧盟平均值是 0.97。

如果政策制定者在实施提高公众科学兴趣或科学知识的措施之前，先去注意 K/I 指标，他们就可以通过指标推断出，在丹麦（K/I=0.83）和法国（K/I=0.84）这些兴趣水平高于知识水平的地方实施这些措施的社会氛围会很好；但在德国（K/I=1.48）、奥地利（K/I=1.20）和爱尔兰（K/I=1.20）这些地方，情况却恰恰相反。由于奥地利和德国的知识水平接近欧盟平均水平，可能不会过多地引发政策制定者的担心，但与其他欧洲伙伴相比，爱尔兰的知识水平相当低，可能导致该国的境况十分具有挑战性。

如表 2 所示，对 1992 年"欧洲晴雨表"的进一步分析明确了这一指标随时间而发生的变化。我们再一次发现，K/I 的负向变化表明，在科学兴趣保持在较低水平的情况下，科学传播的氛围更加"蓬勃"了。而指标的正向变化可能使政策制定者不太愿意尝试新事物，甚至可能更不顾一切地阻止向着厌倦情绪的"下滑"。虽然绝对的数字可能不是特别重要，但它显示出的趋势可能很重要。德国和爱尔兰再次成为代表，他们面临的氛围不仅很严峻，并且还在不断恶化。1992 年的调查显示，德国的知识水平高于欧盟平均水平，但德国却是一个典型的"幻灭"的国家。与 2001 年数据的对比表明，该国正在滑向一个对科学毫无兴趣的平庸之国。同样，爱尔兰在 1992 年的知识得分已经很低，可以看出它正处于缺乏科学兴趣导致更低知识水平的恶性循环中。

表2　部分欧盟成员国科学知识水平和兴趣水平相对于欧洲平均水平的变化*

国家	知识 （2001—1992年）	兴趣 （2001—1992年）	K/I （2001—1992年）
比利时	−5%	−2%	−4%
丹麦	−1%	+32%	−28%
法国	−7%	+14%	−19%
德国	−12%	−29%	+23%
希腊	−3%	+25%	−16%
爱尔兰	−9%	−21%	+18%
意大利	+4%	+9%	−4%
荷兰	+9%	+25%	−13%
葡萄牙	+2%	−5%	+7%
西班牙	−6%	−6%	—
英国	−5%	—	−5%

注：*本表只涉及可以获得1992年以来数据的11个欧盟成员国。

相反，荷兰 K/I 水平出现了下降（即兴趣大于知识），可以认为这个国家在知识增长的同时也伴随着兴趣的快速增长，这可能是公众参与科学行动的最佳氛围。丹麦、法国和希腊的知识水平略有下降，但 K/I 指标却有很大的负向变化，这可能表明这些国家不仅需要采取一些举措，而且这些举措很可能会得到本国公民的积极响应。K/I 指标可以被看作一个相对的"知识短缺/过剩"指标，它并不是通过从科学共同体中抽取的题目组成的某种绝对知识量表来测度的，而是根据公民自我表达的意愿来测度的。反过来，通过调整附加参数，这一指标可以适用于更广泛的范围。

这些可能包括"活动"量表——公民有为他们自称的科学兴趣做过什么吗？"尊重"量表同理。如果应用于前者，那么人们可能倾向于相信丹麦公民真的像他们声称的那样对科学感兴趣，因为他们在参观博物馆和科学中心方面远远高于平均水平。而希腊公民自称的科学兴趣高于平均水平，这可能更多地与科学的感知"价值"或国家历史感有关，而不是真正的个人兴趣。卢森堡公民的科学兴趣可以得到高水平科学活动以及对科学家尊重程度的印证。爱尔兰的科学知识和科学兴趣分数较低，这与它较低的科学活动水平和对科学家较低的尊重密切相关。在法国，尽管巴黎拥有欧洲四大科学博物馆之一——科学工业城，且科学兴趣和对科学家的尊重这两项紧密相关，但科学活动相关度较低。

所有这些分析中都使用了条件式的表达——"也许""可能"等。它的目的不是断言"情况（过去）就是这样"，而是对于如何使用来自调查的数据给出一些建议，希望能在综合不同（类型）问题回答的基础上，获得科学传播和公众参与科学的氛围。然而不幸的是，对欧盟委员会来说，由于时间的限制，无法进行更彻底和更复杂的分析，也无法检验像 K/I 这样的指标作为氛围和趋势的测度标准的稳健程度。在调查中，更多的时间、精力和金钱都花在了收集数据而不是分析上，这似乎成为调查的一个特点。一旦新闻标题被精心挑选出来，就很少有人会去深入表象之下，梳理出一幅更复杂、更"现实"的画面来描述正在发生的事情。

政府：谁在做什么？

表 3 是欧洲由各国政府赞助的科学活动的一个简单情况。值得注意的是，欧盟 2001—2002 年的基准测试活动包括了 15 个成员国的数据。其后的"欧洲晴雨表"，如"欧洲晴雨表 224：欧洲人、科学和技术"，提供了最新的信息，包括了 10 个新成员国的数据。该表可以显示出开展了哪些科学活动，却未体现出科学活动的水平，当然这一点也是很难判断的。

表3 各国政府在"促进研究、技术与开发的文化和公众理解科学"方面开展的活动

国家	领导力	政策和活动	资源	女性	网络	参与和对话
奥地利	✓	✓	✓	✓	✓	✓
比利时	✓	✓	✓		✓	
丹麦	✓	✓	✓	✓	✓	✓
芬兰	✓	✓			✓	✓
法国	✓	✓			✓	✓
德国	✓	✓	✓			✓
希腊	✓	✓	✓			✓
爱尔兰	✓	✓	✓			✓

续表

国家	领导力	政策和活动	资源	女性	网络	参与和对话
意大利	✓	✓	(✓)			
卢森堡						
荷兰	✓	✓	✓			✓
葡萄牙	✓	✓	✓	(✓)	✓	
西班牙	✓	✓				(✓)
瑞典	✓	✓			✓	✓
英国	✓	✓	✓	✓	✓	✓

表3中"领导力"表示的是，政府至少公开声明，强调了（改善）公民与科学之间关系的重要性；"政策和活动"是指存在可识别的政策文件和措施；"资源"表明工作组找到证据证明政府在这方面有资金投入，或者他们在这方面设立了基金供人们使用。

欧盟委员会自己的科学和社会行动计划提请人们注意，欧洲公民的希望和志向与科研共同体正在提供的内容之间存在明显的不匹配，比如强调让更多的女性进入科学领域和更多的公民参与科学。因此，工作组在其调查中包括了专门针对女性的"促进研究、技术与开发的文化和公众理解科学"的调查，以及超出严格"缺失模型"的活动，包括一些参与和双向沟通的概念。最后，人们还是认为基于网络实施的措施越来越重要，尽管有警告称不要将它们纳入"赛博框架"。因此表3的表头中还包括："女性""网络""参与和对话"。（报告本身及其附录提供了在各列打钩的证据。）

大多数国家（卢森堡没有回应关于提供资料的多次要求）提供了关于政府领导力和政策的证据。其中最引人注目的一个发现是，很难找出资源被分配给"促进"的任何具体信息——政府根本不知道，或者根本不关心自己在科学传播方面的投资有多少。

一个关键的问题是，若把教育系统，或者至少是与科学教育有关的部分包括在内，那么政府就可以说自己投入了大量的资源。事实上，教育资金完全淹没了其他任何专门分配给科学传播项目的资金（例如德国的PUSH促进项目）。然而，工作组认为，正常的校内科学教育不应被包括在政府的贡献中，只有在这以外的举措才应包括在内，例如课外科学俱乐部。我们应该单独看待教育系统。

到目前为止，研究一切顺利。但仍有很大争论的余地。例如，一个关于艾滋病和人类免疫缺陷病毒的公共卫生运动是否应该被考虑在内？在一些国家，将其包括在内是适当的。但是，对欧盟成员国来说，调查中不包括卫生／社会行为认识的提高。例如，调查中也没有包括"专家给农民或渔民等特定群体提供建议"。相反，更普遍的举措，例如通过共识会议为政策制定提供信息，以及政府对科学节的支持，都被认定为"促进"活动，但这些可能超出了人们对政府正常责任范围的认知。

这一讨论表明，即便只是确定什么应该是基准，也是非常困难的。另一个问题是：若报告的目的是提供一幅关于正在发生的事情的准确画面，而不是进行不低于国家层面的比较，那这种基准在多大程度上是"公平的"？传统上，法国一直是中央集权国家的典范，因此中央政府很可能是这类国家行动者的最佳选择。但是在其邻国德国，联邦州在一些活动中，包括在科学传播活动中，可能比联邦政府更重要。鉴于收集的资料都是来源于中央政府，因此工作组很难捕捉到这些国家结构的差异。

葡萄牙实施了一项较容易识别和量化的措施。葡萄牙政府决定将用于公共研究资助 5% 的预算分配给"科学万岁"（Ciençia Viva）项目，此项目包括在全国建立几个新的科学中心，推动研究共同体参与面向公众的项目，还包括向年轻人开放实验室、举办面向全年龄段的暑期学校。因此，"科学万岁"项目成为其他欧洲国家，特别是那些在科学传播方面几乎没有或根本没有活动的国家的一个"模型"，它可以测度这些政府在建立欧洲研究区和制订科学与社会行动计划这些方面的回应。然而，据我们所知，这并没有在欧洲共同体内部被采纳：这是韩国政府在 2006 年主办两年一度的科学技术公共传播网络会议时的一个目标。

科学共同体的参与

自 20 世纪 80 年代中期以来，政府发布了一系列报告，采取了一系列措施。人们期望科学共同体的成员——以个人身份以及通过他们所在的机构和专业团体——参与到媒体、对外活动以及面向大众和学生的（课内外）活动中去。欧盟委员会的科学与社会行动计划列出了38项行动，旨在让科学研究更好地符合"欧洲公民的需要和愿望"。

工作组发现，在所有欧盟成员国的研究共同体中，促进研究、技术与开发的活动相当多。例如，除了希腊和卢森堡，其他国家都有自己的科学节或科学周，或参加了欧洲科学周。一个有趣的趋势是，那些由来已久的节日都是由科学组织举办的，而那些仅仅出现了几年的节日则更多地依赖于政府机构。工作组指出，科学界有它自己的利益，而这些利益不一定与政府的利益一致。尽管合作可能会有成果，但应注意不要损害科学家自身的独立性。

同样明显的是，对科学家的对外活动和交流活动（例如科学节）评价很少。有一个很明显的例子，2001年"科学@奥地利"（Science@Austria）活动的结果显示，市民喜欢与科学家面对面，在轻松的环境中讨论与日常生活相关的问题。但参与此活动的科学家似乎不清楚他们在对谁讲话，他们常常把"成功"等同于是否得到了媒体的报道。

工作组还发现，当时的个别研究人员觉得自己几乎没有得到社区和机构的支持。他们典型的抱怨是，对外活动和公众参与活动对晋升或薪酬评定几乎没有任何影响，而且针对公共科学传播的培训——无论是直接的培训还是通过媒体的培训——太少了。

教育系统

在欧盟进行基准测试活动时，已有几项国际研究一直在关注有组织的课程内的科学教育。我们可以适当利用这些研究产生的许多数据。这些研究表明，在欧洲出现了一种趋势，即从纯粹的、正式的理论教学转向一种更为注重实践的教学，强调实验室工作的重要性。对于何时面向儿童开展科学教育，各国存在明显的区别。大多数国家从儿童六岁或七岁开始进行科学教育，但德国、希腊和爱尔兰将科学教育开始的年龄推迟到了10岁，瑞典则推迟到了12岁。与此同时，课后科学活动以及参观博物馆和科学中心正变得越来越受欢迎，工作组根据荷兰和德国的研究结果对这一趋势予以肯定。

工作组认为科学教学在更加社会化和"公众理解"的方面确实有发展前景。如果这种教育要进入学校，就必须把它纳入教师培训中；同样，也必须针对如何与科学博物馆、科学中心合作开展教师培训。

科学博物馆和科学中心

自启蒙运动结束以来，博物馆在文化科学化方面发挥了重要作用。在法语国家的科学概念中，科学是更广泛的文化的一部分。最近，互动式的科学中心有所增加，一些政府甚至希望博物馆和科学中心提供公众参与科学的论坛，比如对话和辩论活动。欧洲科学中心和博物馆网络（ECSITE）向工作组提供的数据显示，每年约有 3500 万欧洲人参观这些场所。在欧洲 160 多座科学博物馆和科学中心中，四大科学博物馆——英国自然历史博物馆、伦敦科学博物馆、巴黎科学工业城和柏林的德意志博物馆吸引了约 20% 的游客，也占据了整个部门总预算的近 40%。所以，出现了支持中小型科学中心的呼声，人们希望它们能够在国家促进公众理解科学的政策中发挥作用，并鼓励它们开发合作项目，以分担开发展品和举办展览的负担。

欧洲科学中心和博物馆网络自己开展的调查也显示，"欧洲晴雨表"的数据必须放在一个非常细致的背景下来看。如果通过参观科学博物馆和科学中心来测度"活动"，那么这些机构必须是可用的。英国的"活动"水平远高于平均水平，它不仅拥有四大科学博物馆中的两个，而且还在其千禧委员会（Millennium Commission）的计划中设置了一个建设科学中心的重大项目。在 2001 年的调查中，这个科学中心至少有一部分已经是在运行使用中。在撰写本文时，欧洲科学中心和博物馆网络有 77 个成员。而相比之下，爱尔兰目前的"活动"远远低于平均水平，它只有两个成员，而且至少在 2002 年不会增加。因此，"欧洲晴雨表"所测度的"活动"，在一定程度上是对"可用性"的测度。爱尔兰科学中心意识网络（iSCAN）列出了全岛（包括北爱尔兰）65 个与科学技术相关并接受游客参观的"场所"。这又一次引发了数据可比性的问题——什么可以算作"科学博物馆或科学中心"，什么不可以算在内。

媒　　体

考虑到欧洲人在向大众传播科学、技术和医学知识方面对大众媒体——特别是当时的电视——的重视，工作组认为必须将它们作为重要的行动者纳入基准测试。鉴于大众媒体在媒介、所有权、受众等方面的异质性，事实证明，几乎不可能进行真正的国别比较。观察工作中的媒体而不是通过比较研究，可以发现一个问题，那就是许多科学报道中缺乏"地方声音"。随着周刊科学新闻版面或广播越来越依赖《科学》(Science)和《自然》(Nature)等重要期刊，这个问题变得越来越严重。

产业界

工作组选出的最后一个行动者是产业界，在关于公众理解科学的讨论中，重点往往是公共决策和信息运动，产业界的角色常常被遗忘。在产业界，公共关系和广告之间的界限难以划定，公共关系也不是如实告知公众并在真实的社会对话中进行讨论。风险沟通是产业界可以扮演重要角色的领域之一，但信任问题是限制私营公司在公开辩论中发挥作用的关键因素。在国别比较的基础上对跨国公司进行基准测试几乎是不可能的，在这一层面上可以做的是举例和案例研究。

反　　思

鉴于研究甚至无法确定为"促进研究、技术与开发的文化和公众理解科学"的努力投入了多少，因此欧盟所希望的结果——可以确定出"最"具生产力/效率的国家，并学习和推广它们的经验——几乎不可能实现。即使部长们曾希望这样做，但工作组决定不使用"欧洲晴雨表"的调查数据作为"成功"的衡量标准。不管在过去还是现在，就使用此类调查作为绩效指标这个问题而言，有许多众所周知的、准备充足的反对声音。然而，正如本篇试图表明的那样，绝不能让像"欧洲晴雨表"这样的调查结果变得毫无价值。对研究人员和那些负责制定科学和社会政策和计划的人来说，作为"氛围指标"和"趋势"的测度标准，这一系列长期的欧洲调查都是非常宝贵的。

另一种看待这项工作的方式是完全放弃基准的概念。相反，工作组所能做的是收集大量信息（尽管是部分信息）来描绘整个欧盟"促进研究、技术与开发的文化和公众理解科学"的氛围概况。这可能不会为决策者提供他们喜欢的简明扼要的"灵丹妙药"，但这将给政策制定者一个提示，让他们了解他们工作的（比较之下的）环境。如果能不带任何判断，并敏感地将这些信息与调查数据（如"欧洲晴雨表"提供的数据）结合起来，那么就能得出一些真正有用的氛围指标。因此，工作组能够指出那些可以普遍适用的"良好"做法，例如"科学万岁"项目或类似于公民参与的丹麦共识会议。

最后提供一句（可能也很显而易见的）忠告：六个人加上一些支持人员，连续九个月每周只工作不到一天，是无法有效处理超过25个国家的数据和报告的，尤其是在政府代表不愿提供必要投入的情况下。为科学传播和公民参与科学制定真正的氛围指标需要时间和努力，尤其需要的是高层的承诺。

公众领域的科学——意大利案例

马西米亚诺·布奇　费德里科·内雷希尼

在过去的 20 年间，有关意大利科学与社会关系的争论一直很激烈。但是，这场讨论长期以来都带有成见：公众对科学和科学家的成见、科学家和政策制定者对公众的成见，以及大家普遍对媒体的成见。

直到 21 世纪初，科学相关的公众认知和媒体报道缺少大量、全面的数据和研究，而且对更广泛的社会讨论影响也不大。正是在这种情况下，非营利研究中心科学社会观察研究所于 2001 年成立。它的主要任务是向其主要受众——科学家、政策制定者、新闻记者，以及广大市民，提供可能会引发更具建设性和更明智的科学/社会讨论的研究工具。建立这样一个非营利实体与实现目标的两个关键因素有关。

第一个关键因素是独立。研究将涉及纳米技术或生物技术等诸多问题，许多现有的研究组织（包括公共机构和学术机构）在这些问题上都有着合法利益和投资运营活动。所以为了在众多行动者中建立信誉，必须保证独立性。

第二个关键要素更为针对意大利的背景。因为研究的目的是对当前的讨论产生影响，所以它必须比一般的学术研究更接近于实践和正在进行的讨论，与此同时又要保证质量和科学的严谨性。为此，来自不同领域（生命科学、社会科学、人文科学）的学者成立了一个国际科学委员会。该委员会发起的第一个研究计划是"社会中的科学监测"，用于定期监测意大利舆论中公众对科技的认知。2005 年，《社会事实与数字中的科学》（*Annuario Scienza e Società*）出版，旨在根据国内和国际认可的信息来源为大家提供这方面的关键数据，内容易懂，形式紧凑。该出版物由意大利主要的社会科学出版商出版，目前已出第六版。Observa 网站提供对报告和数据的全面访问，已经成为一些受众的重要参考，目前该网站的意大利语和英语通讯的月订阅量大约为 2,000 份，网站的月浏览量约为 3,000 次。它也与一些重要的欧洲和国际网络积极合作，其中包括 Macospol（为政治描绘科学争议）、Rose（科学教育的相关性）、Esconet（欧洲科学传播培训网络）。

社会中的科学监测

"社会中的科学监测"于 2002 年启动，旨在定期提供关于公众对科技的认知和态度的最新信息来源，通过计算机辅助调查方式，大约每年开展两次，每次选取 1,000 名左右 15 岁以上的公民代表性样本，按性别、年龄和居住地区进行分层调查。许多问题的设计是为了将其与该领域其他主要国家和国际研究（例如，"欧洲晴雨表"）进行比较。定期开展问卷调查的领域包括：科学素质，媒体对科技内容的报道，研究投资的优先领域，对科学、科学家和研究机构的信任，以及它们的可信度。主题部分与在政策议程或公共讨论中备受关注的特定问题相关。

以下列出了调查涵盖的主题和数据收集的年份：

- 老龄化（2005 年）；
- 辅助生殖（2002 年、2005 年、2006 年、2009 年）；
- "生命终结"决定（2005 年、2007 年、2009 年）；
- 气候变化（2007 年、2009 年）；
- DNA 测试和档案（2006 年、2010 年）；
- 胚胎干细胞研究（2005 年、2006 年、2009 年）；
- 进化论（2006 年、2009 年）；
- 转基因生物（2003 年、2004 年、2005 年、2008 年、2010 年）；
- 顺势疗法（2006 年、2009 年）；
- 知识产权与知识产品的获取（2007 年、2009 年）；
- IT 和数字媒体技术（2010 年）；
- 诺贝尔科学奖获得者（2005 年）；

- 核能（2003年、2005年、2007年、2009年）；
- 研究重点（2005年、2007年、2009年）；
- 意大利研究/人才流失问题（2006年）；
- 可再生能源（2005年、2007年）；
- 风险认知（2003年、2004年、2005年、2010年）；
- 科学节（2007年）；
- 城市污染与交通（2005年、2007年）；
- 废物处理技术（2008年）；
- 年轻女性与科学（2006年、2008年）；
- 青年科学大学课程（15～18岁人群样本，2006年）；
- 青年与科技（2006年）。

意大利公共态度的趋势：以核能为例

核能是诸多科技问题的突出代表，多年来意大利公众对它的态度发生了明显变化。

1987年，切尔诺贝利核事故发生的一年后，一场投票公决标志着意大利核能的实质性消亡。对民用核能开发和新核电厂建设的研究纷纷终止，既有的少数核电厂被停用。此后十几年来，对核能的反对呼声仍然很高。

不过，最近意大利的态度发生了转变，变得更加支持核能投资了。从2003年到2009年，认为应在该领域投资的人所占的比例从22%上升到近52%。同期，反对者的比例从56%下降到39%。这是自上次意大利就核能投票公决20多年以来，支持人数首次超过反对人数。有1/5的意大利人态度尚不明确，但是在过去两年中未表明态度的意大利人的比例略有下降——他们可能会转向持赞成态度，因为同期反对者的比例则保持稳定。应当指出的是，核能的增长也体现在公民对研究投资的优先事项的选择上。在该列表中，核能与生物技术并列第三，仅次于气候变化和可再生能源研究。

发生这一变化的原因是什么？一方面，当前的经济政治形势似乎发挥了明显作用，这些人支持核能投资的首要动机是想要减少意大利对控制石油来源的国家的依赖。受访者也提到了现有能源耗尽的风险。然而，在过去几年中，国际层面似乎也引起了公众的关注：其他的欧洲国家正在投资核能生产，这一事实对28%持支持态度的人起到了关键作用（2007年这一比例为19%）。还有一种可能是，最近意大利企业和政治行动者参与的该领域跨国合作战略也会对这一看法产生影响。在其他政策问题上也是，相较于国家背景的影响，意大利的公众观点更容易受到欧洲和国际背景下的主题和政策倡议的影响，这是一个反复出现的因素。在那些反对核能投资的人中，考虑优化可再生能源投资的人占到了绝大多数（该比例在两年内从45%升至56%），而且这些人对核电厂本地化似乎不那么担忧了（担忧人群的比例从17%降至7%）。

持批判态度的人在年龄最小的人群中（占15~19岁人群的53%）和生活在意大利西北部的人群中（46%）比例最高。不过，在这方面，这些观点与科学素质之间的关系似乎是最有趣的。只要科学素质不断提高，支持核能投资的人群比例也会增加，但只会达到中高水平。在科学素质水平最高的人群中（其中部分也是受教育程度最高的人群），对核能的批判再次盛行（图1）。

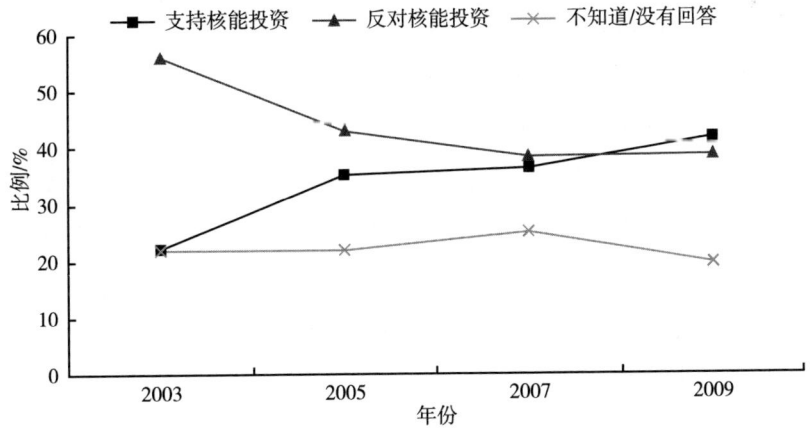

图1 对核能投资的态度

注：2003 $n = 1000$；2005 $n = 1021$；2007 $n = 998$；2009 $n = 1020$。

科学与公众

意大利每日新闻中的科学

大多数关于科学与媒体之间关系的研究都是针对较短的时间段或聚焦相关特定的问题或领域。[1] "媒体中的科学监测"是由科学社会观察研究所开展的,旨在定期全面监测意大利媒体刊登的与科技相关的文章。这种方法可以说是一种自动系统,能够收集、分析在意大利主要报纸上发表的文章并将其归档,但目前还仅限于在线出版的报纸。[2]

当时决定将重点放在新闻报纸的网站上有两点特殊考虑,至少最初是如此。第一,对于大多数人而言,网络是日益流行的新闻来源。第二,当我们考虑媒体对科技的报道时,数字版和纸质版之间几乎没有差别。此外,在网络上发布的文章相对容易追踪,而且这些文章的生成格式使之更容易用于(部分自动化)分析。

"媒体中的科学监测"的一个显著特点与它试图回答一个关键问题的方式有关。分析媒体对科学问题的报道意味着要决定是只考虑专门针对科技的文章,还是也要考虑只在某种程度上相关的文章。

在这种情况下,无论文章刊登在报纸的哪个板块,将所有被认定为相关的文章都包括进来,毫无疑问才是更合适的做法,因为"新闻""商业""政治"或"体育"板块中也会刊登许多以科技为主的文章。

不过这也导致了一个问题,即我们应如何确定一个足够明确的标准,能将相关文章与无关文章区分开来。

"媒体中的科学监测"采用的解决方案是使用一个软件,不断收集四家新闻媒体发布在网站上的文章,并分析内容,进而从中选择与科技有关的文章。

选择范围是约有200个关键词的庞大词库,每个关键词都会按照其是否能够区分科学技术与其他领域的相关性进行加权。该系统会为每篇文章的"科技相关性"打分。超过临界值的文章被认定为相关,低于特定值的文章会被筛除,低于临界值但在一定范围内的文章会被存储,等待研究人员进行人工检查。

之后,"媒体中的科学监测"会使用此信息来生成一系列指数,以跟踪媒体中科技的存在情况(科技报道、科技文章占已发表文章总数的比例,以及与科技最相关主题所占比例;每个指数都用于确定的时间段和每份报纸)。通过"媒体中的科学监测"对在线报纸系统性的每日监控,通用数据库不断扩大,从中我们还可以根据特定标准提取文章的子集。因此,可以对核能、纳米技术、干细胞、气候变化等新兴主题开展更加具体的分析。

新闻报纸网站中的科技

2008 年,《晚邮报》(*Il Corriere della Sera*)、《共和报》(*La Repubblica*)、《24 小时太阳报》(*Il Sole 24 Ore*)和《新闻报》(*La Stampa*)的网站上共发布了 46,896 篇文章,其中被选中的科技相关文章有 5,221 篇,占总数的 11%。我们很难确定该百分比是高还是低,因为无法在更长的时间段中分析或与其他国家的情况进行比较。不过,有一点值得注意,即 1/10 的文章与科学明显有关。

通过每个月对相关文章的情况进行观察,我们注意到总体结果和每份报纸的相关结果都非常相似。接近年底的几个月的普遍上升趋势尤为明显,高于 5—7 月的小高峰。产生这些结果的一部分原因在于,这四家报纸在 2008 年年底重新设计了自己的网站,并开始增加文章数量,其中就包括了以科技为主题的文章。但是有必要指出的一点是,埃鲁阿娜·恩格拉罗(Eluana Englaro)案[3]、欧洲核子研究组织(CERN)大型强子对撞机(LHC)实验的开始,以及诺贝尔奖颁奖等特殊事件会对文章分布产生显著影响。

如果检查相关文章占已发表文章总数的比例,即科技相关主题在媒体的所有报道主题中的显著性,我们就会发现这一点更为明显(表1)。

表1 不同报纸科技相关文章的分布及显著性指数(2008 年)

报纸	科技相关文章数	文章总数	显著性指数 /% (相关文章数占比)
《24 小时太阳报》	1,713	12,636	13.6
《晚邮报》	1,536	17,412	8.8

续表

报纸	科技相关文章数	文章总数	显著性指数 /%（相关文章数占比）
《共和报》	1,115	10,231	10.9
《新闻报》	857	6,617	13.0
总数	5,221	46,896	11.1

当考虑显著性指数的平均值时，我们会发现这一指数在这一年中以一种相当不连续的模式在10%与15%之间浮动，而且在这一年的最后几周相关文章的数量明显减少。

不同报纸之间显然存在差异。尽管《24小时太阳报》和《共和报》的各类指数结果非常相似，但前者的值始终高于后者。《晚邮报》的模式则更为线性，除了年中的部分时间，通常处于上述两家报纸之间。

科技无处不在？

新闻报纸网站上发布的文章是通过内容聚合（RSS）标记的，包括主页、环境、政治、新闻等各个板块。我们收集的数据表明，在这些大类中，有一半以上（67.1%）的文章可以在主页的某处找到。[4]

这一点非常有意思，因为它不仅明确强调了媒体对科技的重视，还证明了我们所做的决定的合理性，即分析不应局限于报纸上的科技特定板块。

目前我们依然需要证实我们所处理的是否在线信息的固有特征，而这只能通过与纸质版本的对比才能阐明，所以对网站首页之外的文章分布进行分析是有必要的。这一调整表明，大多数相关文章（47.6%）都来自科技板块，12.4%来自新闻板块，10.1%来自文化板块（表2）。[5]

表2 相关文章在新闻报纸网站首页之外各板块的分布

板块	比例 /%
科技	47.6
其他板块	16.9
新闻	12.4
文化	10.1

续表

板块	比例 /%
娱乐	5.3
商业	4.8
体育	2.0
政治	0.9
总数	100.0

即使分析中不包含主页，其他板块中依然有大量的与科技有关的文章。

最后，尽管在主页和其他板块中，内容与科技高度相关的文章一直很多，但是通过比较各板块中相关文章的分布情况，我们还是可以发现在专门的科技板块中相关文章更为普遍。

意大利每日新闻中的核能

媒体的社会效应问题一直是过去数百年来研究传统的主流，研究大众传播的学者们对此进行了广泛的研究和讨论。尽管该研究领域可能尚未给出明确答案，但还是阐明了一些要素（McQuail，1987；Bruhn Jensen，2002）。例如，研究人员普遍认为，媒体主要倾向于强化预先存在的态度和观点。

不过，对媒体在科学问题上的影响的实证研究仍然相对有限，就仅有的研究而言，最值得注意的是马祖尔（Mazur）在20世纪80年代初的著名研究。

这些研究的目的是对媒体关于科技的某些争议性问题的报道进行分析，以研究这些媒体报道是否会对公众态度造成影响，以及会在多大程度上造成影响。最初的假设可以概括如下："当媒体对争议性问题的报道增加时，公众对相关技术的反对……就会增加；当媒体的报道减少时，公众的反对也相应地减少。"（Mazur，1981：109）

在该假设下，马祖尔并没有忘记考虑一个至关重要的方面，即媒体对特定问题的关注程度与实际报道方式之间的差异。因此，为了影响公众舆论，仅仅留出一大片版面空间是不够的，还必须对问题进行正面或反面的评论，借此引起公众的共鸣。

众所周知，如果媒体在很长一段时间内从各方面报道同一个问题，那它们很可能将我们的注意力集中在这个问题上，我们在日常生活和工作中讨论问题的重要性排序也会相应地发生改变（McCombs & Shaw，1972）。

不过，尽管支持或反对一个研究主题都有大量的论据，这是否足以对公众舆论造成显著影响呢？如果大多数文章和电视报道倾向于强调技术的风险，那么公众舆论是否会表现出与此一致的态度呢？

在这方面的实证证据与此矛盾。

1979年——也就是三里岛核电站发生事故、天空实验室破产的那一年——媒体的报道当然不利于科技。但是，尽管公众对科学的态度有一些动摇，但依然总体上保持乐观。同样，在20世纪80年代中期，媒体从各方面报道了博帕尔（Bhopal）的悲剧、挑战者号航天飞机的爆炸，以及切尔诺贝利核事故，并对科技发表了一些负面评论。但是，即便在这种情况下，公众还是从最初的震惊中走了出来，最终舆论普遍还是支持除核能以外的技术进步（Nelkin，1987：72）。

然而，根据马祖尔的说法，"报道的数量，尤其是重复性的简单图片……对人们的影响大于实质性内容"（Mazur，1998：459）。此外，鉴于公众的态度似乎更倾向于"保守的"结构性成见，这意味着在不确定的情况下，公众会更倾向于熟悉的事物而不是未知领域（Mazur，1981：114），因此马祖尔的原始假设有了进一步依据：媒体对有争议的技术或科学问题的报道越多，公众对此持批判态度的可能性就越大。

关于核能的讨论是一个特别令人感兴趣的研究案例，不仅仅因为它是许多研究的主题，还因为"科学与社会监测"和"媒体中的科学监测"收集到了大量数据可供进一步分析。[6] 尽管我们只处理了意大利的数据，但是这一案例是一个难得的机会，可以帮助我们进一步理解在科技问题上公众舆论与媒体之间的关系。此外，意大利这一特定案例的某些方面特别令人感兴趣。

如上所述，过去10年来意大利公民对核能的态度发生了显著变化。媒体在这中间发挥了多大的作用呢？尽管两份发行量最大的报纸（《晚邮报》

和《共和报》）对核能相关问题报道的数量略有波动，但是从长期来看还是呈增加态势。[7] 此外，这两份报纸的模式非常相似。《共和报》的电子版和纸质版所显示的模式也非常相似。因此，我们认为专注于这家报纸是合适的，可以利用"媒体中的科学监测"所收集的数据来开展包括比较分析在内的进一步分析（图2）。

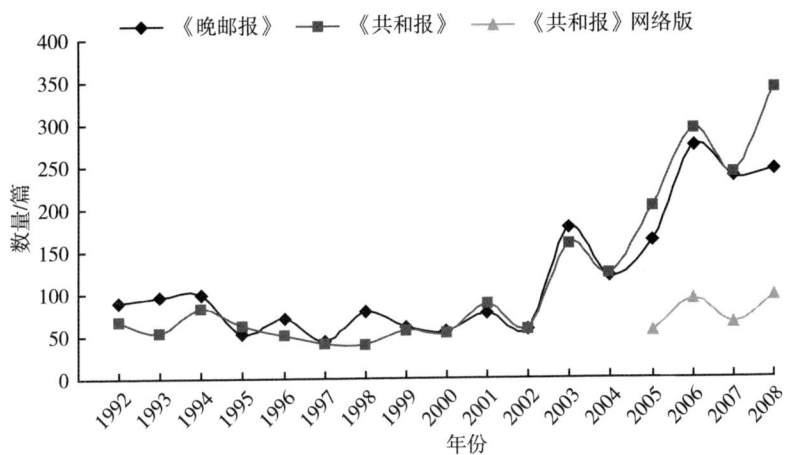

图2 《晚邮报》和《共和报》对核能问题的报道模式（1992—2008年每年的文章数）

最近一段时间（2006—2008年）的数据表明，尽管在2007年出现了一个跳点，但是《共和报》网络版对核能问题的报道呈稳定态势。不过，如果只分析针对家庭能源需求的核能问题的文章，不包括针对军事能源需求和粒子物理性质研究的文章，我们就会发现发展呈上升趋势，文章数量从2006年的19篇增加至2008年的33篇（图3）。

根据马祖尔的假设，媒体增加对科技问题的报道应该会吸引公众更多的关注。但是，意大利的公众态度似乎反其道而行之。

另一方面，现有数据并不足以断言媒体对公众态度的模式没有影响。事实上，我们可以假设媒体对核能的报道方式已经改变，而这反过来可能会影响公众舆论。

然而，如果分析监测期间文章的内容，我们就会发现对这一问题的看法相当一致而且均衡。实际上，在2008年的报道中，反对的态度略多于赞成

科学与公众

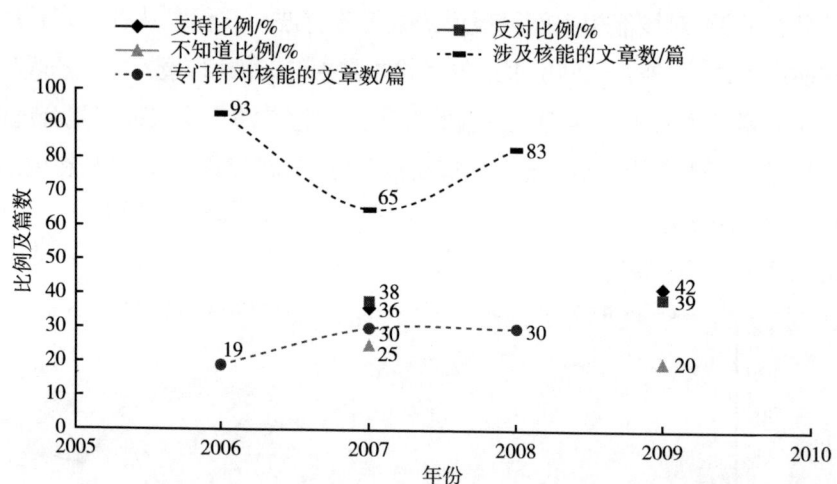

图3　意大利公民对核能投资持赞成、反对或不确定态度的情况以及媒体报道模式
注：文章分别于2006年、2007年和2008年发表在《共和报》网站上。
资料来源：科学社会观察研究所"社会中的科学监测""媒体中的科学监测"，《共和报》网络版。

的态度。另外值得指出的一点是，意大利媒体并没有停止对核事故的报道。2006年是切尔诺贝利核事故发生20周年，媒体纷纷用文章和专栏来回顾这一事件。2007年，地震导致日本的柏崎刈羽核电站发生重大事故，各大媒体纷纷对此进行报道。2008年，与意大利接壤的斯洛文尼亚克尔什科核电站发生了技术故障，造成了放射性泄漏，媒体同样对此进行了报道。此外，最近的很多关于核能的报道涉及伊朗决定发展核武器能力的话题，这一框架显然支持核能与危险之间的联系。总体而言，意大利媒体的特点是对核能的报道相对均衡。如果有的话，考虑到核电站事故反复发生以及军事中的核威胁不断被提及，反对的态度略占上风。尽管如此，在核能问题上公众舆论还是在朝着积极的方向发展。

因此，有必要发挥媒体和其他因素的共同作用，这可能有助于推动公众意见的转变。[8]

上文已经勾勒出了一些假设，尤其是在公众对更广义的能源问题的敏感性增强方面。更具体地来说，石油价格从2006年开始持续上涨，到2008年7月达到每桶147美元的峰值。核能通常被认为是石油的替代能源，这无疑影响了媒体对核能的报道方式。但是，公众不会只凭借阅读媒体报道意识

互补的数据流 第五部分

到价格的增长，大多数人是在购买汽车燃料和支付取暖费用时才对涨价有了切身感受。

此外，我们要记住，就在本次监测期间，意大利环境运动出现了明显的裂痕。全球变暖是由过度使用化石燃料导致的，其中一部分人开始将核能视为应对全球变暖的有效能源替代品。这种转变是由多种因素造成的，媒体似乎已经接受并表现出这种转变，而不是对其加以宣传。例如，在2006年，《共和报》几乎没有在涉及气候变化的文章中提到核能，但是在随后的几年中，核能逐渐成为一种在准常规的基础上可能的"生态兼容"能源。

最后，根据这些数据重新理解马祖尔假设的另一种方法是只看科学/技术问题刚出现时的情况，即报道数量与日益强烈的反对态度之间的关系适用于公众讨论这一问题的初期。由于公众讨论核能问题已经有几十年了（尽管有明显的周期），所以媒体报道发生变化不一定会影响公众的关注，反倒可能是对公众关注的反映和强化，例如公众兴趣和关注的周期本身。

更笼统地说，过去五年来意大利对核能投资态度的显著转变似乎与特定事件或媒体报道无关，与核技术发展有关风险的专门重新评估也没有关系。相反，我们要着眼于更广泛的趋势，从公众对能源问题的敏感性和全球情境来理解公众对核能的态度，这在目前似乎可以为公众认知提供一个不同且更为有利的环境。

未来的挑战

"社会中的科学监测"和"媒体中的科学监测"在未来活动和进一步发展中都面临着明显的挑战。

特别是，"社会中的科学监测"应针对一般意义上的核心主题（科学素质、信息获取、对科学的态度）以及更具体的问题来定期收集数据，通过关键网络加强国际合作和比较。科学社会观察研究所和从事"社会中的科学监测"的研究人员目前已成为这些网络中的活跃成员。

"媒体中的科学监测"的开展较晚，仍然需要巩固其方法基础，验证和微调其操作工具，尤其是当关键消息来源（报纸网络版）不断发生技术变化和更新时更应如此。与此同时，对博客、数据库、推特等其他网络资源的拓展也正在进行。我们也正在讨论在监测媒体对科学的报道方面的国际合作和比较研究，以及在其他国家背景下和其他媒体中使用该系统的可能性。针对特定问题的内容分析尚在进行中，其中会用到统计文本分析的方法和工具。

这两项活动都在组织上面临着共同的任务，例如确保定期持续的资金注入、合理的人员配置，平等地参与学术讨论和政策/公共讨论。

最后，我们应努力把这两个工具更好地整合。它们共同带来了重要的机会，让我们能够开展全面研究，理解公众关于科技的话语和认知的动态变化，并对公众理解科学和社会中的科技这两个领域的一些假设和理论探讨进行实证检验。

注释

1. 值得注意的例外包括鲍尔等人（Bauer et al., 1995）以及意大利的布奇等人（Bucchi & Mazzolini, 2003）的研究。
2. "媒体中的科学监测"的灵感来自坎皮纳斯大学新闻学高级研究实验室所开发的科学自动新闻观察项目。"媒体中的科学监测"所用的软件是由科学社会观察研究所与维尔德工作室（Weird Studio）合作开发的。
3. 埃鲁阿娜·恩格罗拉是一名年轻女子，1992年遭遇车祸后陷入昏迷状态。自1996年以后，她的父亲一直主张暂停喂食和补水疗法。经过几次法院裁决和激烈的公开讨论后（2008年下半年讨论尤为激烈），喂食和补水疗法被暂停。埃鲁阿娜于2009年2月9日被宣布正式死亡。
4. 尽管各大报纸自己决定文章的布局，但是按照同质的宏观大类将各个部分进行分组是有可能的。
5. 其他板块包含了不同部分多样化主题的文章，例如治理和安全问题。
6. 公众对核能的有关讨论请参见其他研究（Gamson & Modigliani, 1989；Wiegman et al., 1995）。

7. 我们以"核能"作为搜索词，在两份日报的档案中查询并收集相关数据。
8. 2011年6月中旬的全民公投中，在参与投票的57%的意大利人中，有94%的人反对在意大利重启核能计划。这是人们用投票回应2011年3月日本福岛核事故，也是对时任总理贝卢斯科尼政府投出的反对票。

参考文献[①]

致中文版读者

Bauer M.W. and B. Falade (2022). Public Understanding of Science: Survey Research around the World. In M. Bucchi & B. Trench (eds.), *Routledge Handbook of Public Communication of Science and Technology*, 3rd revised edition, NY, Routledge, pp.140–159.

Bauer, M.W. (2012). Public Attention to Science 1820–2010 — A "Longue Duree" Picture. In Rödder, S., M. Franzen & P. Weingart (eds.), *The Sciences' Media Connection — Public Communication and its Repercussions. Sociology of the Sciences Yearbook 28*, Dordrecht: Springer, pp.35-58 [ISBN 978–007–2084–8].

Bauer, M.W., A. Suerdem & A. Bicquelet (2014). Text Analysis — An Introductory Manifesto. In Bauer, M.W., A. Suerdem & A. Bicquelet (eds.), *Textual Analysis — Sage Benchmarks in Social Research Methods*, London, SAGE, Vol 1, pp xxi-xlvii (of 4 volumes).

Brooker, R. & N. Allum (2024). Investigating the Links between Questionable Research Practices, Scientific Norms and Organisational Culture. *Research Integrity & Peer Review*, 9(12).

Entradas, M. & M.W. Bauer (2022). Public Communication of Research Institutes: 'Arms race' for Visibility or Science Substance? *Routledge Studies of Science, Technology and Society*, Vol 48.

Gauchat, G. (2023). Changing Science Culture: Public Perception of Science in the US over the Past 50 Years. In Bauer M.W. & B. Schiele (2023). *Science Communication-Taking a Step Back to Move Forward*, Paris: CNRS, pp.57–69.

Sturgis, P., I. Brunton — Smith, N. Allum & S. Fuglsang (2024). Testing the Cultural-Invariance Hypothesis: A Global Analysis of the Relationship between Scientific Knowledge and Attitudes to Science. PLoS ONE 19(2): e0296860. https://doi.org/10.1371/journal.pone.0296860.

刘慈欣（2008）.三体,重庆：重庆出版社（2015 年英译本）.

[①] 为对应文中注，便于文献检索，参考文献体例按原著。

面向具有全球效力的科学文化指标

Allum, N. (2010). Science Literacy. S. Hornig Priest (Ed.), *Encyclopedia of Science and Technology Communication*, Los Angeles: Sage, pp.724–727.

Bauer, M. W. (2008). Survey Research and the Public Understanding of Science. In M. Bucchi & B. Trench (eds.), *Handbook of Public Communication of Science and Technology*, London: Routledge, pp.111–130.

Bauer, M. W., N. Allum & S. Miller (2007). What Can We Learn from 25 Years of PUS Research? Liberating & Widening the Agenda. *Public Understanding of Science*,15(1), pp.1–17.

Easton, D. (1976). A Re-Assessment of the Concept of Political Support. *British Journal of Political Science*, 5, pp.435–457.

Einsiedel, E. (2008). Public Participation and Dialogue. In M. Bucchi & B. Trench (Eds.), *Handbook of Public Communication of Science and Technology*, London: Routledge, pp.173–184.

科学文化和数字政治

Anthony, R. N. & J. S. Day (1952). *Management Controls in Industrial Research Organizations*, Boston: Harvard University.

Bauer, M. W., N. Allum & S. Miller (2007). What Can We Learn from 25 Years of PUS Survey Research? *Public Understanding of Science*, 16 (1), pp.79–95.

Bochet, J. – C. (1974). *The Quantitative Measurement of Scientific and Technological Activities Related to R&D Development, CSR-S-2*, Paris: UNESCO.

Godin, B. (1999). *Les usages sociaux de la culture scientifique*, Québec: Presses de l'Université Laval.

Godin, B. (2005a). *La science sous observation: cent ans de mesures sur les scientific ques, 1906-2006*, Quebec City: Presses de l'Université Laval.

Godin, B. (2005b). *Measurement and Statistics on Science and Technology: 1920 to the Present*, London: Routledge.

Godin, B. (2007a). From Eugenics to Scientometrics: Galton, Cattell and Men of Science. *Social Studies of Science*, 37 (5), pp.691–728.

Godin, B. (2007b). Science, Accounting and Statistics: The Input-Output Framework. *Research Policy*, 36 (9), pp. 1388–1403.

Godin, B. (2009). What is Science: Defining Science by the Numbers, 1920–2000, Two Parts. *Foresight*, Forthcoming.

Godin, B. & Y. Gingras (2000). What is Scientific and Technological Culture and How is it Measured? A Multidimensional Model. *Public Understanding of Science*, 9, pp.43–58.

Gostkowski, Z. (1986). *Integrated Approach to Indicators for Science and Technology*,

CSR-S-21, Paris: UNESCO.

Jacob, M. C. (1988). *The Cultural Meaning of the Scientific Revolution*, New York: Alfred A. Knopf.

OECD (1962). *The Measurement of Scientific and Technical Activities: Proposed Standard Practice for Surveys of Research and Development*, DAS/PD/62.47.

OECD (1964). *Committee for Scientific Research: Minutes of the 11th Session*, SR/M (64) 3.

OECD (1977). *Response by the Secretariat to the Questions of the Ad Hoc Group*, DSTI/SPR/77.52.

OECD (1981). *The Measurement of Scientific and Technical Activities: Proposed Standard Practice for Surveys of Research and Experimental Development*, Paris: OECD.

OECD (1992). *Proposed Guidelines for Collecting and Interpreting Technological Innovation Data*, DSTI/STII/IND/STP (91) 3.

UNESCO (1966a). *Problems Encountered in the Development of a Standard International Methodology of Science Statistics*, UNESCO/CS/0666.SS-80/5.

UNESCO (1966b). *Science Statistics in UNESCO*, UNESCO/CS/0666.SS-80/3.

UNESCO (1969a). Manual for Surveying National Scientific and Technological Potential. *Series on Science Policy Studies and Documents*, No. 15.

UNESCO (1969b). *The Measurement of Scientific and Technical Activities*, Paris: UNESCO.

UNESCO (1969c). *Science Statistics in Relation to General Economic Statistics: Current Status and Future Directions*, UNESCO/COM/CONF.22/2.

UNESCO (1972). *Considerations on the International Standardization of Science Statistics*, COM-72/CONF.15/4.

UNESCO (1978). *Recommendation Concerning the International Standardization of Statistics on Science and Technology*, Paris: UNESCO.

UNESCO (1984). *Guide to Statistics on Scientific and Technological Information and Documentation (STID)*, ST-84/WS/18, Paris.

UNESCO (1986). *Provisional Guide to the Collection of Science Statistics*, COM/MD/3, Paris.

法国公众科学态度（1972—2005 年）

Bauer, M. W., N. Allum & S. Miller (2007). What Can We Learn from 25 Years of PUS Research? Liberating & Widening the Agenda. *Public Understanding of Science*, 15(1), pp.1–17.

Bauer, M., Durant J. & Evans G. (1994). European Public Perceptions of Science. *International Journal of Public Opinion Research*, 16(1), pp.163–186.

Boy, D. (1999a). Politiques de la science et démocratie scientifi que. *Revue Internationale de Politique Comparée*, 6(3), pp.613–625.

Boy, D. (1999b). Les biotechnologies et l'opinion publique européenne. *Futuribles*, 238, pp.37–56.

Boy, D. (2006), Science et société: de la culture à la démocratie. In J.-Ph. Leresche, M. Benninghoff, F. Crettaz von Roten & M. Merz (eds.), *La Fabrique des sciences. Des institutions aux pratiques*, PPUR: Lausanne, pp.261–281.

Crettaz, V. R. F. (2006). Do We Need a Public Understanding of Statistics? *Public Understanding of Science*, 15(2), pp.243–249.

Evans, G. & Durant J. (1995). The Relationship between Knowledge and Attitudes in the Public Understanding of Science in Britain. *Public Understanding of Science*, 4(1), pp.57–74.

Hornig, P. S., Bonfadelli H. & Rusanen M. (2003). The "Trust Gap" Hypothesis: Predicting Support for Biotechnology across National Cultures as a Function of Trust in Actors. *Risk Analysis*, 23(4), pp.751–766.

Miller J. D. (1983). Scientific Literacy: A Conceptual and Empirical Review. *Daedalus*, 112(2), pp.29–48.

Miller J. D. (2004). Public Understanding of, and Attitudes toward, Scientific Research: What We Know and What We Need to Know. *Public Understanding of Science*, 13(3), pp. 273–294.

Novotny, H., Scott P. & Gibbons M. (2003). *Repenser la science. Savoir et société à l'ère de l'incertitude,* Paris: Belin.

Pardo, R. & Calvo F. (2002). Attitudes toward Science among the European Public: A Methodological Analysis. *Public Understanding of Science*, 11(2), pp.155–195.

Pardo, R. & Calvo F. (2006). Mapping Perceptions of Science in End-of-Century Europe. *Science Communication*, 28(1), pp. 3–46.

Peters H.P. (2000). From Information to Attitudes? Thoughts on the Relationship between Knowledge about Science and Technology and Attitudes toward Technologies. In M. Dierkes & C. V. Grote (eds.), *Between Understanding and Trust: The Public, Science and Technology*, Amsterdam: Harwood Academic Publishers, pp. 265–286.

美国的公众理解科学（1979—2006年）

Aldrich, M. (1978). Women in Science. *Signs*, 4(1), pp.126–135.

Allum, N., P. Sturgis, D. Tabourazi & I. Brunton-Smith (2008). Science Knowledge and Attitudes across Cultures: A Meta-Analysis. *Public Understanding of Science,* 17 (1), pp.35–54.

American Association for the Advancement of Science (1993). *Benchmarks for Scientific Literacy.* New York: Oxford University Press.

Bann, C.M. & M.J. Schwerin (2004). Public Knowledge and Attitudes Scale Construction: Development of Short Forms (Contract No. GS10F-0097L). Research Triangle Park, NC: RTI International.

Bauer, M.W., N. Allum & S. Miller (2007). What Can We Learn from 25 years of PUS Survey Research? Liberating and Expanding the Agenda. *Public Understanding of Science*, 16 (1), pp.79–95.

Boyd, D. & H. Bee (2009). *Lifespan Development (5th edition)*, Boston: Pearson.

Burkam, D.T., V.E. Lee & B.A. Smerdon (1997). Gender and Science Learning Early in High School: Subject Matter and Laboratory Experiences. *American Educational Research Journal*, 34 (2) pp.297–331.

Burris, J. (2006). Testimony Offered to the Research Subcommittee of the Committee on Science of the US House of Representatives Hearing on Undergraduate Science, Math & Engineering Education: What's Working? March 15.

Cain, S.E. (2002). *Sciencing*. Saddle River, N.J.: Merrill Prentice Hall.

Carlson, E. (2008). *The Lucky Few: Between the Greatest Generation and the Baby Boom*. New York: Springer.

Davis, J.A. & T.W. Smith (2009). *General Social Surveys, 1972-2008*. Chicago: National Opinion Research Center and Storrs, CT: The Roper Center for Public Opinion Research, University of Connecticut (distributor).

Eve, R.A. & D. Dunn (1989). High School Biology Teachers and Pseudo Scientific Belief: Passing It on? *Skeptical Inquirer*, 13, pp.260–263.

Eve, R.A. & D. Dunn (1990). Psychic Powers, Astrology & Creationism in the Classroom? Evidence of Pseudoscientific Beliefs among High School Biology & Life Science Teachers. *The Biology Teacher*, 52 (1), pp.10–21.

Fox, M. & G. Firebaugh (1992). Confidence in Science: The Gender Gap. *Social Science Quarterly*, 73 (1), pp.101–113.

Gallup News Service (2001). Did Men Really Land on the Moon? Poll Analyses, February 15, available at: http://gallup.com/poll/releases/pr010215f.asp. (Retrieved from source.)

Gates, B. (2005). *High Schools for the New Millennium: Imagine the Possibilities*. Retrieved from http://www.gatesfoundation.org/nr/Downloads/ed/EdWhite-Paper.pdf (Accessed 18 September 2007).

Gess-Newsome, J. (2002). The Use and Impact of Explicit Instruction about the Nature of Science and Science Inquiry in an Elementary Science Methods Course. *Science & Education*, 11, pp.55–67.

Glenn, N.D. (2005). *Cohort Analysis (2nd edition)*, Thousand Oaks, CA: Sage.

Goode, E. (2000). *Paranormal Beliefs: A Sociological Introduction*, Prospect Heights, IL: Waveland.

Goode, E. (2002). Education, Scientific Knowledge, and Belief in the Paranormal. *Skeptical Inquirer*, 26 (1), pp.24–27.

Kadlec, A., W. Friedman & A. Ott (2007). *Important but Not for Me: Parents and Students in Kansas and Missouri Talk about Math, Science and Technology Education*, New York: Public Agenda.

Kumar, D. D. & D. E. Chubin (2000). *Science, Technology, and Society: A Sourcebook on Research and Practice*. New York: Kluwer Academic/Plenum Publishers.

Lee, V.E. & D.T. Burkam (1996). Gender Differences in Middle-Grade Science Achievement: Subject Domain, Ability Level, and Course Emphasis. *Science Education*, 80 (6), pp.613–650.

Lemonick, M., R.W. Keegan & I. Ybarra (2006). Is America Flunking Science? *Time*, 2, pp.23–33.

Lilienfeld, S.O., J.M. Lohr & D. Morier (2001). The Teaching of Courses in the Science and Pseudoscience of Psychology: Useful Resources. *Teaching of Psychology*, 28 (3), pp.182–191.

Losh, S.C. (2001). Science and Pseudoscience. *Public Perspective*, 12 (5), pp.24–26.

Losh S.C. (2010). Generation, Education, Gender and Ethnicity in American Digital Divides. Chapter 11 (refereed). In E. Ferro, Y.K. Dwivedi, J.R. Gil-Garcia & M.D. Williams (eds.), *Handbook of Research on Overcoming Digital Divides: Constructing an Equitable and Competitive Information Society*, Hershey, PA: IGI Global, pp.196–222.

Losh, S. C., C.M. Tavani, R. Njoroge, R. Wilke & M. McAuley (2003). What Does Education Really Do? Educational Dimensions and Pseudoscience Support in the American General Public, 1979–2001. *The Skeptical Inquirer*, 27, pp.30–35.

Losh, S.C., R. Wilke & M. Pop (2008). Some Methodological Issues with "Draw a Scientist Tests" among Young Children. *International Journal of Science Education*, 30 (6), pp.773–792.

Martin, M. (1994). Pseudoscience, the Paranormal, and Science Education. *Science and Education*, 3, pp.357–371.

Mason, K.O., H.H. Winsborough, W.M. Mason & W.K. Poole (1973). Some Methodological Issues in Cohort Analysis of Archival Data. *American Sociological Review*, 38, pp.242–258.

Mason, R. & W.G. Brown (1975). Multicollinearity Problems and Ridge Regression in Sociological Models. *Social Science Research*, 4 (2), pp.135–149.

Miller, J.D. (2000). The Development of Civic Scientific Literacy in the United States. D.D. Kumar & D.E. Chubin (eds.) *Science, Technology, and Society: A Sourcebook on Research and Practice*. New York: Kluwer Academic/Plenum Publishers, pp. 21–47.

Miller, J. D., L. Kimmel & ORC-Macro. National Science Foundation Surveys of Public Attitudes Toward and Understanding of Science and Technology, 1979–2006 (3rd Roper Center version). Tallahassee, FL: Susan Carol Losh, Florida State University, Department of Educational Psychology &Learning Systems/Arlington, VA: National Science Foundation, Division of Science Resources Statistics/Arlington, VA: American Statistical Association [producers], 2009. Storrs, CT: Roper Center for Public Opinion Research [distributor], 2009.

Moss, D.M., E.D. Abrams & J.A. Kull (1998). Can We Be Scientists Too? Secondary

Students' Perceptions of Scientific Research from a Project-Based Classroom. *Journal of Science Education and Technology*, 7 (2), pp.149–161.

National Center for Educational Statistics (2004). *Digest of Educational Statistics*, Washington, D.C.: US Government Printing Office.

National Science Board (2008). *Science & Engineering Indicators 2008.* Arlington, VA: National Science Foundation (NSB-08-01).

Pew Research Center for the People and the Press Pew (2009a). A Survey Conducted in Collaboration with the American Association for the Advancement of Science. http://people-press.org/report/528/ (Accessed 10 July 2009).

Pew Forum on Religion and Public Life (2009b). *Many Americans Mix Multiple Faiths: Eastern, New Age Beliefs Widespread*, Washington, D.C.: Pew Research Center. http://pewforum.org/Other-Beliefs-and-Practices/Many-Americans-Mix-Multiple-Faiths.aspx (Accessed 5 March 2011).

Pew Research Center (2007). *How Young People View Their Lives, Futures and Politics: A Portrait of "Generation Next"*, Washington, D.C.: Pew Research Center.

Quigley, J. (1990). *What Does Joan Say: My Seven Years as White House Astrologer to Nancy and Ronald Reagan*, New York: Birch Lane Press.

Regan, D.T. (1988). *For the Record*, New York: Harcourt Brace Jovanovich.

Scanlon, E. (2000). How Gender Influences Learners Working Collaboratively with Science Simulations. *Learning and Instruction*, 10, pp.463–481.

Schiebiner, L. (1999). Gender Studies of STS: A Look toward the Future. *Science, Technology & Society*, 4 (1), pp.95–106.

Schmidt, W.H., C.C. McKnight & S.A. Raizen (1997). *A Splintered Vision: An Investigation of US Science & Mathematics Education*, Boston: Kluwer Academic Press.

Seymour, E. (2006). Testimony Offered to the Research Subcommittee of the Committee on Science of the US House of Representatives Hearing on Undergraduate Science, Math & Engineering Education: What's Working? March 15.

Sunal, D.W. & C.Z. Sunal (2003). *Science in the Elementary and Middle School*, Upper Saddle River, NJ: Merrill Prentice Hall.

Taylor, J., R.A. Eve & F.B. Harrold (1995). Why Creationists Don't Go to Psychic Fairs. *Skeptical Inquirer*, 19 (6), pp.23–28.

US Bureau of the Census (2008). *The Statistical Abstract of the United States 2008*, Washington, D.C.: US Government Printing Office.

US Bureau of the Census (2009). *The Statistical Abstract of the United States 2009*, Washington, D.C.: US Government Printing Office.

US Department of Education, National Center for Education Statistics (2007). *The Condition of Education, 2007 (NCES 2007-064)*, Washington, D.C.: US Government Printing Office.

Woolfolk, A. (2007). *Educational Psychology (10th edition)*, Boston: Allyn & Bacon.

保加利亚和英国的科学形象（1992—2005年）与世代有关吗？

Bauer, M. (2006). Towards Post-Industrial Public Engagement with Science: Revisiting 10-year-old Hypotheses for Europe 2005, 9th International Conference on Public Communication of Science and Technology, Seoul, 17-20 May.

Bauer, M. (2011). The Changing Culture of Science across Old Europe 1989 to 2005. In M. W. Bauer, R. Shukla & N. Allum (Eds.) *The Culture of Science — How the Public Relates to Science across the Globe*, New York: Routledge.

Bauer, M. W., N. Allum & S. Miller (2007). What Can We Learn from 25 Years of PUS Survey Research? Liberating and Expanding the Agenda. *Public understanding of science*, 16 (1). pp. 79-95.

Bauer, M., K. Petkova & P. Boyadjieva (2000). Public Knowledge and Attitudes to Science: Alternative Measures That May End the "Science War", *Science Technology and Human Values*, 25(1), pp.30-52.

Bauer, M., K. Petkova, P. Boyadjeva & G. Gornev (2006). Long Term Trends in the Public Representation of Science across the "Iron Curtain" (1946-1995). *Social Studies of Science*, 36(1), pp.99-131.

Bauman, Z. (2002). A Sociological Theory of Postmodernity. C. Calhoum, J. Gerteis, J. Moody, St. Pfaff & I. Virk (eds.), *Contemporary Sociological Theory*, London: Blackwell Publishing, pp. 429-440.

Beck, U. (1992). *Risk Society: Towards a New Modernity*. London: SAGE.

Beck, U., A. Giddens & S. S. Lash (1994). *Reflexive Modernization: Politics, Tradition and Aesthetics in the Modern Social Order*, Cambridge and Oxford: Polity Press and Blackwell Publishers.

Bell, D. (1973). The Coming of Post-Industrial Society: A Venture in Social Forecasting. New York: Basic Books.

Boyadjieva, P., Tchalakov, I. & Petkova, K. (1994). *Science: Life outside the Laboratory*, Sofia: Bulgarian Academy of Science Publishing House.

Bradley, H. & Elms L. (1999). Age-Period-Cohort Analysis with Noisy, Lumpy Data, presented for the annual meeting of Political Methodology Group of American Political Science Association, College Station, Texas.

Partizdat, S., European Commission (2005). Eurobarometer, Technical Report, No. 224, Brussels, April 2005.

European Commission (2000). A Memorandum on Lifelong Learning, available at: http://ec.europa.eu/education/policies/lll/life/memoen.pdf

European Commission (1993). Eurobarometer, Technical Report (No. 224), Brussels, April 2005.

Miles, I., M. Keenan & J. Kaio-Oia (2002). Handbook of Knowledge Society Foresight, prepared by PREST and FRC for the European Foundation for Improvement of Living

Conditions.

Lisbon Special European Council (2000). Towards a Europe of Innovation and Knowledge, available at: https://www.cedefop.europa.eu/en/news/towards–europe–knowledge–and–innovation.

Losh, S. (2007). Generational and Educational Effects on Basic U.S. Adult Civic Science Literacy, presented at International Indicators of Science and Public Workshop, The Royal Society, London, 5–6 November.

Martin, I. (2003). Adult Education, Lifelong Learning and Citizenship: Some Ifs and Buts. *International Journal of Lifelong Education*, 22(6), pp.566–579.

Meadows, D., E. Zahn, P. Miling. (1972). *The Limits of Growth*, New York: Universe Books.

Royal Society (1985). *Public Understanding of Science*, London: The Royal Society.

Yang, Y. & K. Land (2006). Age–Period–Cohort Analysis of Repeated Cross–Section Surveys: Fixed or Random Effects? *Sociological Methods and Research*, 36, pp. 297–326.

变化的旧欧洲科学文化（1989—2005年）

Allum, N. (2010). Science Literacy. S. H. Priest (Ed.), *Handbook of Science and Technology Communication*, Los Angeles: SAGE, pp.724–727.

Bauer, M. W., N. Allum & S Miller (2007). What Can We Learn from 25 Years of PUS Survey Research? Liberating and Expanding the Agenda. *Public Understanding of Science*, 15(1), pp.1–17.

Bauer, M. W., D. John & E. Geoffrey (1994). European Public Perceptions of Science. *International Journal of Public Opinion Research*, 6(2), pp.163–186.

Bauer, M. W., R. Shukla & P. Kakkar (2008). *The Integrated Data on Public Understanding of Science*, London: LSE & NCAER, November.

Europeans, Science & Technology (2010). Special Eurobarometer 430 / 73.1, January–February 2010, Brussels, May.

Mason, W. M. & N. H. Wolfinger (2001). Cohort Analysis. In N. J. Smelser and P. B. Baltes (Eds.), International Encyclopedia of Social and Behavioral Sciences.

Pardo, R. & F. Calvo (2004). The Cognitive Dimension of Public Perceptions of Science: Methodological Issues. *Public Understanding of Science*, 13, pp.203–227.

PISA (2003). The PISA 2003 Assessment Framework, Paris: OECD, programme for international student assessment.

Rogler, L. H. (2002). Historical Generations and Psychology: The Case of the Great Depression and World War II. *American Psychologist*, 57(12), pp.1013–1023.

Rohrbach, D. (2007). The Development of Knowledge Societies in 19 OECD Countries between 1970 and 2002. *Social Science Information*, 46(4), pp.655–689.

Withey R. C. (1958). The Public Impact of Science in the Mass Media, Michigan: Survey Research Center.

日本的科技知识：基于 1991 年和 2001 年项目反应理论分数的分析

Miller, J. D., R. Pardo & F. Niwa (1997). Public Perceptions of Science and Technology: A Comparative Study of the European Union, the United States, Japan and Canada, Foundation BBV.

Okamoto, S. (2007). An Analysis and Consideration of Civic Scientific Literacy. *The Journal of Science Policy and Research Management*, 22(3/4).

Okamoto, S., F. Niwa, K. Shimizu & T. Sugiman (2001). The 2001 Survey for Public Attitudes Towards and Understanding of Science and Technology in Japan. *Nistep Report No. 72*, Tokyo: National Institute of Science and Technology Policy.

Shimizu, K. (2005). An Examination of Measurement in Civic Scientific Literacy of Japanese Adults: An Examination of the Validity of Miller's 3-dimension Model. *Bulletin of the Graduate School of Education*, Hiroshima University, 54, pp.1–8.

Shimizu, K. (2007). Japanese Survey of the Public Understanding of Science and Technology: Review of results, impact and recent secondary analysis, presented at the Workshop of International Indicators of Science and the Public, London, 5–6 November.

Shimizu, K. (2009). An Empirical Cohort Analysis of the Relationship between National Science Curriculum and Public Understanding of Science and Technology: A Case Study of Japan. *Science, Technology & Society*, 14(2), pp.365–383.

Zimowski, M., E. Muraki, R. Mislevy & D. Bock (2003). BILOG-MG (version.3), Scientific Software International.

1992 年以来中国的成人科学素质及调查

Miller, J. D. (1983). Scientific Literacy: A Conceptual and Empirical Review, *Daedalus*, 112 (2), pp.29–48.

Miller, J. D. (1998). The Measurement of Civic Scientific Literacy, *Public Understanding of Science*, 7, pp.203–223.

Miller J. D. (2000). The Development of Civic Scientific Literacy in the United States. In D. D. Kumar & D. Chubin (Eds.), *Science, Technology, and Society: A Sourcebook on Research and Practice*, New York: Plenum Press, pp. 21–47.

Ren, F. J., C. Zhang, W. He(2008). Channels and Ways for Chinese Public to Obtain Information about Science and Technology, Proceedings of PICMET' 08.

国家科学技术委员会（1993）.《中国科学技术指标（1992）科学技术黄皮书 第 1 号》，北京：科学出版社，第 152–167 页．

国家科学技术委员会（1995）.《中国科学技术指标（1994）科学技术黄皮书 第 2 号》，北京：中国人事出版社，第 113–126 页．

国家科学技术委员会（1997）.《中国科学技术指标（1996）科学技术黄皮书 第 3 号》，北京：科学技术文献出版社，第 180–187 页．

国务院（2006）.《全民科学素质行动计划纲要（2006—2010—2020 年）》，北京：

人民出版社，第 1–13 页．

何薇，张超，高宏斌（2008）．《中国公民的科学素质及对科学技术的态度——2007中国公民科学素质调查结果分析与研究》，《科普研究》，3（6），第 8–37 页．

科学技术部（1999）．《中国科学技术指标（1998）科学技术黄皮书 第 4 号》，北京：科学技术文献出版社，第 155–167 页．

科学技术部（2003）．《中国科学技术指标（2002）科学技术黄皮书 第 6 号》，北京：科学技术文献出版社，第 149–168 页．

科学技术部（2005）．《中国科学技术指标（2004）科学技术黄皮书 第 7 号》，北京：科学技术文献出版社，第 121–136 页．

科学技术部（2007）．《中国科学技术指标（2006）科学技术黄皮书 第 8 号》，北京：科学技术文献出版社，第 162–174 页．

任磊(2008).《2007 中国公民科学素质调查深度访谈报告》，《科普研究》，3（6），第 38–45 页．

张超，任磊，何薇（2008）．《创建中国公民科学素质指数》，《科普研究》3（6），第 51–58 页．

中国互联网络信息中心（2009）．《CNNIC 发布〈第 23 次中国互联网络发展状况统计报告〉》，网址：https://www.cnnic.cn/n4/2022/0401/c148-4505.html．

中国科学技术协会中国公众科学素养调查课题组（2002）．《2001 年中国公众科学素养调查报告》，北京：科学普及出版社，第 71–76 页．

中国科学技术协会中国公众科学素养调查课题组（2004）．《2003 年中国公众科学素养调查报告》，北京：科学普及出版社，第 30–44 页．

朱丽兰（2002）．《〈中华人民共和国科学技术普及法〉释义》，北京：科学普及出版社，第 27–34 页．

中国与欧盟公众理解科学的比较研究

Bauer, M. W. (2009). The Environmental Competence of Science and the Public Understanding of Science. K. Shimizu (Ed.), *The Public Understanding of Science and Technology for Sustainable Development*, Symposium Proceedings, Hiroshima University, 7 September, pp.28–45.

Bauer, M., J. Durant & G. Evans (1994). European Public Perceptions of Science, *International Journal of Public Opinion Research*, 6(2), pp.163–186.

European Commission (2005). Europeans, Science and Technology, Eurobarometer Special 63.1, Technical Report, No. 224, Brussels, April.

Liu, X. & M. W. Bauer (2009). Science Literacy, Public Understanding of Science in China 2007 and EU 2005, *Integrated Codebook*, LSE-STePS-ISP, July.

国务院（2006）．《全民科学素质行动计划纲要（2006—2010—2020 年）》，北京：人民出版社，第 1–13 页。

Wu, C. & G. Mu (2004). *China's Population Situation and Policies*, Beijing: Foreign Language Press.

伊比利亚美洲的科技信息和态度

Albornoz, M. (2001). Política científica y tecnológica: una visión desde AméricaLatina, CTS + I, *Revista Iberoamericana de Ciencia, Tecnología, Sociedad e Innovación*, OEI, N°1, septiembre–diciembre.

Allum, N., P. Sturgis, D. Tabourazi & I. Brunton–Smith (2008). Science Knowledge and Attitudes across Cultures: A Meta–analysis. *Public Understanding of Science*, 17(1), pp.35–54.

Bauer, M. (2008), Survey Research on Public Understanding of Science. In M. Bucchi & B. Trench (Eds.), *Handbook of Public Communication of Science and Technology*, New York: Routledge.

Bauer, M., N. Allum & S. Miller (2007). What Can We Learn from 25 Years of PUS Survey Research? Liberating and Expanding the Agenda. *Public Understanding of Science*, 16(1), pp.79–95.

Bauer, M., J. Durant & G. Evans (1993). European Public Perceptions of Science. *International Journal of Public Opinion Research*, 6(2), pp.164–186.

Bauer, M. and I. Shoon (1993). Mapping Variety in Public Understanding of Science. *Public Understanding of Science*, 2(2), pp.141–155.

Beck, U. (1998). *La sociedad del riesgo: hacia una nueva modernidad*, Barcelona: Paidós.

Beck, U. (2008). La sociedad del riesgo global mundial. *En busca de la seguridad perdida*, Barcelona: Paidós.

Bensaude–Vincent, B. (2001). A Genealogy of the Increasing Gap between Science and the Public. *Public Understanding of Science*, 10(1), pp.99–113.

Bucchi, M. and F. Neresini (2008). Science and Public Participation. In E. Hackett, O. Amsterdamska, M. Lynch & J. Wajcman (Eds.), *The Handbook of Science and Technology Policies (3rd edition)*, Massachusetts Institute of Technology, pp.449–472.

CNPQ (1987). O que of brazileiro pensa da ciencia e da tecnologia? Brazilia/Rio de Janeiro: CNPq.

Colciencias (2005). *La percepción que tienen los colombianos sobre la ciencia y la tecnología*, Bogotá: COLCIENCIAS.

Collins, H.M. & R. Evans (2002). The Third Wave of Science Studies, *Social Studies of Science*, 32(2), pp.235–296.

Etzkowitz, H. & L. Leydesdorff (1996), Emergence of a Triple Helix of University–Industry–Government Relations, *Science and Public Policy*, 23, pp.279–286.

Etzkowitz, H. & L. Leydesdorff (2000). The Dynamics of Innovation: From National Systems and "Mode 2" to a Triple Helix of University–Industry–Government Relations, *Research Policy*, 29, 109–123.

Eurobarometer (2005). *Europeans, Science & Technology, 224 / Wave 63.1*, TNS Opinion and Social, European Commission.

Eurobarometer (2007). Scientific Research in the Media. *Special Eurobarometer 282/Wave 67.2*, TNS Opinion & Social.

FECYT (2006). *Percepción social de la ciencia y la tecnología en España*, Madrid.

FECYT–OEI–RICYT (2009). *Cultura científi ca en Iberoamérica. Encuesta en grandes núcleos urbanos*, Fecyt: Madrid.

Fiorino, D. (1990). Citizen Participation and Environmental Risk: A Survey of Institutional Mechanisms, *Risk Analysis*, 9, pp.293–299.

Funtowicz, S. & J. Ravetz (1997). Ciência pós–normal e comunidades ampliadas de pares face aos desafi os ambientais. *História, Ciências, Saúde—Man-guinhos*, IV(2), pp.219–230.

Funtowicz, S. & J. Ravetz (2000). *La ciencia posnormal: ciencia con la gente*, Barcelona: Icaria.

Gibbons, M., C. Limoges, H. Nowotny, S. Schwartzman, P. Scott & M. Trow (1994). *The New Production of Knowledge: The Dynamics of Science and Research in Contemporary Societies*, London: Sage.

Giddens, A. (1990). *The Consequences of Modernity*, Cambridge: Polity.

Godin, B. & Y. Gringas (2000). What is Scientific and Technological Culture and How Is It Measured? *Public Understanding of Science*, 9(1), pp.43–58.

Irwin, A. (2008). STS Perspectives on Scientific Governance. E. Hackett, O. Amsterdamska, M. Lynch & J. Wajcman (eds.). *The Handbook of Science and Technology Policies (3rd edition)*, Massachusetts Institute of Technology, pp.583–607.

López Cerezo, J. A. & J. L. Luján (2000). Ciencia y política del riesgo, Madrid: Alianza.

Luhmann, N. (2005). *Risk: A Sociological Theory*, New Brunswick, NJ: Aldine Transaction.

Luján, J. L. & O. Todt (2007). Precaution in public: The Social Perception of the Role of Science and Values in Policy Making, *Public Understanding of Science*, 16(1), pp.97–109.

Luján, J. L. & O. Todt (2008). A New Social Contract for Technology? On the Policy Dynamics of Uncertainty, *Journal of Risk Research*, 11(4), pp.509–523.

Michael, M. (1998). Between Citizen and Consumer: Multiplying the Meanings of the "Public Understanding of Science", *Public Understanding of Science*, 7(4), pp.313–327.

Miller, J. (1998). The Measurement of Civic Scientific Literacy, *Public Understanding of Science*, 7(3), pp.203–223.

Miller, J. (2004). Public Understanding of, and Attitudes Toward, Scientific Research: What We Know and What We Need to Know, *Public Understanding of Science*, 13(3), p.273.

Miller, J., R. Pardo & F. Niwa (1997). *Public Perceptions of Science and Technology: A Comparative Study of the European Union, the United States, Japan, and Canada*, Chicago: Chicago Academy of Sciences.

MCT (2007). Percepção Pública da Ciência e Tecnologia, http://www.mct.gov.br.

MICYT (2007). Venezolanos participan y opinan. Segunda encuesta nacional de percepción pública de la ciencia, cultura científi ca y participación ciudadana. I. La Rosa & J.M. Cruces, Caracas (Eds.).

Nowotny, H., P. Scott & M. Gibbons (2001). *Rethinking Science: Knowledge in an Age of Uncertainty*, Cambridge: Polity Press.

Osborne, J. (2003). Attitudes toward Science: A Review of Literature and Its Implications, *International Journal of Science Education*, 25(9), pp.1049–1079.

Pardo, R. & F. Calvo (2002). Attitudes toward Science among the European Public: A Methodological Analysis, *Public Understanding of Science*, 17(1), pp.155–195.

Pardo, R. & F. Calvo (2004). The Cognitive Dimension of Public Perceptions of Science: Methodological Issues, *Public Understanding of Science*, 13(3), pp.203–227.

Pardo, R. & F. Calvo (2006). Mapping Perceptions of Science in End-of-Century Europe, *Science Communication*, 28(1), pp.3–46.

Polino, C., J. A. López Cerezo, Y. Castelfranchi & M. E. Fazio (2006). New Tools and Directions toward a Better Understanding of Social Perception of Science in Ibero-American Countries, The 9th International Conference on Public Communication of Science and Technology, South Korea.

Raza, G., S. Singh & B. Dutt (2002). Public, Science and Cultural Distance, *Science Communication*, 23, pp.293–308.

Saldaña, J. J. (1996). *Historia social de las ciencias en América Latina*, México: Porrúa.

SECYT (2007). La percepción de los argentinos sobre la investigación científi ca en el país. Segunda encuesta nacional, Buenos Aires, SECYT/ Ministerio de Educación, Ciencia y Tecnología.

RICYT (2008). El Estado de la Ciencia — Principales Indicadores de Ciencia y Tecnología Iberoamericanos / Interamericanos, RICYT-OEI, Buenos Aires.

Sturgis, P. & N. Allum (2004). Science in Society: Re-Evaluating the Deficit Model of Public Attitudes, *Public Understanding of Science*, 55–74.

Vaccarezza, L. (2007). The Public Perception of Science and Technology in a Peripheral Society: A Critical Analysis from a Quantitative Perspective, *Science, Technology & Society*, 12(1), pp.141–163.

Vaccarezza, L., C. Polino & M. E. Fazio (2003a). Hacia una medición de la percepción pública de la ciencia en los países iberoamericanos, *en El estado de la ciencia. Principales Indicadores de Ciencia y Tecnología Iberoamericanos / Interamericanos*, Buenos Aires: RICYT/CYTED.

Vaccarezza, L., C. Polino & M. E. Fazio (2003b). Medir la percepción pública de la ciencia en los países iberoamericanos. *Aproximación a problemas conceptuales, en Revista Iberoamericana de Ciencia*, Tecnología e Innovación, número 5 enero/ abril, ISSN: 1681-5645, OEI, España, http://www.campus-oei.org/revistactsi/numero5/

articulo1.htm

Vaccarezza, L., J. A. López Cerezo, J. L. Luján, C. Polino & M. E. Fazio (2003c). Indicadores iberoamericanos de percepción pública, cultura científica y participación ciudadana (2001-2002). Documento de base, Documento de Trabajo N°7, Buenos Aires, Centro REDES, http://www.centroredes.org.ar/template/template.asp?nivel=documentos&cod=00.

Velho, L. (2005). S&T Institutions in Latin American and the Caribbean: An Overview, *Science and Public Policy*, 32(2), pp.98-108.

Vogt, C. & C. Polino (2003). *Percepción pública de la ciencia. Resultados de la encuesta en Argentina, Brasil, España y Uruguay*, FAPESP, LABJOR/UNICAMP, OEI, RICYT/CYTED, San Pablo.

Wagner, W. (2007). Vernacular Science Knowledge: Its Role in Everyday Life Communication, *Public Understanding of Science*, 16(1), pp.7-22.

Wynne, B. (1995). Public Understanding of Science. S. Jasanof et al., *Handbook of Science and Technology Studies*, Thousand Oaks: Sage.

Ziman, J. (2000). *Real Science. What It Is, and What It Means*, Cambridge: Cambridge University Press.

科学文化指数的构建与验证

Allum, N., D. Boy & M. W. Bauer (2002). European Regions and the Knowledge Deficit Model. In M. W. Bauer & G. Gaskell (Eds.), *Biotechnology — The Making of a Global Controversy*, Cambridge: CUP.

Allum, N., P. Sturgis, D. Tabourazi & I. Brunton-Smith (2008). Science Knowledge and Attitudes across Cultures: A Meta-analysis, *Public Understanding of Science*, 1.

Bauer, M. (2000). Science in the Media as a Cultural Indicator: Contextualizing Surveys with Media Analysis. In M. Dierkes & C. von Grote (Eds.), *Between Understanding and Trust: The Public, Science and Technology*, Amsterdam: Harwood Academic Publishers, pp.157-178.

Bauer, M. (2008). Survey Research on Public Understanding of Science. In M. Bucchi & B. Trench (Eds.), *Handbook of Public Communication of Science and Technology*, Oxon: Routledge, pp.111-130.

Basu, A. & R. Aggarwal (2006). India Science Literature in Science Citation Index: A Report, available at: http://itt.nissat.tripod.com/itt0104/scirep.htm.

Berg, M. & K. Bruland (1998). *Technological Revolutions in Europe, Historical Perspectives*, Cheltenham: Edward Elgar.

Butler, D. (2006). The Data Gap: Statistics on Science Investment and Performance Are Lacking across the Muslim World, *Nature*, 444 (2 Nov), pp.26-27.

Chang, B. H. & S. M. Chan-Olmstead (2005). Relative Constancy of Advertising Spending, *Gazette*, 67 (4), pp.339-357.

EIS (2005). European Innovation Scoreboard, Brussels.

FAO (2003). Final Report on an Indigenous People's Initiative to Establish Cultural Indicators for SARD, Rome, FAO, available at: ftp://ftp.fao.org/SD/SDA/SDAR/sard/Cult_Indic_FAO_REPORT_FINAL.pdf.

FAPESP (2004). Science Indicators, São Paulo (see chapter 12 on public perceptions), available at: http://www.fapesp.br/english/materia.php?data[id_materia]=463.

Gerbner, G. (1969). Towards 'Cultural Indicators': The Analysis of Mass Media Mediated Message Systems, *AV Communication Review*, 17, pp.137–148.

Godin, B. (2005). *Measurement and Statistics on Science and Technology — 1920 to the Present*, London: Routledge (Vol. 22 of series).

Godin, B. & Y. Gingras (2000). What is Science and Technological Culture and How It Is Measured? A Multi-Dimensional Model, *Public Understanding of Science*, 9, pp.43–58.

Inglehart, A. (1990). *Culture Shift in Advanced Industrial Society*, Princeton, NJ: PUP.

Inonu, E. (2003). The Influence of Cultural Factors on Science Production, *Scientometrics*, 56 (1), pp.137–146.

Klein, L. R. & S. Ozmucur (2002/2003). The Estimation of China's Economic Growth, *Journal of Economic and Social Measurement*, 62 (8), pp.187–202.

Klieme, E. & J. Baumert (2001). Identifying National Cultures of Mathematics Education: Analysis of Cognitive Demands and Differential Item Functioning in TIMSS, *European Journal of Psychology of Education*, 16 (4), pp.385–402.

Klingemann, H. D., P. P. Mohler & R. P. Weber (1982). Cultural Indicators Based on Content Analysis: A Secondary Analysis of Sorokin's Data on Fuctuations of Systems of Truth, *Quality and Quantity*, 16, pp.1–18.

Melischek, G., K. E. Rosengren & J. Stoppers (1984). *Cultural Indicators: An International Symposium*, Vienna: Austrian Academy of Sciences.

NSF (2006). *Science Indicators Report*, Washington: NSF.

OECD (2004). *S&T Statistical Compendium 2004*, Paris: OECD.

Polino, C., M. E. Fazio & J. Castelfranchi (2005). Surveys on the Public Perception of Science in Ibero-American Countries, the RICYT's experience. Paper presented at AAAS meeting, Washington, 17–21 Feb 2005.

Price, D. J. de Solla (1963). *Little Science, Big Science*, New York, Columbia University Press.

Shukla, R. (2005). *India Science Report: Science Education, Human Resources and Public Attitudes*, Delhi: NCAER.

Shukla, R. & M. W. Bauer (2007). The Science Culture Index (SCI): Construction and Validation. A Comparative Analysis of Engagement, Knowledge and Attitudes to Science across India and Europe — A Concept Paper, Delhi and London: NCAER & LSE, Sep 2007.

Turner, C. F. & E. Krauss (1978). Fallible Indicators of the Subjective State of the Nation, 5,

pp.456–470.
UN (2003). Report on Statistics of Science and Technology, UN Economic and Social Council, E/CN.3/2004/15.
Welzel, C. (2006). Democratization as an Emancipative Process: The Neglected Role of Mass Motivations, *European Journal of Political Research*, 45, pp.871–896.
Work Foundation (2007). *Staying Ahead: The Economic Performance of the UK's Creative Industries*, London: Work Foundation, available at: www.work.foundation/.

青少年科学态度的比较研究

Anderson, I. K. (2007). *The Relevance of Science Education — As Seen by Pupils in Ghanaian Junior Secondary Schools*, PhD thesis Cape Town: University of Western Cape Town.
Beck, U. (1998). *World Risk Society*, Cambridge: Polity Press.
EU (2004). Europe Needs More Scientists! Brussels: European Commission, Directorate-General for Research, High Level Group on Human Resources for Science and Technology in Europe, available at: http://europa.eu.int/comm/research/conferences/2004/sciprof/pdf/final_en.pdf (accessed Oct. 24th 2005).
EU (2005). Europeans, Science and Technology. *Special Eurobarometer 224*, Brussels: European Commission, available from: http://europa.eu.int/comm/public_opinion/index_en.htm.
Inglehart, R. (1990). *Culture Shift in Advanced Industrial Society*, Princeton, NJ: Princeton University Press.
Jenkins, E. W. (2005). Important but Not for Me: Students' Attitudes towards Secondary School Science in England. *Research in Science & Technological Education*, 23(1), pp. 41–57.
Jidesjö, A. & M. Oscarsson (2004, 25–30 July). *Students' Attitudes to Science and Technology. First Results from the ROSE Project in Sweden*. Paper presented at the XI IOSTE (International Organization for Science and Technology Education) symposium: Science and Technology Education for a Diverse World, Lublin, Poland.
Lavonen, J., K. Juuti, A. Uitto, V. Meisalo & R. Byman (2005). Attractiveness of Science Education in the Finnish Comprehensive School. In A.Manninen, K. Miettinen, & K. Kiviniemi (Eds.), *Research Findings on Young People's Perceptions of Technology and Science Education. Mirror Results and Good Practice*. Helsinki: Technology Industries of Finland.
NSB (2008). *Science and Engineering Indicators 2008*, Arlington, VA: National Science Board, National Science Foundation.
OECD (2006). Evolution of Student Interest in Science and Technology Studies. Policy Report from OECD's global science forum, available at: http://www.oecd.org/dataoecd/16/30/36645825.pdf

Ogawa, M. & S. Shimode (2004). Three Distinctive Groups among Japanese Students in Terms of Their School Science. Preference: From Preliminary Analysis of Japanese Data of an International Survey the Relevance of Science Education (ROSE). *Journal of Science Education in Japan*, 28(4).

Schreiner, C. (2006). Exploring a ROSE-Garden. Norwegian Youth's Orientations towards Science — Seen as Signs of Late Modern Identities. Based on ROSE (The Relevance of Science Education), a Comparative Study of 15-Year-Old Students' Perceptions of Science and Science Education. Doctoral Thesis, University of Oslo, Faculty of Education, Department of Teacher Education and School Development, Oslo, available at: http://www.ils.uio.no/english/rose/network/countries/norway/eng/nor-schreiner-thesis.pdf.

Schreiner, C. & S. Sjøberg (2004). Sowing the Seeds of ROSE. Background, Rationale, Questionnaire Development and Data Collection for ROSE (The Relevance of Science Education) — A Comparative Study of Students' Views of Science and Science Education. *Acta Didactica 4,* Oslo: Dept. of Teacher Education and School Development, University of Oslo, available at: www.ils.uio.no/forskning/publikasjoner/actadidactica/index.html (accessed Aug. 6th 2005).

Schreiner, C. & S. Sjøberg (2007). Science Education and Youth's Identity Construction — Two Incompatible Projects? D. Corrigan, J. D. & R. Gunstone (eds.), *The Re-Emergence of Values in the Science Curriculum*, Sense Publications.

Sicinski, A. (1976). The Future: A Dimension Being Discovered. H. Ornauer, H. Wiberg, A. Sicinski & J. Galtung (eds.), *Images of the World in the Year 2000*, Atlantic Highlands, NJ: Humanities Press, pp. 121–159.

Sjøberg, S. (2002). Science for the Children? Report from the Science and Scientists Project. Acta Didactica 1. Dept. of Teacher Education and School Development, University of Oslo.

Sjøberg, S. (2009). *Naturfag som allmenndannelse: en kritisk fagdidaktikk (3rd edition)*, Oslo: Gyldendal Akademisk.

Sjøberg, S. & C. Schreiner (2005). How Do Learners in Different Cultures Relate to Science Technology? Results and Perspectives from the Project ROSE (The Relevance of Science Education). *Asia-Pacific Forum on Science Learning and Teaching*, 6(2), Foreword.

Sjøberg, S. & C. Schreiner (2010). The ROSE Project. An Overview and Key Findings, available at: http://www.roseproject.no/network/countries/norway/eng/nor-Sjoberg-Schreiner-overview-2010.pdf

Trumper, R. (2004). Israeli Students' Interests in Physics and Its Relation to Their Attitude towards Science and Technology and to Their Own Science Classes. Paper presented at the XI IOSTE (International Organization for Science and Technology Education) Symposium: Science and Technology Education for a Diverse World, Lublin, Poland.

UNDP (1990–2009). *Human Development Report*, New York: United Nations Development Programme, available from: http://hdr.undp.org/.

公民科学素质的来源及其影响

Ahmann, S. (1975). The Exploration of Survival Levels of Achievement by Means of Assessment Techniques. In Duane M. Nielsen (Ed.), *Reading and Career Education*, Newark, DE: International Reading Association, pp. 38–42.

Beaton, A. E., M. O. Martin, I. V. S., Mullis, E. J. Gonzalez, T. A. Smith & D. L. Kelly (1996). Science Achievement in the Middle School Years: IEA's Third International Mathematics and Science Study (TIMSS), Chestnut Hill, MA: Boston College.

Cevero, R. M. (1985). Is a Common Definition of Adult Literacy Possible? *Adult Education Quarterly*, 36, pp. 50–54.

Converse, J. M. & H. Schuman (1984). The Manner of Inquiry: An analysis of Question form across Organizations and Over Time. In C. F. Turner & E. Martin (Eds.), *Surveying Subjective Phenomena*, New York: Russell Sage Foundation.

Cook, W. D. (1977). *Adult Literacy Education in the United States*. Newark, DE: International Reading Association.

Davis, R. C. (1958). *The Public Impact of Science in the Mass Media*. Ann Arbor, MI: University of Michigan Survey Research Center, Monograph, 25.

Dillman, D. (1978). *Mail and Telephone Surveys: The Total Design Method*, New York: Wiley.

Guthrie, J. T. & I. S. Kirsch. (1984). The Emergent Perspective on Literacy, *PhiDelta Kappan*, 65, pp.351–355.

Harman, D. (1970). Illiteracy: An Overview, *Harvard Educational Review*, 40, pp.226–230.

Hayduk, L. A. (1987). *Structural Equation Modeling with LISREL*, Baltimore: The Johns Hopkins University Press.

Jöreskog, K. & D. Sörbom (1993). *LISREL 8*, Chicago: Scientific Software International.

Johnson, J. D. (1997). *Cancer-Related Information Seeking*, Creskill, NJ: Hampton Press.

Kaestle, C. F. (1985). The History of Literacy and the History of Readers. In E. W. Gordon (Ed.), *Review of Research in Education 12*, pp.11–54, Washington: American Educational Research Association.

Labaw, P. J. (1980). *Advanced Questionnaire Design*, Cambridge, MA: Abt Books.

Miller, J. D. (1983a). *The American People and Science Policy*, New York: Pergamon Press.

Miller, J. D. (1983b). Scientific Literacy: A Conceptual and Empirical Review, *Daedalus*, 112(2), pp.29–48.

Miller, J. D. (1987). Scientific Literacy in the United States. In D. Evered & M. O'Connor (Eds.), *Communicating Science to the Public*, London: Wiley.

Miller, J. D. (1995). Scientific Literacy for Effective Citizenship. In R.E. Yager (Ed.), *Science/Technology/Society as Reform in Science Education*, New York: State University

Press of New York.

Miller, J. D. (1998). The Measurement of Civic Scientific Literacy, *Public Understanding of Science*, 7, pp.1–21.

Miller, J. D. (2000). The Development of Civic Scientific Literacy in the United States. In D. D. Kumar & D. Chubin (Eds.), *Science, Technology, and Society: A Sourcebook on Research and Practice*, New York: Plenum Press, pp.21–47.

Miller, J. D. (2004). Public Understanding of, and Attitudes toward Scientific Research: What We Know and What We Need to Know, *Public Understanding of Science*, 13, pp.273–294.

Miller, J. D. (2010a). Adult Science Learning in the Internet Era, *Curator*, 53(2), pp.191–208.

Miller, J. D. (2010b). The Conceptualization and Measurement of Civic Scientific Literacy for the 21st Century. In J. G. Hildebrand & J. Meinwald (Eds.), *Science in the Liberal Arts Curriculum*, Cambridge, MA: American Academy of Arts and Sciences.

Miller, J. D. (2010c). Civic Scientific Literacy: The Role of the Media in the Electronic Era. In D. Kennedy & G. Overholser (Eds.), *Science and the Media*, Cambridge, MA: American Academy of Arts and Sciences.

Miller, J. D. & Kimmel, L. G. (2001). *Biomedical Communications: Purposes, Audiences, and Strategies*, New York: Academic Press.

Miller, J. D., R. Pardo & L. Kimmel (2005). The Impact of Attitudes toward Stem Cell Research on the Vote for President. Paper presented to the annual meeting of the American Association for Public Opinion Research, Miami Beach, Florida, May 12, 2005.

Miller, J. D., R. Pardo & F. Niwa (1997). *Public Perceptions of Science and Technology: A Comparative Study of the European Union, the United States, Japan, and Canada*, Madrid: BBV Foundation Press.

Miller, J. D., E. Scott & S. Okamoto (2006). Public Acceptance of Evolution, *Science*, 313, pp.765–766.

Northcutt, N. W. (1975). Functional Literacy for Adults. D. M. Nielsen & H. F. Hjelm (Eds.), *Reading and Career Education. Newark, DE: International Reading Association*, pp.43–49.

Papacostas, A. (2005). Eurobarometer 64.3: Foreign Languages, Biotechnology, Organized Crime, and Health Items, November–December [Computer file], ICPSR04590-v3. Cologne, Germany: GESIS/Ann Arbor, MI: Inter-university Consortium for Political and Social Research [distributors], 2010-06-23, doi:10.3886/ICPSR04590.

Pardo, R., C. Midden & J. D. Miller (2002). Attitudes toward Biotechnology in the European Union, *Journal of Biotechnology*, 98, pp.9–24.

Resnick, D. P. & L. B. Resnick (1977). The Nature of Literacy: An Historical Exploration, *Harvard Educational Review*, 47, pp.370–385.

Schimdt, W. H., C. C. McKnight & S. Raizen (1997). *A Splintered Vision: An Investigation of U.S. Science and Mathematics Education*, Boston: Kluwer Academic Press.

Shamos, M. H. (1995). *The Myth of Scientific Literacy*. New Brunswick, NJ: Rutgers University Press.

Shen, B. J. (1975). Scientific Literacy and the Public Understanding of Science. In S. Day (Ed.), *Communication of Scientific Information*, Basel: Karger.

Snow, C. P. (1959). *The Two Cultures and the Scientific Revolution*, New York: Cambridge University Press.

Sudman, S. & N. M. Bradburn (1982). *Asking Questions*, San Francisco: Jossey-Bass.

Wynne, B. (1991). Knowledges in Context, *Science, Technology & Human Values*, 16, pp.111-121.

Wynne, B. (1996). Misunderstood Misunderstandings: Social Identities and Public Uptake of Science. In A. Irwin & B. Wynne (Eds.), *Misunderstanding Science? The Public Reconstruction of Science and Technology*, Cambridge, UK: Cambridge University Press.

Ziman, J. (1991). Public Understanding of Science, *Science, Technology & Human Values*, 16, pp. 99-105.

Zimowski, M. F., E. Muraki, R. J. Mislevy & R. D. Bock (1996). *BILOG-MG: Multiple-Group IRT Analysis and Test Maintenance for Binary Items*, Chicago: Scientific Software International.

公众科技知识水平的国别比较：基于潜在特质模型的评估

Allum, N., S. Read & P. Sturgis (2010). Evaluating Change in Social and Political Trust in Europe Using Multiple Group Confirmatory Factor Analysis with Structured Means. In E. Davidov, J. Billiet & P. Schmidt (Eds.) *Methods for Cross-cultural Analysis: Basic Strategies and Applications*, London: Routledge Academic.

Allum, N., P. Sturgis, D. Tabourazi & I. Brunton-Smith (2008). Science Knowledge and Attitudes across Cultures: A Meta-Analysis. *Public Understanding of Science*, 17(1), pp. 35-54.

Bartholomew, D. J. F. Steele, I. Moustaki & J. G. Galbraith (2008). *Analysis of Multivariate Social Science Data (2nd edition)*, Boca Raton, FL: Chapman & Hall/CRC.

Converse, P. E. (2000). Assessing the Capacity of Mass Electorates, *Annual Review of Political Science*, (3), pp. 331-353.

Durant, J., G. Evans & G. Thomas (1989). The Public Understanding of Science, *Nature*, 340, pp. 11-14.

Heinen, T. (1996). *Latent Class and Discrete Latent Trait Models: Similarities and Differences*, Thousand Oaks, CA: Sage.

Irwin, A. & B. Wynne (1996). *Misunderstanding Science? The Public Reconstruction of Science and Technology*, Cambridge: Cambridge University Press.

Jasanoff, S. (2000). The "Science Wars" and American Politics. In M. Dierkes & C. von Grote (Eds.), *Between Understanding and Trust: the Public, Science and Technology*, Amsterdam: Harwood Academic Publishers.

Jöreskog, K. G. & I. Moustaki (2001). Factor Analysis of Ordinal Variables: A Comparison of Three Approaches, *Multivariate Behavioral Research*, 36, pp.347-387.

Miller, J. D. (1998). The Measurement of Civic Scientific Literacy, *Public Understanding of Science*, 7, pp. 203-223.

Miller, J. D. & R. Pardo (2000). Civic Scientific Literacy and Attitude to Science and Technology: A Comparative Analysis of the European Union, the United States, Japan, and Canada. In M. Dierkes & C. von Grote (Eds.), *Between Understanding and Trust: The Public, Science and Technology*, Amsterdam: Harwood Academic Publishers.

Miller, J. D., R. Pardo & F. Niwa (1997). *Public Perceptions of Science and Technology: A Comparative Study of the European Union, the United States, Japan, and Canada*, Madrid: BBV Foundation.

Pardo, R. & F. Calvo (2004). The Cognitive Dimension of Public Perceptions of Science: Methodological Issues, *Public Understanding of Science*, 13, pp. 203-227.

Peters, H. P. (2000). From Information to Attitudes? Thoughts on the Relationship between Knowledge about Science and Technology and Attitudes toward Technologies. In M. Dierkes & C. von Grote (Eds.), *Between Understanding and Trust — The Public, Science and Technology*, Amsterdam: Harwood Academic Publishers.

Raza, G., S. Singh & B. Dutt (2002). Public, Science, and Cultural Distance, *Science Communication*, 23(3), pp. 292-309.

Shen, B. S. P. (1975). Scientific Literacy and the Public Understanding of Science. In S. Day (Ed.), *Communication of Scientific Information*, Basel: Karger.

Skrondal, A. & S. Rabe-Hesketh (2004). *Generalized Latent Variable Modeling: Multilevel, Longitudinal and Structural Equation Models*, Boca Raton, FL: Chapman & Hall/CRC.

Smith, T. W. (2003). Developing Comparable Questions in Cross-National Surveys. In J. Harkness, F. van de Vijver & P. P. Mohler (Eds.), *Cross-Cultural Survey Methods*, Hoboken, NJ: Wiley.

Stares, S. (2009) Using Latent Class Models to Explore Cross-National Typologies of Public Engagement with Science and Technology in Europe, *Science, Technology and Society*, 14(2), pp. 289-329.

Sturgis, P. and N. Allum (2004). Science in Society: Re-Evaluating the Deficit Model of Public Attitudes, *Public Understanding of Science*, 13, pp. 55-74.

Thissen, D. & H. Wainer (1982). Some Standard Errors in Item Response Theory, *Psychometrika*, 47, pp. 397-412.

Vermunt, J. K. & J. Magidson (2005). *Technical Guide for Latent GOLD 4.0: Basic and*

Advanced, Belmont, MA: Statistical Innovations Inc.

Van der Linden, W. J. & R. K. Hambleton (1997). *Handbook of Modern Item Response Theory*, New York: Springer-Verlag.

公众理解科学的统计模型

Agresti, A.C. (1996). *Categorical Data Analysis*, New York: Wiley & Sons.

Bhapkar, V.P. & C.G. Koch (1968). Hypothesis of No Interaction in Multidimensional Contingency Tables, *Technometrics*, 10, pp.107–123.

Bishop, Y.M.M., S.E. Fienberg & P.W. Holland (1975). *Discrete Multivariate Analysis: Theory and Practice*, Cambridge: Massachusetts Institute of Technology Press.

Brier, S. S. (1979). Categorical Data Models for Complex Sampling Schemes, Ph.D. thesis University of Minnesota USA.

Chapman, D.W. (1966). An Approximate Test of Independence Based on Replication of Complex Survey Design, unpublished master's thesis, Cornell University.

Christensen, R. (1997). *Log-Linear Models and Logistic Regression*, New York: Springer-Verlag.

Cohen, J. E. (1976). The Distribution of Chi-Square Statistics under Cluster Sampling from Contingency Tables, *J. Amer. Stat. Assoc.*, 71 (355), pp. 665–670.

Cox, D. R. & E. J. Snell (1989). *The Analysis of Binary Data (2nd Edition)*, London: Chapman and Hall.

Fay, R. E. (1985). A Jackknife Chi-Square Test for Complex Samples, *J. Am. Statist Assoc.*, 80, pp. 148–157.

Fay, R. E. (1989). Additional Evaluation of Chi-Square Methods for Complex Samples, *Proc. Am. Statist. Assoc. Sur. Meth. Sec.*, pp. 680–685.

Fellegi, I. P. (1980). Approximate Tests of Independence and Goodness of Fit Based on Stratified Multistage Samples, *J. Am. Statist. Assoc.*, 75, pp. 261–268.

Kish L. & M.R. Frankel (1974). Inference from Complex Samples, *J. Roy. Stat. Soc.*, Series B, 36, pp. 1–37.

Koch, C. G., D.H. Freeman & J. L. Freeman (1975). Strategies in Multivariate Analysis of Data from Complex Surveys, *Int. Statist. Rev.*, 43, pp. 59–78.

Kumar, S. & J. N. K. Rao (1984). Logistic Regression Analysis of Labour Force Survey Data, *Sur. Meth.*, 10(1), pp. 62–81.

Nagelkerke, N. J. D. (1991). A Note on a General Definition of the Coefficient of Determination, *Biometrika*, 78, pp. 691–692.

Nathan, G. (1969). Test of Independence in Contingency Tables from Stratified Samples. In N.L. Johnson & H. Smith (Eds.), *New Developments in Survey Samplin*, New York: Wiley, pp. 578–600.

Nathan, G. (1972). On the Asymptotic Power of Tests for Independence in Contingency Tables from Stratified Samples, *J. Am. Statist. Assoc.*, 6, pp. 917–920.

Nathan, G. (1973). Approximate Tests of Independence in Contingency Tables from Stratified Samples, *N.C.H.S., Vital and Health Statistics*, 2 (53), Washington D.C.

Nathan, G. (1975). Test of Independence in Contingency Tables from Stratified Proportional Samples, *Sankhya*, 37 (C) Part I, pp. 77–87.

Rao, J. N. K. & A. J. Scott (1979). Chi-Squared Tests for Analysis of Categorical Data from Complex Surveys, *Proceedings of American Statistical association, Section on Survey Research Methods*, pp. 58–66.

Rao, J. N. K. & A. J. Scott (1981). The Analysis of Categorical Data from Complex Sample Surveys. Chi-square Tests for Goodness-of-Fit and Independence of Two-Way Tables, *J. Am. Statist. Assoc.*, 76, pp. 221–230.

Rao, J. N. K. U A. J. Scott (1984). On Chi-Square Tests for Multiway Contingency Tables with Proportions Estimated from Survey Data, *Ann. Statist.*, 12, pp. 46–60.

Rao, J. N. K. U A. J. Scott (1987). On Simple Adjustment of Chi-Squared Tests with Sample Survey Data, *Ann. Stat.*, 15, pp. 385–397

Satterthwaite, F. F. (1946). An Approximate Distribution of Estimates of Variance Components, *Biometrics*, 2, pp. 110–114.

Shuster, J. J. & Downing (1976). Two-Way Contingency from Complex Sampling Schemes, *Biometrika*, 63, pp. 271–276.

Skinner, C. J., D. Holt & T. M. F. Smith (1989). *Analysis of Complex Surveys*, New York: Wiley & Sons.

Thomas, D. R. U J. N. K. Rao (1984). A Monte Carlo Study of Exact Levels of Chi-Squared Goodness-of-Fit Statistics under Cluster Sampling, *Technical Report*, 66, Ottawa: Carlton University.

Thomas, D.R. & J. N. K. Rao (1985). On the Power of Some Goodness-of-Fit Tests under Cluster Sampling, *Technical Report*, 66, Ottawa: Carlton University.

Thomas, D. R. & J. N. K. Rao (1987). Small Sample Comparisons of Level and Power for Simple Goodness of Fit Statistics under Cluster Sampling, *J. Am. Statist. Assoc.*, 82, pp. 630–636.

Thomas, D. R., A. C. Singh & G. Roberts (1989). Size and Power of Independence Tests for R*C Tables from Complex Surveys, *Proc. Am. Statist. Assoc.*, pp. 763–768.

文化视角的公众理解科学：文化距离的界定

Bauer, M. (2009). Editorial, *Public Understanding of Science*, 18(4), pp. 378–382.

Bensaude-Vincent, B. (2001). A Genealogy of the Increasing Gap between Science and the Public, *Public Understanding of Science*, 10, pp. 99–113.

Bernal, J. D. (1937). *Dialectical Materialism and Modern Science, Science and Society* (Vol Ⅱ, No. 1), available at: http://www.marxists.org/archive/ber-nal/works/1930s/dsams.htm (accessed July 11th 2009).

Bhattacharya, N. (1983). *The Cultural Heritage of India (Vol Ⅳ): The Religions*, Calcutta:

The Ramakrishna Mission, Institute of Culture.

Cees, M. K., J. W. B. Mark & E. V. Ivar (September 2006). Through Which Medium Should Science Information Professionals Communicate with Public: Television or the Internet, *Journal of Science Communication*, 5(3), pp. 1–8.

Census of India (2001). Registrar General & Census Commissioner, India.

Collini, S. (1993). Introduction. In C. P. Snow , *The Two Cultures*, Cambridge, UK: Cambridge University Press, p. xi. (first published in 1959)

Durant, J. (1993). What is Scientific Literacy? In J. Durant & J. Gregory (Eds.), *Science and Culture in Europe*, London: Science Museum.

Durant, J. & M. Bauer (1992). British Public Perception of Astrology: An Approach from the Sociology of Knowledge. Paper presented at Annual Meeting of the American Association of Advancement of Science, Chicago, USA.

Geertz, C. (1999). A Life of Learning, Charles Homer Haskins Lecture for 1999. Occasional Paper No. 45, American Council of Learned Societies.

Godin, B. & Y. Gingras (2000). What is Scientific Technological Culture and How Is It Measured? A Multidimensional Model, *Public Understanding of Science*, 9, pp. 43–58.

Leavis, F. R. & M. Yudkin (1962). Two Cultures? The Significance of C. P. Snow, London.

Lee, O., S. H. Fradd & F. X. Sutman (1995). Science Knowledge and Cognitive Strategy Use among Culturally and Linguistically Diverse Students, *Journal of Research in Teaching*, 32(8), pp. 797–816.

Miller, J. D., R. Pardo & F. Niwa (1997). *Public Perception of Science: A Comparative Study of European Union, the United States, Japan and Canada*, Chicago: Chicago Academy of Science.

Miller, S. (2001). Public Understanding of Science at the Crossroads, *Public Understanding of Science*, 10, pp. 115–120.

National Science Foundation (NSF) (1998). *A Report on Science and Engineering Indicators*, Virginia: National Science Board.

Raza, G., B. Dutt & S. Singh (1997). Kaleidoscoping Public Understanding of Science on Hygiene, Health and Plague: A Survey in the Aftermath of a Plague Epidemic in India, *Public Understanding of Science*, 6, pp. 247–267.

Raza, G., B. Dutt, S. Singh & A. Wahid (1991). Prototype of the Forms of Scientific Cognition: A Survey of Cultural Attitude to Natural Phenomena, NISTADS Reports Ⅰ and Ⅱ.

Raza, G. & S. Singh (2004). Cultural Distance between Peoples' Worldview and Scientific Knowledge in the Area of Public Health, *Journal of Science Communication*, 3(4), pp. 1–8.

Raza, G., S. Singh & B. Dutt (2002). Public, Science and Cultural Distance, *Science Communication*, 23(3), pp. 293–308.

Raza, G., S. Singh & B. Dutt (1995). Peoples' Attitudes to Scientific Knowledge: The Context of Culture, *Journal of Scientific and Industrial Research*, 54, pp. 108–121.

Raza, G., S. Singh, B. Dutt & J. Chander (1996). *Confluence of Science and People's*

Knowledge at the Sangam, New Delhi: Ishtihaar.

Sardar, Z. & B. V. Loon (1997). *Introducing Cultural Studies*, NY: Totem Books.

Snow, C. P. (1993). The Two Cultures, Cambridge: Cambridge University Press. (first published in 1959)

Stamm, K. R., F. Clark & P. R. Eblacas (2000). Mass Communication and Public Understanding of Environmental Problems: The Case of Global Warming, *Public Understanding of Science*, 9, pp. 219–237.

Tylor, B. (1924). *Primitive Culture (7th edition)*, New York: Brentano's. (original 1871)

Zhongliang, Z. (1991). People and Science: Public Attitude in China towards Science and Technology, *Science and Public Opinion*, 18, pp. 311–317.

欧洲对占星学的信仰

Adorno, T. (1974). The Stars Down to Earth, *Telos*, 6(Spring).

Adorno, T. (1994). The Stars Down to Earth: The Los Angeles Times Astrology Column. In S. Crook (Ed.), *The Stars Down to Earth and Other Essays on the Irrational in Culture*, London: Routledge.

Adorno, T., E. Frenkel-Brunswik, D. J. Levinson & R. N. Sanford (1950). *The Authoritarian Personality*, New York: Harper & Row.

Allum, N., P. Sturgis, D. Tabourazi & I. Brunton-Smith (2008). Science Knowledge and Attitudes across Cultures: A Meta-Analysis, *Public Understanding of Science*, 17(1), pp. 35–54.

Blackmore, S. & M. Seebold (2001). The Effect of Horoscopes on Women's Relationships, *Correlation*, 19(2), pp. 17–32.

Carlson, S. (1985). A Double-Blind Test of Astrology, *Nature*, 318, pp. 398–399.

Dutton, D. (1995). Theodor Adorno on Astrology, *Philosophy and Literature*, 19, pp.424–430.

European Commission (2001a). Europeans, Science and Technology. Available at: http://europa.eu.int/comm/public_opinion/archives/eb/ebs_154_en.pdf.

European Commission (2001b). Europeans, Science and Technology (55.2) — SPSS dataset. Available at: www.data-archive.ac.uk.

European Commission (2005a). Special Eurobarometer 224: Europeans, Science & Technology, Brussels.

European Commission (2005b). Special Eurobarometer 225: Social Values, Science & Technology, Brussels.

Eysenck, H. J. & D. K. B. Nias (1982). *Astrology: Science or Superstition?* London: Maurice Temple Smith.

Forer, B. R. (1949). The Fallacy of Personal Validation: A Classroom Demonstration of Gullibility, *Journal of Abnormal Psychology*, 44, pp. 118–121.

Hausman, J. A. (1978). Specification Tests in Econometrics, *Econometrica*, 46(6), pp.1251–1271.

Hyman, H. & P. Sheatsley (1954). The Authoritarian Personality — A Methodological Critique. In R. Christie & M. Jahoda (Eds.), *Studies in the Scope and Method of the "Authoritarian Personality"*, Illinois: Glencoe.

INRA (1993). Europeans, Science and Technology: Public Understanding and Attitudes. Available: http://europa.eu.int/comm/public_opinion/archives/eb/ebs_154_en.pdf.

Jovchelovitch, S. (2007). *Knowledge in Context: Representations, Community and Culture*, London: Routledge.

Jovchelovitch, S. (2008). Rehabilitating Common Sense: Knowledge, Representations and Everyday Life, *Journal for the Theory of Social Behaviour*, 38 (4), pp. 431–448.

Kirscht, J. P. & R. Dillehay (1967). *Dimensions of Authoritarianism: A Review of Research and Theory*, Lexington: University of Kentucky Press.

Miller, J. D. (2004). Public Understanding of, and Attitudes toward, Scientific Research: What We Know and What We Need to Know, *Public Understanding of Science*, 13(3), pp.273-294.

Miller, J. D., R. Pardo & F. Niwa (1997). *Public Perceptions of Science and Technology: A Comparative Study of the European Union, the United States, Japan and Canada*, Bilbao: Fundacion BBV.

Moscovici, S. (2008). *Psychoanalysis: Its Image and Its Public*, Cambridge: Polity Press.

National Science Board (2000). Science and Engineering Indicators — 2000, Arlington, VA: National Science Foundation.

National Science Board (2006). Science and Engineering Indicators — 2006, Arlington, VA: National Science Foundation.

National Science Board (2008). Science and Engineering Indicators — 2008, Arlington, VA: National Science Foundation.

Nederman, C. & J. Goulding (1981). Popular Occultism & Critical Social Theory: Exploring Some Themes in Adorno's Critique of Astrology & the Occult, *Sociological Analysis: A Journal in the Sociology of Religion*, 4 (Winter), pp. 325–332.

Raudenbusch, S. & A. Bryk (2001). *Hierarchical Linear Models: Applications and Data Analysis Methods. (2nd ed.)*, Thousand Oaks, CA: Sage.

Schuman, H. & S. Presser (1996). *Questions and Answers in Attitude Surveys: Experiments on Question Form, Wording, and Context*, Thousand Oaks, CA: Sage.

从跨文化角度看瑞士人与动物的界限

Allum, N., D. Boy & M. Bauer (2002). European Regions and the Knowledge Deficit Model. In M. Bauer & G. Gaskell (Eds.), *Biotechnology: The Making of a Global Controversy*, Cambridge: Cambridge University Press, pp. 224–243.

Bauer, M., N. Allum & S. Miller (2007). What Can We Learn from 25 Years of PUS Survey Research? Liberating and Expanding the Agenda, *Public Understanding of Science*, 16(1), pp. 79–95.

Bauer, M., J. Durant & G. Evans (1994). European Public Perceptions of Science, *International Journal of Public Opinion Research*, 6(2), pp. 163–186.

Burton-Jeangros, C. et al. (2009). Les representations des animaux dans les medias suisses d'information, 1978–2008. Rapport final, Université de Genève.

Bourg, D. (1997). *Nature et technique. Essai sur l'idée de progress*, Paris: Hatier.

Cohen, J. (1992). *Statistical Power Analysis for the Behavioural Sciences (2nd ed)*, Mahwah: Lawrence Erlbaum.

Crettaz von Roten, F. (2006). Les Suisses et les sciences en 2005 : structure et facteurs explicatifs des attitudes. In. J.-Ph. Leresche, M. Benninghoff, F. Crettaz von Roten & M. Merz (Eds.), *La fabrique des sciences. Des institutions aux pratiques*, Lausanne: PPUR, pp. 283–304.

Crettaz von Roten, F. (2008). Mapping Perception of Animal Experimentation: Trend and Explanatory Factors, *Social Science Quarterly*, 89(2), pp. 537–549.

Crettaz von Roten, F., P. Hof & J.-Ph. Leresche (2003). Le public suisse face à la science et aux institutions: des relations à explorer, *Revue Suisse de Science Politique*, 9(3), pp. 97–111.

Diekmann, A. & A. Franzel (1997). *Les Suisses et l'environnement*, Berne: OFS.

Diekmann, A., R. Meyer, C. Mühlemann & A. Diem (2009). Schweizer Umwelt-survey 2007 — Analysen und Ergebnisse, Bericht für BFS und BAFU.

Einsiedel, E. (2000). Cloning and Its Discontents — A Canadian Perspective, *Nature Biotechnology*, 18, pp. 943–944.

Einsiedel, E. (2005). Public Perceptions of Transgenic Animals, *Rev. Sci. Tech. Off. Int. Epiz.*, 24(1), pp. 149–157.

Evans, G. & J. Durant (1995). The Relationship between Knowledge and Attitudes in the Public Understanding of Science in Britain, *Public Understanding of Science*, 4, pp. 57–74.

Frank, D. (1997). Science, Nature, and the Globalization of the Environment, 1870–1990, *Social Forces*, 76(2), pp. 409–437.

Franklin, A. (1999). *Animals and Modern Cultures. A Sociology of Human-Animal Relations in Modernity*, London: Sage.

Franklin, A. & R. White (2001). Animals and Modernity: Changing Human-Animal Relations, 1949–1998, *Journal of Sociology*, 37(3), pp. 219–238.

Freitag, M. & I. Stadelmann-Steffen (2009). Les mondes du bénévola t— l'engagement bénévole en Suisse et dans le contexte transnational. In Ch. Suter et al. (Eds.), *Rapport social 2008. La Suisse mesurée et compare*, Zürich: Seismo, pp. 170–190.

Gaskell, G., M. Bauer, J. Durant & N. Allum (1999). Worlds Apart: The Reception of GM Foods in the United States and Europe, *Science*, pp. 285, 384–387.

Gaskell, G., T. Eyck, J. Jackson & G. Veltri (2005). Imagining Nanotechnologies: Cultural Support for Technological Innovation in Europe and the United States, *Public Understanding of Science*, 14(1), pp. 81–90.

Hagelin, J., H. Carlsson & J. Hau (2003). An Overview of Surveys on How People View Animal Experimentation: Some Factors That May Influence the Outcome, *Public Understanding of Science*, 12(1), pp. 67–81.

Hobson-West, P. (2007). Beast and Boundaries: An Introduction to Animals in Sociology, Science, and Society, *Qualitative Sociology Review*, III(1), retrieved April 2010. Available at: http://www.qualitativesociologyreview.org /ENG/archive_eng.php.

Kriesi, H. et al. (1996). *Le clivage linguistique: problèmes de compréhension entre les communautés linguistiques en Suisse*, Berne: OFS.

Michael, M. (2000). *Reconnecting Culture, Technology and Nature*, London: Routledge.

Michael, M. (2001). Technoscientific Bespoking: Animals, Publics and the New Genetics, *New Genetics and Society*, 20(3), pp. 205–224.

Miller, J. & R. Pardo (2000). Civic Scientific Literacy and Attitude to Science and Technology: A Comparative Analysis of the European Union, the United States, Japan, and Canada. In M. Dierkes & C. Grote (Eds.), *Between Understanding and Trust: The Public, Science and Technology*, Reading: Harwood Academic Publishers, pp. 265–285.

Pardo, R. (2009). Public Views and Attitudes to Pharming. In E. Rehbinder et al. (Eds.), *Pharming Promises and Risks of Biopharmaceuticals Derived from Genetically Modified Plants and Animals*, Berlin: Springer, pp. 121–178.

Peters, H. et al. (2007). Culture and Technological Innovation: Impact of Institutional Trust and Appreciation of Nature on Attitudes toward Food Biotechnology in the USA and Germany, *International Journal of Public Opinion Research*, 19(2), pp. 191–220.

Priest, S.H., H. Bonfadelli & M. Rusanen (2003). The 'Trust Gap' Hypothesis: Predicting Support for Biotechnology across National Cultures as a Function of Trust in Actors, *Risk Analysis*, 23(4), pp. 751–766.

SECO (2005). La situation sur le marché du traail en décembre 2005, Bern: Directorate of Labour, State Secretariat for Economics Affairs.

Strauss, L. (2005). Concepts of Nature. In S. P. Restivo (Ed.), *Science, Technology and Society, An Encyclopedia*, Oxford: Oxford University Press, pp. 351–357.

Streckeisen, U., M. Diem & A. Franzen (2002). La problématique des échanges scientifiques entre professeurs d'universités dans le contexte des relations Suisse alémanique — Suisse romande, Neuchâtel: Office federal de la statistique.

TNS Opinion & Social (2005). Special Eurobarometer 224/Wave 63.1. Europeans, Science and Techonology. Survey requested by Directorate General Research and coordinated by the Directorate General Press and Communication (European Commission), Brussels.

Wagner, W. et al. (2001). Nature in Disorder: The Troubled Public of Biotechnology. In G. Gaskell & M. Bauer (Eds.), *Biotechnology 1996-2000. The Years of Controversy*, London: NMSI Trading, Science Museum, pp. 80–95.

参考文献

美国人的宗教信仰和对科学的态度

Broad, W. J. (2006). The Oracle Suggests a Truce between Science and Religion, *New York Times*, February 26, 2006. Accessed at: http://www.nytimes.com/2006/02/28/science/28essa.html (July 23rd 2010).

Dawkins, R. (2006). *The God Delusion*, New York: Houghton Mifflin.

Gould, S. J. (1997). Nonoverlapping Magisteria, *Natural History*, 106(3), pp. 16–22.

Hitchens, C. (2007). *God Is Not Great: How Religion Poisons Everything*, New York: Warner.

Larson, E. J. (1997). *Summer for the Gods: The Scopes Trial and America's Continuing Debate Over Science and Religion*, Cambridge, Mass.: Harvard University Press.

National Science Foundation (2008). Science and Engineering Indicators. Accessed at: http://www.nsf.gov/statistics/seind08/c7/c7h.htm (July 23rd, 2010).

Numbers, R. L. (2009). *Galileo Goes to Jail and Other Myths about Science and Religion*, Cambridge, Mass.: Harvard University Press.

Pew Research Center (2005). Religion a Strength and Weakness for Both Parties, report released August 30, 2005. Accessed at: http://people-press.org/report/254/religion-a-strength-and-weakness-for-both-parties (July 23rd 2010).

Pew Research Center (2006). Pragmatic Americans Liberal and Conservative on Social Issues, report released August 3, 2006. Accessed at: http://people-press.org/report/283/pragmatic-americans-liberal-and-conservative-on-social-issues (July 23rd 2010).

Pew Research Center (2009). Public Praises Science; Scientists Fault Public, Media, report released July 9, 2009. Accessed at: http://people-press.org/report/528/ (July 23rd 2010).

欧洲对干细胞的世界观、框架、信念及认知

Bauer, M. W., N. Allum & S. Miller (2007) What Can We Learn from 25 years of PUS Survey Research? Liberating and Expanding the Agenda, *Public Understanding of Science*, 16: pp. 79–95.

Bauer, M. W. & G. Gaskell (2002). *Biotechnology. The Making of a Global Controversy*, Cambridge: Cambridge University Press.

Bishop, G. F. (2005). *The Illusion of Public Opinion. Fact and Artifact in American Public Opinion Polls*, Lanham-Boulder-New York: Rowman & Littlefield Publishers.

Caulfield, T. et al. (2009a). The Stem Cell Research Environment: A Patchwork of Patchworks, *Stem Cell Rev and Rep*, 5, pp. 82–88.

Caulfield, T. et al. (2009b). International Stem Cell Environments: A World of Difference, Nature Reports Stem Cells. Published online: April 16th 2009 | doi:10.1038/stemcells.2009.61.

Clymer, A. (2001). The Unbearable Lightness of Public Opinion Polls, *New York Times*,

July 22, sec. 4, p. 3.

Earle, T. C. & G. T. Cvetkovich (1999). Social Trust and Culture in Risk Management. In G. Cvetkovich & R. E. Löfstedt (Eds.), *Social Trust and the Management of Risk*, London: Earthscan, pp. 9–21.

Earle, T. C. & G. T. Cvetkovich (1995). *Social Trust: Toward a Cosmopolitan Society*, New York: Praeger.

Einsiedel, E., S. Premji, R. Geransar, N.C. Orton, T. Thavaratnam & L. K. Bennett (2009). Diversity in Public Views toward Stem Cell Sources and Policies, *Stem Cell Rev and Rep*, 5, pp. 102–107.

Gaskell, G. & M. W. Bauer (2006). *Genomics & Society: Legal, Ethical & Social Dimensions*, London and Sterling, VA: Earthscan.

Gaskell, G. et al. (1997). Europe Ambivalent on Biotechnology, *Nature*, 387, pp. 845–847.

Haynes, R. D. (1994). From Faust to Strangelove: Representations of the Scientists in Western Literature, Baltimore and London: The Johns Hopkins University Press.

Holton, G. (1996). What Place for Science at the "End of the Modern Era"?' In *Einstein, History and Other Passions. The Rebellion against Science and the End of the Twentieth Century*, Reading, MA; Menlo Park, CA: Addison-Wesley Publishing Company, pp. 3–39.

Kasperson, R.E., O. Renn, P. Slovic, H.S. Brown, J. Emel, R. Goble, J. X. Kasperson & S. Ratick (2000). The Social Amplification of Risk: A conceptual framework. In P. Slovic, *The Perception of Risk. London and Sterling*, VA: Earthscan, pp. 232–245.

Liu, H. & S. Priest (2009). Understanding Public Support for Stem Cell Research: Media Communication, Interpersonal Communication and Trust in Key Actors, *Public Understanding of Science*, 18(6), pp. 704–718.

Merton, R. K. (1968). On Sociological Theories of the Middle Range. In *Social Theory and Social Structure*, New York–London: The Free Press, pp. 39–72.

Miller, J. D. & R. Pardo (2000). Civic Scientific Literacy and Attitude to Science and Technology: A Comparative Analysis of the European Union, the United States, Japan, and Canada. In M. Dierkes & C. von Grote (Eds.), *Between Understanding and Trust: The Public, Science and Technology*, Australia–Canada–France: Hardwood Academic Publishers, pp. 81–129.

Miller, S. (2001). Public Understanding of Science at the Crossroads, *Public Understanding of Science*, 10, pp. 115–120.

Minsky, M. (1975). A Framework for Representing Knowledge. In P.H. Winston (Ed.), *The Psychology of Computer Vision*, New York: McGraw-Hill, pp. 211–277.

Nisbet, M. (2005). The Competition for Worldviews: Values, Information and Public Supprot for Stem Cell Research, *International Journal of Public Opinion Research*, 17(1), pp. 90–112.

Nisbet, M. C., D. Brossard & A. Kroepsch (2003). Framing Science: The Stem Cell

Controversy in an Age of Press/Politics, *The Harvard International Journal of Press/Politics*, 8, pp. 36–70.

Pardo, R. (2003). Attitudes toward Embryo Experimentation in Europe. In D. Solter, D. Beyleveld, M.B. Friele, J. Hołówka et al., *Embryo Research in Pluralistic Europe*, Berlin–Heidelberg: Springer, pp. 157–203.

Pardo, R. & F. Calvo (2002). Attitudes toward Science among the European Public: A Methodological Analysis, *Public Understanding of Science*, 11, pp. 155–195.

Pardo, R. & F. Calvo (2004). The Cognitive Dimension of Public Perceptions of Science: Methodological Issues, *Public Understanding of Science*, 13, pp. 203–227.

Pardo, R. & F. Calvo (2006a). Mapping Perceptions of Science in End-of-Century Europe, *Science Communication*, 28(1), pp. 3–46.

Pardo, R. & F. Calvo (2006b). Are Europeans Really Antagonistic to Biotech? *Nature Biotechnology*, 24(4), pp. 393–395.

Pardo, R. & F. Calvo (2008). Attitudes toward Embryo Research, Worldviews, and the Moral Status of the Embryo Frame, *Science Communication*, 30(1), pp. 8–47.

Pardo, R. et al. (2009). The Role of Means and Goals in Technology Acceptance: A Differentiated Landscape of Public Perceptions of Pharming, *EMBO Reports*, 10(10), pp. 1069–1075.

Pardo, R., C. Midden & J.D. Miller (2002). Attitudes toward Biotechnology in the European Union, *Journal of Biotechnology*, 98, pp. 9–24.

Priest, S. H. (2001). *A Grain of Truth: The Media, the Public, and Biotechnology*, Lanham-Boulder–New York–Oxford: Rowman & Littlefield Publishers.

Ringland, G. (1988). Structured Object Representation—Schemata and Frames. In G.A. Ringland & D. A. Duce (Eds.), *Approaches to Knowledge Representation: An Introduction*, New York: John Wiley & Sons Inc., pp. 81–100.

Sjøberg, L. (2004). Principles of Risk Perception Applied to Gene Technology, *EMBO Reports*, 5, pp. 47–51.

Slovic, P. (2000). Trust, Emotion, Sex, Politics and Science: Surveying the Risk-as-Sessment Battlefield. In P. Slovic, *The Perception of Risk*, London and Sterling, VA: EarthScan, pp. 390–412.

Sturgis, P. (2004). Science in Society: Re-Evaluating the Deficit Model of Public Attitudes, *Public Understanding of Science*, 13(1), pp. 55–74.

Sturgis, P., H. Cooper & C. Fife-Schaw (2005). Attitudes to Biotechnology: Estimating the Opinions of a Better-Informed Public, *New Genetics and Society*, 24(1), pp. 33–58.

Sturgis, P., H. Cooper, C. Fife-Schaw & R. Shepherd (2004). Genomic Science: Emerging Public Opinion. In A. Park, J. Curtie, K. Thomson, C. Bromley & M. Phillips (Eds.), *British Social Attitudes: The 21st Report*, London–Thousand Oaks–New Delhi: Sage Publications–NatCen.

Turney, J. (1998). *Frankenstein's Footsteps: Science, Genetics and Popular Culture*, New

Haven and London: Yale University Press.

US Department of Energy (1993). *Earning Public Trust and Confidence: Requisites for Managing Radioactive Waste*, Washington, D.C.: US DOE.

Warren, M.A. (2000). *Moral Status: Obligations to Persons and Other Living Things*, Oxford–New York: Oxford University Press.

Waters, B. & R. Cole-Turner (2003). *God and the Embryo: Religious Voices on Stem Cells and Cloning*, Washington, D.C.: Georgetown University Press.

公众参与科学问题/议题测度——一种检测科学传播有效性的新模型

Bauer, M., J. Durant & G. Evans (1994). European Public Perceptions of Science, *International Journal of Public Opinion Research*, 6 (2), pp. 163–186.

Carter, R. F. (1965). Communication and Affective Relations, *Journalism Quarterly*, 42 (2), pp. 203–212.

Carter, R. F. (2003). Communication: A Harder Science. In B. Dervin & S. H. Chaffee (Eds.), *Communication, A Different Kind of Horserace: Essays Honoring Richard F. Carter*, Cresskill, NJ: Hampton Press, pp. 369–376.

Carter, R. F. (2010). Science, Art, and communication. In L. Foreman-Wernet & B. Dervin (Eds.), *Audiences and the Arts: Communication Perspectives*, Cresskill, NJ: Hampton Press, pp. 265–277.

Carter, R. F., K. R. Stamm & C. Heintz-Knowles (1992). Agenda-Setting and Consequentiality, *Journalism Quarterly*, 69 (4), pp. 868–877.

Edwards, C. (2004). Evaluating European Public Awareness of Science Initiatives, *Science Communication*, 25 (3), pp. 260–271.

Einsiedel, E. F. (1994). Mental Maps of Science: Knowledge and Attitudes among Canadian Adults, *International Journal of Public Opinion Research*, 6 (1), pp.35–44.

Garson, G. D. (2006). Correlation. Available at: http://www2.chass.ncsu.edu/garson/pa765/correl.htm.

Kim, H.-S. (1986). Coorientation and Communication. In B. Dervin & M. J. Voigt (Eds.), *Progress in Communication Sciences VII*, Norwood, NJ: Ablex, pp. 31–54.

Kim, H.-S. (2003). A Theoretical Explication of Collective Life: Coorienting and Communicating. In B. Dervin & S. H. Chaffee (Eds.), *Communication, A Different Kind of Horserace: Essays Honoring Richard F. Carter*, Cresskill, NJ: Hampton Press, pp. 117–134.

Kim, H.-S. (2007a). PEP/IS: A New Model for Communicative Effectiveness of Science, *Science Communication*, 28 (3), p. 287.

Kim, H.-S. (2007b). Science Communication via Engagement with a Collective Problem: Exploring a New Science Communication Model, PEP/IS, *Korean Journal of Journalism & Communication Studies*, 51(4), pp. 181–198.

Kim, H.-S., R. F. Carter & K. R. Stamm (1995). Developing a Standard Model of

Measuring the Public Understanding of Science and Technology, *Journal of Science and Technology Policy*, 7 (2), pp. 51–78.

Kim, H.-S., J.-H. Lee & H.-H. Hong (2002). Korean Public Understanding of Science and Technology: A National Survey through a New Conceptualization, *Journal of Technology Innovation*, 10 (1), p. 124.

Kim, H.-S., J.-S. Park, S.-C. Park & H.-H. Hong (2003). Developing a New Measurement Model for the Youths' Understanding of Science and Technology: A National Survey. Report on a policy research project to the Ministry of Science and Technology, the Korean government, Seoul, Korea.

Korea Science Foundation (2006). The Korean Public Understanding of Science Survey Results. Report submitted by Korea Gallup.

McGuire, W. J. (1985). Attitudes and Attitude Change. In G. Lindzey & E. Aronson (Eds.), *Handbook of Social Psychology*, New York: Random House, pp. 233–346.

Miller, J. D. (2004). Public Understanding of, and Attitudes toward, Scientific Research: What We Know and What We Need to Know, *Public Understanding of Science*, 13 (3), pp. 273–294.

Miller, J. D. & R. Pardo (2000). Civic Scientific Literacy and Attitude to Science and Technology: A Comparative Analysis of the European Union, the United States, Japan, and Canada. In M. Dierkes & C. V. Grote (Eds.), *Between Understanding and Trust: The Public, Science and Technology*, Amsterdam: Harwood Academic Publishers, pp. 81–129.

Pardo, R. & F. Calvo (2002). Attitudes toward Science among the European Public: A Methodological Analysis, *Public Understanding of Science*, 11, pp. 155–195.

Sjøberg, S. (2007). ROSE, the Relevance of Science Education. Available at: http://www.ils.uio.no/english/rose/key-documents/questionnaire.html.

Sturgis, P. S. & N. Allum (2004). Science in society: Re-Evaluating the Deficit Model of Public Attitudes, *Public Understanding of Science*, 13, pp. 55–74.

科学展览中体现的文化指标

Astolfi, J.-P., A. Giordan, G. Gohau, V. Host, J.-L. Martinand, G. Rumelhard & G. Zadounaïsky (1978). *Quelle éducation scientifique pour quelle société?*, Paris: PUF.

Astolfi, J.-P., B. Peterfalvi,, A. Vérin (1998). *Comment les enfants apprennent les sciences*, Paris: Retz.

Bachelard, G. (1963). *Le nouvel esprit scientifique*, Paris: PUF.

Bally, C. (1951). *Traité de stylistique française*, Georg & Klincksieck.

Bloom, B. S. (1975). *Taxinomie des objectifs pédagogiques*, Montréal: Les presses de l'Université du Québec.

Bourdieu, P. (1997). *Les usages sociaux de la science*, Paris: INRA Editions.

Bourdieu, P., J.-P. Passeron (1964). *Les héritiers*, Paris: Les Editions de minuit.

Bourdieu, P., J.-P. Passeron (1970). *La reproduction*, Paris: Les Editions de minuit.
Charaudeau, P. (1991). Contrats de communication et ritualisation des débats télévisés. In P. Charaudeau (Ed.), *La Télévison — Les débats culturels « Apostrophes»*, Paris: Didier Erudition, pp. 11–35.
Chevallard, Y. (1985). *La transposition didactique*, Grenoble: Editions la Pensée sauvage.
Davallon, J. (1986). Penser l'exposition comme rituel de representation. In J. Davallon (Ed.), *Claquemurer pour ainsi dire tout l'univers*, Paris: Centre Georges Pompidou, pp. 269–279.
Dornan, C. (1990). Some Problems in Conceptualizing the Issue of "Science and the Media", *Critical Studies in Mass Communication*, 7, pp. 48–71.
Falk, J., L. Dierking (2000). *Learning from Museums*, New York: Alta Mira.
Foucault, M. (1969). *L'archéologie du savoir*, Paris: Gallimard.
Granger, G.-G. (1967). *Pensée formelle et sciences de l'homme*, Paris: Aubier-Montaigne.
Guichard, J. (2000). *Médiatique des sciences*, Paris: PUF.
Guilbert, L. (1973). La spécifi cité du terme scientifi que et technique, *Langue française*, 17, pp. 5–17.
Jacobi, D. (1999). *La communication scientifi que*, Grenoble: Presses Universitaires de Grenoble.
Jacobi, D., B. Schiele (1990). La vulgarisation scientifi que et l'éducation non formelle, *Revue française de pédagogie*, 91, pp. 81–111.
Jacquinot, G. (1977). *Image et pédagogie*, Paris, PUF.
Jurdant, B. (1973). *Les problèmes théoriques de la vulgarisation*, Strasbourg: Université Louis Pasteur.
Kocourek, R. (1991). *La langue française de la technique et de la science*, Wiesbaden: Brandstetter Verlag, La Documentation française.
Le Goff, J.-P. (1999). *La barbarie douce*, Paris: La Découverte.
Le Lionnais, F. (1958). La vulgarisation scientifi que, *Bulletin de l'Association de écrivains scientifi ques de France*, Paris: Palais de la Découverte.
Moscocivi, S. (1976). *La psychanalyse, son image et son public (édition refondue)*, Paris: PUF.
Moscovici, S. (1961). *La psychanalyse, son image et son public*, Paris: PUF.
Roqueplo, P. (1974). *Le partage du savoir*, Paris, Editions du Seuil.
Schiele, B. (1984). Note pour une analyse de la notion de coupure épistémologique, *Communication—Information*, VI (2–3), pp. 43–98.
Schiele, B. (2001). *Le Musée de sciences—Montée du modèle communicationnel et recomposition du champ muséal*, Paris: L'Harmattan.
Schiele, B. (2008). On and about the Defi cit Model in an Age of Free Flow. In D. Cheng, M. Claessens, T. Gascoigne, J. Metcalfe, B. Schiele & Shunke Shi (Eds.), *Communicating Science in Social Contexts*, Springer, pp. 93–117.

Schiele, B. & L. Boucher, L. (1994). Some processes particular to the scientific exhibition. In R. Miles & L. Zavala (Eds.), *Towards the Museum of the Future — New European Perspectives*, London, New York : Routledge, pp. 177–191.

Ullmo, J. (1969). *La pensée scientifi que moderne*, Paris : Flammarion.

建立一个媒体科学新闻晴雨表——科学新闻自动观察项目

Bauer, M. W. & G. Gaskell (2002). *Pesquisa qualitativa com texto, imagem e som. Um manual prático*, Petrópolis, RJ: Vozes.

Belda, F.R. (2003). *Alimentos transgênicos e imprensa — Um estudo do discurso jornalístico de divulgação científica*, Dissertação (Mestrado em Ciências da Comunicação), São Paulo: Universidade de São Paulo, p. 342.

Castelfranchi, Y. (2002). Scientists to the Streets: Science, Politics and the Public Moving towards New Osmoses, *Jcom*, Vol. 1, n. 2, Trieste: Junho.

CNPq/Gallup (1987). O que o brasileiro pensa da ciência e da tecnologia? Relatório. Rio de Janeiro. Mimeografado.

CNPq/Ibope (1992). O que o brasileiro pensa da ecologia? Relatório de pesquisa, Brasília.

Figueiredo, S.P., C. A. Vogt. & M. Knobel (2005). Percepção pública da C&T: um importante instrumento de apoio a políticas públicas. In XI Seminario Ibero-Americano de Gestión Tecnológica — Innovación Tecnológica, cooperación y desarollo, Salvador—BA. Anais. São Paulo: PGT-USP.

Greco, P. (2002). Communicating in the Post-Academic Era of Science, *Jcom*, Vol.1, n. 1, Trieste, Março . Disponível em: http://jcom.sissa.it/editorial/edit0101.pdf.

IVC (2008). Instituto Verifi cador de Circulação.

MCT (2011). Percepção Pública da Ciência e Tecnologia no Brasil. Relatório de pesquisa, Brasília.

MCT/CDN (2007). Percepção Pública da Ciência e Tecnologia no Brasil. Relatório de pesquisa, Brasília. Disponível em: http://www.mct.gov.br/index.php/content/view/50877.html.

Melo, J. M. de. (1972). *Estudos de Jornalismo Comparado*, São Paulo: SP. Ed. Pioneira.

Meyer, P. (2004). *The Vanishing Newspaper — Saving Journalism in The Information Age*, Missouri: University of Missouri Press.

Mídiadados (2008). Relatório anual publicado pelo Grupo de Mídia.

Oliveira, F. de. (2002). Jornalismo Científi co. Ed. Contexto.

Polino, C. (2007). Regional Efforts toward an Iberobarometer on Public Perception, Scientific Culture and Citizen Participation, conference paper presented to International Indicators of Science and the Public Workshop, London, pp. 5–6. See abstract at http://royalsociety.org/page.asp?tip=1&id=7200.

Polino, C., J. L Cerezo, M. E. Fazio & Y. Castelfranchi (2006). Nuevas herramientas y direcciones hacia una mejor comprensión de la percepción social de la ciencia en los

países del ámbito Ibero-americano. In M. Albornoz, C. Alfaraz, G. Arber, R. Barrere, & R. Kataishi (Org.), *El Estado de la Ciencia. Principales Indicadores de Ciencia y Tecnologia Ibero-americanos / Interamericanos*, Buenos Aires: REDES, pp. 50-60.

Righetti, S. (2008). Inovação, formação de competências e diversi cação no setor de comunicação: a exploração da internet em dois grupos brasileiros de mídia impressa. Dissertação de mestrado defendida na UNICAMP em fevereiro de 2008.

Vogt, C., M. Knobel, R. Evangelista, S. Pallone & Y. Castelfranchi (2005). Percepção Pública da Ciência e Tecnologia: uma Abordagem Metodológica para São Paulo. Em F. Landi (Org.), *Indicadores de Ciência, Tecnologia e Inovação do Estado de São Paulo*, São Paulo, FAPESP.

Vogt, C., J. Marques De Melo, et al. (2001). C&T na mídia impressa brasileira: tendências evidenciadas na cobertura nacional dos jornais diários sobre ciência & tecnologia (biênio 2000-2001). Em A. Guimarães (Org.), *Produção and Circulação do Conhecimento: Política, Ciência, Divulgação*, Campinas: Pontes Editores.

Vogt, C. A. & C. Polino (2003). *Percepção pública da ciência: Resultados da pesquisa na Argentina, Brasil, Espanha e Uruguai*, Campinas, SP: Editora da UNICAMP; São Paulo: FAPESP.

Ziman, J. (2000). *Real Science: What It Is, and What It Means*, Cambridge: Cambridge University Press.

科学公民的调查方法验证

Bauer, M. (2003). The Vicissitudes of "Public Understanding of Science": From "Literacy" to "Science in society". In Fundacâo Callouste Gulbenkian, *Science Meets Society Lisbon: Fundacâo Calouste Gulbenkian*.

Castro, P. (2009). STEPE Portuguese Expert Interviews — 1st Report, unpublished working paper from the fp7 project 'Sensitive Technologies and European Public Ethics'.

Felt, U. (2003). O. P. U. S. Optimising Public Understanding of Science and Technology, STAGE final report.

Gibbons, M. (1999). Science's New Social Contract with Society, *Nature*, 402(6761), pp. 81-84.

Glimell, H. (2004). Restored Scientific Authority and Orchestrated Deliberation: A Review of the Current Swedish S&T Policies, STAGE discussion paper 27.

Goncalves, M. E. & P. Castro (2003a). Policy-Public Interface in Portugal. In U. Felt (Ed.), O. P. U. S. Optimising Public Understanding of Science and Technology, STAGE final report.

Goncalves, M. E. & P. Castro (2003b). PUS Policies — Introduction. In U. Felt (Ed.), O. P. U. S. Optimising Public Understanding of Science and Technology, STAGE final report.

Hagendijk, R. et al. (2005). Science, Technology and Governance in Europe: Challenges of Public Engagement, STAGE final report.

Hagendijk, R. & E. Kallerud (2003). Changing Conceptions and Practices of Governance in Science and Technology in Europe: A Framework for Analysis, STAGE discussion paper 2.

Healey, P. (1999). Popularizing Science for the Sake of the Economy: The UK Experience. In R. Miettinen (Ed.), *Biotechnology and Public Understanding of Science — Proceedings of the UK-Nordic Co-operative Seminar, Helsinki October 25-27, 1998*, Helsinki: Academy of Finland.

Horst, M. (2007). Public Expectations of Gene Therapy: Scientific Futures and Their Performative Effects on Scientific Citizenship, *Science, Technology and Human Values*, 32(2), pp. 150–171.

House of Lords Select Committee on Science and Technology (2000). *Science and Society*, London: The Stationery Office.

Irwin, A. (2001). Constructing the Scientific Citizen: Science and Democracy in the Biosciences, *Public Understanding of Science*, 10(1), pp. 1–18.

Irwin, A. (2006). The Politics of Talk: Coming to Terms with the 'New' Scientific Governance, *Social Studies of Science*, 36(2).

Lazarsfeld, P. F. & N. W. Henry (1968). *Latent Structure Analysis*, Boston: Houghton Mifflin.

Mejlgaard, N. & S. Stares (2009). Participation and Competence as Joint Components in a Cross-National Analysis of Scientific Citizenship, *Public Understanding of Science*, June 26th 2009 (online first), doi: 10.1177/0963662509335456.

Miller, J. D. (1983). *The American People and Science Policy: The Role of Public Attitudes in the Policy Process*, New York: Pergamon Press.

Nolin, J. et al. (2003). PUS-Policy: The Swedish Context. In Felt, U. (ed.) O. P. U. S. Optimising Public Understanding of Science and Technology, STAGE final report.

Nunes, J. A. & M. Matias (2004). Science, Technology and Governance in Portugal, STAGE discussion paper 22.

Royal Society of London (1985). The Public Understanding of Science. London: Royal Society.

Stein, J. A. (2003). Public Understanding of Science and the Policy Context in the United Kingdom. In Felt, U. (ed.) O.P.U.S. Optimising public understanding of science and technology, STAGE final report.

欧洲科学传播与公众参与科学的指标基准

Barré, R. (2001). Sense and Nonsense of S&T Productivity Indicators, *Science and Public Policy*, 28, pp. 263–264.

Bauer, M. & I. Schoon (1994). Mapping Variety in Public Understanding of Science, *Public Understanding of Science* 3, pp. 141–156.

Commission of the European Communities (2002). *Report from the Expert Group*

Benchmarking the Promotion of RTD Culture and Public Understanding of Science, Brussels, Belgium.

Commission of the European Communities (2001). *Eurobarometer 55.2: Europeans, Science and Technology*, Brussels, Belgium.

Commission of the European Communities (2001). *Science and Society Action Plan*, Brussels, Belgium.

Commission of the European Communities (1992). *Basic Statistics of the Community*, Eurostats, Brussels, Belgium.

Durant, J., M. Bauer, G. Gaskell, C. Midden, M. Liakopoulos & L. Scholten (2000). Two Cultures of Public Understanding of Science and Technology in Europe. In M. Dierkes & C. V. Grote (Eds.), *Between Understanding and Trust: The Public Science and Technology*, Amsterdam: Harwood Academic Publishers, pp. 131–156.

Woolgar, S. (2002). *Virtual Society? — Technology, Cyberbole, Rreality*, Oxford University Press.

公众领域的科学——意大利案例

Bauer M. et al. (1995). *Science and Technology in the British Press, 1946-1990*, London: The Science Museum.

Bruhn J. K. (2002). *A Handbook of Media and Communication Research*, London: Routledge.

Bucchi M. & R. Mazzolini (2003). Big Science, Little News: Science Coverage in the Italian Daily Press, 1946–1997, *Public Understanding of Science*, 12, pp.7–24.

Gamson W. A. & A. Modigliani A (1989). Media Discourse and Public Opinion on Nuclear Power: A Constructionist Approach, *The American Journal of Sociology*, 95(1), pp. 1–37.

Mazur A. (1981). Media Coverage and Public Opinion on Scientific Controversies, *Journal of Communication*, 31(2), pp.106–115.

Mazur A. (1998). Global Environmental Change in the News — 1987–90 vs 1992–6, *International Sociology*, 13(4), pp.457–472.

McCombs M. E. & D. L. Shaw (1972). The Agenda-Setting Function of the Press, *Public Opinion Quarterly*, 36, pp.176–187.

McQuail D. (1987). *Mass Communication Theory*, London: Sage.

Nelkin D. (1987). *Selling Science*, New York: Freeman.

Wiegman O., J. M. Gutteling & B. Cadet (1995). Perception of Nuclear Energy and Coal in France and the Netherlands, *Risk Analysis*, 15(4), pp. 513–521.

译后记

整理文件才发现,这本书的翻译工作始于2019年。回想当年接到这个任务时的不以为然,也是颇有些初生牛犊不怕虎的精神,真的着手翻译了才发现这是一个多么艰巨的任务。翻译不是一件容易的事,翻译一本多国作者的论文集难度尤甚。本书出版于2012年,收集了来自全球17个国家作者的26篇论文,体现了当时全球范围内用定量研究方法对科学与公众关系进行实证研究的阶段性成果,为进一步开展跨国、跨区域的国际比较研究提供了基础。来自17个国家的作者是科学文化全球性的最佳阐释,也为翻译工作带来了充满地方性知识的烦恼,只能竭尽所能力求准确表达作者的原意,不当之处敬请各位读者批评指正。

感谢中国科协创新战略研究院对本书的大力支持。创新战略研究院向来重视科学文化研究,致力于打造科学文化学术品牌,举办了多次科学文化国际学术交流活动。得益于此,我能够与本书的主编及多位作者就一些数据和细节深入交流,更好地保证了翻译质量。

感谢中国科学技术出版社科学教育分社王晓义社长及其同事的辛勤工作,他们的认真负责使本书以更加准确的内容、更加清晰易懂的语言展现在读者面前。

感谢本书的审订者刘萱研究员的指导和帮助,她以渊博的学识、谦和的姿态随时解答我翻译中遇到的问题,保障了本书的学术质量,也让我获得了学术上的成长。

感谢本书主编马丁·W.鲍尔教授和中国科协创新战略研究院院长郑浩峻研究员为本书作序。

感谢在这期间给予我帮助和支持的各位专家、朋友。

特别要感谢能够坚持阅读到这里的各位读者，希望本书能为您理解科学文化、科学与公众的关系带来一点启发。

马健铨

2024年12月于北京